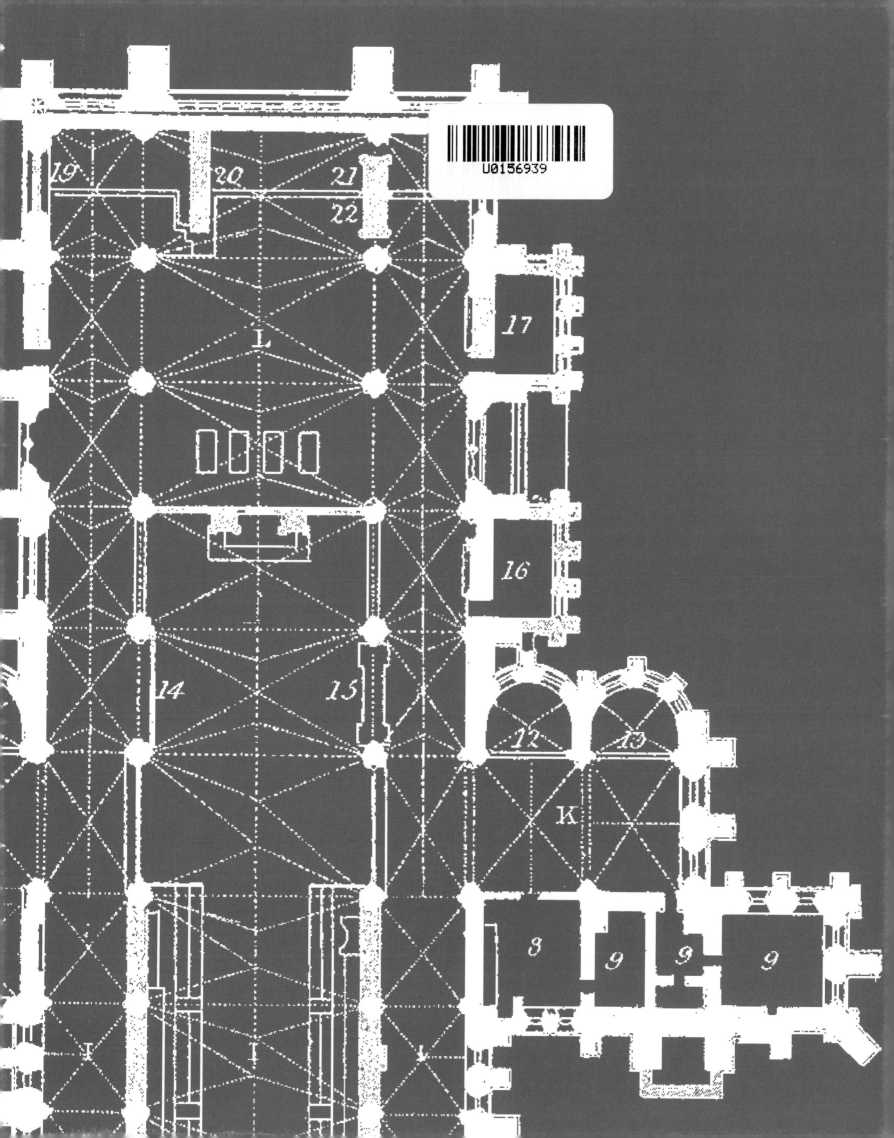

DK世界建筑全图解

[英] 乔纳森·格兰西（Jonathan Glancey）著　王硕　于童　莫晓星 译

华中科技大学出版社
http://press.hust.edu.cn
中国·武汉

有书至美
BOOK & BEAUTY

DK

图书在版编目（CIP）数据

DK世界建筑全图解／（英）乔纳森·格兰西（Jonathan Glancey）著；王硕，于童，莫晓星译.—武汉：华中科技大学出版社，2023.9（2024.11重印）

ISBN 978-7-5680-9864-9

Ⅰ.①D… Ⅱ.①乔… ②王… ③于… ④莫… Ⅲ.①建筑艺术－世界－图解 Ⅳ.①TU-861

中国版本图书馆CIP数据核字（2023）第155538号

Original Title: Architecture: A Visual History

Text copyright © Jonathan Glancey, 2006, 2017, 2021

Copyright © Dorling Kindersley Limited, London, 2006, 2017, 2021

A Penguin Random House Company

简体中文版由Dorling Kindersley Limited授权华中科技大学出版社有限责任公司在中华人民共和国境内（但不含香港、澳门和台湾地区）出版、发行。

湖北省版权局著作权合同登记 图字：17-2022-165号

DK世界建筑全图解 [英] 乔纳森·格兰西（Jonathan Glancey）著
DK Shijie Jianzhu Quan Tujie 王硕 于童 莫晓星 译

出版发行：华中科技大学出版社（中国·武汉）
　　　　　电话：(027) 81321913
　　　　　华中科技大学出版社有限责任公司艺术分公司
　　　　　电话：(010) 67326910-6023
出版人：阮海洪

责任编辑：莽　昱　康　晨
责任监印：赵　月　张　丽　　　　封面设计：邱　宏

制　　作：北京博逸文化传播有限公司
印　　刷：惠州市金宣发智能包装科技有限公司
开　　本：720mm×1020mm　　1/8
印　　张：52
字　　数：260千字
版　　次：2024年11月第1版第2次印刷
定　　价：368.00元

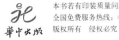

混合产品
纸张 ｜
支持负责任林业
FSC® C018179

www.dk.com

目录

本书应用的图标释义
◗ 建成时间
🏛 建筑师或建造者
◫ 建筑位置
🏛 建筑功能

《 圣玛丽斧街30号

德国建筑大师路德维希·密斯·凡德罗（Ludwig Mies van der Rohe，1886—1969年）曾说："建筑始于两块砖的仔细搭接。"这听起来像是闲文冗词，其实一语中的。他意在说明建筑是具有公共效应的建造行为——此举不仅关乎常识，还关乎艺术。密斯·凡德罗还将建筑描述成"转化为空间的时代意志"。从美索不达米亚的第一批庙塔到21世纪城市内直冲云霄的摩天大厦，这就是我们筑就的空间。

⤴ 壮美艺术
位于突尼斯杜加的罗马朱诺神庙，科林斯柱式令人赞叹万分。

⤵ 美索不达米亚古建筑
从如今所见的废墟上，我们试着描绘出古代社会的日常生活，彼时那里明颜亮彩，生机勃勃。

若是见识过希腊神庙、哥特式大教堂或是弗兰克·盖里（Frank Gehry）设计的万众瞩目的毕尔巴鄂古根海姆博物馆，人们就会明白密斯所言的道理。他的意思是：我们共同造就的建筑，就是我们应有的建筑。通过了解世界各地时代不同、文化内涵迥异、位置大相径庭的建筑，我们就能从中或多或少地解读不同民族的故事，哪怕它们不总是被人欣赏或宽恕。

从很大程度上说，人不可避免地要与建筑产生联系。建筑构建并充当了我们大部分生活的框架和背景，就像一部巨大的历史书或百科全书摆在面前，等待我们阅读、发掘。了解世界建筑，会极大地增长我们的见识。而且，无论你能不能或愿不愿意接受某些突破常规的建筑风格和建筑方法，当你询问为什么某个建筑要这样设计时，你总会了解到人们选择规划世界、展现文明的不同方式。

从两砖仔细搭接，到直上青云的高塔，最初，建筑就抱有宏壮伟大甚至超凡脱俗的雄心。建筑的目的包含振奋精神、赞扬人性，并庆祝人类超

越现世的渴望。建筑往往超越时代而存在，通过建筑，我们抒发出自己对无垠、无限的向往。

建筑与书本或是艺术品不一样，建筑是遮风挡雨的庇护港。无论建造得多么显赫尊贵，大部分建筑仍然是勒·柯布西耶（Le Corbusier，1887—1965年）所言的"居住机器"。它们既可以关乎下水道、排水沟、供暖系统、照明系统、通风设备、窗户和空调，也可以是颇具野心的创意。除了马塞尔·杜尚（Marcel Duchamp）的《泉》（Fountain，1917年），几乎没有什么艺术品需要用到便池。

现代建筑学巨擘勒·柯布西耶将建筑定义为"聚集的物质在光线下演绎的一出精湛、恰当而华丽的戏剧。"所有伟大的建筑家都是光影大师，近代的建筑师也是拨弄光线的行家。站在希腊神庙前，看看一天中的日光和月光如何改变神庙的氛围；静坐在勒·柯布西耶的杰作朗香教堂前，感受一下光线径直射入缝隙、斜顶和彩窗是多么精巧。

然而，建筑不仅仅关乎那些设计建筑的人，它也与委托建造的人以及使用的人有关。建筑书写的是牧师、君主、工子、产业领袖、商业奇才、盖房人、赞助商、开发商和政客的故事，其中有些人其实绝非善类。建筑蕴含了我们丰富庞杂的历史，正因如此，有些人试图摧毁这座宝库，并且通过此举毁灭人类自身。但是，最重要的是，建筑书写了我们所有人的故事。这归功于我们自己，也归功于密斯·凡德罗、勒·柯布西耶以及许多建筑杰作在本书中呈现的建筑师。正因如此，我们更要了解建筑、珍惜建筑。

⊠ 现代大师

勒·柯布西耶以其对机械时代的创意和诠释，成为20世纪建筑景观中首屈一指的建筑大师。

⊻ 仰望天空

伦敦大英博物馆伊丽莎白二世大展苑玻璃穹顶，建成于2000年，由福斯特及合伙人事务所（Foster + Partners）设计，引人注目的钢架玻璃穹顶为新古典主义建筑平添一抹亮色。

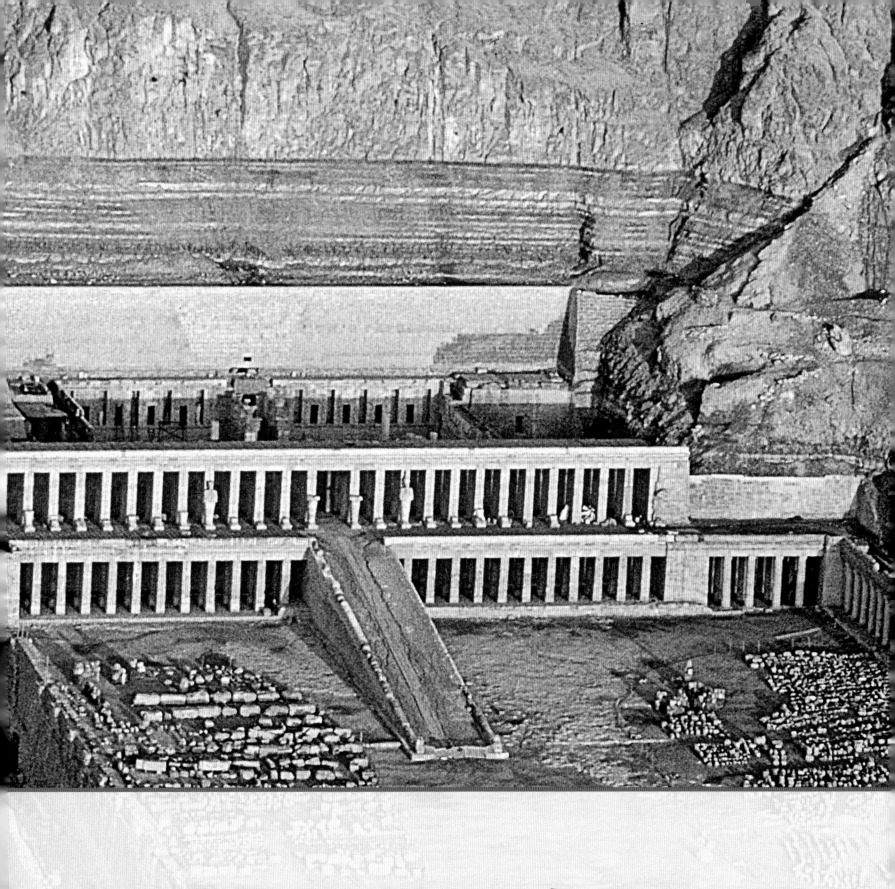

从乡村到城市

城市几乎是一个文明的标志性特征，它是人们协同互助，从事生产和生活的地方。人们生产食物，不仅供养自己，也供养那些造就这个独特文化的"专业人士"，诸如手工艺者、艺术家、建筑师、抄写员、行政人员和神职人员等。因此，建筑的故事随着最早一批城市的建立，徐徐拉开帷幕。

关于文明起源及与之相伴的建筑起源理论，诸说纷纭。它们都需要被冠上"也许"二字，因为我们有可能永远无法确定先人们因何定居下来，并开始修建远远超越手工艺范畴且具有艺术性的宏伟建筑。然而，大部分考古学家都认同，城市最早出现在中东地区，远早于中美洲和中国。这个巨大飞跃发生在美索不达米亚地区（Mesopotamia），大致是现在的伊拉克（Iraq）。美索不达米亚是位于底格里斯河（Tigris）和幼发拉底河（Euphrates）之间的干旱土地（这个名字在希腊语中的意思是

楔形文字

在公元前4世纪，苏美尔人发明了最早的文字。他们使用芦苇秆切割而成的楔形工具（cuneiform）在泥板上书写。

"两河之间"），这个特殊的地理位置为灌溉土地提供了便利，滋养了大麦和小麦等本土粮食作物。鱼类和野生禽类资源也极其丰富，定居在此的人们可以将剩余的食物储存起来，而这正是建立城市文明开端所需要的物质基础。

创建社区

农业的成功和技术的发展推动了城市的发展。从公元前3500年开始，青铜器时代的技术在中东大地广为流传，金属工具代替了石制工具。大约公元前3000年，美索不达米亚地区出现了牛拉犁耙，这是人类首次使用人工以外的动力。

古美索不达米亚是一系列伟大文明的家园，苏美尔人（Sumerian，公元前3300—前1900年）、阿卡得人（Akkadian），然后是巴比伦人（Babylonian）、亚述人（Assyrian）和波斯人（Persian），相继成为这个地区的统治者。最早的苏美尔城市与早期的村落定居点有所不同，苏美尔城市的居民认为城市周围的土地属于当地的神明（而不是属于家庭或宗族），祭司组织人们下地劳动，整个社区共享收成。通常，神庙建造在定居点的中心位置上，庙内供奉当地神明，周围环

大事记

约公元前5300年： 可能是埃利都（Eridu）最早的神庙落成之时，美索不达米亚地区出现了城市和建筑的雏形

约公元前3300年： 在乌鲁克（Uruk），人们发明了刻在泥板上的楔形文字，标志着文字的发明

约公元前2700年： 埃及人开始在纸莎草卷轴上进行书写，卷轴可以方便地收藏在图书馆中

约公元前1755年： 巴比伦国王汉穆拉比（Hammurabi）编纂了已知最早的法典

公元前5000年　　　　　　　　**公元前3000年**　　　　　　　　**公元前2000年**

约公元前3500年： 苏美尔人发明了轮子，自此，交换物资和交流思想的方式发生了革命性的改变，速度也大幅度提高

约公元前3150年： 埃及文化在尼罗河两岸兴起

约公元前2650年： 在孟菲斯（Memphis），卜塔（Ptah，埃及宗教奉祀的神）的大祭司伊姆霍泰普（Imhotep）在塞加拉（Sakkara）建起一座石质金字塔

公元前1492年： 图特摩斯一世（Tuthmosis I）成为第一位埋葬于埃及帝王谷的国王。帝王谷是在石崖上开凿出的陵寝

》神圣之城

居住在美索不达米亚的人们（从巴比伦人到波斯人）都认为他们的城市是圣地。美索不达米亚最伟大的城市非巴比伦莫属，它也被称作巴比-伊拉尼（Babi-ilani），即"诸神之门"，是诸神下凡的通道。在那个时期，巴比伦是连接波斯湾和地中海地区的一个重要贸易中心。

❤ 古老的城市

大约在公元前570年，占地面积超过1000万平方米的巴比伦是当时世界上最大的城市。

◀ 仰望苍穹

早期城市的建设者们仰望永远变化的日月星辰，赞叹其光芒。他们从中汲取灵感，依据天空出现的几何形状设计他们的建筑。

约公元前1200年：用希伯来文（Hebrew）撰写的《圣经》（The Bible）的第一章完成，一神论产生了

约公元前600年：琐罗亚斯德（Zarathustra）在波斯创立了一个新的宗教，称作琐罗亚斯德教（Zoroastrianism）

约公元前30年：奥古斯塔斯（Augustus）战胜了安东尼（Anthony）和克利奥帕特拉（Cleopatra），罗马和平时期自此开启

约150年：亚历山大（Alexandria）的天文学家托勒密（Ptolemy）证明了地圆说

公元前1000年

公元元年

约公元前1450年：埃及人开始用日晷计时

公元前1020年：希伯来人大卫王征服了腓力斯人（Philistines），统一了以色列

公元前332年：亚历山大大帝（Alexander the Great）征服埃及，埃及开始希腊化

约公元前50年：基督教（Christianity）在巴勒斯坦（Palestine）地区兴起，基督受难之后保罗（Paul）将教义传到罗马

绕着公共建筑和市场。神庙位于一座阶梯金字塔（ziggurat）之上，象征连接尘世与天堂的宇宙之峰。祭司是这个社会的核心人物，因为他们代表神明控制着城市的大部分土地和灌溉系统，还拥有分配重要的农产品盈余的权力。苏美尔人创造了国家、法制、君主的概念，也发明了日历、车轮、抽象数学、计时方法（每小时六十分钟）、文学［以《吉尔伽美什史诗》（*Epic of Gilgamesh*）为例］和十二星座。

思想的传播

是否可以认为美索不达米亚最早的城邦及神庙是后来的近东及更远地区的城市蓝图？苏美尔人发明阶梯金字塔后不久，埃及也出现了相同的

≫ 古埃及的神明

埃及人信奉的神明多达两千位，其中很多是半人半动物的外形。这幅帝王谷的陵寝墙壁上发现的壁画描绘的是阿努比斯神（Anubis）与荷鲁斯神（Horus）。

建筑形制。这很可能是因为苏美尔石匠和手工艺人来到了埃及。虽然埃及也建立起它自己的伟大的城市，但是那些古埃及城市从来没有达到过美索不达米亚城市的独立特性和繁华程度，一部分原因是埃及城市内的各项活动更注重侍奉王室，而不是建立公民身份认同。所以，埃及最著名的纪念性建筑是为了往生的法老而建，而不是为了社区和生活在此的人民而建。

青铜时代前后，人们在城市间自由往来，他们的行程之遥远令人惊讶。人们拓展贸易、传播神话故事并交流思想，一些评论家认为，欧亚与美洲之间的联系就是在这个时期建立起来的，这解释了为何阶梯金字塔形制会出现在中美洲。虽然这个理论受到质疑，但可以确定的是，在公元前3000年前后发生了某些影响深刻的事件，由此改变了人们以狩猎采集为生、居住在简陋房屋的生活方式，使他们成为能工巧匠，建造出外有城墙围护、内有神庙和宫殿的伟大城市。有些人表示，这个变化证明了在众多文化中都流传着的大洪水灭世的传说是真实可信的；而另一些人则认为，这是人类自我意识觉醒进程中一次伟大转向。

》苏美尔文学

世界上最早的文学作品是《吉尔伽美什史诗》，诞生于公元前2700年至公元前2500年苏美尔南部。吉尔伽美什（Gilgamesh）是一位真实存在的苏美尔统治者，生活在公元前2700年前后。这部史诗将有关他统治的诗歌和传奇故事汇总成集，用楔形文字刻在十二块泥板上。其中对灭世大洪水的描述与《圣经》里的描述非常类似，激发了许多学者的兴趣。

☑《吉尔伽美什史诗》

后世的《圣经》故事和古典文学中糅入了这篇史诗的元素；此插图来自扎贝尔·C.博亚吉安（Zabelle C. Boyajian）1924年出版的著作《吉尔伽美什》。

☒ 洪水带来的丰沃

与美索不达米亚文化相同，埃及文化同样依赖水源。尼罗河定期泛滥，带上岸的肥沃泥沙滋养了两岸的土地。

古代近东地区建筑

约公元前5300—前350年

神明与国王 古代近东地区的建筑讲述了神权与王权的相互较量。之所以这么说，是因为这个时期的住宅和工作场所早已泯灭无踪，留存于世的只有那些代表宗教和权力的建筑遗迹。

现今残存的古伊拉克纪念性建筑可追溯至公元前3000年前后，它们全部以砖头修建。那个时代鲜有以石头为原料的建筑，也缺少跨越较大宽度所必需的长木材。令人惊叹的早期建筑之一是乌尔城的月神台；不过，如果有可能的话，最令人向往能亲眼一见的建筑是巴比伦的"巴别塔"（Tower of Babel）。巴别塔的基座是一个边长90米的正方形，7层高的表面覆盖着蓝色釉面砖，俯视着坐落于幼发拉底河岸的尼布甲尼撒（Nebuchadnezzar）国王的传奇王宫。王宫以空中花园而闻名，那是一个多层建筑，从上而下每一层都是馥郁芬芳的花园。人们如今见到的饱受战争摧残的沙漠废墟，曾经是一个伟大文明的象征。

新的建筑工艺

最终，这个地区被波斯的居鲁士大帝（Cyrus the Great，约公元前600—前530年）建立的世界上第一个强大帝国吞并。从这个时期开始，建筑风格不仅从一个城市或者国家传播至另一个城市或国家，而且各种风格开始融合交会，建筑学被推向了新的路线，并开始了创造性的冒险。波斯帝国各地的能工巧匠齐心协力修建了一座新的建筑，它比之前的苏美尔人（Sumerians）、阿卡德人（Akkadians）、巴比伦人（Babylonians）和亚述人（Assyrians）的建筑风格更加流畅和感性。装饰豪华、色彩丰富的波斯波利斯王宫（Palace of Persepolis）始建于公元前518年，它很好地展示了从基本阶梯金字塔形制发展到波斯波利斯宫这漫长的2500年间建筑艺术的演变。

《 波斯波利斯大流士一世（Darius I）王宫的阶梯
阶梯上的浮雕表现了打斗中的公狮和公牛，以及仆从们登上阶梯服侍国王用膳的场景。

建筑元素

古代近东地区以砖头和石料为基本建筑材料。经年累月，人们开始在建筑表面加以装饰，后来再在墙面上贴砖、刻浮雕。大多数这类具有象征意义的雕刻具有鲜艳的色彩并配有铭文。大流士一世在公元前518年开始兴建的波斯波利斯王宫便是这个时代最惊艳的一例。

》 纪念性铭文
巴比伦的建筑可以像书一样细细品读。例如位于尼姆鲁德（Nimrud）的王宫，在国王和朝臣的浮雕之上又叠加镌刻了歌功颂德的铭文，内容详细而冗长。

叠加镌刻于浮雕上的铭文

波斯帝国鼎盛时期的雕刻技艺达到了极高水平

^ 墙上的浮雕
波斯波利斯宫的台阶和平台上排列着一层层的浮雕，每层之间用花纹装饰带分隔。浮雕描绘了来自这个古老帝国各地的波斯和外邦贵族、部落长老、朝臣、卫士和觐见者的盛大队伍。

用作柱子的人首翼牛像

这种设计旨在制造威压的气氛

》 入口的守护者
人首、长髯、双翼的巨牛雕塑伫立于亚述和波斯城池与宫阙的入口两侧。

^ 动物雕像
真实的或传说中的猛兽的头、翅、喙、爪的雕刻象征着整个地区国王们的王权。

⌄ 狩猎场景
亚述、巴比伦和波斯王宫里可以看到人类猎狮和狮子攻击弱小动物的逼真雕刻。当觐见者沿着波斯波利斯宫的台阶拾级而上时，通过这些雕刻就能明白无误地了解国王的性格。

台阶两侧安装着浮雕石板

阶梯形雉堞

乌尔城（Ur）的乌尔纳木月神台（Ziggurat of Urnammu）

● 约公元前2125年　　 🏛 乌尔［现伊拉克泰勒穆盖耶尔（MUQAIYIR）］　　 ⚒ 乌尔纳木国王　　 🏛 礼拜场所

　　烈日炙烤着南伊拉克的平缓沙漠，古苏美尔文明曾经在此繁荣一时，现在的遗址上坐落着《圣经》故事中的乌尔城。它是亚伯拉罕（Abraham）的故乡，也是重要的早期纪念性建筑之一乌尔纳木月神台的所在地。曾几何时，这座高大宏伟的建筑脚下是一座城墙保护着的城池。

　　月神台孤独地矗立于距离乌尔城遗迹稍远一些的地方。遗迹包含大量街道和坟墓，城墙围绕的月

⌃ 仪式性台阶

神台位于宗教建筑群的中心，人们从一个开阔的庭院进入。在这座人工打造的山峰顶端曾有一座供奉月神南纳（Nanna）的神庙，神庙虽已不复存在，但通往神庙的阶梯令人望而生畏，并得以保留至今。

　　当乌尔纳木国王和他的继承者们在公元前21世纪重修并扩建月神台时，它已经是一座相当古老的建筑了。它以泥砖建成，这是古代美索不达米亚普遍使用的建筑材料；每一层用沥青结合，有的砖缝之间添加了编织物，以提高稳定性。建筑最外层使用的是烧制砖，以增强其平整度和耐用性。

　　乌尔纳木月神台得以存留上千年，主要是因为它精妙的构造。在高大砖砌建筑上留有"排水孔"，使泥土制成的墙内部的水汽得以蒸发出来。另外，嵌入建筑结构的泄水渠能及时排走雨水。在这片自古以来的兵家必争之地上，月神台一直是一处诱人的风景。

⌄ 伟大的建筑结构

如今这座曾经有3层的建筑只剩下底座，有学者认为曾经每层都种有树木。

⊗ 奢侈的材料

王宫各处遍布浮雕装饰，这幅图描绘了运送珍贵的木材到豪尔萨巴德的场景。

萨尔贡宫（Palace of Sargon）

⊝ 公元前706年

⚲ 伊拉克北部豪尔萨巴德（KHORSABAD）

✍ 萨尔贡二世　　🏛 宫殿

　　亚述帝国的王宫是古美索不达米亚规模庞大的古代建筑之一，它展示着塑造这些宫殿的军事政权的雄悍和决心。虽然这些建筑非常夸张，但是王国并不长命，而且国王们很显然急于在短时间内建造庞大的建筑。位于豪尔萨巴德的萨尔贡宫的有些部分几乎是粗制滥造的，仅用软质的砖堆叠而成，并未使用砂浆。不过，建筑整体的效果是极为震撼的。宫殿基座的高度与城墙最高处相当，王宫从基座升起，占地面积约9万平方米。王宫的正中心是一个摆放王座的大殿，面积为49米 × 10.7米。大殿屋顶由带有装饰的木料建成，这在木材稀缺的土地上是罕见的奢华。

伊什塔尔城门（Ishtar Gate）

⊝ 公元前575年　　⚲ 伊拉克中部巴比伦

✍ 尼布甲尼撒二世　　🏛 城门入口

　　伊什塔尔城门是巴比伦城的8个主要入口之一，如今藏于柏林佩加蒙博物馆（Pergamon Museum）内。该建筑在20世纪初被发现，不久后被运出伊拉克。萨达姆·侯赛因（Saddam Hussein）在其原址上建造了一个三分之二大小的复制品。这是他重建巴比伦城计划的一部分，这个计划招致了众多非议。城门曾经守卫着通往城市的主要游行大道，给尼布甲尼撒宫的拜访者留下深刻印象。城墙上装饰着雄狮和巨龙，烧制的浅浮雕砖块用液体沥青上釉。巨龙象征着城市的守护神马杜克（Marduk），能赐予凡人永生，而雄狮则象征着伊什塔尔女神。

» 重建之门

复制品展示了一部分原始城门的工艺。

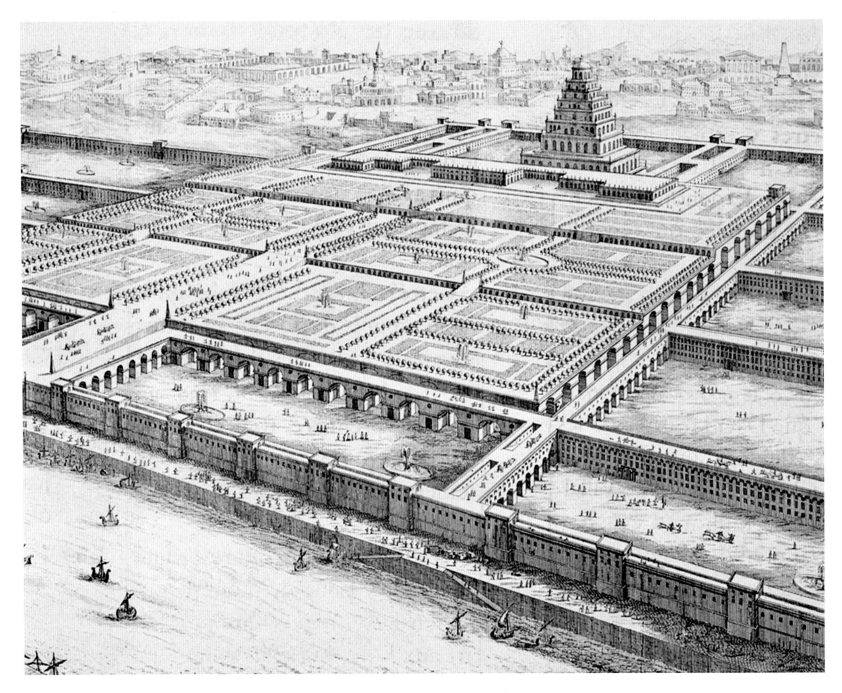

⊗ 巴比伦

奥地利建筑师约翰·伯恩哈德·菲舍尔·冯·埃拉赫（Johann Bernhard Fischer von Erlach，1656—1723年）的版画作品描绘了空中花园和巴别塔。

巴比伦

●公元前562年　⚑伊拉克中部

✍尼布甲尼撒二世　🏛 城市

　　巴比伦城的鼎盛时期占地至少10平方千米，是那个时代最大的城市。它坐落在幼发拉底河岸，城墙环绕着紧密排列的神庙、祭坛、市场和房屋，横平竖直的宽阔街道将城市划分成区块。传奇的巴别塔位于城中，这座7层的阶梯金字塔矗立于一个90平方米的基座上。城中还有古代七大奇迹之一的空中花园，由尼布甲尼撒为妻子阿米蒂斯（Amytis）而建。

尼姆鲁德

●公元前859年　⚑伊拉克北部摩苏尔（MOSUL）附近

✍亚述纳西拔二世（ASHURNASIRPAL II）　🏛 城市

　　尼姆鲁德是《圣经》中卡拉城（Calah）的所在地。这里曾经是一个拥有十万居民的喧嚣热闹的城市。其城墙长达7.5千米。亚述国王亚述纳西拔一世在公元前13世纪创建了该城市，在公元前800年前后亚述纳西拔二世统治时期进行了扩建。尼姆鲁德一直是一个重要的中心，直到公元前614年至公元前612年被巴比伦人和米地亚人攻陷。宫殿坐落在宽敞的庭院内，有一座阶梯金字塔和描绘血腥战斗和猎杀狮子的石雕。在2015年，亚述纳西拔二世的这座曾经辉煌的王宫被严重损毁。它曾经是气势恢宏的埃兹达（Ezida）神庙所在地，竣工于公元前9世纪；这里曾有书写之神那波（Nabu）的圣堂。那波圣堂所前面有一口井，井水与细腻的黏土混合可以制成书写板，这是美索不达米亚文化中的一个极为重要的部分。

尼尼微城（Nineveh）

● 约公元前700年　🏳 伊拉克北部摩苏尔
🏛 西拿基立（SENNACHERIB）　🏛 城市

尼尼微城位于底格里斯河东岸，是亚述帝国最后、也是最伟大的首都。它由国工尼姆罗德（Nimrod）创建，由萨尔贡二世的王子西拿基立规划。与其他古城一样的是，尼尼微城的兴盛时刻是短暂的，它于公元前612年被米地亚人和巴比伦人占领，并惨遭战争蹂躏。这里曾经一派壮观，12千米长的城墙护卫着城内的数座王宫。现今遗留的古迹包括伟大的西拿基立国王的"无与伦比

的王宫"，时至今日仍然装饰着画面凌厉的浮雕。在伦敦的大英博物馆收藏的精美浮雕中，有一些亚述纳西拔国王（Ashurbanipal）宫殿里的浮雕上面活灵活现地描绘了王室狩猎雄狮的场景，以及亚述人与埃兰人（Elamites）的血腥战争中残忍处决敌人的可怕场面。尼尼微城与所有其他亚述城市一样，都是高效的战争机器。

所罗门神殿（Temple of Solomon）

● 约公元前1000年
🏳 以色列（ISRAEL）耶路撒冷（JERUSALEM）
🏛 所罗门王（SOLOMON）　🏛 礼拜场所

根据《圣经·旧约》（Old Testament），所罗门神殿是由大卫王（David）的儿子所罗门建造的，用于安置约柜，即盛放十诫的容器。原有的神殿已经片瓦不存，最大的可能是于公元前6世纪被巴比伦人摧毁。《圣经》上的描述和考古挖掘的发现显示，建筑的内部有一座圣殿，前面是一个庭院，外层的开放式庭院环绕着圣殿和庭院，如下图所示。

🔽 **所罗门神殿**

这个模型是根据《圣经》的描述而建，展示了这座伟大神殿的布局。

>> 赞美国王

以3种文字镌刻在石壁上的铭文，要么歌颂大流士国王及他的统治，要么细数支持王庭的28个民族。

大流士一世之墓

- 公元前485年
- 伊朗南部纳克歇–洛斯塔姆（NAQSH-I-RUSTAM）
- 大流士一世　　陵墓

　　大流士一世陵墓的坚硬石壁上刻满了铭文，歌颂这位伟大波斯统治者的丰功伟业，表达他的思想和信念。精雕细刻的陵墓外立面宽18.3米，高大的入口面向东升的旭日，两侧的4根柱子上装饰埃及风格的檐口，柱头雕刻一对背对背跪着的公牛，这是该时期波斯建筑的一个特点。陵墓立面的设计看起来借鉴了附近波斯波利斯大流士王宫南立面的形制。

凡城堡

- 约公元前800年　　土耳其东部，凡城（VAN）
- 大流士一世　　堡垒

　　凡城堡的遗迹耸立在80余米高的岩石上，站在上面，周围乡村景色尽收眼底。从距今3000年前开始，凡城就是乌拉尔图（Urartu）王国的首都，我们对这个文明知之甚少，只知道它曾是亚述人的劲敌（对亚述人来说，其战车所及范围内的所有文明都是敌人）。堡垒的基座以巨大石块筑成，许多石块至今仍岿然不动；上层建筑应该是以泥制的砖块搭建，房顶以茅草或者木材建成。唯一留存于世的建筑遗迹是一个坚固的石头建成的箭楼，即有防御功能的大门，它曾护卫着堡垒的入口和水源。其内部规划可能与一座人口密集的城堡相似。神庙已然不复存在，而堡垒南侧的墙壁上发现了岩石墓穴，墓穴上凿刻着点灯用的凹槽。

泰西封宫（Palace of Ctesiphon）

- 约350年　　伊拉克中部泰西封
- 霍斯劳一世（CHOSROES I）　　宫殿

　　雄伟的泰西封宫是美索不达米亚文明晚期的奇迹之一。它虽然是由萨珊（Sassanid）王朝的波斯国王修建的，但在许多方面汇集了这个地区多个文明的朝气蓬勃的活力和宏伟的建筑雄心。宫殿最显眼的特点是一座巨大的单跨砖制桶形拱顶，这应该曾是一间壮观的开放式宴会厅的一部分。这个拱顶（从技术上来讲，它是一个尖顶卵形拱，这是美索不达米亚很常见的形制）高36.7米、宽25.3米，令人倍感惊艳，可媲美古罗马人建造的任何建筑。宫殿的设计显然受到了罗马的影响，中央宴会厅两侧的厚重墙壁上嵌入双柱拱廊，为厚重的高墙赋予灵动感。不过，建筑真正的形制却与罗马风格大相径庭。华丽的宴会厅两端是开放的，形成了一个巨大的，富丽堂皇的帐篷。宫殿的东墙得以留存至今，但西墙和后墙早已坍塌，工程师们对现存拱顶的坚固程度忧心忡忡。

< 拱顶的建筑

泰西封宫有古代世界最大的拱顶，由未经烧制的泥制砖块建造而成。

波斯波利斯宫殿建筑群

⏺公元前480年　🏴伊朗南部波斯波利斯　⛰大流士一世　🏛宫殿

　　波斯波利斯宫建筑群拥有极富想象力的石雕典礼台阶和壮观的百柱厅，这座建筑群一定属当时最气势磅礴的建筑之列。波斯帝国兼并了多个文化和文明（有些文明是被迫并入波斯帝国的），它们的设计风格和工艺体现在这座大流士一世宫殿的建筑和装饰上，甚至直至今日，它的残迹仍然具有强大的视觉冲击力。

　　大多数古代建筑代表了一个特定文明的文化特征；波斯波利斯宫向我们展示了建筑风格如何跨文明融合，产生混合风格的设计。这组宫殿群位于一个面积460米×275米，高15米的石头平台之上。它的庭院和大厅耗费了几十年才竣工，而今只留下进入宫殿的高大台阶；当年国王应该是策马而上。建筑群的最高点是百柱殿，内置宝座，这座宏伟朝觐殿的砖砌墙壁厚达3.4米，100根雕刻着双牛的柱子承托着一个巨大的柏木屋顶。宫内主建筑的墙壁以石板贴面，次一级的建筑则以上釉的泥砖贴面。宫殿建筑群内装饰着的大量石刻浮雕和壁画得以保留至今，栩栩如生地描绘了贵族、朝臣、进贡者、外国政要、士兵和其他人物，使我们有幸一窥这个古代强大王朝之一的宫廷生活。当我们参观饱经风霜的波斯波利斯遗迹时，很容易忘记它原本装饰着鲜艳的色彩，这对现代审美也许是艳俗的，但是一定令古代的觐见者们眼花缭乱。

⏫ **王中之王**

当大流士一世于公元前486年去世时，他已经把波斯帝国的疆土扩张至印度和色雷斯（Thrace）。

◀◀ **波斯波利斯的沦陷**

波斯波利斯的辉煌一直延续至公元前330年，在那一年亚历山大大帝劫掠了这座城市。该遗址于17世纪被重新发现。

古埃及建筑

约公元前3000—公元300年

古埃及文化一直令后世叹为观止。其扑朔迷离的传说、盛大的殡葬仪式和传承几千年而基本保持本色的顽强文化都令人叹服。同样令人惊叹的还有雄伟的建筑、完美几何形状的金字塔以及诡秘的寺庙和陵墓。

神秘、统一且自成一派，古埃及建筑风格在大约3000年的漫长年月里一直在缓慢发展。那时，这个国家极少面临外敌入侵，国富民强，生产和生活秩序井井有条。国家的财富和文化建立在尼罗河的周期性泛滥之上。每年，当河水上涨、山谷内草木丰盈时，人们主要从事农业生产，必须抓紧时间种植足够的粮食，才能挨过紧随其后的旱季。当水位后退，农场主和雇农可以从事的生产活动有限，正因如此，每年有五个月时间，大批技术性或非技术性剩余劳动力可以被派遣去修建纪念性建筑，包括金字塔。金字塔是存放法老的木乃伊和财宝的陵墓。第一座金字塔是塞加拉的昭赛尔金字塔（Pyramid of Zoser），设计者是史上第一位留下名字的建筑师伊姆霍泰普。

经典永流传

数千年来，法老文化一直吸引着无数游客和探险家纷至沓来，从古罗马人到拿破仑一世，莫不迷恋。1922年，英国考古学家霍华德·卡特（Howard Carter）发现了年轻法老图坦卡蒙（Tuta khamu，公元前1334—前1323年）的陵墓，从而开启了延续至今的古埃及热。20世纪的二三十年代，埃及风格与装饰艺术运动（Art-Deco movement）的碰撞诞生出数不胜数的书籍和电影，也吸引了数以百万计的游客登上从开罗（Cairo）至卢克索（Luxor）的尼罗河游轮。

◄ **吉萨（Giza）的胡夫（Khufu）金字塔**
胡夫金字塔是年代最久远的古代奇迹。

建筑元素

古埃及建筑的特点是使用石块作为建筑材料。高大的斜墙、山峰一般的金字塔、巨型雕像和宏伟的柱廊比比皆是。工匠们用石头为众多神明造像，有些神明有人类的特征，有些则以动物的形式出现。而植物的纹样多用于装饰柱头。

⚌ 斯芬克斯（Sphixes）

仪典大道直通神殿的入口，入口通常装饰着一排排斯芬克斯，即传说中的神兽，有着狮子的身体和人类或公羊的头颅。

⚌ 纸莎草柱头

埃及建筑柱头的设计是艺术化的植物造型，例如尼罗河畔常见的纸莎草。

⚌ 莲花苞柱头

这种极为抽象的柱头是根据莲花的花苞设计的。卢克索神庙的核心是百柱厅，殿内颀长的石柱顶端装饰着这种莲花苞柱头。

⚌ 浮雕

古埃及建筑设计不但满足视觉美感，同时可以进行解读。宫殿里和墙壁上的浮雕以象形文字和图画讲述各种故事。

⚌ 巨型入口雕塑

神庙之前岿然屹立着巨大的法老雕像，将法老的神圣力量深深印刻在凡人心中。在伟大的阿布－辛拜勒（Abu-Simbel）神庙前，矗立着四座一模一样的拉美西斯二世（Rameses II）的巨型雕像。

朴素的入口很难使人联想到神庙内的建筑瑰宝

非常坚固的斜坡墙壁

⚋ 梯形石墙的门楼

许多神庙把入口建在两座梯形石墙之间，例如卡纳克（Karak）的孔苏（Khos）神庙。梯形石墙后隐藏着洒满阳光的庭院或百柱厅。

胡夫金字塔

● 约公元前2566年　　▥ 埃及吉萨　　⚒ 未知　　🏛 陵墓

　　埃及法老胡夫在公元前2589至公元前2566年统治埃及。人们认为吉萨的三座金字塔里最大的那座是他长眠的陵墓。在每年的非收获季节，大量人力和物力投入到建设当中，历经20年岁月，才成就了这座有史以来最大的金字塔。刚落成时，金字塔高达147米，由230万块精准安置的石块建成，每块石头重达2.5吨，塔的四边都是241米长。原本它的外层覆盖着一层抛光的石灰石，但现在早已风化消失了。金字塔内部有三个墓室，不过人们怀疑从未有法老安葬于此，更不用说胡夫法老了。吉萨金字塔的排列方向正好与猎户座的腰带对齐，代表着生命、繁衍、再生和往生。

⌃ **吉萨的金字塔**

法老的墓室内有一具无盖的巨大的石质棺椁

王后的墓室较小且空无一物，可能是为了误导盗墓贼而建

一路向下的通道尽头是一个自然形成的岩石坑洞，墙壁上空无一物

⌃ **象牙小雕像**

这个9厘米高的小雕像，是大约公元前1590年的作品。这是现存展示胡夫法老面貌的唯一作品。

金字塔最顶端的石块原本可能是镀金的

在石灰石层下面，花岗岩块形成巨大的阶梯

中央墓室的下部入口用一块巨大的花岗岩封闭

高高的通道被称作大甬道

▶ 大甬道

高高的通道一直通往法老墓室的入口。在甬道的墙壁和石台上凿有缺口，其位置极为精确。这些缺口的作用直至今日仍然是人们争议的话题。甬道有可能储存用来封闭墓室的巨型花岗岩块。

▶ 巨型石块

建造金字塔的巨型石块外观粗犷，其上覆一层白色石灰石。而今，建筑结构暴露无遗。

昭塞尔（Zoser）台阶形金字塔

● 约公元前2650年　🏛 埃及塞加拉（SAKKARA）　✍ 伊姆霍泰普　🏛 纪念性陵墓

　　昭塞尔的法老陵墓是世界上最早的大型石质纪念性建筑，也是第一座埃及金字塔。它革命性的设计是史上第一位留下名字的建筑师伊姆霍泰普的杰作。最初它只是另一座玛斯塔巴（mastaba），即石质单层台型陵墓，积年累月，这座陵墓的逐渐演变为高达60米的台阶形石灰石金字塔。

　　6座传统的单层台型陵墓堆叠在一起，逐层缩小，形成了这座巍峨的台阶形金字塔。底边长宽分别是125米×109米。

　　它原本是一个庞大宗教建筑群的一部分，位于一个由石灰石砌成的围墙之内，整个院落的长宽分别为547米和278米。这个宽阔的庭院有许多假入口，真正的入口只有一个。庭院建有昭塞尔王宫内建筑的模型；法老希望自己往生后把自己下令兴建的建筑物一并带去。进入大门后，依次展现在眼前的是大道、柱厅、神龛、礼拜堂、和储藏室。

　　在这座伟大的建筑上，石材有史以来首次用来搭建屋顶，这个实践的成功推翻了以前建筑者的认知，证实了石头是一种极为灵活的建材。整座建筑高62米，以纯白石灰石建造，由5层正方形逐级递减堆叠而成。墓室在深入地下2米处，表面贴花岗岩。使用石料而非泥制砖块代表了法老对永生的渴望。

🔽 第一座金字塔

埋在地下的玛斯塔巴通常会在地面建造一座建筑作为其一部分。但是这种多层的玛斯塔巴本身就是一个令人震撼的金字塔形纪念性建筑。

》 伊姆霍泰普

　　昭塞尔法老（公元前2687—前2668年）是埃及第三王朝的一位统治者。法老委托他的首席大臣伊姆霍泰普为他建造永久安息之所。这座纪念性建筑物历经数年才竣工。伊姆霍泰普（见右图）被赋予建筑师、工程师、贤士、医者、天文学家和大祭司的称号，后世敬奉他为聪慧之神。

》 伊姆霍泰普的青铜像

底比斯（Thebes）王陵

☉公元前1500年 **㎞埃及卢克索帝王谷**

✍未知 **🏛陵墓**

在大兴土木修建金字塔的英雄时代之后，埃及新王国时期法老们为了保护自己的遗体和财宝免遭盗墓贼染指，选择了非常不同的殡葬形式，即入棺土葬。这些陵墓中最早期的一批坐落于底比斯（现在的卢克索）附近尼罗河西岸烈日暴晒下的山脉中。在这里，第十八、十九和二十王朝的法老木乃伊深藏在装饰华美、由一排排石柱支撑的石质墓室中。有些墓室位于地下深达96米、深入山岩达210米之处。人们可以经过狭长倾斜的通道、台阶和迷宫般的前厅进入墓室。

正在发掘中的陵墓有62座，其他尚未开始发掘。上一个重要发现是英国考古学家霍华德·卡特于1922年发现的年轻法老图坦卡蒙墓。2015年，考古学家认为他们或许找到了美丽的埃及女王纳芙蒂蒂（Nefertiti）墓，她既是图坦卡蒙的继母，也是岳母。纳芙蒂蒂的陵墓隐藏于少年法老陵墓后面的一个小墓室里。女王哈特谢普苏特（Hatshepsut）墓是目前发掘的最长和最深的陵墓。她是一位强权的统治者，也是一位多产的建筑者，雇用了那个年代最优秀的一批建筑师。距今2000年前，来自遥远的雅典和罗马的游客就来过这里，欣赏对他们来说的伟大古代建筑，并在本应是秘密的陵墓里留下涂鸦。如今，这些曾经与世隔绝的陵墓所处的位置很接近卢克索的新郊区。

⚐尘世奇珍

法老陵墓深藏于地下，墙壁和天花板都装饰着色彩艳丽的壁画和繁复的铭文。

卡纳克的阿蒙（Amu）神庙

- 公元前1530年
- 埃及卡纳克
- 图特摩斯一世
- 礼拜场所

宏伟磅礴、极具视觉冲击力的阿蒙神庙是埃及金字塔之外极具代表性的形象之一。它的确是一座令人着迷的建筑，中心的百柱厅内至少耸立着134根雕刻精美的巨大柱子，排成十六行。位于中心的柱子高21米，直径为3.6米。今天，神庙不仅是建筑师的灵感之源，也是当地导游与游客玩捉迷藏的绝佳地点。这座埃及最宏伟的神庙是卡纳克令人惊叹的古代建筑群的一部分，历代法老、建筑师和工匠历时1200年悠长岁月才完成这座建筑奇迹。在它厚实的围墙之内，稍小的、早期的神龛位于后来建造的神龛之内，因此可以说神庙是一种俄罗斯套娃的形制。神圣湖畔的神庙规模惊人，面积为366米×110米。从某种程度上说，一排斯芬克斯仍然连接着阿蒙神庙与卢克索的神庙。这里曾经至少有六个牌楼式大门，通往神庙内各个宽敞的庭院、侧翼庙宇、多柱庭院和无数圣堂。

令人敬畏的宏伟景观

阿蒙神庙的宏伟柱厅里，壮观的彩色浮雕和铭文歌颂着法老们的丰功伟绩。

卡纳克的孔苏神庙

⏱ 公元前1198年　🏛 埃及卡纳克

🏗 未知　🏛 礼拜场所

　　金字塔和纪念堂是为祭拜法老而建，而神庙是为祭祀神明而建。埃及文化信奉的神明众多，因此神庙的数量也极多。孔苏神庙是一个典型，它位于现在的卢克索市附近的宗教建筑群之内。一列斯芬克斯排列在方尖碑前，后面是巨大的牌楼门入口，直通内部。神庙内是一个类似于回廊式的庭院，四周围绕着粗大且成对的石柱。平民百姓止步于此。在这之后，是一间百柱厅，采光只来自天窗，说明这里是一个圣堂，其内有数间礼拜堂，建筑更深处还有一个柱厅。这里是神明和祭司们主宰的世界。虽然埃及诸神令人捉摸不透，不过供奉他们的神庙不像金字塔那样是神圣不可触及之地。古埃及的人们可以使用这些神庙，与现代人出入宗教建筑类似。

⬇ **夸张的入口**

高大牌楼式入口正中间开一面狭窄的大门，初来乍到的游客无不被其气势所震撼。

哈特谢普苏特女王神庙

⏱ 公元前15世纪　🏛 埃及杜尔巴哈里（DÊR EL-BAHARI）

🏗 森穆特（SENMUT）　🏛 礼拜场所

　　这座神庙是哈特谢普苏特女王富丽堂皇的纪念堂，而她的墓室在距离此地很远的深山之中。依山而建，就地取材的纪念堂对现代人来说看起来惊人地像一座19世纪后现代主义风格的博物馆或美术馆。女王的建筑师森穆特给这座神庙设计了3层平行的露台，每一层的前沿建有一整排双柱构成的柱廊，提供阴凉，每层之间以巨大的斜坡相连。最上层天台建有石柱环绕的院子，院中是女王的纪念堂，以及一个祭祀太阳神拉（Ra）的祭台。该院落后是一个开凿深入山崖内部的圣堂，祭司们在这里举行神秘的仪式。作为一位女王，哈特谢普苏特掌握了前所未有的权力，神庙也是歌功颂德的建筑杰作：最上层的露台是一排排女王和斯芬克斯雕像，柱厅里处处都是描述女王生平的生动浮雕。

⬇ **经典永流传**

神庙布满装饰的墙壁描述了哈特谢普苏特所谓的神圣血统，细节显示阿蒙-拉（Amu Ra）神是她的父亲。

阿布－辛拜勒神庙

🌐约公元前1257年　📍埃及阿布－辛拜勒　⚒拉美西斯二世　🏛礼拜场所

这座开凿在悬崖上的巍峨神庙是拉美西斯二世为了纪念自己而兴建的两座建筑之一，非常幸运的是，神庙留存至今。其原址位于尼罗河畔，而今已经在阿斯旺大坝（Aswan High Dam）的水面之下。大坝建于神庙落成3200多年后的20世纪60年代，是一座美丽而令人难忘的建筑。

⏫ **深处的圣堂**

迁移神庙时，工人们煞费苦心地把两座石建神庙逐块锯开，然后在距离原址不远的地点重新组合。神庙的正面是巍然而立的石质巨大牌楼门。最初它的前面有一个庭院。神庙以其巨大的拉美西斯二世雕像而闻名，雕像之大说明他是一位在任何事情上都不妥协的法老。雕像脚下是他的妻子妮菲塔莉（Nefartari）、母亲图雅（Mut-tuy）和孩子们的小雕像；拉美西斯二世雕像上方是一排正在微笑着迎接日出的狒狒。神庙正立面宽36米，高32米，而雕像高达20多米。雕像后是一个高达9米的大殿，由8根装饰华美的柱子支撑。穿过大殿之后是一个较小的柱厅，两侧是不对称的神龛，通向一个布局复杂的圣堂。最神圣的神堂内，被神化的法老与神明的雕像并排而坐，接受供奉。（见上图）。拉美西斯二世的遗体被埋葬在遥远的山区，但这里以及底比斯的拉美西斯博物馆，是敬奉他的地方。

⏬ **有缺陷的外立面**
四座雕像中的第二座因地震受损，已经被纳入联合国教科文组织（UNESCO）重建计划。

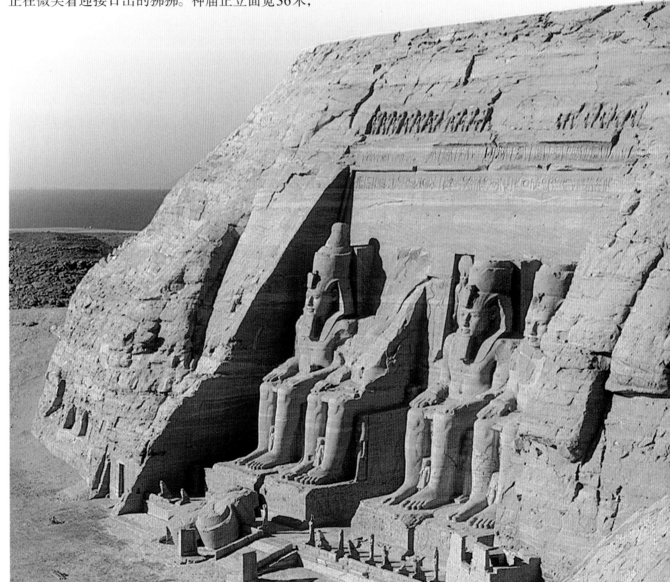

菲莱（Philae）的伊希斯（Isis）神庙

⊙公元前247年　☇埃及阿吉利卡（AGILIKA）

✍未知　🏛礼拜场所

　　伊希斯神庙的原址位于菲莱岛，岛屿现在已经淹没在阿斯旺大坝的水库的水面下了。神庙也在20世纪初期迁移到了附近的阿吉利卡岛。

　　虽然这座神庙建于古埃及时代的末期，但是建筑师们仍然秉承了前人的宏伟建筑风格，这座神庙的标准与千年前并无二致，但细节和建筑工艺稍显逊色。外行无法区分一座公元前1300年的神庙与公元前3世纪的神庙（例如这一座）；不过，虽然它们都有牌楼门、多柱的庭院、有天窗的大厅和深处的圣堂，两者还是有一些区别的。例如，这座神庙的柱头更富有装饰性，但雕刻工艺相对粗糙。有趣的是，96年，罗马人在神庙建筑群内建造了一个四面敞开的亭式建筑，称为"法老之床"。从克利奥帕特拉（Cleopatra）和裘力斯·恺撒（Julius Caesar）相恋的那个年代开始，罗马人就热情地采用了埃及风格的设计。这些建筑为菲莱岛增添了迷人的色彩，也对后世产生了深远的影响，例如遥远的蒂沃利（Tivoli）哈德良别墅（Hadria's Villa）的雄伟规划。

布亨（Buhen）堡

⊙公元前2130年　☇埃及布亨

✍塞索斯特利斯三世（SESOSTRIS III）　🏛防御工事

　　布亨堡曾经是埃及努比亚地区（Nubia）的首府，对埃及南边的邻居来说，当年它一定是一个气势恢宏的景观。堡垒占地面积13000平方米，厚实的砖块和石头砌成的墙壁厚约5米。堡垒被无水的壕沟环绕，采用凸出城墙的工事加固，以安装在专门建造的炮台上的投弹器防守，用吊桥与外界隔离。这座堡垒曾经是为了防御敌军，同时保护前往埃及的商道而建造的数个堡垒之一。无论怎样，布亨堡的记忆提醒我们，古埃及人既是精美文化和宗教建筑的创造者，也是在几千年的时间里一直所向披靡、英勇退敌的战士。1964年竣工的阿斯旺水坝，将布亨堡和尼罗河两岸的其他军事工事淹没在纳赛尔（Nasser）湖的平静的水面下。

荷鲁斯（Horus）神庙

⊙公元前57年　☇埃及伊德富（EDFU）

✍托勒密三世（PTOLEMY III）　🏛礼拜场所

　　这座供奉鹰神荷鲁斯的埃及时代后期神庙以保存完整而出名。几千年来，它一直被埋藏在大漠黄沙之下，只有牌楼门的顶部露出地面，直到最终被发掘，埋藏地下2000年之久的辉煌才得以重现于世。荷鲁斯神庙不像卡纳克神庙那样富有戏剧性和出色的艺术性，这并不是对它的贬低，因为这就如同把中世纪的乡村教堂与城市里的大教堂相比。

美洲建筑

古代美洲文明留下的纪念性建筑对现代人来说非常有趣，有人认为那是消失的亚特兰大城（Atlantis）的遗迹。16世纪来到墨西哥和秘鲁的西班牙殖民者造成了当地土著文物和遗迹的大规模毁灭，其程度之严重，阻碍了我们对这个迷人文明的了解。

在欧洲人宣布占领"新世界"几千年之前，中美洲和南美洲的土地已经滋养出多个人口众多、繁荣先进的文明。规模最大、最著名的几个当数玛雅（Maya）、阿兹特克（Aztecs）和印加（Incas）文明，不过其他文明，包括奥尔梅克（Olmec）、萨巴特克（Zapotec）、特奥蒂瓦坎（Teotihuacáns）、台克（Toltec）、莫切（Moche）和纳斯卡（Nazca）也都各自建立了极具特色的文化体系，

发展了新的技术和建筑风格。例如公元前1500年至公元前800年在墨西哥南海岸兴起的奥尔梅克文明，首次在西半球发明了日历和象形文字。特奥蒂瓦坎文明在约公元前300年至公元500年兴盛一时，吞并了中美洲大部分地区，并在今天的墨西哥城附近修建了令人叹为观止的特奥蒂瓦坎城。玛雅文明始于公元前1500年，在公元300年至900年达到巅峰，其佐证是玛雅文明活动的中心区域耸立着巨大

安第斯山脉

直至今日，秘鲁那些说着盖丘亚语（Quechua）的人还在举行祭祀神山的仪式。神山对其建筑风格影响深远。

大事记

约公元前100年：一座具有纪念意义的城市——特奥蒂瓦坎，在墨西哥山谷崛起并蓬勃发展

约50年：纳斯卡文化在秘鲁（Peru）沿海繁荣发展。他们留下了巨大而神秘的地面图案，想要看清只能从高空俯瞰

约378年：玛雅主要城市蒂卡尔（Tikal）和瓦哈克通（Uaxactún）之间的竞争以蒂卡尔胜利告终

| 公元元年 | 250年 | 500年 | 750年 |

约公元前1年：危地马拉（Guatemala）的埃尔米拉多（El Mirador）是早期玛雅最伟大的城市，正处于鼎盛时期

约150年：莫戈永（Mogollon）文明在美洲西南部发展，他们制作出有趣的彩陶

约250年：玛雅文明的经典时期始于危地马拉、洪都拉斯（Honduras）和墨西哥（Mexico）南部

约500年：美洲北部和普卫（Hopewell）文明开始建造土冢、陶器和铁制武器

约750年：墨西哥的特奥蒂瓦坎文明崩溃

石制金字塔和神庙，以及用象形文字记载的天文和数学方面的成就。

　　历史学家对墨西哥的阿兹特克文明以及以秘鲁为中心的印加帝国进行了大量研究。然而，这两个文明，及其建造的具有灌溉系统的伟大城市，被西班牙人完全摧毁了。西班牙人埃尔南·科尔特斯（Hernán Cortés，1485—1547年）征服阿兹特克文明时，带去的不只是武器、大炮和盔甲，还有宗教法庭、对黄金白银的极度贪婪以及中美洲从未出现过的疾病。1521年，阿兹特克首都特诺奇蒂特兰城（Tenochtitlan）被占领后不到70年，阿兹特克的人口从1500万骤降至300万；印加文明也经历了同样的悲剧。

《 神的供品

阿兹特克艺术通常表现宗教内容。左图是阿兹特克手稿或法典的局部细节，描述了在神庙台阶上进行活人祭祀的场景。

阿兹特克的成就

　　阿兹特克帝国的鼎盛时期大约是1430年至1521年（在1521年被西班牙人殖民），那时的帝国覆盖了如今墨西哥的大部分面积。阿兹特克文明有严格的社会结构，他们信奉的宗教影响生活的各个方面，包括建筑风格。伟大的特诺奇蒂特兰城（现在的墨西哥城）内建有一个庞大的神庙建筑群、一座皇家宫殿以及无数条运河。

》 阿兹特克太阳历

太阳历是阿兹特克人掌握天文与数学知识的证明，它原本放置在特诺奇蒂特兰的神庙内。

中美洲和北美洲建筑

约公元前300—公元1550年

　　曾经繁荣于墨西哥和中美洲大陆上的文明创造了无数令人惊叹的大规模建筑。西班牙征服者被金光闪闪的城市所震撼。的确，在那个时代，在世界上所有的城市中，只有伊斯坦布尔的人口超过了阿兹特克首都特诺奇蒂特兰城。

　　美洲文明最伟大的建筑者是特奥蒂瓦坎人。他们的首都特奥蒂瓦坎城位于现在的墨西哥城东北方向60千米处。此城落成于约公元前300年，于200至400年达到鼎盛时期，那时城内人口据估达到了20万。特奥蒂瓦坎在那个时代是一座庞大的城市，一条至少长达2千米的主街"死亡之路"贯穿城市中心。宽45米至90米的街道两侧是建在石制平台上的住宅和两座供奉太阳和月亮的金字塔。这座被来访者称为"众神之城"的城市于900年前后台克人入侵期间被废弃。

如山高大的纪念碑

　　台阶形金字塔是中美洲文明遗留给后人的纪念性建筑物。在茂密丛林中的开阔地带，金字塔拔地而起，远观如同密林中的山顶。它们之中最华丽伟岸的设计当属奇琴伊察的战士庙和乌斯马尔（Uxmal）的总督府（Palace of the Governors）。然而，我们对这些建筑知之甚少。在今天的墨西哥边境线北侧几乎没有留存于世的永久性建筑，幸存的古代建筑仅限于少数普韦布洛人留下的岩画。美洲的建筑历史直到来自欧洲的清教徒先辈和其他欧洲殖民者到来以后才开始发展。

◀ **台阶形金字塔**

这座神庙位于危地马拉的玛雅城市蒂卡尔遗址，高达44米，是中美洲经典台阶形金字塔。

建筑元素

阶梯金字塔是前殖民时代美洲纪念性建筑最常见的形制。这些巨大建筑的仪式性功能和公共典礼意义比建筑本身更为重要，所以内部并没有太多房间；高台、祭坛、典仪台阶、雕像和浮雕都被赋予了重要含义。

⏶ 柱厅

只有少数柱厅留存至今，奇琴伊察战士庙是一个绝妙的例子，这个玛雅建筑可以与古埃及任何建筑媲美。

⏶ 蛇形柱

众多神庙的墙壁和柱子上雕刻突出的、有明亮眼睛和凶猛獠牙的蟒蛇和许多其他怪物的头。图中的守护神位于奇琴伊察的战士庙。

⏶ 几何螺旋墙壁装饰

乌斯马尔的总督府主外立面上半部分雕刻着灵动而繁复的马赛克，仿佛在翩翩起舞。这些浮雕大多是几何螺旋形。

⏵ 石制面具

在神庙和宫殿的墙壁上嵌有面貌狰狞的石制面具。他们对墙下的人们怒目而视，使人不寒而栗。图中所示石制面具是卡巴（Kabah）遗址的面具宫殿（Codz-Poop）中的一个，这尊雨神看起来需要祭品的安抚。

⏵⏵ 阶梯金字塔形制

蒂卡尔的神庙是一座具有多层陡峭台阶式的金字塔。它是保存和维护良好的例子之一，也是玛雅宗教建筑的典型形制。

塔顶独特的雕刻

陡峭而狭窄的台阶为金字塔增添了视觉冲击力

简单的几何形开口

⏶ 长方形窗户

古代美洲的阶梯金字塔顶层的房间通常只开一个高大的门洞用来采光，也作为窗户使用。许多房间看起来是简单的空间；只有少数几个建有拱顶。

太阳金字塔（Pyramid of the Sun）

●约50年　⚑墨西哥特奥蒂瓦坎　✍未知　🏛礼拜场所

在特奥蒂瓦坎这座中美洲最古老的城市中，太阳金字塔是一处的景观。它位于一条长2千米的大道左侧。阿兹特克人在12世纪继承这座城市的时候，将此路命名为"死亡之路"。他们以为这些金字塔是陵墓，其实它们是神庙。

⤒ **特奥蒂瓦坎的石刻浮雕**

⬙ **一系列山形神庙**

太阳金字塔（见下图）、月亮金字塔以及小一些的神庙建筑（见下图前景）呼应滨海山脉的轮廓。

特奥蒂瓦坎的大金字塔与此地区其他金字塔一样，以当地的土坯或泥巴混合石子为建筑材料，表面覆盖一层石材。石材外层再抹石膏，并饰有色彩艳丽的浮雕。金字塔内部没有房间，不过通过一系列斜坡和台阶可以到达塔顶的神庙。它是在一座早期的建筑上扩建而成，地基面积为217米×217米，高达57米，这种神庙形制是这个广阔地域内众多神圣金字塔形制的一种。除了金字塔，特奥蒂瓦坎建筑群内还有月神庙（Pyramid of the Moon）、魁札尔科亚特尔神庙（Quetzalcoatl）、农耕神庙（Temple of Agriculture）以及一座宫殿。

神庙初竣工时，它的外表应该覆盖着温润的白色石头或者血红色的灰浆。

》魁札尔科亚特尔

阿兹特克名字的意思是"长羽毛的蟒蛇"，他是一位更古老文化信奉的神明。魁札尔科亚特尔也是一位英勇善战的国王的名字，在950年至1000年，这位国王征服了许多邻近的民族。神明和国王在传说中合为一体。人们相信魁札尔科亚特尔神在死后化身为晨星，有预言说，他终将卷土重来，夺回他的王国。

美洲豹神庙

🔘730年　📍危地马拉北部蒂卡尔城

✍未知　🏛礼拜场所

　　美洲豹神庙位于佩滕（Petén）雨林的深处，也许是保存最完整的玛雅神庙。这座以精细雕刻的石材建成的金字塔神庙是一位古代国王的安息之所，共有9层，象征着玛雅传说中冥界的九位冥王。拾级而上，是一个有拱顶的神坛，上置石雕装饰性塔顶。这种装饰性塔顶是玛雅宗教建筑常见的样式，类似于一个立着的发梳，或者一只小公鸡。

　　神庙高耸颀长，与美索不达米亚和埃及金字塔大相径庭。它的地基长34米、宽29.8米，高30.5米。每一层的外墙屋顶几乎成直角，突出了建筑高耸挺拔的视觉效果。神庙内有一个主圣堂，内有三间拱顶房间，其中一间描绘了长羽毛的蟒蛇神库库尔坎（Kukulcan）。一段陡峭且长的仪式性台阶通往神庙，另外一段台阶通往金字塔的第六层。

⏫ **玛雅的辉煌**
本图左上角的美洲豹神庙坐落在一个宏伟的大广场中。

象形文字塔

🔘约700—800年　📍墨西哥南部帕伦克（PALENQUE）

✍胡纳布·帕卡尔（HUNAB PACAL）　🏛礼拜场所

　　象形文字塔是隐藏在墨西哥密林深处的一座神庙，于1773年首次被发现，但不久后被再一次遗忘，直到1841年被美国探险家斯蒂芬斯（Stephens）和卡瑟伍德（Catherwood）再次发现。虽然它经过大规模修复，但仍不失为帕伦克遗址中精美的建筑之一。这里曾经是玛雅人的一个大型聚居地。神庙高达35米，地基尺寸为56米×40米。在20世纪50年代，当挖掘神庙顶部的拱顶时，墨西哥考古学家阿尔韦托·鲁斯·吕利耶（Alberto Ruz Lhuillier）发现了一个密道，密道通往一扇三角形的石条门，门后是一个暗室，安放着下令建造神庙的统治者胡纳布·帕卡尔的棺椁。

　　神庙的一个房间内装饰着与雨神沙克（Chac）相关的铭文和横饰带。神庙的石雕工艺极其精湛，可能曾经用红色赭石上色，比起今天的外观更加富有视觉冲击力。

🔽 **大规模改造**
原始的建筑只是一个笨重的石制长方形，后人增建了露台和台阶，使它们在外观上接近古代玛雅金字塔的形制。

总督府

○ 900年　🏛 墨西哥乌斯马尔　⚒ 未知　🏛 宫殿

　　这座华丽的宫殿建立在一个巨大的以夯土、碎石和石块建造的基座之上，长宽分别为180米和150米，基座上除了总督府，还曾经建有一些小型建筑。三角形的石拱门连接基座之上的三座宽而矮的建筑，内部有数个带拱顶的房间。不过，总督府最著名的是覆盖整个建筑外部的繁复精湛的雕刻。在凸出的门楣下方是玛雅文化特有的方形螺旋图案和其他更精致的图案。方形的螺旋图案可能是永恒的象征。极富节奏感排列的门廊和门楣以及装饰的一致性是典型玛雅建筑的特点，它与同一个文化建造的台阶形金字塔的气势截然不同。与所有古代美洲建筑一样，它的房间是晦暗的，看起来是禁地。玛雅文化把能够得到日月光华照耀的建筑外观作为重中之重。不管怎么说，在20世纪初期，总督府对美国建筑家弗兰克·劳埃德·赖特（Frank Lloyd Wright）产生了深远的影响，尤其在使用大块结构和装饰方面。

《 建筑场地的发展

人们相信这座宫殿是乌斯马尔的后期一批建筑之一。乌斯马尔的意思是"建设三次"，反映了它的改造规模之大和次数之多。

奇琴伊察武士神庙

○ 约1100年　🏛 墨西哥尤卡坦（YUCATÁN）
⚒ 未知　🏛 礼拜场所

☷ 孤独而灿烂

虽然神庙看起来是独立的整体，但这里曾经是一个繁荣的玛雅人定居点，神庙是其中的一部分。

　　这座两侧以数根柱子围护的神庙遗迹至今仍然震撼人心。也许不那么令人震撼的是，两座柱厅的设计都是在木材上架石料，这种脆弱的结构导致神庙在几百年前就坍塌了。不过，它当初竣工时一定是一座气派的建筑，因为如今存留下来的宏伟柱厅的骨架在古代美洲遗迹中是极其罕见的。神庙冠于台阶形石头基座上，内有两个带拱顶的石制房间，不过，最著名要数支撑朝西门廊的蛇柱。尽管这座神庙集具建筑的所有魅力，但在玛雅时期它却是血腥祭祀的中心每天都有年轻献祭者跳动的心脏被直接挖出献祭给神明，以求次日太阳照常东升。

卡霍基亚（Cahokia）单层金字塔

🕭 约1100年　⚐ 美国伊利诺伊州

⛏ 未知　🏛 礼拜场所

在欧洲移民者到来之前，北美洲大陆上鲜有建筑，因为美洲原住民是生活在平原上的半游牧民族，很少修建永久性建筑，这使卡霍基亚神庙的金字塔建筑群更加引人入胜。以泥土堆成的土丘有各种形状，有的是平顶，有的是锥形。最大的一座是僧侣墩（Monks Mound），高30米，其顶部可能曾经有一个用茅草和木材搭建的建筑。

卡霍基亚从严格意义上来说不是一座城市，但它的确是一个重要的宗教中心，直到15世纪左右被废弃。

≫ **祭拜中心**

卡霍基亚的金字塔围绕着一个平坦的场地排列，这里可能是一个广场或聚会场所。

科罗拉多州（Colorado）梅萨维德国家公园的普韦布洛人遗址（Mesa Verde Pueblo）

🕭 约1000年　⚐ 美国科罗拉多州　⛏ 未知　🏛 城市

人们在散落于北美洲西南部的峡谷石壁上发现了多处人工开凿的建筑遗址，这是北美洲久负盛名的古迹之一。在这里，当地人曾经在峡谷石壁形成的避风港中修建大型建筑群，以保护自己不受风吹日晒、野兽攻击和其他部落突袭。我们至今不知道这些不同建筑的用途，不过，与所有古代文化一样，许多建筑是为了宗教崇拜和庆祝仪式而建的。虽然普韦布洛没有大型神庙，但建筑群还是令人叹为观止，有的高达数层楼，有的以圆形墙壁围绕。这些建筑是自然地质的一部分，这赋予了它们一种特殊的性质——人们通常认为建筑超越并挑战自然，而普韦布洛遗址的发现却挑战了这种观念。

≪ **石头建造的避难所**

虽然古代美洲的普韦布洛早已经被废弃，但是世界上其他地方仍然采用石头修建住宅，例如西班牙和突尼斯（Tunisia）。

南美洲建筑

约公元前600—公元1550年

印加帝国的疆土覆盖了从秘鲁向南到智利4000千米的距离，纵贯亚马逊雨林。虽然西班牙征服者无情地破坏了印加人的工程遗迹，但是仍然有一些极为壮观的中世纪土建工程得以幸免，包括道路、梯田和水利系统等。

印加人并不是征服者故意贬低的那种头脑简单、嗜血残暴的野蛮人。与同时代的欧洲人不同，他们讲究清洁与卫生，城市里也没有垃圾和污水。但事实上，与其他文化相比，我们对这个在500多年前达到顶峰的文明知之甚少，原因是印加人没有文字，他们仅使用"基普"（quipu），即一种绳结记事的方法，但是直到现在我们还没能解读其意义。因为印加人的历史和生活方式没有文献记载，甚至没有实质性的记录，对现代人来说，他们就像青铜时代修建了巨石阵的"德鲁伊德人"（druid），或者像很久以前就被遗忘的特奥蒂瓦坎人一样遥远而神秘。因为缺少文字传承，我们只能通过文物以及壮观石材建造的城市、道路和园林来描绘印加文化。

印加建筑

原本的印加城市并不是我们现在跋涉的干旱之地，相反，清泉从石嘴倾泻而下，在石盆中溅出朵朵水花，再从台阶两侧潺潺流下，声如银铃。可惜的是，当印加人刚开始在建筑上有所发展时，他们就被某种不可控的外力和疾病毁灭了。虽然如此，他们还是留给我们一些未经雕琢的璞玉，例如马丘比丘（Machu Picchu）附近的奥扬泰坦博（Ollantaytambo）遗址的红色斑岩神庙。巨大的神庙外墙像拼图游戏那样拼接起来，而且未用砂浆结合。现在的库斯科市的地基以及秘鲁农夫赖以生存的山坡梯田也是印加人留给后人的遗产。

◁ 马丘比丘

这是一座位于海拔2400米高处印加山区里的军事据点。虽然它从未被西班牙人发现而幸免遭蹂躏，但是大约在玛雅文明被征服的时候就已经被废弃了。

建筑元素

支撑起梯田、花园和喷泉的雄伟砖石结构是印加建筑的力量所在。印加建筑的悲剧之一是很多古建筑被西班牙侵略者毁坏或者改建。马丘比丘逃过了侵略者的魔爪，但最终还是没有逃过被废弃的命运。

≪ 墙上的面具

位于蒂亚瓦纳科（Tiahuanaco）的石头太阳门（Gate of the Sun）上装饰着活灵活现的雕刻。石质门廊原本立于泥坯墙壁之间，现在泥墙已无迹可寻。

≫ 梯形开口

印加建筑上有很多精确的几何形门洞和窗户，这种设计也许是为了减小门楣尺寸。许多这类结构经历了时间的考验，屹立至今，其结实程度，令人惊叹。

≫ 墙上的浮雕

昌昌城是奇穆（Chimor）王国的首都，长长的泥墙上装饰着精确平行的凹槽和横带，上有重复的、形式化的抽象图案，每个图案都精雕细琢，力求一模一样。

≪ 台基

台阶形的墙围出山坡上的聚居地，只要引水灌溉，就可以摇身一变，成为种植粮食的梯田。城市和乡村就这样合二为一。

▽ 不用灰浆的石质工艺

在马丘比丘，随处可见水平极高的印加石头加工工艺。墙面搭建不用灰浆，石块经过精密切割互相契合，不仅结实耐用且可抗地震。

墙面由下往上，石块逐渐变小，以减轻重量。

每块石头按照特定的角度切割，它们互相契合，极大地提高了结构的整体强度。

⌃ 风化的纪念碑

在秘鲁海岸发现的这个巨大的台阶状土丘是一座古代神庙，其设计与美索不达米亚的台阶形金字塔类似。

太阳神庙

🌐 约200—600年　🚩 秘鲁莫切（MOCHE）

⚒ 未知　🏛 礼拜场所

印加文明之前的南美洲建筑以泥土、碎石和其他成分不明的材料建造，所以几乎没有留下遗迹。经历斗转星移，沧海桑田，它们渐渐风化消失了。一大批古代纪念性建筑的残存看起来与地面自然凸起的土丘并无不同——很难把它们认为

是建筑——而且还有待发掘和考证。秘鲁太平洋沿岸的莫切有太阳神庙的遗迹，这座阶梯金字塔虽然已经极度风化，但还能看出曾经巨大的规模，面积为228米×136米，从基座底部测量，它高达41米。这座古代巨型工程共有5层，顶层中间偏一侧修建一座7层的小金字塔。虽然我们不知道它最初的外观和装饰，但是很明显是一个重要的纪念性宗教建筑。

昌昌城（CHAN CHAN）

🌐 约1200—1470年　🚩 秘鲁昌昌城

⚒ 未知　🏛 城市

昌昌城是前印加奇穆王国的首都。它占地21平方千米，仅其仪典中心就占了6平方千米。城市看起来是由9个巨大的四边形建筑或堡垒组成，每一个都环绕着9米高的泥墙，作为抵御海风的屏障。每个四边形内都有几百间相似的泥砖或土坯房屋，房屋外面涂抹泥巴，并雕刻图案。看起

来城市的供水充足，不但有灌溉系统的证据，而且城市中心的水库还建有步入式水井，提供过滤的净水。城市的仪典中心建有对称的宫殿和神庙，以砖砌马赛克和浮雕装饰。有人称这种中规中矩且棱角分明的城市布局为断开的三角形规划。这在南美洲帝国的建筑中极富特色，直到16世纪印加文明衰落都是如此。

⏵⏵ 前印加时代建筑的精密性

对称和精细的装饰对这个文明有重要意义，昌昌城就是一个例子。

马丘比丘（Machu Picchu）

约1500年　秘鲁　有可能是帕查库提（PACHACUTI）国王　城市

　　位于秘鲁安第斯山高处的印加城市马丘比丘遗迹是世界上美丽的旅游胜地之一。直至近期，到达这个险峻山峰的唯一途径都是跟随当地向导进行一场漫长而惊险的徒步。而现在，来自世界各地的游客都可以乘坐舒适的空调车抵达这里。

　　各种因素加速了秘鲁古老建筑的消失，包括西班牙殖民者的侵略、辉煌的印加文化的陨落、风雨侵蚀和自然灾害等。不过，今天我们能够凭吊偏远而令人着迷的马丘比丘遗迹，遐想这座伟大印加建筑在它最鼎盛时期的威压能量。在乌鲁班巴（Urubamah）河之上900米的两座山峰之间，坐落着被坚固的城墙围护的遗迹。这里一直是一个神圣之地，约1400年，印加人开始在这里有目的地建设。工艺精湛的灰色花岗岩城墙之内

并然有序地排列着宫殿、浴室、商店和墓地等公共建筑的遗迹。城里有约150座住宅，房屋或聚集在公共庭院周围，或排列在台基之上。城市的不同区域分布在一系列复杂的台基上，以大型石头台阶相连。马丘比丘最重要的一个遗迹是拴日石（Intihuatana stone）。古人在冬至时举行仪式，执着但徒劳地希望"拴住"太阳，减缓它在天空中的移动速度。

⌃ 马丘比丘的太阳神庙

⌄ 神话般的城市

每当夜幕降临，车辆和游客纷纷离去，
将马丘比丘重新留给夜风、徒步者、
翱翔的秃鹰和永不消逝的印加精神。

古典世界的建筑

古典时代，生活于西方世界的人们开始去感受古代史的脉搏、掌握建筑的语言。当希腊（Greece）和罗马（Rome）相继崛起之时，人们置身于一个可用语言和历史去关联和理解的世界，那里众神临世、英雄辈出、传说繁多、建筑林立。

» **伊苏斯之战**

这幅罗马马赛克镶嵌画，是一种向他者致敬的古典文化，描述的是希腊亚历山大大帝（Alexander the Great）征服波斯（Persia）的场景。

大事记

公元前753年：在神话史上，罗穆卢斯（Romulus）和雷穆斯（Remus）在七丘（Seven Hills）上建造了罗马

公元前509年：罗马末代国王被驱逐，城邦国家改建成共和国

公元前347年：极具影响力的希腊哲学家、《理想国》（The Republic）的作者柏拉图（Plato）辞世

公元前146年：罗马在科林斯（Corinth）战役中消灭了残余抵抗力量，占领了希腊

公元前750年　　　　　**公元前500年**　　　　　**公元前250年**

公元前776年：希腊人举办了第一届古代奥林匹克运动会（First Olympic Games），赛事为期一周，同期还有举行宗教仪式

公元前600年：第一座罗马广场建成，这是最古老的拉丁文碑铭所在地

公元前447年：雅典卫城开始建造

约公元前332年：亚历山大大帝马其顿国王（Macedonia）征服波斯

公元前213年：希腊数学家阿基米德（Archimedes）发明的御敌机械装置于罗马手中拯救了锡拉库扎（Syracuse）

古罗马是一个瑕不掩瑜的庞大城市，其魅力是毋庸置疑的，到200年，总人口甚至达到了125万。之所以这样说，在一定程度上是因为从罗马本地除法律、文学和诗歌之外的纪念碑文，以及私密信件中的亲密言语、玩笑和涂鸦等大量的一手资料中，让我们知道，尤利乌斯·恺撒（Julius Caesar）每日清晨都会被前往市中心运送物资的车马声吵醒，驻扎在哈德良长城（Hadrian's Wall）上的士兵会脚穿母亲亲手编织的袜子，甚至还能了解到罗马人的衣着喜好、饮食习惯和每日宗教仪式等生活点滴。当看到他们宏伟的民用建筑时，我们难免会心生少许的嫉妒，特别是对任何时代的人来说都可称之为奇迹的公共浴场。

因古典文化一直以来被数代哥特人（Goths）、东哥特人（Ostrogoths）和西哥特人（Visigoths），以及神圣罗马帝国皇帝（Holy Roman Emperors）、

》古代雅典

何谓理想城市，或许公元前450年前后的雅典（Athens）会给我们想要的答案，那时的雅典城正值国力、影响力和艺术成就的巅峰，是世界上长久以来公认的民主制度已至发达的城邦。雅典城市布局繁华而紧凑，以城市军事实力为基础，在伯里克利（Pericles，公元前495—前429年）的领导下，建造了宏伟的庄严建筑、繁荣的集贸市场，以及威严的学术研究场所和密集的簇群式住宅。

》雅典卫城

对伯里克利花费波斯战争征收来的贡金税币，用于建造雅典卫城山（Acropolis）上无与伦比的建筑物的方式颇有争议。

约公元前50年：尤利乌斯·恺撒率领罗马军团打败高卢人（Gauls）

79年：维苏威火山（Vesuvius）喷发，庞贝古城（Pompeii）被火山灰掩埋

395年：罗马帝国分成东西两半

476年：罗马帝国灭亡，奥古斯·图卢斯（Romulus Augustulus）政权被推翻

1071年：在罗伯特·吉斯卡尔（Robert Guiscard）的统领下，诺曼人（Normans）占领意大利南部，把东罗马帝国驱逐出去

公元元年 | **500年** | **1000年** | **1500年**

公元前44年：尤利乌斯·恺撒遇刺，罗马从共和国过渡到君主政体

216年：罗马建造奢华的卡拉卡拉浴场（Baths of Caracalla）

393年：狄奥多西（Theodosius）禁止异教徒举办奥运会，并关闭奥林匹亚的宙斯神庙（Zeus at Olympia）

812年：东罗马帝国承认查理曼大帝（Charlemagne）为罗马帝国皇帝

1453年：奥斯曼土耳其人（Ottoman Turks）在穆罕默德二世（Mehmet II）的率领下攻入君士坦丁堡（Constantinople），宣告拜占庭帝国（Byzantine empire）的灭亡

拉斐尔的《雅典学院》（_The School of Athens_）

公元前387年，极具影响力的希腊哲学家柏拉图在雅典城外开办了著名的"雅典学院"，529年，查士丁尼（Justinian）将其关闭。

益格鲁-撒克逊国王（Anglo-Saxon kings）、罗马人，尤其是希腊人所重视，所以不论是从雅典的建立、罗马的灭亡，还是到今天，它都是西方文明中不可或缺的组成部分。

一条完整的线

在许多历史书中，文艺复兴（Renaissance）一直以来被认为是划分中世纪和现代世界的分界线，但这种看法并不准确。罗马的光芒，划破了笼罩在黑暗的欧洲中世纪（Dark Ages）周围的暗雾。无论如何，在罗马灭亡后，罗马建筑、希腊哲学和古典文化，都为君士坦丁堡和拜占庭带来了长久的繁荣和根本的改变。拉文纳的东哥特国王狄奥多里克（Theodoric, Ostrogoth King of Ravenna，493—526年）当权时，不仅下令修建了许多拜占庭风格的建筑物，还派遣石匠到罗马去修复古迹。益格鲁-撒克逊建筑师从罗马学成后，于10—11世纪在英国建造出"罗马式"的建筑，而这也成为征服者威廉（William the Conqueror，1066—1087年）统治时期的风尚，无论是军装，还是大教堂的拱门，其设计样式均脱胎于罗马。至于早期基督教堂，则兼收罗马神

年里，其建筑变得破败不堪，与西欧的发展渐行渐远。很难相信帕特农神庙曾有一顶洋葱状的清真寺穹顶，也很难相信它曾被土耳其人用作火药库。当然，也正是因为帕特农神庙发生了爆炸，才使西欧游客在重新发现它时仅为空留的一地废墟。

这些18世纪的冒险家虽无法发掘出未知历史的深度，但通过罗马和帕特农神庙，我们已对古希腊有所了解。柏拉图和亚里士多德（Aristotle）永不会让人遗忘，哪怕到了今天，他们也会像帕特农神庙一样，对我们有力地讲述着我们所熟知的一切。

庙和罗马方堂作为其较奢华的礼拜场所的原型。你能在修建于20世纪30年代伦敦郊区的砖饰戴克里先（Diocletian）的巴西利卡中找到天主教教堂。

希腊古典风格

相较于罗马，希腊建筑看起来更禁欲、更纯洁、更完美。长久以来，希腊建筑一直被视为典范。或许从帕特农神庙（The Parthenon）建成之日起，它就被视为西方建筑的圣杯（Holy Grail），任何的增减都会让其失衡。

不幸的是，在希腊被奥斯曼帝国统治的数百

》 罗马硬币

罗马硬币使用量的增加，与罗马从一个城邦国家快速发展成意大利共和国的首都，再到成为世界上面积最大、国力最强、统治时间最久的帝国的过程相同步。罗马帝国第一位国王奥古斯塔斯（Augustus，公元前27—前14年）在位时所用硬币，与我们今天在世界各地看到的硬币并无差别。而当供奉女神朱诺·莫尼塔（Juno Moneta）的神庙被用作罗马铸币厂之后，罗马人就赋予了硬币新的名字——"钱"（money）。

⬇ 罗马硬币

早期罗马硬币上铸造的是古代诸神的头像，而从公元前1世纪晚期开始，诸神头像则开始被君王头像所取代。

古希腊建筑

约公元前1500年—前350年

从公元前460年到公元前370年，伯里克利带领雅典进入"黄金时代"（Golden Age）。正是在这一时期，民主政治和法治得以确立，雅典卫城极具魅力的纪念性建筑物，包括帕特农神庙（见第54—55页）也得以建造。

晚于伯里克利500年出生的普鲁塔克（Plutarch），通过他的文学作品告诉我们，伯里克利不仅是雅典传说中的关键人物，还是现实中曾经存在过的人。他深得民心，曾多次被推举为雅典的掌权者，执政时间长达40年之久，在其主持重建下的雅典城中心展现出雄伟而壮丽的建筑风格。除此之外，他还为帝国城邦国家打造了希腊海军。

内容充实的建筑设计

此时期的希腊建筑，比例越是完美，就越是冷酷。不过，这种看法略显片面。提出此言论的18世纪普鲁士（Prussian）学者认为，古典时期的雅典是一个理想化的德意志军事国家，既有阳光也有橄榄树。他们在著作中坚持认为伯里克利治下的雅典是正直的学术之地，对欧洲和美国的学者以及数代学校教师都产生了影响。它既产生了伟大的思想，也是令人敬畏的战斗机器，但它却从不沉闷。雅典建筑可能也助长了这种理想化的纯粹观点，大多遵循有横梁的（连梁柱）简单原则而建造出明显是水平排列的整齐建筑。它也是一种以木结构为基础的建筑（亦被称为"大理石木工"）。

◀ **雅典娜神庙**

这座希腊神殿位于现今土耳其（Türkiye）的普里埃内（Priene），于公元前4世纪，由哈利卡纳苏斯的摩索拉斯陵墓（Mausoleum of Halicarnassus）的建筑师建造而成。66根有凹槽的爱奥尼式（Ionian）圆柱，现仅存5根。

建筑元素

古希腊（Ancient Greece）确实是西方建筑的摇篮。此处所示希腊建筑元素是数代西方世界设计的基本构成要素。虽然希腊建筑已为我们所熟知，但从2500多年前的巅峰时刻直至今日，其力量、存在和高贵的美，及其固有的简单性从未消失。

多立克式柱头（圆柱顶端）由两个简单的元素组成

两侧杜头饰有涡卷纹

沿柱削凿的凹槽

莨苕叶饰，卷须状和涡形花样的装饰，延伸至柱顶的边角

⚊ 科林斯柱式

科林斯柱式［位于宙斯神殿（Temple of Zeus）］最早出现于公元前5世纪，是爱奥尼柱式的变体，装饰性更强。最初主要用于建筑物内部，作柱廊之用。柱头饰有莨苕叶饰。

⚊ 多立克柱式

如图所示，雅典帕特农神庙的多立克柱式是古老的希腊三大柱式之一，由圆柱和柱头支撑的柱顶所组成。早期多立克柱式柱体呈细长形，后该柱式元素逐渐硬朗、朴素且充满阳刚之气。

⚊ 爱奥尼柱式

如图所示，雅典伊瑞克提翁神殿（Erechtheion）两侧的爱奥尼柱式的柱头上饰有双盘蜗式或涡卷纹造型。通常情况下，柱身上会削凿出24条凹槽（沿柱削凿的凹槽）。

⚊ 柱身卷杀

卷杀是指柱身"膨胀"，可以消除视觉差，肉眼看起来更为笔直。

雕饰面板描绘的是战斗场景

⚊ 女像柱

女像柱是一种用神圣的女像来做支撑的圆柱。最有名的是雅典伊瑞克提翁神殿中起支撑和承重作用的女像柱。

⚊ 檐壁

这些由排挡间饰或雕饰面板，以及三槽板组成的檐壁，是在垂直面板上用两条V形槽分成的三个部分所组成的。

米诺斯王宫（Palace of King Minos）

⏺公元前1375年损毁　　🏳希腊，克里特岛，克诺索斯（KNOSSOS, CRETE, GREECE）

⛏代达罗斯（DAEDALUS，神话传说）　🏛宫殿

　　米诺斯王宫在希腊神话中被称为迷宫（Labyrinth），是半人半牛的食人怪物弥诺陶洛斯（Minotaur）的家。后来，希腊英雄忒修斯（Theseus）在米诺斯国王的女儿阿里阿德涅（Ariadne）和发明家兼工匠以及迷宫的设计者代达罗斯的帮助下将其杀死。

💧地震幸存物

因大约公元前1625年和公元前1375年的大地震，克诺索斯宫的古代遗迹是克里特岛中幸存下来的几座重要的宫殿。

　　这座宫殿有两层，周围是一片巨大空旷的庭院，殿内有许多不规则排列的房间，有柱廊的房间是用于宗教仪式的，而其他的房间则设计为库房和作坊。被称为"御座之室"（Throne Room）的房间则是一间无窗房。

　　"主厅"（*piano nobile*，设于首层的上层，主要用于会客）的房间光线充足、通风良好。与希腊神话中所描述的阴沉压抑大相径庭的是，米诺斯王宫不仅有良好的卫生设施、下水管道和遮阳装置，还有园林和窗外风景绮丽的豪华房间。20世纪20年代，英国考古学家阿瑟·埃文斯爵士（Sir Arthur Evans）对部分房间进行了改造。

》迷宫的传说

　　这座设计复杂、规模巨大的克诺索斯宫，对我们解开长久流传的神话传说大有帮助。这座宫殿本身就是围绕着古希腊人编写的故事而形成的迷宫，国王米诺斯（King Minos）把自己比作弥诺陶洛斯，用公牛雕像来彰显权力。最终，设计克里特岛宫殿的传奇建筑师代达罗斯带着他的儿子伊卡洛斯（Icarus）从克里特岛飞到了西西里岛（Sicily）。

希腊城

古希腊人忠于他们的城市（也可以说是城邦），而不是像现代人这样忠于国家。在古希腊的古典时期，当希波丹姆斯（Hippodamus）为雅典建造最有名的神庙时，希腊城的民主制度、人文环境、艺术表现力都达到了很高的程度，城镇也开始建造各式建筑。

"古希腊"一词在古代被用来指代整个讲希腊语的世界，不仅指希腊半岛，还包括塞浦路斯（Cyprus）、土耳其（Türkiye）爱琴海（Aegean）沿岸、西西里岛、意大利南部、横跨东欧更远地区和北非殖民地。雅典是重要的城市，帕特农神庙就位于具有防御功能的雅典卫城中。同时，许多伟大的教育家和哲学家也生活于此，如苏格拉底、柏拉图、埃斯库罗斯（Aeschylus）、索福克勒斯（Sophocles）和欧里庇得斯（Euripides）。

米利都的希波丹姆斯（Hippodamus of Miletus，公元前498年—前408年）是历史上第一个与城市规划有关的人物。他把米利都、普里埃内和奥林索斯（Olynthus）合理地按照网格化进行布局，即笔直、平行的街道和直角十字路口。如此，不仅能够保证城市空气顺畅流通，还能创造出冬暖夏凉的城市环境。

希波丹姆斯建造城市的目的，是为了和平与贸易。然而，出生于希腊斯塔吉拉（Stagira）的亚里士多德却对这样的城市规划感到担忧。在他看来，呈正交和直角的城市布局规划易受外敌入侵，应让城市在没有规划的情况下自然"生长"，这样才能让敌军迷惑其中。

古雅典的雅典卫城
雅典卫城建造之初是用于防御的要塞，抑或是宫殿之用。始建于公元前5世纪的卫城中，建有伟大的帕特农神庙等多座神庙建筑。

帕特农神庙，外视图

帕特农神庙

◯公元前438年　🏛希腊，雅典　🏛伊克提诺斯和加利克提士（Ictinus& Callicrates）　🏛礼拜场所

伯里克利时代，古希腊进入黄金时期，建筑师伊克提诺斯、加利克提士和雕塑家菲狄亚斯（Phidias）受命共同建造了一直被视为希腊最完美的神庙——帕特农神庙。这座神庙比例精巧，矗立在雅典卫城的中心。两扇青铜门是唯一的采光途径。在两个内部空间中，围有带凹槽的多立克式圆柱，高10.4米。从远处看，这样的弧度会让人错视为直线，也就是所谓的"卷杀"，即整体建筑的轻微扭曲，以消弭视觉上的弯曲假象。在这些神庙的圆柱上，曾饰有一圈带大理石浮雕的横饰带。在6世纪晚期，帕特农神庙被改造成一座基督教教堂，1458年又被改作清真寺。1687年，在威尼斯人的袭击之下，储存在神庙中的火药被引燃爆炸，导致这座备受尊崇的寺庙被摧毁。

门廊两端前各有6根圆柱

西边的小内殿有4根圆柱

东边的内殿有柱廊和雕像

◀ 平面图

从外部看，帕特农神庙呈对称布局。西端的小内殿（房间）只能从西门廊进入，与东边的较大内殿相隔。

横饰带上交替饰有三角槽排挡和浮雕

安放于三角楣饰上的山墙饰物

三角楣饰是展示精美雕塑的平台，常用来颂扬战争

◀ 全副武装的雅典娜

巨型黄金象牙雕像胜利女神雅典娜（Athena），由菲狄亚斯创作，位于帕特农神庙东殿的中心。

陇间壁描绘了现实和神话中的战争

青铜门可以透过足够的光线

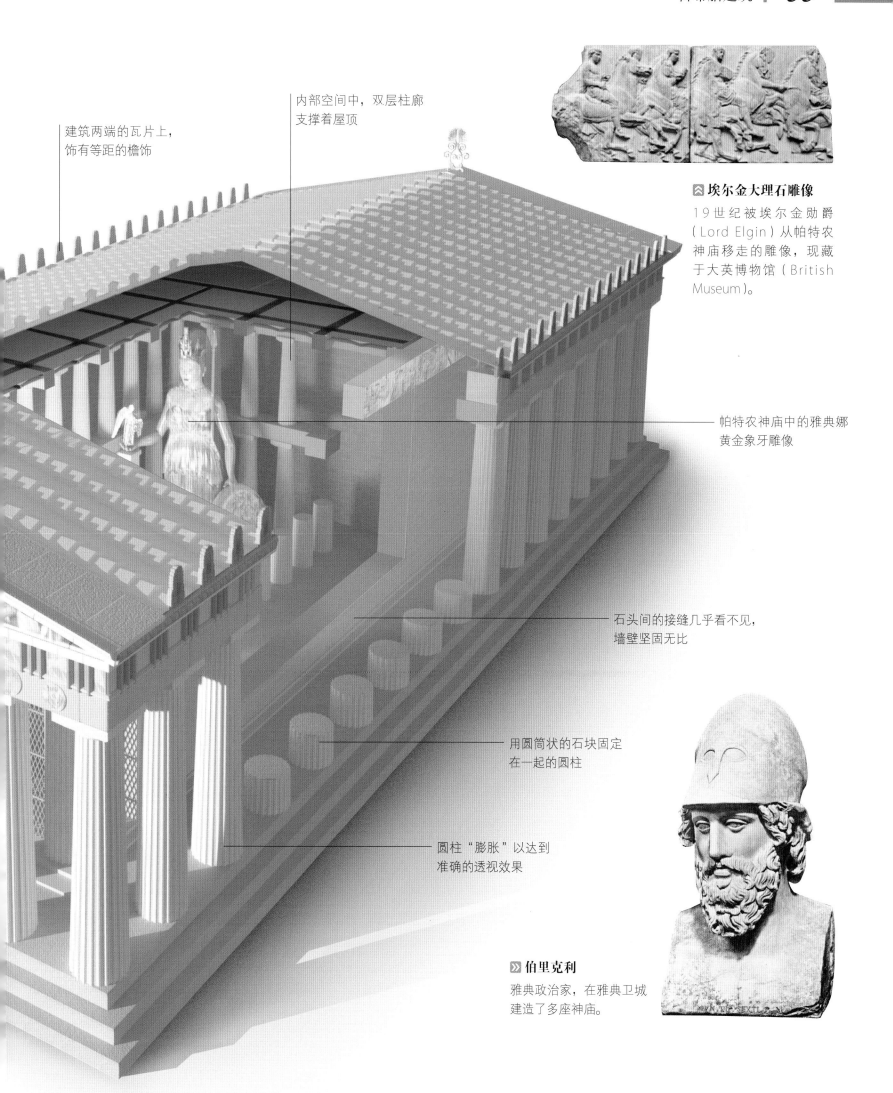

建筑两端的瓦片上，饰有等距的檐饰

内部空间中，双层柱廊支撑着屋顶

埃尔金大理石雕像

19世纪被埃尔金勋爵（Lord Elgin）从帕特农神庙移走的雕像，现藏于大英博物馆（British Museum）。

帕特农神庙中的雅典娜黄金象牙雕像

石头间的接缝几乎看不见，墙壁坚固无比

用圆筒状的石块固定在一起的圆柱

圆柱"膨胀"以达到准确的透视效果

伯里克利

雅典政治家，在雅典卫城建造了多座神庙。

巨制

其中有3根外柱是出自
同一块石料。

阿帕伊亚神庙（Temple of Aphaia）

⊙ 约公元前490年　　 希腊，埃伊纳岛（AEGINA）

✍ 未知　　🏛 礼拜场所

阿帕伊亚神庙矗立在雅典附近的埃伊纳岛上。这座神庙最初是供奉狩猎女神的，后来则是为了供奉智慧女神雅典娜，是古希腊建筑黄金初期典型的多立克式神庙。因其长为宽的两倍，所以有6×12根有凹槽的多立克式柱列。而在放置神像的中央大厅和内殿中，则排列着重叠的多立克式圆形柱廊。简单的几何形构造，让人赏心悦目，所用建材均取自当地的石灰石、大理石和陶瓦。一位19世纪的博物馆馆长指出，这座神庙最主要的特点是西侧的三角山，生动展现了特洛伊（Troy）战争中如圣裁般从容置身于沙场勇士间的雅典娜女神。这个三角山现藏于新古典主义风格的慕尼黑古代雕塑展览馆（Glyptothek Museum）中。

帕埃斯图姆的海神庙
（Temple of Neptune, Paestum）

⊙ 约公元前460年　　 意大利，坎帕尼亚（CAMPANIA）

✍ 未知　　🏛 礼拜场所

众所周知的海神庙，属宏伟的多立克式神庙，实际上是为供奉女神赫拉（Hera）而建。虽然这座神庙是希腊保存极为完好的神庙之一，但它却坐落在意大利大陆那不勒斯（Naples）以南的希腊殖民地帕埃斯图姆（Paestum）。这里环境优美，时至今日，因倾慕拜伦式建筑（Byronic）的游客仍络绎不绝。神庙前后支撑三角山墙的6根多立克式圆柱，借由柱身的卷杀，呈现出略微膨胀的形状，且魅力不止于此。两侧还列有14根圆柱，内部则是长排重叠的圆柱。许多历史书中指出，罗马征服希腊后，罗马人对希腊建筑有自己的认识，但就帕埃斯图姆神庙来说，早在罗马帝国崛起前的几百年，他们就已熟知多立克式神庙的辉煌历史。多立克柱式在帕埃斯图姆应用广泛，是三种

希腊柱式中出现最早的一种，可追溯至公元前7世纪，那时正是木建筑向石建筑过渡的时期。

作支撑的圆柱

6根有宽梁的带槽多立克式圆柱支撑着
神庙两端巨大的三角山墙。

提塞翁神殿（赫菲斯托斯神庙）
[Theseion（ Temple of Hephaestus）]

⊙约公元前449年　☶希腊雅典　✍未知　血礼拜场所

≪ 变换视角

这些精致的圆柱完全不同于早期的木质结构神庙。

　　站在雅典卫城的山脚下，这座外观保存完好的多立克式神庙建成时间略早于帕特农神庙。13世纪，它被改造成希腊东正教（Greek Orthodox）教堂，这也就解释了为什么它的外观能保存得如此完好。而其内部，则被改造成一个举行东正教仪式的半圆后殿。最初这座神庙的建造是为了献给希腊掌管火与锻造的火神赫菲斯托斯（Hephaestus），周围都是锻造厂和打铁作坊。这座神庙之所以被称为提塞翁（Theseion），是因为现存的壁画描绘了提塞翁在克诺索斯迷宫杀死弥诺陶洛斯的场景。相较于帕埃斯图姆神庙的圆柱，其支撑三角山墙和飞檐的多立克式圆柱更细，由此

可以追溯出公元前5世纪希腊建筑黄金时代多立克柱式的发展脉络。最早的多立克式神庙，可溯及公元前600年的特尔斐（Delphi）和科孚岛（Corfu），至提塞翁神殿时，其设计发展已至臻完美。

伊瑞克提翁神殿（ Erechtheion）

⊙约公元前406年　☶希腊雅典

✍或是姆奈西克里（MNESICLES）　血礼拜场所

　　作为雅典卫城中别致优雅的建筑之一的伊瑞克提翁神殿，以其北面门廊上雕有少女石像的石柱——女像柱而闻名。因这座建筑不规则的布局（在以追求极致对称和数字精确的希腊建筑中尤为罕见），使它可以表现为三种角色，是早期多用途建筑的实例：一是传说中波塞冬（Poseidon）在雅典卫城留下三叉戟岩石标记的所在位置，二是有以传奇希腊国王厄瑞克透斯（Erechtheus）命名的神殿，三是供奉着一尊备受尊崇的雅典女守护神——古式雅典娜木雕像，当波斯入侵时从雅典被运走。

　　19世纪初以来，伊瑞克提翁神殿至少被改造过两次，今天我们所见到的样子已完全脱离其原貌。支撑门廊的6根女像柱均为复制品，而其原件，有1根在19世纪初被埃尔金勋爵以"保护"的名义带到伦敦，剩下的5根则现藏于雅典卫城博

物馆（Acropolis Museum）。另有一组复制品装饰位于伦敦尤斯顿路（Euston Road, London），作为19世纪早期新古典主义风格的圣潘克拉斯教堂（St Pancras Church）东北门廊的支撑物。

≫ 支撑的角色

女像柱既有实用功能（作为支撑柱），也有象征功能。她们的男性同伴被称为男像柱（ Atlas的复数）。

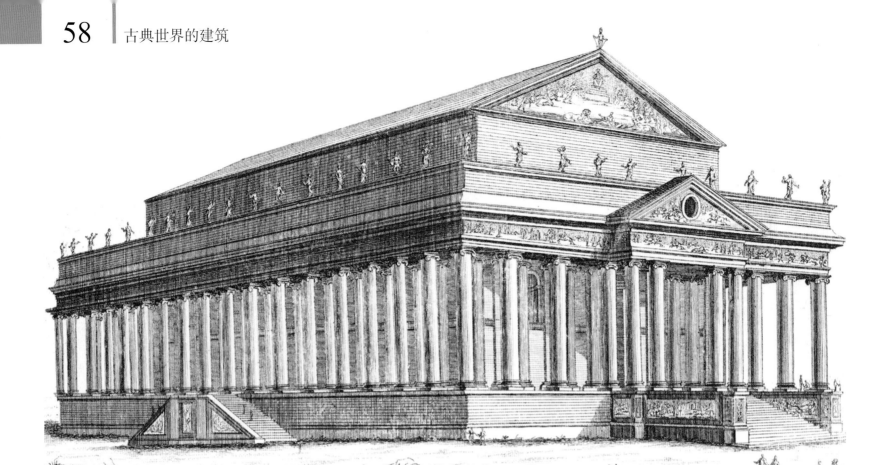

阿尔忒弥斯神庙（Temple of Artemis）

🔘 约356年　📍礼拜场所　✏️土耳其西部以弗所古城　🏛️德米特里厄斯和以弗所的帕奥尼斯（DEMETRIUS & PAEONIUS OF EPHESUS）

位于以弗所古城的**阿尔忒弥斯神庙**是最初的世界七大奇迹之一，不过它这一殊荣或许更多的是源于其庞大的建筑规模和艺术价值。据说著名的雕塑家斯珂帕斯（Scopas）就曾受聘为此神庙创造了丰富的装饰和满是银制雕像和大幅绘画的奢华内饰。

华丽的阿尔忒弥斯神庙中不仅饰有雕塑，还有大概117根爱奥尼亚式圆柱，而且沿着台阶两侧还装有亚马逊战士青铜雕像，可以说这座神庙无论在精神还是在各种仪式的执行上均与80多年前建成的帕特农神庙不尽相同。虽然帕特农神庙和其他公元前5世纪修建的希腊神庙要比许多头脑清醒的19世纪欧洲学者所希望看到的还要丰富多彩，但相较于这座有些炫耀甚至花哨的神庙来说则要克制得多。尽管这种对比稍显不公，但不得不说阿尔忒弥斯神庙象征着艺术和想象力的衰落，反映出希腊整体优势的下滑，尤其是雅典人的力量。

要想重建这座"奇妙"建筑（在该遗址上建造第五座神庙）所能依据的实物证据可以说非常少，不过是一厢情愿和臆想的产物罢了。然而，似乎可以肯定的是，在这座神庙前面有一个令人印象深刻的门廊，它是由8根爱奥尼亚式圆柱由边缘逐渐向中心间距变宽的排列组成，其中央跨度可达80米以上，对希腊神庙来说是相当长的。此外，我们还知道，这座建筑不仅建在一个凸出的底座上，而且许多圆柱的底座还有着精美的雕刻。毋庸置疑的是，阿尔忒弥斯神庙在许多方面，即使不是在精神上，也是二三百年后兴起的宏伟罗马神庙的原型。

埃庇道鲁斯剧场（Theatre of Epidaurus）

● 约公元前350年　🔖 希腊阿尔戈利斯　✍ 设计师皮力克雷托斯（POLYKLEITOS THE YOUNGER）　🏛 剧场

这座位于埃皮达鲁斯考古遗址（Sanctuary of Asklepios, Epidaurus）的宏伟剧场因其美丽、对称、传声效果和地理位置而在当时广受赞誉。甚至时至今日，如埃斯库罗斯（Aeschylus）、索福克勒斯（Sophocles）和阿里斯托芬（Aristophanes）等著名戏剧家的戏剧仍在此频繁上演。整座剧场的直径为118米，规模巨大，可同时容纳13000名观众。

这里是世界上被温柔以待的地方，尽管有一些不可抗力，但不得不说这座剧场的设计已难以被超越。事实上，埃庇道鲁斯剧场一直是现代许多优秀剧院的典范，是早期的全石制希腊剧院之一。其设计主要分为3个部分：听众席或座席区、乐池还有景屋(舞台建筑，"scene"取自于此)。20.4米长的圆形乐池有四分之三被圆形的听众席环绕着。观众席，抑或是石灰石长凳，分为21排和34排的两层，由一条走道和11级的台阶隔开。许多长凳上都刻着捐赠者的名字。这座剧场的设计从未真正地过时：它仍然是一个近乎完美的观看戏剧或听音乐的场所，唯独缺少了的是舞台建筑。起初，是有两个可通向舞台建筑的两条坡道，前面对着方柱的位置是一个由14根半柱组成的爱奥尼亚柱廊，突出的两翼则是充满戏剧性的建筑表面。景屋可能是一个由沿中轴线的4根圆柱作支撑的主屋，两边则是正方形的房间。几个世纪以来，这座剧场一直被厚厚的泥土覆盖着。1881年，在P.卡瓦迪亚斯（P.Kavvadias）的指导下才开始系统挖掘，今天，它吸引着各种风格和信仰的建筑师会聚于此，仍然是世界上宏伟和选址优越的表演空间之一。

⬇ 强调人的渺小（Emphasizing human insignificance）

层级而上的观众席和如山的背景幕布显得演员十分矮小。

⏶ **无声的站立**
除了报时，风塔还被用来测量风向。

风塔（Tower of the Winds）

● 公元前48年　📍希腊雅典

🏛 安德洛尼卡（ANDRONIKOS）　🏛 气象观测站

　　坐落在雅典古罗马广场（Roman Forum）上的这座八角大理石塔，是由叙利亚（Syrian）天文学家安德洛尼卡（Andronikos）修建的用于测量时间的气象观测站，可作日晷、风向标、水利钟和罗盘之用。在古代，这座12米高的建筑以铜制特里同（Triton）作为屋顶风向标的支撑物。日晷被削刻在外立面上。每个外立面上的浮雕代表着8位希腊风神和不同的方位。穿过两个间距不同的科林斯式柱廊，就能进入这座气象观测站。

阿塔罗斯柱廊（Stoa of Attalos）

● 公元前150年　📍希腊雅典　🏛 未知　🏛 公共建筑

　　阿塔罗斯柱廊是一座围绕中央城市广场或市场一侧的双层多柱廊式长建筑，是古希腊城市市民生活的中心。这个柱廊面积为116米×20米，上下两层均有双重圆形柱廊。一层外侧是多立克式柱列，内侧是爱奥尼式柱列。二层则都是爱奥尼式柱列。每层21间房前均有圆形柱廊，可作商店、办公室和公共服务之用。

🔽 **大众避难所**
这些圆形柱廊可为成千上万人提供栖身之地，既防雨又遮阳，还能保证采光和通风。

哈利卡纳苏斯的摩索拉斯陵墓
（Mausoleum of Halicarnassus）

○约公元前350年　▣土耳其米利都（MILETUS, TURKEY）
✍皮忒欧（PYTHEOS）　血坟墓

　　这座陵墓是卡里亚（Caria）的统治者摩索拉斯国王（King Mausolus）的遗孀阿耳忒弥亚（Artemisia）为其修建的陵寝，"陵墓"（mausoleum）一词不仅取自于此，它还被誉为古代世界七大奇迹（Seven Wonders）之一。据1世纪的罗马建筑师维特鲁威（Vitruvius）记载，负责建造这座陵墓的建筑师是普里埃内雅典娜神庙的设计师皮忒欧。整座陵墓傲然矗立在可以俯瞰都城的斜坡上，高高的墩座上面是被爱奥尼式柱列环绕的神庙式建筑，再上面则是一座壮观的阶梯式金字塔。整座陵墓高约40米，而金字塔就占了其中的三分之一。陵墓顶饰是摩索拉斯和阿耳

◀ 雕像原件

虽然这座陵墓已毁，但是在该遗址发现的高达3米的摩索拉斯大理石雕像现存于伦敦大英博物馆（British Museum, London）。

忒利亚驾驶的四马双轮战车。摩索拉斯王陵墓一直矗立在那里，直到15世纪被地震毁灭。19世纪初，这座古代奇迹才被欧洲探险家和考古学家发现并挖掘。

普里埃内古城（Priene）

○公元前350年　▣土耳其安纳托利亚中部
（CENTRAL ANATOLIA）　✍未知　血城市

　　普里埃内，位于今土耳其境内，约于公元前4世纪由摩索拉斯或亚历山大大帝（Alexander the Great）而建。不管最初是什么样子，它都是发掘极为彻底的古希腊城市之一：不论是城市布局和建筑，还是居民的生活方式都有详细的记录。整座城市建在一个倾斜的沿海大陆架上，有一些阶地，好似藏在连绵的山峦中一般。正如你所想的那样，这座城市布局匀称，宽阔的街道将其分割成大约80个街区或居民区。城市中心是一个城市广场或集市，在公元前2世纪中期，三面还围列着被称为拱廊的相连独立式圆形柱廊。然而，因城市的主要街道贯通城市广场，所以当时这里热闹非凡，车流不息，而非今日死气沉沉的城市步行街。神庙、剧院和其他公共建筑打破了这种网格化城市布局。从许多方面来看。希腊时期的城市

是标准化的:建筑相似，节奏和仪式也大同小异。那么又是因为什么才让像普里埃内这样的城市变得如此特殊，或许是用同样的图案和柱式表现出各种差异性较大，但却美丽的景观。

▼ 雅典娜波利亚斯神庙

位于普里埃内的这座神庙，由摩索拉斯王陵墓的建筑师所建，长为宽的两倍，每侧有11根柱列。

古罗马建筑

公元前753年—公元476年

　　古罗马建筑的特点是其不竭的活力。从公元前753年罗穆卢斯（Romulus）和莱姆斯（Remus）神话般地创建罗马开始，一直到公元300年，罗马的权力不断加大。它的建筑和工程随着罗马军团和"罗马和平时期"（Pax Romana）向罗马帝国占领的地中海地区及更远的土地蔓延。

　　公元前146年，罗马在吞并希腊时，还容纳了希腊文化。奥古斯塔斯当权时（公元前27—公元14年），正是罗马从共和国过渡到帝国的艰难时期，在此期间诞生了许多最伟大的希腊文化，如霍勒斯（Horace）的著作、维吉尔（Virgil）和奥维德（Ovid）的诗歌、李维（Livy）的历史方法和伟大建筑的萌芽。正如奥古斯塔斯所扬言的那样，正是在他这段执政时期（后世称为"黄金时代"），罗马发生了根本性的转变，从一座砖城变成了大理石城。虽然这并不完全正确，但罗马建筑在这一时期确实变得更加宏伟。不过，罗马城却是一个有序与混乱的奇怪混合体，既有极高品质的建筑，如帕特农神庙，也有常现倒塌情况的低质建筑。宏伟的大道可以通往迷宫般的小巷。一切都没有达到应有的秩序。

兴亡

　　罗马的无穷活力既是福也是祸。随着帝国的发展，资源和兵力也变得愈发紧张。因大批移民涌入，唯有施行免费的福利和娱乐政策才能稳定民众。同样的，建筑师也被用到了极致：他们必须以极快的速度设计和建造，这样才能满足罗马帝国扩张中新领土的民众需求。罗马建筑师运用想象力、拱门和许多混凝土，建造出了大量的神庙、竞技场、剧院、浴场和输水渠。476年，这些建筑随西罗马帝国一道轰然倒塌。

◀ 斗兽场

罗马巨大的混凝土制圆形剧场，中央是椭圆形的表演区，四周是数层可容纳5万名观众的看台。

建筑元素

　　罗马建筑作为罗马共和国的外部形象，不仅代表着世界上强大的帝国之一，还把罗马帝国的形象印刻在东欧、西欧、北非和中东的占领地中。古罗马军团所到之处，随处可见罗马式高适应性建筑。其中一个关键元素是拱券（arch）。罗马人在整个帝国的桥梁、输水渠和凯旋门的建造上均曾使用该元素，进而达到实用和美观兼得的效果。拱券为建造巨大的圆形剧场提供了可能，如罗马的斗兽场。

◀ 复合柱式

在希腊3种柱式（多立克式、爱奥尼式和科林斯式）的基础上，罗马人又增加了复合柱式，即在饰有莨苕叶饰的科林斯柱式柱头上，再添加爱奥尼式的涡卷，如图所示为以弗所赛尔索斯图书馆（Library of Celsus, Ephesus）。

⌃ 勋章样式的圆雕饰板

硬币形的圆雕饰板上对近来发生的历史事件的神话阐释，是帝国普遍的宣传手段。

◀ 火炕供暖系统

火炉中的热气通过地下管道系统（火炕供暖系统）进行循环，为居民和民用建筑提供集中供暖服务。

⌃ 马赛克地板

　　许多罗马建筑中都饰有由小石头、瓷砖或玻璃铺设的地板。这幅画出自3世纪罗马卡拉卡拉浴场（Baths of Caracalla, Rome）。

⌃ 输水渠和桥梁

拱券使建筑师和工程师能为民众建造出既可跨水而行，又能输水的坚固构造物。从可把水引到法国尼姆（Nîmes）的壮观三拱输水渠，就可发现罗马设计的规模之大和野心。

◀ 凯旋门

罗马皇帝们为彰显他们四处征战而取得的胜利，国内和征服地区均有修建纪念其丰功伟绩的建筑物。凯旋门，如罗马君士坦丁凯旋门，在巨大的大理石建筑上叙述着历代皇帝的业绩，永垂不朽。

⌄ 圆形规划

罗马皇帝大多喜用圆形和椭圆形的规划，还有一些人则摒弃了古典的直线而改用充满戏剧性的曲线。如图所示是2世纪的罗马哈德良陵墓（Mausoleum of Hadrian）。

朱庇特神庙（Temple of Jupiter）

⬤公元前509年　🏳意大利罗马　✍未知　🏛礼拜场所

公元前6世纪共和时代早期，卢基乌斯·塔奎尼乌斯·苏培布斯国王（King Lucius Tarquinius Superbus）下令修建了第一座朱庇特神庙。这座位于古罗马七丘中地势最低、布满岩石的卡皮托利山（Capitoline）上的神庙，是伊特鲁里亚人（Etruscan）建造的最大的神庙，对罗马建筑风格的发展产生了影响。从现存部分遗迹推测，这座神庙的石制墩座长62米、宽53米、高4米。公元前83年，神庙因一场大火被烧毁，重建时所用大理石柱，是从希腊"淘来"的二手货。

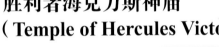
方殿
从外部看，卡雷神庙的内殿排列着作为主要装饰元素而非结构元素的科林斯式半柱。

卡雷神庙（Maison Carrée）

⬤约公元前19年　🏳法国尼姆

✍玛尔库斯·维普撒尼乌斯·阿格里帕（MARCUS VIPSANIUS AGRIPPA）　🏛礼拜场所

卡雷神庙意为"方殿"（square house），是在奥古斯塔斯统治时期，由马库斯·维普萨尼乌斯·阿格里帕（公元前63—前12年）为其子凯厄斯（Caius）和卢修斯（Lucius）修建的神庙。它是迄今为止保存最完好的罗马神庙。门廊圆柱上的楣梁是雕有大量精美玫瑰形饰和莨苕叶饰浮雕的檐部。卡雷神庙现作为一家博物馆，与诺曼·福斯特（Norman Foster）设计的媒体中心（Mediathèque）和当代艺术馆相毗邻。从1993年起，罗马本地的建筑师和工匠，利用当地的石灰岩把这座神庙改建成了现代博物馆。19世纪古典建筑复兴时期（Classical Revival），整个欧美国家以这座神庙为蓝本建造了当地的市政厅和城市美术馆。

胜利者海克力斯神庙（Temple of Hercules Victor）

⬤约公元前100年　🏳意大利罗马

✍马库斯·奥克塔维乌斯·赫雷努斯（MARCUS OCTAVIUS HERRENUS）　🏛礼拜场所

圆形神殿
建造胜利者海克力斯神庙的建筑师来自希腊东部，所用物料为希腊建筑中常用的潘泰列克大理石（Pentelic marble）。

由商人马库斯·奥克塔维乌斯·赫雷努斯建造的胜利者海克力斯神庙，是一座靠近台伯河（Tiber）真理之口（Bocca della Verità）广场的圆形漂亮神庙。12世纪，这座神庙被改造成圣斯特凡诺·德尔·卡罗泽教堂（Santo Stefano delle Carrozze），到15世纪时，又被称作安康圣母教堂（Santa Maria della Sole）。

玛尔斯·乌尔托神殿（Temple of Mars Ultor）

🌑公元前2年　🏴意大利罗马　🏛奥古斯塔斯（Augustus）　🏛礼拜场所

这座供奉罗马战神的神庙，是罗马第一位帝王奥古斯塔斯（公元前63年—前14年）下令修建的，代表他为曾叔叔尤利乌斯·恺撒之死复仇的誓言。这座新建筑位于有圆形柱廊的奥古斯塔斯广场（Forum of Augustus）中心，外墙铺有出自卡拉拉（Carrara）采石场的闪闪发光的白色大理石。

今天，站在古罗马广场（Roman fora）的废墟中，很难想象奥古斯塔斯在对这座城市进行规划时，是如何构想和设计玛尔斯·乌尔托神殿的。这座巨大的科林斯式神殿前围绕的是开阔的有柱廊的广场。科林斯式柱廊位于路面上，而底层有长屋顶的广场建筑则是用数十根女像柱来做支撑的。神殿正前方是高17米的科林斯式柱列，殿内是唯一巨大的空间，铺满大理石，仅用两排柱列在内殿中分割出中殿和侧廊，行至最后是一面半圆形的墙。

这是早期已知的半圆后殿的用途之一，之后成为许多早期基督教教堂的典型特征。走上五级台阶，就可以来到供奉全副武装的玛尔斯·乌尔托、维纳斯和丘比特（Venus with Cupid）以及尤利乌斯·恺撒的神像前。今天，这座曾经宏伟的寺庙徒留一地废墟。

》奥古斯塔斯大帝

穷奢极欲的战神殿（Temple of Mars）有力地证明了奥古斯塔斯的豪言壮语："我接受的罗马城是一座砖城，但却留下了一座大理石城。"作为开国皇帝，他能对重大建筑工程有如此热情，可谓是个传奇：他声称仅在一年内就修复了82座神庙，此外还下令修建了阿波罗剧院（Theatre of Apollo）和其个人陵寝等宏伟的新建筑。

⏷ 奥古斯塔斯大帝
（Emperor Augustus）

⏷ 辉煌之地
这座神庙下有墩座，入门处现仍可见保存完好的大理石台阶。战神殿中央的圣坛现也仍能从圆柱的残垣断壁间辨出。

万神殿（The Pantheon）

◔约公元前128年　🏳意大利罗马　⌂哈德良（HADRIAN）　🏛礼拜场所/民用建筑

　　万神殿作为一处世界上最伟大的宗教和民用建筑，曾作罗马神庙，后经改造又被奉为神圣的天主教堂。最初，在3排8根科林斯式柱列组成的纪念性门廊前，有一方有圆形柱廊的神庙庭院。在殿内布满半宝石紫色斑岩、花岗岩和大理石的巨大桶形房间的上面，是一顶华丽的藻井式穹隆，呈现出完美的半球形。当青铜门关闭时，唯一的光线从穹隆中央一个叫作眼窗的开口处照射进来。透过眼窗，日月交替间，时间随着光线似天体钟的指针流转于神殿。而当雨水下落时，又会呈现出另一番美景。

🔼 鸟瞰图
万神殿巨大的穹隆直径可达43.2米，无出其右，直到大约1300年后，当布鲁内勒斯基（Brunelleschi）修建的圣母百花大教堂（Florence Cathedral）落成之时，其地位才被取代。

每个元素都增加了对称感

壁龛原用来放置帝王、英雄和神明的雕像

外饰和内饰原本都布满了大理石。内殿的大理石地面和墙面均已修复完成

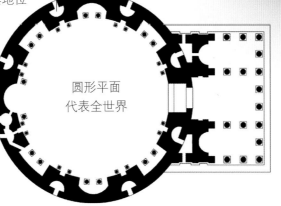

圆形平面
代表全世界

⏩ 楼层平面图
在巨大门廊后面的圆形内殿（房间）是一种奇怪的背离，早期内殿通常呈长方形。

在所有的建筑元素中，眼窗打开时可作排水之用

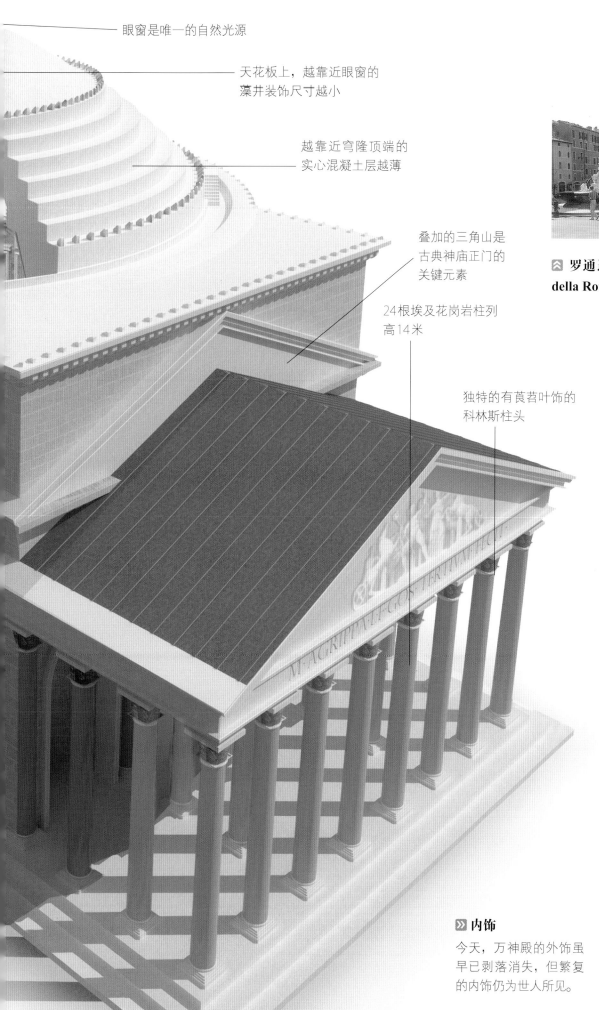

眼窗是唯一的自然光源

天花板上，越靠近眼窗的
藻井装饰尺寸越小

越靠近穹隆顶端的
实心混凝土层越薄

叠加的三角山是
古典神庙正门的
关键元素

24根埃及花岗岩柱列
高14米

独特的有莨苕叶饰的
科林斯柱头

⊠ **罗通达广场，主立面**（**Main façade, Piazza della Rotonda**）

⊠ **哈德良大帝**（**Emperor Hadrian，统治年代：117—138年**）

在哈德良统治时期，他不仅参与了万神殿的设计工作，还建造了许多令人印象深刻的建筑，如蒂沃利（Tivoli）的乡村别墅。

》内饰

今天，万神殿的外饰虽早已剥落消失，但繁复的内饰仍为世人所见。

古罗马时期的城镇

古罗马军团征战到何方，帝国的理想形象也随之在不断塑造——合理有序的城市规划。不论是罗马时代的希腊（Roman Greece）、古罗马时期的不列颠（Roman Britain），还是疆域内的任何地方，所有修建的石材均取自当地，布局和建筑风格亦是大同小异。

⚙ 图拉真柱
这根巨石柱展示了古罗马人的好战。

这座古罗马时期的城镇，呈网格化布局，中心是两条相交的干道，一条为南北走向，一条为东西走向。相交处主要是民用住宅和公共空间，有大教堂、广场、市场、圆形露天剧场、浴场和神庙。一幢幢民宅和私人庭院以及带围墙的军营，沿着笔直的街道向主干道依次排列而置。在允许的情况下，城镇中一般都会铺设输水渠和污水处理系统。

现实鲜少能像理论那般理性。古罗马人口庞杂，热闹非凡，虽规划良好，但更多的却是"城市扩张"带来的杂乱。喧闹和脏乱并置的城镇中，运货的牛车声与商贩的叫卖声，市井的嘈杂声以及士兵操练和休息时的号声，交织于耳。今天我们看到的许多古罗马城镇遗迹，都是因为人口流失，才让这些往日繁忙而多变的帝国居住地变得失色而苍白。

⚙ 城市废墟
利比亚（Libya）城的废墟虽然清晰地展现出古罗马建筑的对称和宏伟，但是帝国城市往日的活力却早已看不到了。

庞贝古城（Pompeii）

● 公元前200年　📍 意大利北部　✍ 未知　🏛 城市

　　79年，维苏威火山（Mount Vesuvius）爆发，将古罗马城市庞贝及其民众（约2万人）掩埋在一层致命的熔岩和火山灰中。直到1860年，当考古学家吉斯皮·菲奥勒利（Giuseppe Fiorelli）负责发掘工作时，庞贝古城才得以重新展露其全貌。城市里的居民以及他们的宠物狗都成了一具具干尸，甚至还保持着灾难降临前的死状。

⊗ **庞贝圆形露天剧场**

　　庞贝并不是古罗马城那样的网格化布局，而是随山形的蜿蜒曲折而建。这是一座辉煌的，有欢笑、有泪水的城市，所有的房屋装饰多样而感性。许多造价高昂的房屋，都有向外延伸的阳台，可以让房主欣赏到传统的庭院别墅（通常是优雅和精心设计的）看不到的风景。

　　庞贝带庭院的房屋有着迷人的结构，在一排排的商店和高墙后面隐藏着幢幢豪宅。潘萨府邸（The House of Pansa，公元前2世纪）两侧就分别有三家商铺，穿过进门处狭窄的入口，可以来到一间如家似的办公室和作坊，往里是一条布满鲜花、流水和雕像的圆形柱廊（室内回廊），再往里是一间饰有马赛克和壁画的私宅，最后则是一个有围墙的大花园。这些房子的窗户上都没有玻璃，所以冬天时会很冷，许多罗马作家笔下都有提及。

》 庞贝的毁灭

　　在小普林尼（Pliny the Younger，61—112年）的书信中，他讲述了许多有关维苏威火山爆发时的故事。当火山爆发时，他的叔叔老普林尼（Pliny the Elder，23—79年）正指挥着一支驻扎在那不勒斯湾（Bay of Naples）的罗马舰队。当时他派出军舰试图帮助逃跑的民众进行疏散，但因火山爆发带来难忍的酷热而不得不放弃营救。死伤者无数，此城已无重建的可能。

◿ **被毁灭的守卫者**

在庞贝城遗址中发掘出了大型论坛、剧场以及称为雷里兹神龛（Sacrarium of the Lares）的神庙，即庞贝城守护神所在地。

奥斯蒂亚城因司拉（Insulae, Ostia）

⊖公元前79年　🏳意大利奥斯蒂亚（OSTIA）

✍未知　🏛住宅

　　奥斯蒂亚位于台伯河河口，既是古罗马的主要港口，也是重要的商业和军事基地。罗马帝国灭亡后不久，奥斯蒂亚被遗弃，但数层淤泥和河沙却将其完好地保存了下来。在这里发现的众多古罗马建筑中，最有意思的要数工人住的房屋——约高8层的砖混建筑，让我们得以一窥那些生活在更著名的别墅和豪宅之外的古罗马人的日常生活。这些被称为"因司拉"（岛屿）的建筑，看起来更像是20世纪的公寓大楼，内有常见的楼梯井、规律设置的窗户和宽敞的内部庭院，但窗户上却都没有玻璃，只有百叶窗和窗帘。这些街区卫生条件较差，尤其是在一大家子只能住在一间房里的时候。因为要从井里取水，所以底层住房最贵，顶层租金最少，但2000年后这样的情况则刚好相反。

》罗马防火法规

这些简陋的住宅之所以能被部分保存下来，是因为罗马城曾遭遇过火灾，致使大片区域被毁，所以重建的城市街区均用防护混凝土来建造。

哈德良浴场（Baths of Hadrian）

⊖127年　🏳利比亚黎波里附近，大莱普提斯
（LEPTIS MAGNA, NEAR TRIPOLI, LIBYA）

✍未知　🏛浴场

　　位于当今利比亚的大莱普提斯，曾是北非最大的城市，还是罗马帝国商贸频繁的贸易站。在众多古罗马遗迹中，这座城市令人印象最为深刻。哈德良浴场是一个几乎完全用绿色、粉色、黑色和白色大理石建成的综合建筑。可以肯定的是，这座浴场宏伟无比，每一处的复杂和华丽程度不失同类罗马建筑，装饰精致而奢华，饰有马赛克和雕像。当大雷普提斯多条水渠通水后，哈德良就下令开始建造浴场。200年至216年，生于此地的国王卢修斯·塞普提姆斯·西弗勒斯（Lucius Septimus Severus）又对这座浴场进行了扩建。523年，当柏柏尔（Berber）部落对大莱普提斯发动最后一次进攻时，浴场和城市一同被废弃。

《 文娱康乐场所

浴场不仅是卫生设施，也是市民生活的重要组成部分，更是讨论政治和商业的场所，因此设计奢华。

卡拉卡拉浴场（Baths of Caracalla）

● 216年　▣ 意大利罗马　✍ 未知　🏛 浴场

　　这些宏伟的浴场是为所有罗马人而建的娱乐设施，并非只为富人服务。它们修建于国王马尔库斯·奥列里乌斯·安东尼（Marcus Aurelius Antoninus）的统治时期，还有一个更广为人知的名字——卡拉卡拉（Caracalla）。这是一个规模庞大、布局对称的建筑群，内有泳池、蒸汽浴室和健身房，院墙内还有花园、贮藏室、餐厅、图书馆、演讲厅、艺术画廊和公共会议室。地下共有两层，设有仓库和为浴场供暖的火炉和热气管道，此外复杂的管路系统还能确保从阿奎马西亚（Aqua Marcia）输水渠引入的流水不断涌入。沿着马赛克墙壁[其中大部分后来被送到法纳斯（Farnese）家族在罗马的宫殿里]，地上置有许多大理石座椅、喷泉和雕像。后来，卡拉卡拉浴场因以其为蓝本的纽约火车站而重现。

◀ **古代娱乐中心**

为了让"平民"（普通百姓）能顺从听话，票价低廉。

迪欧克勒提安浴场
（Baths of Diocletian）

● 306年　▣ 意大利罗马　✍ 未知　🏛 浴场

　　迪欧克勒提安浴场是古代罗马最气派、最大的浴场，可容纳3000多名浴者，占地超13公顷。相较于之前的卡拉卡拉浴场，不论是在布局上，还是在为浴者提供的多种服务上，都是一样的。这座浴场豪华的装饰和庞大的规模，哪怕是今天的温泉疗养地也会相形见绌。在早期基督教时代，因人们认为洗澡取乐是邪恶的，所以大部分的建筑被废弃。但浴场却一直在使用，直到537年哥特人切断了供给浴场的输水渠之后才停用。后来，它们被中世纪和文艺复兴时期的建设者洗劫一空，直到1563年，米开朗基罗（Michelangelo）才把这一巨大的建筑群中残存的建筑改造成为圣洁天使玛利亚教堂（Santa Maria degli Angeli Church）。

罗马浴场，萨利丝泉
（Roman Baths, Aquae Sulis）

● 217年　▣ 英国浴场　✍ 未知　🏛 浴场

　　这座城市中的巴斯温泉（Bath），或称萨利丝泉，是以女神苏利丝·密涅瓦（Sulis Minerva）的名字命名的天然温泉浴场，其神奇的治疗功效至今还广为流传。作为5个设有铅质水管和石雕的浴场中最大的浴池（the Great Bath），至今仍有温泉涌出。19世纪60年代，为了弥补游客减少所带来的损失，浴场进行了大面积修缮。

▼ **神之触**

罗马人认为巴斯城的"圣泉"是诸神的杰作。

图拉真柱（Trajan's Column）

◉112年 ▶意大利罗马 ✍未知 🏛纪念碑

这座宏伟的、影响力巨大的35米圆柱，是为了庆祝图拉真大帝（Emperor Trajan）在达契亚战争（Dacian Wars）中顺利取得胜利而立。这根饰有螺旋式檐壁的多立克式圆柱，直径3.7米，上面削刻有对抗凶猛达契亚部落的战斗场面。人物形象约为三分之二真人大小，雕刻数量超2000件。

这根圆柱上还刻有极为精美的罗马文字，从文艺复兴时期开始，这些文字就成为今天书本和电脑屏幕上所用的许多标准字体的原型。伦敦地铁（London Underground）中，著名的约翰斯顿（Johnston）字体，自1916年以来一直使用，是由爱德华·约翰斯顿（Edward Johnston）受图拉真柱上的刻字启发而创建的字体。这根圆柱的柱身内有一段通往观景台的蜿蜒石梯，虽阴暗，但可凭长方形小窗来采光。圆柱上原冠有一个青铜罗马飞鹰，后被换成图拉真铜像，再后来又在16世纪被换成圣彼得（St Peter）的雕像。自文艺复兴以来，整个欧洲复制了大量图拉真圆柱，如维也纳的圣卡尔教堂（Karlskirche, Vienna），同时，它也一直是陆军元帅（Field Marshal）元帅杖（军队最高级别的象征）设计的雏形，成为维系古罗马、宏伟和军事成功之间的桥梁。

>> **图拉真大帝（Emperor Trajan）**

图拉真（Trajan，53—117年）出生于一个罗马贵族家庭，后来被涅尔瓦皇帝（Emperor Nerva）收养，是罗马帝国第一位非意籍统治者，因其征服达契亚（Dacia）和帕提亚（Parthia）的军事实力，帝国在他统治期间达至鼎盛。

⏫ **图拉真大帝**

>> **多用途的纪念碑**
这根圆柱上的庆贺雕饰历久弥新，随着城市环境的变化，承载着历史的变迁。

哈德良别墅

◔134年　📍意大利蒂沃利　✍哈德良　🏛王宫

　　这座巨大而又具有迷惑效果的行宫至少有30座建筑，它位于蒂沃利的一处山坡上，周围是看似无边无际的花园。从罗马出发，沿着古罗马的亚壁古道（Via Appia），就可以来到这个被无数赏心悦目的穹隆围绕着池塘、湖泊和一个有圆形柱廊的人工岛。哈德良大帝（Emperor Hadrian）对建筑的热情不止于此，他为一种基于穹隆和曲线的新建筑语言的发展发挥了重要的作用，其中最令人印象深刻的是万神殿的设计。与形制严谨的古罗马神庙完全不同的是，哈德良别墅的视野虽开阔但不乏扭转交错，行至其间的游客可以欣赏到许多意想不到的风景：这是一种在沉闷的景色中体验到壮丽的、令人愉悦的建筑漫步。对建筑史来说，最重要的意义在于这座别墅的许多建造特点，如新的规划和布局：从八边建筑物向外扩展的半圆后殿、新奇的拱顶结构和许多戏剧性地坐落在建筑群中的巴洛克式房间。

⊼ 现存景观

尽管这座别墅被洗劫一空且大部分被摧毁，但它的废墟仍会给人以视觉上的愉悦感，图示的圆形柱廊环绕着池塘。

哈德良陵墓

◔139年　📍意大利罗马　✍未知　🏛坟墓

　　哈德良陵墓是最接近罗马式的古埃及金字塔建筑。这座宏伟的圆形陵墓位于台伯河岸边，皇帝的圣体被安放在一个宏伟的斑岩石棺中。在一个巨大的长方形柱础上，是纪念碑式的圆形柱廊鼓座，它的直径长62米、高21米，全混凝土制，外表覆有闪亮的帕洛斯岛大理石（Parian marble）。鼓座周围有一圈雕像。在此之上的第二个圆形柱廊鼓座上还放有一辆青铜双轮战车。

　　6世纪，这座陵墓用作防御工事，之后当一座巨大的青铜天使被安置在山顶上后，它被更名为圣安格鲁城堡（Castel Sant 'Angelo）。1277年，它被并入梵蒂冈（Vatican）并修建了一条通向梵蒂冈的秘密通道。

⊻ 护城

这座陵墓作圣安格鲁城堡时，因其良好的地理位置，为通往城市的河流通道起到了较好的保护作用。

塞尔索斯图书馆
（Library of Celsus）

120年 **土耳其，以弗所（EPHESUS, TURKEY）**
未知 **图书馆**

这座漂亮的图书馆，在3层存有手稿的高侧廊层前有一个宏伟的立面，宽17米、深11米，比后面真正的图书馆修建得更加费力。有趣的是，其存放手稿的墙壁是与外部墙分开的，中间的空隙，既是进入3层书库的通道，也能保证通风，使手稿的保存环境可以长久维持在恒温恒湿的状态中。手稿藏于内墙的深层书架上。内饰中，相同间隔处会装有壁柱和雕像。在半圆后殿下有一间带拱顶的房间，其中放置了一口可能是图书馆创始人的大理石棺椁，遗憾的是，我们无法从现存手稿中找到答案。

▶▶ 学识展示

这个花哨的立面是罗马人想要的，他们非常重视学识，并为自己丰富的藏书而自豪。

加德桥（Pont du Gard）

公元前19世纪 **法国尼姆** **未知** **输水渠**

罗马人建造的最高的输水渠是加德桥，是横跨加德河的3层拱桥，可从于泽（Uzès）附近引水至尼姆，不仅奇迹般地完好无损，还令人印象深刻和感动。这座用未经雕琢的预制石块建造而成的建筑，其规模和表现出的美感，以及它为所有公民提供免费、清洁、新鲜的水的崇高目标，不仅是罗马战争带来的罗马文明，还一直是"罗马和平时期"难以磨灭的象征。

▣ 艺术品

加德桥由柔软的黄色砂岩建成，是一座高50米的3层输水渠。这座工艺杰作是具有独创性的罗马建筑经典之作。

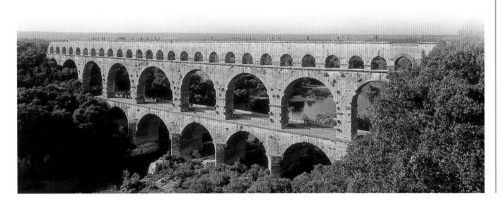

阿尔坎塔拉图拉真桥
（Trajan's Bridge, Alcántara）

105年 **西班牙，阿尔坎塔拉（ALCÁNTARA, SPAIN）**
凯乌斯·朱利叶斯·拉瑟（CAIUS JULIUS LACER）
桥梁

96年图密善（Domitian）皇帝被杀后，王朝统治结束，罗马皇帝不再由上任皇帝指定，而是改由元老院（Senate）任命。成功即位的非意籍皇帝，如图拉真，乐于在外省建造一些壮观的新建筑。这座横跨在塔霍河（Tagus）深谷上的精美六连拱石桥，至今仍可使用。架在河床加固桥墩上，起支撑作用的两个弯拱，跨径约为28米，距河面48米。这座桥的中央有一个素无华饰的凯旋拱门，上面刻有建筑师的名字，可以这样说，它是工程和建筑上的一大胜利，横跨一条大河，虽然宏伟，但却不失朴实和持久耐用的风格。在罗马灭亡后的数百年，人们才再次尝试去建造如此美得浑然天成的史诗般的大桥。

佩特拉宝库（The Treasury at Petra）

◐ 约25年　🏴 约旦佩特拉（PETRA, JORDAN）　✍ 未知　🏛 坟墓

　　蜿蜒于玫瑰岩壁间的西克（Siq）峡谷是一条位于约旦南部长2千米的峡谷，游客行至其间可去探寻历史遗留在这里的令人惊叹的景观建筑之一——佩特拉，穿过令人着迷的入口，就会来到对外界隐藏数百年的神奇的纳巴泰（Nabataean）。

　　佩特拉并不总是那么神秘。在106年被罗马占领的鼎盛时期，这里是一个富裕的通商城市。它虽然经历了漫长岁月里黄沙的掩埋，几近湮灭，但却衍生出了许多神话。据说，这里是法老在带兵追捕摩西（Moses）途中的藏宝地。有不少当地人都相信，那些财宝就藏在这座壮观的坟墓立面的三角山大裂缝中的砂岩瓮形里，所以把它称作宝库（Treasury）。瓮身布满明显的弹孔，正是部落人夺宝未果所留下的痕迹。实际上，据

大家所知，这座高40米的立面中根本就没藏匿任何东西。

》》重新发现佩特拉

　　尽管中世纪的旅行者们都知道佩特拉，甚至在18世纪的地图上对其还有标记，但直到1812年，当瑞士探险家约翰·路德维希·布尔克哈特（Johann Ludwig Burckhardt）"发现"佩特拉和那巨大的宝库时，它才真正开始引起人们的注意。

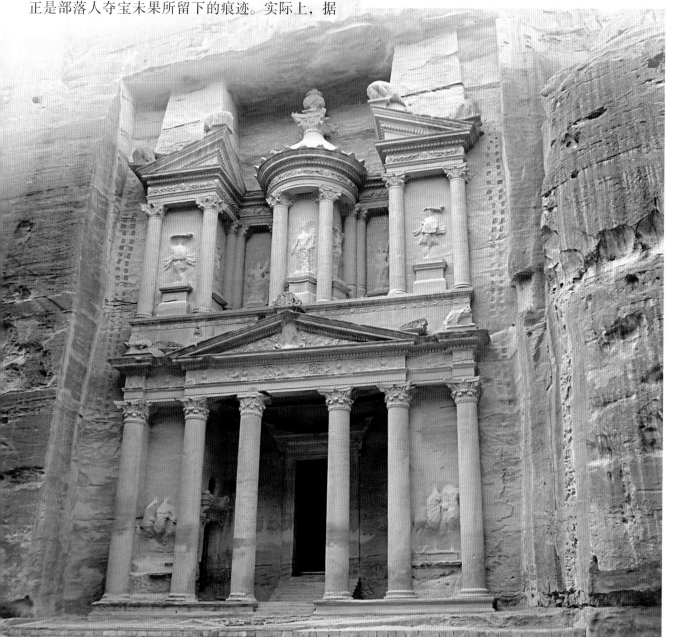

《 玫瑰城

人们相信，宝库是工匠在悬崖壁上，为精力充沛的建造者亚里达王四世（King Aretas IV）开辟出来的。他的继任者拉贝尔二世（Rabbel Soter）见证了纳巴泰王国被罗马皇帝图拉真吞并的过程。

戴克里先宫殿（Palace of Diocletian）

🕐 300年　📍克罗地亚，斯普利特（SPLIT, CROATIA）　🏛戴克里先　🏛 宫殿

　　这座似堡垒的戴克里先宫，气势宏伟、蔚为壮观，是为戴克里先大帝（Emperor Diocletian）建造的退位后的住所，可以俯瞰现位于克罗地亚海岸的亚得里亚海（Adriatic Sea）的壮美景色。不过，戴克里先退位后到底在此做了什么，却没有人知道。

列柱廊及其大门
（The peristyle and its gateway）

古代和现代

最初，这座用石头和混凝土建造的宫殿周围并没有其他的建筑物，而今天的斯普利特［Split，拉丁语斯帕拉托（Spalatum）］则不再孤独，周围建起了各式建筑。

　　在当时，戴克里先应该是世界上拥有最多资源的最伟大的帝王。这座巨大的宫殿不仅独特且高冷，与共和国时期和早期罗马帝国时期的美学价值观相去甚远。这座城墙环绕、高塔耸立的宫殿本身就很像一座城市，哪怕它不是依民意而建，但却迎合了军事传统的需要。所以，整座宫殿在规划时，就以罗马军营为主为基，拱卫着位于一端的宫殿。沿着一条名为"列柱廊"的宏伟的内部街道就可以到达他的寝宫，虽然这道大门充满戏剧性，但其三角山墙却被一个起到重要作用的连拱建筑分开。从这里，穿过中央带有穹隆的前厅的两侧，就会来到宏伟的寝宫。游客也可沿着列柱廊的另一边前行，到时会发现一座神庙、一

座陵墓和位于两侧的其他圆形建筑物，最后是应属于军营范畴的巨大庭院。如此雄伟的一座宫殿，通过两侧伴有八角塔的3道大门就轻松地连接在了一起。

戴克里先大帝（EMPEROR DIOCLETIAN）

　　戴克里先（统治时期：284—305年）对建筑的热情极为强烈。正如尼科米底亚（Nicomedia）文学教授拉克坦谛（Lactantius）所写的那样："当（他的）建筑完工时，各地区的建筑也在此过程中被毁灭，他会说：'这些建筑修建有误，必须要用另一种方式来建。'然后他们不得不把这些建筑推倒重建，进行修改——也许只是为了第二次的推倒重建。"

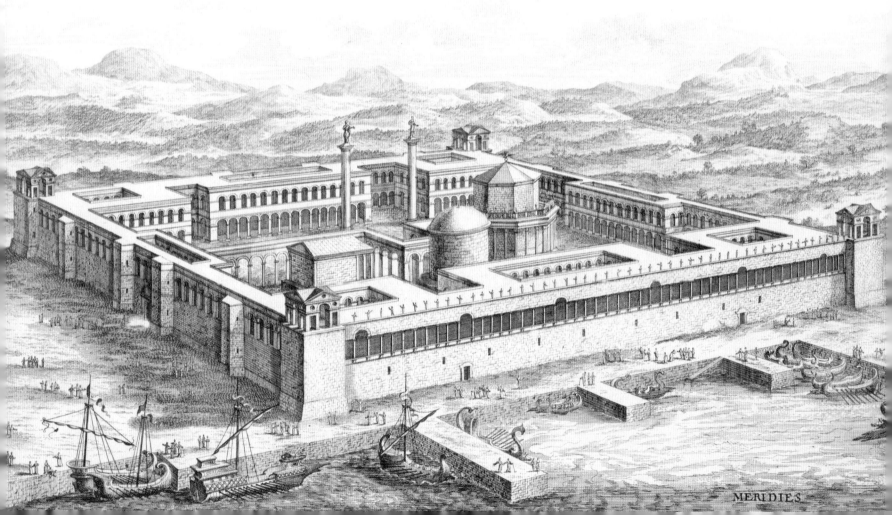

君士坦丁大教堂
(Basilica of Constantine)

● 307年　📍意大利，罗马
✍ 未知　🏛 礼拜场所

　　这座宏伟的公共集会场所对随后1500年的建筑发展产生了巨大的影响。如今徒留一地的辉煌遗迹，却对君士坦丁堡［Constantinople，现伊斯坦布尔（Istanbul）］的圣索菲亚大教堂（Hagia Sophia）的设计，以及后来的罗马式和哥特式大教堂产生了影响。这座惊人的大教堂有一个庞大的中殿，长80米、宽25米，上有6个筒形拱顶凸出结构作藻井装饰。其内饰用华丽的大理石、巨大的科林斯式柱列、壁凹里的雕像和全玻璃窗装饰得富丽堂皇。从中殿两侧的柱列上伸出的拱顶结构，让人想起了中世纪的教堂。这样的规划和总体设计来源于皇家公共浴场巨大的中央大厅。那么，我们也许会产生疑问，为什么有那么多的早期基督徒会对这样的洗浴方式如此反感？

🔼 史诗般的规模
在中殿两侧各有3个这样宏伟的凸出结构。

君士坦丁拱门（Arch of Constantine）

● 312年　📍意大利罗马　✍ 未知　🏛 纪念碑

　　这是几个世纪以来，罗马建造的最后一座凯旋门。君士坦丁拱门位于罗马椭圆形竞技场（Colosseum）附近，是此类结构中极具影响力的拱门之一，不仅用于庆祝胜利，还为古罗马拥挤的街道带来了秩序——当时生活在该地区的居民有125万人之多。这座为纪念君士坦丁大帝（Emperor Constantine）在312年的米里维桥战役（Battle of Milvian Bridge）中战胜马克森提乌斯（Maxentius）而建造的君士坦丁拱门，其右侧的拱门上用一条极为粗制的雕带记述了战斗的场景，剩下的装饰板则是从早期纪念碑上拆下组成的。313年，君士坦丁改信基督教。君士坦丁拱门虽然引人注目、令人难忘，但它也是罗马帝国文化由逐渐衰落到几近衰败的见证物。

🔽 雄伟的形式
君士坦丁拱门长7.4米、宽25.7米、高21米，是19世纪新古典主义凯旋门的雏形。

早期基督教和拜占庭式建筑

400—1500年

最早的基督徒对建筑并不是特别感兴趣。他们相信天国（Kingdom of God）即将来临，所以建造教堂或其他任何东西都没有什么意义。但330年，当罗马君士坦丁大帝建立了君士坦丁堡，即"新罗马"（New Rome）时，这一切都发生了戏剧性的变化。

最先出现在罗马和意大利半岛上的基督教教堂都是巴西利卡（basilicas）形制的大教堂。最有名的要数330年君士坦丁自己建造的圣彼得大教堂（St Peter），后被现在的巴西利卡形制的大教堂所取代。幸运的是，还有许多巴西利卡形制的大教堂保存至今，只不过君士坦丁堡的新建筑衍化并不快，如建于5世纪的罗马圣撒比纳圣殿（Santa Sabina）和圣玛利亚大教堂（Santa Maria Maggiore）。直到皇帝查士丁尼（Justinian，527—565年）统治时期，根本性的转变才得以出现，他下令建造了圣索菲亚大教堂（Hagia Sophia）。

圣索菲亚大教堂的影响

圣索菲亚大教堂受到了来自东西方的双重影响，是世界上伟大的建筑之一。这座教堂的特别之处，在于其脱离了柱式建筑。内部空间大而连续，覆有极高的蝶形穹隆。537年教堂建成后，这顶穹隆坍塌，后于563年进行了重建。来自米利都的伊西多鲁斯（Isidorus）和特拉雷斯（Tralles）的安特米乌斯（Anthemius）的建筑师，创造了一种宏伟的新型建筑样式。圣索菲亚大教堂所带来的影响，遍布意大利、希腊和土耳其，甚至远播俄罗斯。当土耳其占领君士坦丁堡之后，圣索菲亚大教堂被改造成一座环有尖塔的清真寺，16世纪的锡南（Sinan）在设计壮丽的清真寺时，仍以它为雏形。

◀ 拜占庭式和哥特式的融合

意大利威尼斯的圣·马克大教堂（St Mark's cathedral）部分脱胎于位于君士坦丁堡的圣索菲亚大教堂和使徒大教堂（Basilica of the Apostles）。

建筑元素（Elements）

当罗马帝国东迁，君士坦丁堡被确立为新首都时，其建筑变得比以往任何时候都更感性和宏大。这种拜占庭式的建筑，发展出了越来越多的奇特穹隆和越发多样的马赛克，其所带来的影响西至拉文纳（Ravenna）和威尼斯，北至莫斯科。

⊗ 多个穹隆
随着教堂穹隆的激增，在威尼斯圣·马克教堂的屋顶上达到了极致，希腊十字式布局（十字架的四臂相等）的四臂上以及位于中央十字上都有一个穹隆。

⊗ 装饰性的穹隆天花板
威尼斯圣·马克教堂里高耸的拜占庭式穹隆，为教堂中心撑起了宽阔的开放空间，既增添了雅致，又加强了采光。

⊗ 圆形高拱廊
圆形拱廊是拜占庭式建筑的基本元素。这些圆顶拱廊，取自于意大利托切罗（Torcello）的圣塔福斯卡（Santa Fosca）的八角形门廊，是连接当代伊斯兰和基督教设计之间的桥梁。

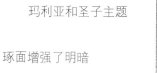

五彩缤纷的——
砖墙装饰

——琢面增强了明暗

——无处不在的童贞玛利亚和圣子主题

⊗ 镶满马赛克的半圆后殿
华丽的金色马赛克以其简洁的图形和无穷的力量为拜占庭教堂的中心地带带来了光明、温暖和神秘。

卷曲的叶形装饰好似被风吹过一般

⊗ 圆柱柱头的自然主义装饰
拜占庭式柱头脱离了希腊和罗马的古典样式。弯曲有致的线条和自然主义的形式是哥特式建筑的先驱。

⊗ 洋葱形穹隆
在莫斯科圣巴西勒大教堂（St Basil）看到的洋葱形穹隆是典型的俄罗斯拜占庭式建筑。在之后的几个世纪中，这种巴洛克式样席卷了整个欧洲。

伊斯坦布尔，圣索菲亚大教堂
（Hagia Sophia, Istanbul）

🌐 537年　📍 土耳其，伊斯坦布尔（ISTANBUL, TURKEY）

🏛 伊西多鲁斯和安特米乌斯（ISIDORUS & ANTHEMIUS）　🏛 礼拜场所

　　查士丁尼大帝（The Emperor Justinian，482年—565年），罗马帝国末期的基督教统治者，下令建造了这座大胆的建筑。圣索菲亚教堂［或神圣智慧（Divine Wisdom）］是许多拜占庭建筑的先驱。建筑师通过帆拱支撑在4个高耸的拱券上，于中央处擎撑出一个采光充足带巨大蝶形穹隆的、用于礼拜的巨大空间。极尽奢华的装饰，让圣索菲亚大教堂突破了罗马古典主义风格的桎梏，比如，柱列上的柱头为蛇形叶饰。建造圣索菲亚大教堂共花费了5年时间，其第一顶穹隆于563年的地震后倾圮被更换。1453年，这座教堂被改造成清真寺，而今则是一家博物馆。

一条长长的连拱入口门厅（前厅），原是为忏悔者准备的

✅ **建筑平面图**
在穹隆支撑下的巨大内部空间中，每侧仅有一个侧廊。

高侧廊层悬于中心区之上

这间古老的中庭周围是拱形的墙壁

⏏ **圣索菲亚大教堂，建筑外观**

« **拜占庭式马赛克**
基督造像的马赛克，彰显了拜占庭工匠对丰富颜色的运用能力。

》内部图

从内部看，支撑在一连串拱券之上的蝶形穹隆，奇妙地平衡在中央空间之上。

巨大的蝶形穹隆把中央内部空间提高到56米

位于四角的砖砌尖塔，其顶部和高层侧廊均为石质

两个半径相等的半穹隆相加等于主穹隆的直径

位于四周的穹隆是穆斯林式的陵墓穹隆，建于16世纪

圣斯德望圆形堂
（Santo Stefano Rotondo）

◖483年　🏳意大利，罗马　✍未知　🏛礼拜场所

　　这是一座仿照耶路撒冷（Jerusalem）圣墓教堂（Church of the Holy Sepulchre）为纪念殉道者圣斯德望（St Stephen）而建的圆形教堂。这座教堂建于教宗圣辛普利修（Pope St Simplicius）执教时期，最有名的是其中描绘无法形容的折磨的文艺复兴时期的恐怖壁画。

　　这座教堂的木制屋顶支撑在两个圆形柱廊上，而采光则是通过砖制鼓座上的高窗来实现的。它本来还有第三个圆形柱廊，但在1450年被尼古拉斯五世（Nicholas V）拆除了。

萨洛尼卡，圣乔治教堂
（St George's Church, Salonika）

◖390年　🏳希腊，萨洛尼卡（SALONIKA, GREECE）
✍未知　🏛礼拜场所

　　圣乔治教堂（St George）原是于3世纪仿照罗马万神殿设计修建的一座陵墓，后在皇帝狄奥多西（Theodosius）统治时期（395年）进行了重建。增加了半圆后殿、走道和长长的连拱入口门厅，在直径为24.5米的穹隆内面镶有拜占庭式的马赛克，描绘了早期基督教殉道者的生与死。

　　这座教堂在奥斯曼（Ottoman）帝国时期被改造成清真寺，1912年又被改造成教堂。1978年的地震令教堂被毁，所以2005年对其进行了修复。

圣阿波利纳雷教堂
（Sant'Apollinare in Classe）

◖549年　🏳意大利，拉文纳（RAVENNA, ITALY）
✍未知　🏛礼拜场所

　　这座宏伟的巴西利卡形制大教堂坐落在拉文纳城外8千米处，是一座曾饰有大理石墙和马赛克地板的罗马式砖结构建筑，比例优美。这些饰物在中世纪和文艺复兴时期，被当地的地主们剥下后，镶嵌在了其他地方。即便如此，该半圆

后殿仍装饰着华丽、五彩缤纷的马赛克，其中有装扮成快乐绵羊的十二信徒（Apostles），从伯利恒（Bethlehem）和耶路撒冷向它们主人脚的方向欢快地跳跃着。比两侧的侧廊高两倍的56米高的中殿，光线充足，被两排宏伟的冠有莨苕叶饰的希腊大理石圆形柱廊隔开。

》不断的变化
这座宏伟的圆形钟楼增建于10世纪或11世纪，是这座教堂经历的众多戏剧性变化之一。

大劳拉隐修院主教堂
（Great Lavra，Katholikon）

◐ 约963年　🏴 希腊阿索斯山（MOUNT ATHOS, GREECE）　✍ 未知　🏛 修道院

　　在阿索斯山上有20间古代修道院，至今仍在发挥着建成之初的功能，其中成立时间最久、教士最多的是宏伟的大劳拉隐修院，现有约300名希腊东正教教士。中心位置的红色圣卢卡斯教堂（Katholikon）周围，是由至少37座小教堂组成的庙宇群。几个世纪以来，这座有穹隆的建筑愈发呈现出十字形的布局，作为建造者圣亚大纳西（St Athanasius）的坟墓，其半圆后殿和有穹顶的小教堂是阿索斯山上众多圣卢卡斯教堂的雏形。

圣卢卡斯圣母大教堂
（Theotokos, Hosios Lukas）

◐ 约960年　🏴 希腊中部基拉岛（PHOCIDE, CENTRAL GREECE）　✍ 未知　🏛 修道院

　　圣卢卡斯（Hosios Lukas，896—953年）是一位先知和奇迹创造者，经过多年的冥想，他在赫利肯山（Helikon Mount）的西坡上创建了 家现已成为世界遗产地（World Heritage Site）的修道院。毗连的两座教堂中较小的一座是在他去世后不久建成的。这座圣母大教堂，是奉献给上帝之母（Mother of God）的教堂，整座建筑是用大石块和砖建成的，内部用大理石、马赛克和11—12世纪生动的壁画作装饰，呈十字形，是众多拜占庭式教堂中的鼻祖。

托尔切洛岛大教堂
（Torcello Cathedral）

◐ 1008年　🏴 意大利威尼斯　✍ 未知　🏛 礼拜场所

　　在这座华丽而不失朴素的教堂中，可纵览整个托尔切洛岛。以前，这座岛屿之所以能成为威尼斯潟湖（Venetian lagoon）中最重要的岛屿，是因为威尼斯人不堪忍受在大陆遭受的多次袭击而移居至此，到6世纪时，托尔切洛岛的人口达到了约3万，而这也就解释了，为什么时至今日，只有20个居民的小岛上，却能拥有像圣玛利亚教堂（Santa Maria Assunta）这样宏伟的大教堂。这座教堂始建于639年，但今天我们看到的巨大的中殿却修建于824年，独立的钟楼则修建于1008年。这些明摆着的事实，再加上那些光秃秃的墙壁，都在告诉我们12—13世纪的马赛克内饰是多么有感召力、多么让人感动。镶嵌在半圆后殿里的圣母玛利亚（Virgin Mary）像，是最为精美的拜占庭式黄金马赛克造像，闪耀着神圣的光辉，而西墙上则装饰着最后的审判（Last Judgement）和想象中的天堂和地狱（Heaven and Hell）。

◀ 有利地点
虽然楼梯很陡，但爬上这座托尔切洛岛的钟楼，可以欣赏到潟湖的壮丽景色。

圣·马克大教堂（St Mark's Cathedral）

⏺1096年　🏳意大利威尼斯　🏛多米尼克·康达里尼（Domenico Contarini）　🏛礼拜场所

至高荣耀

在立面最高的尖顶上是被天使环绕的圣·马克雕像，下面是由两座狮像支撑的复杂精细的柱础。

这道壮丽的风潮，把似童话般的建筑设计神奇地从威尼斯潟湖冲到了圣·马克的广场（St Mark's Square）前，让世代信徒和游客蜂拥至这座"最宁静的城市"。不可否认的是有许多穹隆的威尼斯圣·马克大教堂是拜占庭式和早期哥特式设计的美妙融合，是世界上极受欢迎的建筑之一。

数个世纪以来，随着威尼斯变富变强，这座壮观的大教堂也在不断地重建和扩建。初建之时，它是4名福音传道者（Evangelists）之一的圣·马克的坟墓。据传，828年，圣·马克的遗体被威尼斯的基督徒从埃及亚历山大（Alexandria）的第一个长眠之地带到了威尼斯。这座大教堂的布局呈希腊十字形，耸立在成千上万根打在潟湖软泥中的木桩上。历经数百年，这些木桩上下起伏，它们支撑的有光泽的大理石地面也像在海面上的土地一样上下起伏。在十字形的中心和四臂上都冠有穹隆。从这座巴西利卡形式的大教堂内部可以看到，其蝶形穹隆的顶端装有高大的木制和铅制的上部构造，到13世纪中期，又在上面加上了洋葱形穹隆。外墙饰有华丽的大理石，门周围的柱列上雕刻着颜色不同的大理石，其中一些大理石还是从拜占庭帝国各地的古老教堂和古典神庙中掠夺来的。

在教堂内部，黄金背景上增镶的装饰性马赛克，是数代人努力的结果。摇曳的烛光和油灯，以及透过高窗洒满的阳光，让马赛克表现出一种扣人心弦的神圣氛围。

马赛克镶嵌的穹隆内部

多米尼克·康达里尼总督

圣·马克的遗骸最初被安置在威尼斯一座9世纪罗马式的宗座圣殿中，但976年这座教堂却因一场大火被毁。1043年，当多米尼克·康达里尼成为威尼斯总督（最高行政官）时，他强烈地感受到这座城市需要一座比之前更令人印象深刻的宗座圣殿。因此，在他执政的第20年，也就是1063年，他下令建造了这座新建筑，八年后他就去世了，但这座壮观的主教座堂却是在他离世的25年后才修建完成的。

诺夫哥罗德，圣索菲亚大教堂
（Cathedral of Santa Sophia, Novgorod）

🏛 1052年　📍俄罗斯西北部，诺夫哥罗德
（NOVGOROD, NORTHWESTERN RUSSIA）

✎ 弗拉基米尔二世（Vladimir II）　🏛 礼拜场所

　　圣索菲亚大教堂的主座教堂，又名圣索菲亚大教堂（神圣智慧），是典型的俄罗斯东正教教堂，有着纯白色的墙壁和洋葱形的穹隆。这座巨大教堂的建造者是弗拉基米尔二世亲王（Prince Vladimir II，1020—1052年），整座建筑似堡垒，用金银丝饰品作装饰，是基辅（Kiev）略显高贵的圣索菲亚大教堂的姊妹教堂。而基辅的教堂则是由他的父亲、弗拉基米尔大帝（Vladimir the Great）的儿子雅罗斯拉夫（Yaroslav）建造的。弗拉基米尔大帝是雷神索尔（Thor）和欧丁神（Odin）内殿的建造者，后来改信基督教。不同于基辅的这座老教堂，诺夫哥罗德的教堂在随后的几个世纪里并未做过大规模地用巴洛克风格的装饰进行增加或覆盖，因此它才能维持原状。

　　圣索菲亚大教堂仿照希腊十字形平面而建，由3个半圆后殿环绕组成，上有5个穹隆，是一座砖石构造的建筑。俄罗斯建筑深受战争和宗教的影响，因此圣索菲亚大教堂也融入了许多外来元素。

基日岛，主显圣容节教堂
（Church of the Transfiguration, Kizhi）

🏛 1714年

📍 俄罗斯北部，基日岛（KIZHI, NORTHERN RUSSIA）

✎ 未知　🏛 礼拜场所

　　这座位于奥涅加湖（Lake Onega）基日岛上的抓人眼球的教堂，沿袭了早期拜占庭式的设计传统，是18世纪俄罗斯工艺的杰作。整座教堂为木质结构，建造工具也是最基本的斧子和凿子。据传，教堂建成后，木工大师内斯特（Nestor）将他的斧子扔进奥涅加湖，并宣布再也没有人，哪怕是他自己，还能建造出这样的建筑。

　　俄罗斯北部的卡累利阿（Karelian）地区的木制建筑由来已久，尤其是在奥涅加湖的众多岛屿上（共有1650座岛屿）。基日（Kizhi，意为"游乐场"）是岛上最有名的岛屿，是异教徒节日庆祝的传统地方。直到18世纪，彼得大帝（Peter the Great）打败瑞典人之后，这座岛屿才被改造成基督教礼拜的地方。尽管岛上还有一些古老的教堂，但主显圣容节教堂无疑是最为壮观的：冠上的穹顶比22个还多。自1960年以来，这座教堂一直是基日俄罗斯木结构露天博物馆的明星，1990年被列为世界遗产地。

圣巴西尔教堂（St Basil the Blessed）

这座标志性的俄罗斯教堂是以圣巴西尔（Basil the Blessed，1468—1552年）来命名的，他是葬于此处受欢迎的"圣愚"（Holy Fool）。

圣巴西尔大教堂
（St Basil's Cathedral）

● 1561年　🏳 俄罗斯莫斯科　⚒ 巴拉玛和波斯特尼克·雅科列夫（BARMA & POSNIK YAKOVLEV）
🏛 礼拜场所

圣巴西尔大教堂蔬菜状的穹隆，正如《启示录》（Book of Revelation）中向神圣的圣约所揭示的那样，就像是一幅彩色的天国（City of God）图画。1552年，当蒙古人在喀山（Kazan）战役中被打败后，伊凡雷帝（Ivan the Terrible）下令修建了这座教堂。整座教堂呈星状集中式布局，8座小教堂环绕着中间第九座小教堂。在莫斯科市中心的红场（Red Square）上，它就像是一座建在阶梯式基座上的糖果。

每个小教堂的顶部都有一个古怪的塔楼，依次冠有形状不同洋葱形穹隆，有的是之字形的图案，有的则布满了深凹的砖纹。这些几乎要引起幽闭恐惧症的小教堂之间，是迷宫般的昏暗廊道，虽然它们能带你走向某些宏伟的中殿，但从未有人尝试过。事实上，这座教堂里面的空间很小，每逢盛大节日时，礼拜仪式都会在外面的红场举行。

》》伊凡雷帝（IVAN THE TERRIBLE）

生于1530年的伊凡四世（Ivan IV），被人称为"恐怖的伊凡"（The Terrible），不过有些传言却是毫无根据的，如曾有一则令人毛骨悚然的传言，说他之所以弄瞎圣巴西尔大教堂建筑师的双眼，是为了阻止其建造出另一座可与这座大教堂比肩的建筑：建筑帅波斯特尼克·雅科列夫（Posnik Yakovlev）在此之后还建造了弗拉基米尔大教堂（cathedral of Vladimir）。

⌄ **圣巴西尔大教堂内景**（Interior view of St Basil's Cathedral）

圣乔治教堂（Biet Giorgis）

● 约1300年　🏳 埃塞俄比亚，拉利贝拉（LALIBELA, ETHIOPIA）　⚒ 未知　🏛 礼拜场所

拉利贝拉是一处偏远的村庄，村内共有十几座岩石教堂，而其名也正是取自修建这些教堂的扎格维（Zagwe）国王的名字。拉利贝拉国王（King Lalibela，1181—1221年）因其所做的贡献而被奉为圣人。这些教堂，有些被凿刻在悬崖上，是埃塞俄比亚建筑的辉煌成就之一，尽管很少有人参观，但仍被精心维护着。

整整12座教堂都非同一般，但圣乔治教堂，或称埃塞俄比亚科普特圣乔治教堂（Ethiopian Coptic Church of St George's），却是它们中最特别的。这座教堂是在一块红色的火山岩上凿刻出来的，坐落在一个又黑又深的沟中，周围环绕着供修士和隐士使用的洞穴和壁龛。该建筑大小为12米×12米×13米，从入口穿过一条凿刻在岩石上的狭小隧道就可到达。上层开有12扇窗，代表着基督的十二门徒；底层的9扇盲窗，则雕刻着精美的花饰。内部空间更为神秘，是用4根三面柱支撑的有穹隆的圣殿。

⌄ **下陷的教堂**

圣乔治教堂的"屋顶"由三组希腊十字架组成，慕名而来的游客第一眼看到的也正是这面屋顶。

南亚和东南亚建筑

南亚大陆最早的文明是印度河流域文明（Indus Valley），是西方文明最早出现的新月沃土（Fertile Crescent）的东部延伸。这也就解释了，为什么在摩亨佐达罗城（Mohenjodaro）和哈拉帕古城（Harappa）兴起的文化都与苏美尔（Sumeria）文化有着千丝万缕的联系。

印度河文明于约公元前1500年湮灭，原因尚不清楚。现存的印度河谷文字，没有人知道它们是什么意思。我们不了解他们的宗教，也不知道他们是如何举行宗教仪式的，但在这片土地上，却有着令人激动的寺庙。印度河流域的人们在中亚的雅利安人（Aryan）入侵之前就已经消失了。

新兴文化

这些游牧民族是逐渐在此定居的，大概用了1500年之久，直到公元前200年，印度文化才真正形成我们今天所熟知的样子。从那时起，印度建筑的发展也受到了不同程度的影响。这不禁让人想到了希腊人，想起了4世纪北方孔雀王朝佛教帝国（Mauryan Buddhist）的亚历山大——他从马其顿（Macedonia）远道而来作战。以白沙瓦（Peshawar）为都城的中亚游牧民族建立的贵霜帝国（Kushan），就融合了希腊和中国的文化元素。当然，还有莫卧儿王朝（Mughals）和大英帝国，他们目睹了自己的文化如何被转化成这些宏伟的建筑，如泰姬陵（Taj Mahal）和新德里（New

》》佛陀（THE BUDDHA）

佛陀名悉达多（Siddhartha Gautama），是公元前6世纪的尼泊尔（Nepalese）王子，他放弃了自己的特权背景选择出家。经过多年的冥想和否认，他达到了一种开悟的状态，或者说是涅槃（Nirvana）。其弟子把他尊称为佛陀——"觉者"（Awakened One），终身传教直至生命的终结。他既不是神，也不是先知，更不是圣人，于潜移默化间把教义传遍南亚和东南亚，传经讲义之地都有出现风格独特的建筑。

》 开悟（Receiving enlightenment）
佛被认为只是一系列在时间轮回中的佛陀中的一个。

大事记

公元前700年：种姓制度在印度出现，其中阶级最高的是婆罗门（Brahman）祭司

公元前326年：马其顿（Macedonia）国王亚历山大大帝（Alexander the Great）突袭了印度河谷

499年：印度数学家阿耶波多（Aryabhata）写就的《阿雅巴提雅》（Aryabhatiya），是第一本关于代数的书

657年：阇耶跋摩一世（Jayavarman I）在柬埔寨（Cambodia）建立了高棉（Khmer）王朝

| 公元前500年 | 公元元年 | 500年 |

公元前400年：帕尼尼（Panini）的格言或箴言，是梵语（Sanskrit）的形式化，是吠陀梵语（Vedic）的演变

50年：多马（Thomas），耶稣的使徒，到访印度建立了基督教聚居地

602年：南日松赞（Namri Songtsen）统一了西藏好战的游牧部落

☒ 神圣的恒河（The sacred Ganges）

这条圣河蜿蜒流过印度北部，孕育了印度教（Hindu）文化，许多寺庙中也有围绕它的神话传说雕塑。

00年：拉其普特（Rajput）王阀在印度中部和拉贾斯坦邦（Rajasthan）建国

1192年：来自阿富汗（Afghanistan）的伊斯兰酋长在穆罕默德·古尔（Muhammad of Ghor）的领导下在德里（Delhi）建立了穆斯林苏丹王国（Muslim sultanate）

1363年：苏丹莫哈末沙（Sultan Muhammad Shah）在婆罗洲（Borneo）建立了文莱（Brunei）苏丹王国

1526年：巴布尔（Babur）从德里苏丹国（Sultan of Delhi）易卜拉欣（Ibrahim）手中夺取了德里，并在印度建立了莫卧儿（Mughal）帝国

1000年

1500年

711年：阿拉伯人征服了信德省（Sindh）和木尔坦（Multan），即今天的巴基斯坦（Pakistan）

1150年：高棉帝国国王苏耶跋摩二世（King Suryavarman II）建造了吴哥窟（Angkor Wat）

1300年：泰米尔人（Tamil）在锡兰（Ceylon）建立的王国于1619年被葡萄牙人（Portuguese）推翻

1431年：暹罗人（Siam）入侵吴哥（Angkor），摧毁了高棉帝国

1565年：西班牙在该地区复杂的皇权博弈中占领了菲律宾（Philippines）

1600年：英国东印度公司（British East India Company）成立，为大英帝国（British Empire）的殖民野心播撒了种子

▶▶ 泰国佛像（Thai Buddha）
寺庙是为告诉众生，佛欲众生
皆悟、皆觉、皆成佛。

奎师那降魔（Krishna vanquishes a demon）

在神话中，印度教的神自然融入印度社会的各个阶层和自然世界中。图中为奎师那为救儿时玩伴——被蛇妖吞掉的小牧牛人的故事。

Delhi）的总督府（Viceroy's House）。

可是，位于印度南部的印度教王朝，如帕那瓦王朝（Pallavas）、朱罗王朝（Cholas）、早期潘地亚王朝（Early Pandyan）、维查耶纳伽尔帝国（Vijayanagar）和晚期潘地亚王朝（Late Pandyan），则似乎并没有受到外界的影响。也正是因为这个原因，这些王朝才创造出了极具印度风格又引人入胜的寺庙，既有庄严的塔群，也有尖塔（sikharas），还有不可穿透性的特征。宗教仪式通常在寺外举行，而非寺内。

佛教寺庙的影响力，也从印度逐渐蔓延到了整个东南亚，最吸引人的就是尖塔。建筑理念通过贸易、军力以及最主要的宗教，跨越高山、口口相传。孔雀王朝的阿育王（Asoka）派遣佛教僧侣前往一些亚洲国家，把他们的寺庙设计理念和管理方法传播出去。

影响的融合

在一个有着如此多语言和民族的地区，能涌现出大量的建筑思想并不稀奇，而且观察这些建筑的融合方式也是非常有趣的，所以说，哪怕这些建筑之间并没有明显的差异性，但我们还是从中发现佛教、印度教或莫卧儿建筑的独特形式。许多最伟大的莫卧儿王朝建筑都充满了印度教元素。同样，当英国人来到印度时，他们也带来了本国的建筑样式。20世纪初，当埃德温·勒琴斯（Edwin Lutyens）和他的团队为新德里（New Delhi）做设计时，他们就像之前的莫卧儿人一样，终于想通了，把印度教和佛教元素融入他们的建筑作品中。

印度教寺庙艺术

一些生动、动人的早期印度教艺术，可见于洞穴和岩石寺庙的壁饰上。这些寺庙里既有印度教神像和岩画，如湿婆神（Shiva），也有温情的家庭生活场景，强化了众生平等的观念。或许，这样的实例，我们可以在孟加拉湾（Bay of Bengal）马哈巴利普兰（Mahabalipuram）的帕拉瓦（Pallava）海滨寺庙中找到。

石窟里的湿婆神造像

湿婆神是一位复杂的印度教神祇，常以"舞王"（dance of bliss）造像出现，象征着诞生、生命、死亡和重生的轮回。

南亚建筑

公元前1700—公元1800年

　　早期的印度建筑是在讲述强大而信徒广布的宗教，是如何通过纪念性的设计来庆祝其信仰的故事。佛教、耆那教（Jainism）和印度教都在印度建筑的发展中发挥了重要的作用，它们颂扬自然界，告诉众生尘世的因与来世的果，以及轮回之外的极乐世界。

　　为了表达对物质和精神世界的爱，印度建筑，尤其是印度教寺庙常会表现出温暖而愉悦、复杂且迷人的建造结构。其中最美丽、最触动人心的寺庙是建于7世纪和8世纪位于孟加拉湾的马哈巴利普兰的海滨庙宇群。它们对自然的爱以及印度教浮雕所表达的情感，正是整个印度中南部寺庙的一大特色。最早的时候，它们寄予了早期定居于此的居民对世界温柔的敬意，以及他们对家畜的深情描绘。几个世纪以来，印度教寺庙成为雕饰的庆典，不再歌颂农业，而是去赞美那充满激情与爱欲的人类的爱情——而这在某种程度上，亦可被视为神启。对来到印度的外国游客来说，建筑的感性既是挑战也是乐趣。

了解印度教庙宇群

　　对西方游客来说，印度教的庙宇群会让他们晕头转向。先去看什么？为什么它们的外墙装饰得如此华丽？要想得到答案，就要从他们的宗教文化中去找寻。印度教源于婆罗门教。印度教信奉多神论，任何事物——每个有生命的有机体、每个无生命的物体——都与神紧密相连。万物皆有神。因此，庙宇中阶梯式的高塔或尖塔对神圣的万物的颂扬，是可以从牛到神、到爱人、到国王的。这些建筑物中的雕饰像建筑一样多，且都是由无数相互关联的元素所组成。

◀ **风之宫殿，拉贾斯坦邦，斋浦尔〔Hawa Mahal (Palace of the Winds), Jaipur, Rajasthan〕**

建于1799年，这座宫殿的正面有似屏风式的露台，可以让王室女性隐于窗内窥探外面的世界。

建筑元素

古印度建筑受到强大而深刻的宗教运动——佛教、婆罗门教和印度教的影响。总之，这些宗教为世界展现了丰富而感性的建筑，让尘世与上苍得以平衡。不论是从雕刻的动物，还是到表现性爱的雕像，随处可见对自然和建筑工艺的热爱。

嵌入式的层级延伸至塔顶

层层的石质基座上嵌入了大量的雕像

不断向上的雕塑和抽象的雕刻

⌃ 象征性的层级

印度教寺庙中耸立的高塔在讲述着故事。每座塔有其独特的"笔迹"，书写着当地教派的关怀和普世的主题。

⌃ 敞开的亭子

敞开的亭子可以活跃印度教城堡和宫殿的天际线。这些亭子有些很小，有些则大到可以像露台一样去遮阳挡雨。

⌃ 尖塔

这些成峰状的"印度方尖庙"或塔式建筑，从印度教寺庙的中心拔地而起。全国各地的风格多有不同。这些塔式建筑的装饰都很华丽，如塔贾武尔的布里哈迪斯瓦拉神庙。

» 动物雕像

对印度教徒来说，众生皆神圣，众生皆可敬。马哈巴利普兰的海滨庙宇群展现了最精美、最柔和的动物造像。

实心砖砌成的穹隆

佛塔顶上神圣的塔伞

通向神殿的仪门

» 窣堵波

窣堵波是一处神殿，代表神圣的须弥山，是存放佛陀遗物的圣殿。最著名的佛塔是桑奇大塔（The Great Stupa at Sanchi）。

摩亨佐达罗城（Mohenjodaro）

◯ 约公元前1700年

📍 巴基斯坦，信德（SIND, PAKISTAN）

✍ 未知　🏛 城市

富饶的摩亨佐达罗城，是印度古老的城市之一，位于肥沃的印度河流域，以粮食贸易为生；粮仓位于城市中心，是已发掘的巨型砖砌城堡中大型的建筑之一。城堡内有一间大浴室和一些未知的公共建筑，高15米。城堡和城区被一个人工湖隔开。网格状的住宅房屋连接着宽14米的街道。围绕着院落中的水井而建的住宅，是两层楼高的平顶建筑，其底楼正对院落的一面均为毛坯。显然在这个舒适而文明的城市中，许多住宅都配有浴室，以及完善的下水管道系统。

▶▶ 城市生活

可以肯定的是，这座古老的城市布局是经过精心规划的。

哈拉帕（Harappa）

◯ 约公元前2550年　📍 巴基斯坦　✍ 未知　🏛 城市

20世纪20年代，在古印度河流域"发掘"出了与摩亨佐-达罗文化相似的哈拉帕，它也是此处文明孕育出的古老的城市之一。维多利亚时期，铁路工程师为重新利用那些古老的烧结砖，而将它们洗劫殆尽。然而，几百年来的灾难性洪水也给这座鬼城带来了巨大的破坏。同摩亨佐-达罗一样，哈拉帕也可分为城堡和居民区。二者中间好像是被营房式的房屋所隔，这些房屋的使用者可能是从事粮食贸易的工人。我们对当地文化知之甚少，对每个建筑的装饰和作用也无从得知。在印度河流域发掘的艺术品仍显单一，主要是石制和陶制雕像以及鲜见的青铜雕塑。人们对哈拉帕衰落的猜测莫衷一是，无人知道是雅利安入侵者带来的毁灭，还是自然灾害带来的灭顶之灾。我们甚至不知道曾经生活在这里的居民是当地的原住民还是来自另一个文明的定居者。

▼ 建在河漫滩上

我们无从得知这座城市居民的生活状态，但他们修建城池所用的坚砖却已留存千年。

桑奇大塔（Great Stupa, Sanchi）

🌐100年　📍印度中央邦（MADHYA PRADESH, INDIA）
🏛未知　🏛礼拜场所

这是为了纪念佛陀而在一个直径40米的平台上修建的实心砖砌巨大半球，并于1世纪，由孔雀王朝的阿育王（Mauryan emperor Asoka）在旧有结构的基础上进行了重建。最初这个半球的表面涂有一层浓厚而光滑的石膏，上面点缀着可供宗教节日点灯用的凹槽。沿着巨大的石制栏杆拾级而上，走过有雄伟而精美雕刻的通道，就会来到进行仪式的平台上。

▶▶ **保护空间**

在顶部的方形结构中，有一把佛陀入座的3层塔伞。

鲁梵伐利塔（Ruwanveliseya Dageba）

🌐公元前137年　📍斯里兰卡阿奴拉达普勒（ANURADHAPURA, SRI LANKA）
🏛杜图伽摩奴王（KINGDUTUGEMUNU）　🏛礼拜场所

阿奴普拉达普勒是斯里兰卡的第一个首府。这座雄伟的佛塔直径长90米、高100米，由僧伽罗人第一个伟大的英雄杜图伽摩奴王（公元前167—前137年）修建。他原定要修建比现在大两倍的佛塔，但在朝臣的谏言下而放弃，他生前此塔并未完工。先由士兵带来的岩石做地基，再由大象踩踏夯实。佛塔本身先由砖块砌成作底，在上面覆一层粗糙的水泥，再敷上一层硫化汞，最后紧紧地裹上一层厚厚的砂砾。最后，在上面覆上铜片、溶解于椰水中的树脂、溶解于芝麻油中的砷和银片。在圣物室中，他放置了一棵由珠宝制成的五枝菩提树，其根由手工制作的珊瑚和蓝宝石组成。它的茎由纯银制成，上面装饰着金叶和金果。鲜少有比这更珍贵的佛塔。

🔽**巨大的穹隆**

这座气泡状建筑在20世纪30年代初期被修复，于塔尖安装了一颗新的宝石，在阳光的照耀下熠熠生辉。

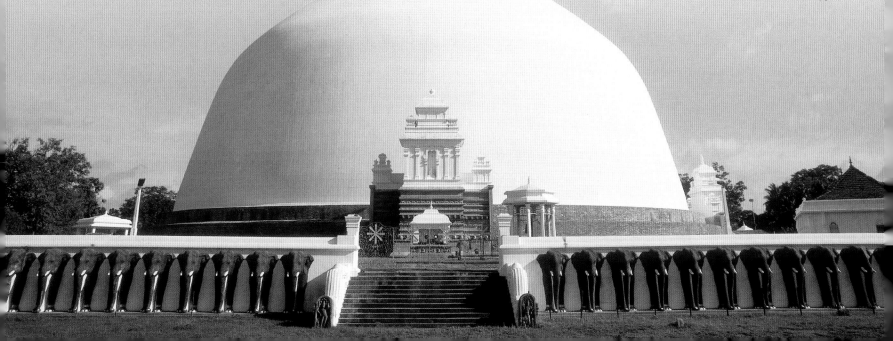

⌃ 宗教雕刻物

岩壁上刻有许多印度佛教符号，而巨大的柱列和雕像则弱化了人的重要性。

卡尔利支提堂（Chaitya Hall, Karli）

⊖70年　　▯印度西部，马哈拉施特拉邦
（MAHARASHTRA, WESTERN INDIA）

✍未知　　🏛礼拜场所

卡尔利支提堂作为印度最大的岩凿佛教寺庙，是岩凿支提堂最宏伟的范例，内有一座窣堵波。正门两侧分别是大象的造像，穿过由顶部冠有狮像的15米高的柱列组成的马蹄形入口，再走过光线柔和的前厅，就会来到一处真正神秘的可以称之为中殿的大厅。左右的侧廊依次排列着钟形柱头的鳞茎状柱列，下面作支撑的基座上还饰有凶猛的石兽。昏暗的洞顶下是木制的桶形拱顶。在大厅尽头的半圆后殿里是一座精美而威严的窣堵波。这些岩凿寺庙不仅是佛教文化的一部分，也是自孔雀王朝时期（公元前322—前188年）以来延续至今的建筑特征。岩凿寺庙和坟墓是传承于波斯的传统，这在佩特拉中也有发现。但在这里，建筑就像动植物，是丰富的有机设计，完全不同于印度河流域以西的直线和直角。卡尔利支提堂是兼具世俗与神圣之地。

持斧罗摩之主庙
（Parasurameshvara Temple）

⊖约600年　　▯印度北部，奥里萨邦，布巴内斯瓦尔
（BHUBANESHAWAR, ORISSA, NORTHERN INDIA）

✍未知　　🏛礼拜场所

位于印度北部东海岸奥里萨邦的这座寺庙，是当地发现的印度教庙宇群中保存最为完好、年代最为久远的一座。它的出现，标志着用层层异域风情的石雕镶嵌于植物形寺塔的悠久传统的滥觞。错综复杂的建筑结构和装饰是统一的，应和着具有象征性的宗教意义。在这里，大象和马队刻画得更为抽象。凿有石窗的长方形大厅，无疑是后来在塔侧增建的。

» 湿婆庙（Shrine to Shiva）

这座寺庙供奉的是印度三大神之一的湿婆神。

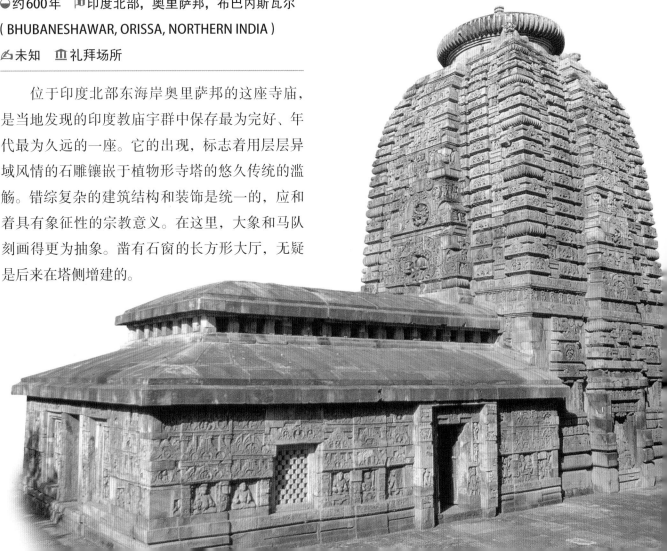

布里哈迪斯瓦拉神庙（大神殿）[**Brihadeshvara Temple**（**Great Temple**）]

🕑 1010年　📍印度南部，坦焦尔（TANJORE, SOUTHERN INDIA）

🏛 罗阇朱罗一世（RAJARAJA CHOLA）　🏛 礼拜场所

　　这座非凡的花岗岩寺庙是建筑杰作，修建于印度南部朱罗王朝（Chola Empire）时期的泰米尔纳德邦（Tamil Nadu）。据说这座寺庙由巨人构思、珠宝商修建完成，其顶部有一座高66米的13层寺塔。庙身侧面用107段铭文记述了建造者罗阇朱罗一世（Rajaraja Chola）和其妹库达瓦（Kundavai）所做的贡献。

　　雄伟壮观的德拉维神庙（Dravidian temple，由印度中南部的原住民修建）坐落在一个城堡的矩形宽墙内，最后一次重建是在16世纪。印度艺术史学家文卡塔拉曼（B.Venkataraman）称它为"集雕塑家的梦想、历史学家的宝库、舞者的愿景、画家的乐趣和社会学家的独家新闻于一体"的寺庙。

　　庙门前不仅有一尊巨大的、重约25吨的湿婆神坐骑造像——神牛（Nandi）雕像，还有许多的神牛造像和壁画。用砖石铺设的内殿，面积约为150米×75米，饰有精美的湿婆造像。在寺庙初建时，这些造像的色彩明艳美丽。

🔽 **市中心**

这座巨大的寺庙曾作为帝国的枢纽，既作宝库、档案馆之用，也有会议厅和礼拜场所之功能。

毗湿奴神庙（Chennakeshava Temple）

● 1117年　📭 印度南部，卡纳塔克邦，贝鲁尔
（BELUR, KARNATAKA, SOUTHERN INDIA）

✍ 杰科玛·阿沙里（JAKKAMA ACHARI）　🏛 礼拜场所

　　位于贝鲁尔的毗湿奴神庙是曷萨拉王朝（Hoysala）建筑的巅峰，以其饰于表面的诸多绝美造像而闻名。这些雕像的极致细节就像少女湿发上滑落的那一滴水，让人为之心颤。这座献给毗湿奴（Lord Vishnu）的神庙，其主殿区所在的宽敞院落里有一个用墙围起来的池塘，周围还有四座雕刻得同样精美的小殿。一个战士与老虎搏斗的滑石雕像，诉说着易伊萨拉国王维希奴瓦尔汉那（Vishnuvardhana）在塔拉卡德（Talakad）战胜朱罗王朝的事迹，而这座印度教寺庙的修建就是为了纪念他所取得的胜利。

>> **过多的图像**

这座寺庙约有650种大型动物的造像，如大象、马、狮子、老虎、鸟等，除此之外，还有战士和愉悦感官的"天堂舞姬"（celestial dancers）造像。

热那克普，耆那教寺庙群（Jain Temples, Ranakpur）

● 1439年　📭 印度，热那克普（RANAKPUR, INDIA）

✍ 拉那·古姆伯和达尔那·沙（RANA KUMBHA & DHARNA SAH）　🏛 礼拜场所

　　这座偏远的3层白色大理石寺庙，是耆那教徒（Jains）建造的最宏伟的庙宇，不仅因其规模而闻名，还因其精细复杂的设计而闻名。除了成排的拱卫小神殿和新奇的造像，其内部可谓是一座宝库，用1444根精雕细琢的柱列支撑着比任何巴洛克城市都要多的穹隆。

>> **石头中的奇迹**

这座寺庙中有许多繁复精美的石雕。

阿布山，耆那教寺庙群（Jain Temples, Mount Abub）

● 11—13世纪　📭 印度，拉贾斯坦邦（RAJASTHAN, INDIA）　✍ 未知　🏛 礼拜场所

　　在拉贾斯坦邦长满杜果树的山林间，有一个小山村，那里矗立着5座用大理石建造而成的美丽耆那教寺庙，它们以线条流畅而样式多样但不失优雅的雕像而闻名。其中有无垢瓦希寺庙（Vimala Vashi，1031年）和卢纳瓦希寺庙（Luna Vashi，1230年）最为显眼。无垢瓦希寺庙位于一个开阔的庭院中，周围是由许多供奉神像的小型寺庙组成的通道。12根雕有姿态各异的演奏乐器的女像柱列，支撑着这座带穹隆的大殿。而比其晚建了200年的卢纳瓦希寺庙，却有着极为接近的建筑风格，也是用带装饰的柱列支撑着带穹顶的大殿，而且大殿周围还环绕着360位耆那教小沙弥。寺庙中备受喜爱的象营（Hathishala，Elephant Cell）里面有10个雕刻精美且高度逼真的石象。

贝拿勒斯公共浴场
（Public Baths, Benares）

🌐 14世纪　📍印度，北方邦，瓦拉纳希（VARANASI, UTTAR PRADESH, INDIA）　✍未知　🏛浴场

　　对数以百万计的沐浴者、朝圣者和游客来说，恒河（Ganges）是印度精神内核的象征之一，是肉与灵、礼与史的缩影。在去往贝拿勒斯［Benares，今瓦拉纳希（Varanasi）］时，要穿过高止山脉（ghats），沿着圣河河岸绵延近5千米的宽阔的公共沐浴台阶前行。几个世纪以来，这些台阶见证了印度教徒的火葬，他们相信，在这里结束生命，甚至只是在水中沐浴，就能跳出轮回、永留极乐。毫无疑问，在恒河岸边演绎着的对生死的渴望，已然让它变得不再普通，林立的建筑独一无二，到处充斥着人流带来强大的力量和独特的魅力。在河岸某处，古老的宫殿探身于巨大的石阶之上，使这座城市变得如仙境般迷人。

巴米扬大佛
（Giant Buddhas, Bamiyan）

🌐 约700年　📍阿富汗北部，巴米扬（BAMIYAN, NORTHERN AFGHANISTAN）　✍未知　🏛纪念碑

　　巴米扬大佛（Giant Buddhas of Bamiyan）曾是世界上巨大且精美的佛像之一，但如今已成为历史。这两座巨人的岩凿造像于2001年被摧毁，现在只留瓦砾一地。受印度传统的影响，这些凿刻于贵霜王朝文化、宗教和艺术中心的喀布尔（Kabul）西北部巴米扬山谷悬崖上的巨大塑像，分别高35米和57米。塑像周身涂满了明亮的金色，覆有装饰物，随侍的是来自10座寺院、身着藏红袍的僧侣。

》》陈迹
巴米扬佛像是中亚犍陀罗（Gandhara）佛教艺术的经典之作。

《 令人敬畏的景象
5座耆那教寺庙中的第一座建于阿布山，天花板上雕刻着自然图案和耆那教神话中的场景。

东南亚建筑

500—1500年

通过佛教和印度教，印度建筑传统得以传播到东南亚。到13世纪，窣堵坡、阶梯式尖塔和莲花花苞状的寺塔遍布缅甸、柬埔寨、泰国和印度尼西亚。其中大部分建筑现已成废墟，而有些则在19世纪和20世纪时被复建。

东南亚建筑最伟大的成就无疑是柬埔寨的吴哥窟和印度尼西亚爪哇岛的婆罗浮屠佛塔（Stupa at Borobudur），这两座完全不同的寺庙，代表着广大无边的佛教名山——须弥山（Meru）。虽然吴哥窟空间、房间无数，但婆罗浮屠佛塔的外观却像中美洲（Mesoamerica）的阶梯式金字塔，好似一座雄伟的人造山。吴哥窟是岩石般坚固建筑艺术的庆典，而婆罗浮屠佛塔则超凡脱俗、承载着多层含义。其中一座佛塔与佛教五大要素息息相关：其方形底座代表"地"，圆形穹隆是"水"，穹隆顶上的圆锥体是"火"，再上面的华盖是"风"，佛塔作为整体的体积是"空"。走进这样一座建筑，会让我们感受到生活中的主要元素，让我们在这片丛林空地中，去感知、去触碰、去体会尘世之外的净土。

一连串的寺庙建筑（A spate of temple-building）

寺庙的建造在缅甸的建筑工作中占主导地位，所以仅在异教徒王国（Pagan）的首都，就有不下5000座佛塔和寺庙，它们无论大小均装饰奢华，是当地最为精美的艺术品。这股寺庙热也在泰国和印度尼西亚蔓延开来。各地建造的热情，也是在讲述着佛教被印度教取代的故事。

《 吴哥窟（Angkor Wat）
这座安葬高棉苏利耶跋摩二世（Khmer king Suryavarman II，1113—1150年）的寺庙在高棉帝国衰落后倾圮。数百年来，它被湮没在森林中，直到1856年才于偶然间被发现。

建筑元素

随着佛教传入东南亚，中式建筑也受到了影响。经过长时间的磨合，不同设计传统的结合诞生了各种各样的建筑风格，如缅甸的佛塔、柬埔寨的寺庙城市和曼谷的宫殿。

金箔

金箔在寺庙的使用中非常广泛，内外均有使用，在烈日和细雨中闪闪发光。

肉与灵的融合

精致的浮雕

整个东南亚的寺庙和宫殿都有浮雕。大多为高度自然主义的浮雕，但却是为了引导观众去冥想更加超凡脱俗的事物。

交叉的屋顶脱胎于佛塔造型

拱卫小尖塔

即使是宫殿也要归功于佛塔的设计。在这里，曼谷皇家王宫正殿的错综复杂，正是古代佛教的回声，亦是印度教建筑与中式建筑相融合的范例。

盘状拱肋结构

至少部分穹隆是坚固的

圆形柱廊鼓座上的尖塔

钟形佛塔

在这个地区出现的钟形大佛塔，很大程度上要归功于泰国大城府（Ayudhya）的锥形皇家陵墓和神殿的设计。

小型佛塔

在缅甸大金塔（Shwe Dagon）周围装饰奢华的小金塔，夸大了神殿主体的巨大体量；如图所示塔尖高度高达113米。

婆罗浮屠（Borobudur）

◐约842年　◳爪哇日惹（JOGYAKARTA, JAVA）　✍未知　🏛礼拜场所

　　这座令人惊叹的、用火山岩石块建成的佛塔表现的是佛教的宇宙观，它围着传说中的圣山——须弥山（Mount Meru）盘旋向上，带领信徒摆脱尘世的烦扰而至涅槃（Nirvana），即一种超然的虚无或纯粹。

　　这座神殿高31.5米，共9层，分为3个部分。这些框架式的露天高侧廊层饰有1460个叙事性浅浮雕和432个曾用来供奉佛像的壁龛。

　　在形成柱础的方层上，刻画着融入佛陀生平的爪哇人日常生活的场景。再上面，是分3层的72座钟形小佛塔，每座塔中都有一尊佛像。最上层的巨大佛塔可能一直是空置的。

　　这3个层次代表了佛教对宇宙的划分。最下层的欲界（Sphere of Desire），灵魂被贪婪所束缚；中间的色界（Sphere of Form），灵魂被尘世所羁绊；顶层的无色界（Sphere of Formlessness），则是跳脱尘世之外的灵魂。

⊠ 反复运用的佛塔造型

婆罗浮屠中有许多的佛塔，但其本身就是一个巨大的佛塔。

⊗ 鸟瞰图

吴哥窟（Angkor Wat）

◔1150年　🏳束埔寨暹粒市（SIEM REAP, CAMBODIA）　🏛提婆迦罗（DIVAKARAPANDITA）　🏛礼拜场所

在废弃和遗忘了半个世纪之后，令人惊叹的吴哥窟遗址重新出现在世人的面前，位列世界建筑奇迹之一：如此宏伟壮观的庙宇群，有埃及金字塔的规模，有与帕特农神庙比肩的精细雕刻，更有超越中世纪大教堂的细节处理。

高棉王朝的国王们从他们的城堡吴哥开始，在神谕的指引下统治着从越南南部到中国云南，西至孟加拉湾的广阔疆域。他们的木制宫殿、公共建筑和房屋早已不复存在，但那些壮观的石制寺庙的废墟却被保留了下来。吴哥窟是埋葬高棉国王苏利耶跋摩二世（Suryavarman II，1113—1150年）的寺庙，在1431年被泰国人占领和洗劫后被遗弃，今天的吴哥窟到处都是身挎相机的游客。这座令人难以置信的壮观的印度教寺庙，顶部有5个莲花花苞状的寺塔，下面是一连串有圆形柱廊的平台，后面是数层的连拱墙，再后面是一条4千米长的护城河。护城河上架有一条堤道，两侧是巨大的、与印度教创世神话有关的蛇形栏杆。低层露台的墙壁上有丰富的浮雕：800米的造像讲述了印度传奇史诗《摩诃婆罗多》

⚠ **排列在堤道上的石雕头像**

（Mahabharata）和《罗摩衍那》（Ramayana）的故事。上面耸立的5座塔中有高棉王朝国王的墓穴。吴哥窟是宇宙的化身，时至今日魅力依旧。

⚠ **为国王而建**

吴哥窟占地1550米×1400米，用近30年才建造完成。

比粒寺（Pre Rup Temple）

🌓961年　🏳️東埔寨暹粒市（SIEM REAP, CAMBODIA）
✍️未知　🏛️礼拜场所

　　比粒寺（Pre Rup）的暗红色"寺庙山"（temple-mountain）是须弥山的化身，对印度教徒来说，它是神圣的诸神之家。这座寺庙主要为砖石结构，是10世纪晚期为高棉国王罗贞陀罗跋摩二世（Rajendravarman II）修建的国庙。这座寺庙呈3层金字塔结构，5座塔为冠。最下面一层有十几个朝东的小圣塔，供奉着男性生殖器像。对阳具的崇拜（神的阳具或宇宙火柱）既是其国教，也与王权有关，国王就将自己视为湿婆神。第三层由砂岩建成，雕刻复杂，是通往金字塔的两层阶梯，两侧饰有石狮。长期以来，这座寺庙一直被東埔寨人用于举行葬礼，"Pre Rup"意为"变身"（turn the body），指的是在这座皇家寺庙柱础上举行的火葬仪式。比粒寺位于400平方千米的吴哥世界遗产地内。

>> **神圣的对称**
位于中间位置的这5座塔，东侧为入口，西侧则在砂岩墙上凿有虚门。

女王宫（Banteay Srei Temple）

🌓967年　🏳️東埔寨暹粒市　✍️未知　🏛️礼拜场所

　　这座名为女王宫（Banteay Srei）的小寺位于距离吴哥窟20千米的山区，意为"女人的城堡"（citadel of the women），是该地区大受欢迎的建筑瑰宝之一。这座寺庙之所以受到赞赏，不仅是因为它非同寻常的小尺寸——中心塔只有9米高，圣殿室面积只有1.7米×1.9米——还因为其独特的粉色砂岩（石英砂岩）墙壁。这些墙壁上均刻有复杂壮观的宗教神话故事和完美的印度神形象，另外还刻有花纹图案。这座寺庙仅有三面墙围绕，入庙道路两边饰有雕像。建筑整体保存状态完好，从其未损的精美装饰上就可见一斑。建造者雅尼亚瓦拉哈（Yajnyavaraha）是一位王室后裔，是高棉国王阇耶跋摩五世（Jayavarman V）的国师。这座寺庙是吴哥地区大约100座高棉寺庙中的一座，与比粒寺相似，比吴哥窟建造的时间还要稍早一些。在金边（Phnom Penh）的東埔寨国家博物馆（National Museum of Cambodia）和巴黎的亚洲艺术国家博物馆（National Museum of Asiatic Art）中还藏有这座寺庙的三角山墙饰。

>> **高棉艺术（Khmer art）**
高棉王朝多用高浮雕来表现既有神性又有人性的神话人物。

仰光大金塔（Shwe Dagon Pagoda）

● 约1700年　⚑ 缅甸仰光（RANGOON, BURMA）

✍ 未知　🏛 礼拜场所

　　仰光大金塔（Shwe Dagon）常被称为世界上被遗忘的奇迹之一，位于丁固达拉山（Singuttara Hill），高113米，是仰光上空的轮廓线。坚固的佛塔塔身中供奉着佛陀的圣骨箱。数百年来的修建和重建，表现出了中国和印度建筑和宗教传统带来的影响。这座寺庙没有内饰，有4扇门，据说是为了保护某条有镰刀暗器挥舞的神秘通道。因此，只有在外墙上，才能看到令人惊艳的雕饰。这座金碧辉煌的宝塔由64座较小的宝塔组成，其中4座较大的宝塔代表指南针上的四个方位。塔中的圣殿饰有狮子、大象、瑜伽修行者、巨蛇、巨魔和天使的雕像。整个建筑奢华、壮观，令人眼前一亮。

阿南达佛塔寺（Ananda Temple）

● 约1105年　⚑ 缅甸异教徒（PAGAN, Myanmar）

✍ 未知　🏛 礼拜场所

　　白色的砖墙、精致的分层屋顶和锥形金色尖塔，华丽的阿南达佛塔寺的出现，是缅甸古典建筑的巅峰之作。整座寺庙布局呈希腊十字形，每臂连接着一个巨大的山墙入口。在这个十字的中心之上，从佛塔至寺庙52米高的镀金的泪滴状尖顶或"锡卡拉"（sikarah）间有6个向上的露台。里面有2条昏暗的回廊，其中一条回廊里，游客可以看到4座被凿刻在墙里的9米高的佛像。

普拉巴纳姆，湿婆神庙（Shiva Temple, Pram'banam）

● 855年　⚑ 爪哇普拉巴纳姆（PRAM'BANAM, JAVA）

✍ 未知　🏛 礼拜场所

　　这座湿婆神庙是普拉姆巴纳姆（Pram'banam）发现的150多座神殿中的一部分，代表着9世纪爪哇岛佛教的衰落和印度教的复兴。神庙布局呈十字形，以一个矩形柱础为基，上面置有四条宽大的楼梯和一个34米见方的中央房间，整座寺庙高达47米。寺庙中有许多精美的雕塑，尤其以一个包含42幅浅浮雕的高侧廊层而闻名。

⬆ 坚固结构

经历了8次大地震和1938年的一场毁灭性火灾，这座佛塔仍得以保存下来。

东亚建筑

有着2000年悠久历史的万里长城沿着中国北方的山脊蜿蜒6700千米，对西方人来说，它是东方文化的代表。

在过去的漫长岁月里，中国的历史一直是王朝的兴衰更替，直到1912年封建帝制结束。西方在很长一段时间里认为中国是一个严格帝制统治下的神秘国度，有能力建设长城和紫禁城这样伟大的建筑。不过，古代中国并非完全不接受外界影响。佛教在很早以前就从印度传入了中国，随之而来的是印度建筑风格；同时，横跨中亚直至伊斯坦布尔的著名的丝绸之路带来了波斯，甚至希腊设计的影响。反过来，正如中国文化通过朝鲜传到日本，并在那里刻下中国文化的烙印一样，中国的思想也通过文化交流传播至西方。当中国文化传播到日本时，那里还是一个封闭的封建社

▼ **中国的书法艺术**
在几千年的历史长河中，"书同文"起到了统一社会的作用。

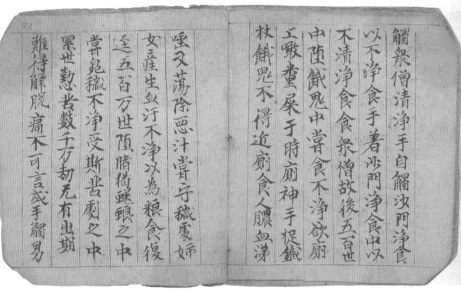

大事记

50年：佛教传入中国，第一座佛塔落成

220年：汉朝灭亡，中国进入了一个分崩离析、连年征战的时期。艺术和文化虽然发展各不相同，但都呈现出欣欣向荣的状态

538年：朝鲜白济王朝派遣使团前往日本，向日本天皇宣扬佛教

725年：长安成为当时世界上人口最多的城市，同时期的欧洲城市相形见绌

1年 —— **500年** —— **1000年**

105年：蔡伦发明了纸张，从而革命性地改变了信息呈现、储存和传播的方式

500年：日本开始采用中国文字

581—618年：隋朝重新统一了中国南北方

607年：奈良佛教寺庙建筑群落成，它是佛教从中国流传入日本后早期建成的寺庙之一

1045年：毕昇发明活字印刷术，比欧洲早了400年

《兵马俑

秦始皇（公元前259—前210年）是中国的第一位皇帝。他的陵墓中有多座真人大小的兵马俑，守卫着皇陵。

会。日本闭关锁国的状态直到近代才结束。当西方开始欣赏中国的艺术和深厚文化底蕴的时候，日本对西方人来说还是一个谜一样的国度，传说在那里领主之间连年征战，只有举行宗教仪式时才短暂收兵。

》江户时代的日本

江户时代（1603—1868年）是日本最封闭的时期。将军德川家康通过武力建立了江户幕府的统治。1633年，他的继承人德川家光下令禁止外国人和外国书籍进入日本，并大量削减了贸易往来。那时的日本整个社会被严格地分为5个阶级，武士阶级位于顶端，贱民位于最底层。尽管有这样严格的制度，艺术和文化还是获得了蓬勃发展，达到空前繁荣。

》武士

这幅19世纪50年代的画描绘了一位民间英雄挑战一位武士的场景。

1103年：建筑师李诚出版《营造法式》，制定中国建筑方法和标准

1264年：忽必烈建立了元朝，定都北京

1368年：朱元璋建立了明朝，延续了将近300年

1467年：日本内战导致幕府分裂成多个对抗的封建割据政权

1200年   **1400年**   **1600年**

1227年：道元和尚把禅宗引入日本

1394年：李成桂建立朝鲜王朝，定都首尔

1549年：天主教传教士弗朗西斯·泽维尔（Francis Xavier）抵达日本

1603年：日本天皇同意将政府迁移到江户（东京）

中国古代建筑

约公元前215—公元1700年

中国各地的宗教以及当地传统各不相同，因此建筑形式丰富多彩。但是也有某些很早以前就出现并传播至全国的固定风格。1103年，中国出版了《营造法式》（"建筑方法"之意）一书，统一了中国的建筑风格。

想要了解中国建筑，就必须了解《营造法式》。建筑师李诚历时三年编纂出这部图文并茂的法典，制定了中式建筑的方法和标准。书中对木质建筑的设计、结构和装饰提出的一些关键建议沿用数百年。其中一项建议是，建筑物不应该有复杂冗余的装饰。另一项建议是建筑物必须抗震，因此有必要使用榫卯结构，当建筑左右摇晃时，榫卯也随之移动，抵消能量，从而达到抗震的效果。此外，建筑物无需地基，因此在地震时，建筑物会随着地面的运动而移动。房屋应该由标准化的构件搭建而成，换句话说，标准长度和比例的木材可以在任何建筑物上重复使用。《营造法式》还制定了严格的色彩规范，宫殿和寺庙的墙壁、柱子、门和窗框应该漆成红色，屋顶应该用黄色，屋檐的底部和天花板用蓝色和绿色。建筑群应以轴向和对称的方式排列。

和而不同

参观中国的庙宇和宫殿的游客会发现《营造法式》里的要求至今仍被遵循。无论是在北京的紫禁城还是山西省大同市浑源县的悬空寺都可以发现同样的建筑元素，它们具有同样的、近乎永恒的静谧感。只有在中国宝塔这类独特的建筑上，人们才能看到不同的建筑风格。

◀ 北京天坛

天坛是建于明朝（1368—1644年）的一座祭祀建筑。大殿是圆形结构，象征天堂，基座为正方形，象征大地。

建筑元素

中国传统建筑不仅在设计、规划、结构上表现出显著的一致性，在色彩和装饰的使用上亦是如此。这种一致性反映的是中国古代的统治者一种早期的坚持，即一个统一的文化应该实施统一的标准。

❮ 脊兽

中国建筑的装饰物大多在形态上与其所属的建筑相匹配，不过这些奇特的琉璃脊兽，立于屋脊之上，看起来自得其乐，这种装饰自成体系。

⌄ 装饰性的螭吻

螭吻是屋脊的装饰，位于屋脊两端，它赋予屋脊的线条完美且富有美学的结尾。螭吻通常做成蛇、龙及其他猛兽的形象，并有繁复的装饰。

❯ 龙元素

庙宇和宫殿里处处都可看到龙的元素。龙是中国帝王的象征，人们用彩绘木头、玉石、石头以及陶瓦制作出各种不同龙的形象。

⌄ 狮子雕塑

狮子守卫着庙宇和宫殿的大门。北京紫禁城的一大特色就是数对铜狮子。它们通常有着卷曲的鬃毛，看起来气势汹汹。

保护屋顶的脊兽 | 明黄色琉璃瓦屋顶表示这里是皇宫 | 朱红大门表示这里是森严的皇宫入口 | 抽象的花卉装饰

⌄ 鲜艳的琉璃瓦

色彩明亮的琉璃瓦屋顶是中国建筑的一大鲜明特色。通常，根据建筑的用途和本质不同，建筑上会使用统一的色调。

❮ 精美的大门

中国建筑的标准化程度很高。这是紫禁城里的一座仪式性宫门，上有丰富迷人的装饰，但它的形制和色彩都遵循了严格的规则，使人一眼就能知道其用途。

⏫ 权力的象征
中国的长城是为了抵御北方的游牧民族而建，而今，它是一座世界文化遗产。

中国的万里长城

🔘 公元前214年之后　🚩 中国　✍ 未知　🏛 防御工事

　　中国的万里长城是世界上最大的军事工程，东起山海关，西至嘉峪关，蜿蜒横跨古代中国北部边境。长城是20个诸侯国在不同时期修建的古城墙的集合。直到公元前214年，秦始皇统治时期，它才被连接成为一个统一的防御系统。

⏫ 烽火台

　　最早的长城遗迹在黄河南岸被发现，据估计建造于公元前680年。在公元前3世纪的秦朝，大块石板代替了土方结构。在那之后的1500年，重建从未停止，人们采用了各种各样不同的当地建材。1368年，随着明朝的建立，长城重新开始修建，并于1500年前后竣工。每段城墙高度不一，从6米到1米不等。接近地面的平均厚度为6.5米，从下向上逐渐变窄，城墙上部宽5.8米。每隔100米建有一座烽火台，共有两万座。结实的城垛可以抵御火枪、大炮和毛瑟枪攻击。长城原有6000千米，现存2600千米。

≫ 建设与破坏

　　建造和重建的过程中，成千上万的犯人、奴隶、军士和当地百姓献出了生命。而到了近代，上百万游客的游览对城墙造成了磨损。

云冈石窟

🌐约500年　📍中国山西大同　✍未知　🏛石窟

佛教随着大篷车商路从印度传到东方，它对中国文化的影响流传至今。云冈石窟开凿在山西省北部梧州山脉之中的砂岩悬崖之上，那里有早期中国佛教艺术的一大批精品。

⊼ **彩色的石刻佛像**

这里共有53个建于5世纪的北魏石窟，每个石窟的设计风格大相径庭。共有约51000座造像和数不胜数的神佛、飞天、恶鬼及动物的雕刻。453年，著名僧人昙曜和尚奉旨开凿云冈石窟。工匠们耗时50年，在砂岩峭壁上开凿了20个主要石窟和数个稍小的石窟。最初，大石窟的入口外罩着几层楼高、一间房屋进深的庙宇，现在只有两座庙宇存留。朝拜途中的僧人曾经将石窟用作休息之所、佛事中心或保存经卷和艺术品之地。在11世纪和17世纪，石窟都经历了大修。

》深远的影响

中国是一个伟大的贸易国，它的早期艺术受到诸多方面的影响。一些石窟有整齐的希腊式柱子和石头门廊，这使人联想到印度的开放式凉亭，甚至罗马的巴西利卡（Basilica）。但丰富的装饰显示了伊朗和拜占庭的影响，例如龙凤的形象、由精美角架支撑的弧形屋顶和蛇形雕刻。

⊻ **雕刻壁龛**

最深的石窟进深21米，最浅的是仅能够放下雕像的凹槽。

悬空寺

◔ 586年　🚩中国山西浑源　✍未知　🏛寺庙

悬空寺看起来像是恒山上某种神奇的鸟巢，颤颤巍巍地附在高于地面50米的绝壁之上，俯视滚滚金龙江。精美的工艺、奇险的结构、巧妙的工程、大胆的悬臂设计和非凡的美丽是这座寺庙的特点。人们必须跨过一座桥梁，登上一段开凿在山体上的石阶才能进入寺庙。寺庙始建于北魏时期，明（1368—1644年）清（1616—1912年）时期进行了大规模的重建。虽然悬空寺建在中国四座道教圣地之一的恒山，但它却是一座融合了道、儒、佛三教的寺庙，以其三教殿而著名，殿内供奉这3个教派的创始人：佛祖释迦牟尼、儒家创始人孔子和道教创始人老子。这里的许多石窟里供奉着铜、石、陶制的佛像，大部分与建筑一样富有绚丽的色彩。

>> **悬于万仞峭壁之间**

寺内有四十余间木制房屋和数个石窟群，六座主殿都覆盖着鲜艳的瓦屋顶，曲折迷离的走廊和桥梁将这些房屋和大殿连接起来，整个结构以深入崖壁的横梁支撑。

河南少林寺

◔ 479年　🚩中国河南郑州
✍未知　🏛礼拜场所

许多中国功夫电影里都出现过大名鼎鼎的少林寺。由戴维·卡拉丹（David Carradine）主演的20世纪70年代美国长篇电视连续剧《功夫》（Kung Fu）里的寺庙就是它。更重要的是，这里是佛教经典首次翻译成中文之地。少林寺位于嵩山，寺庙在20世纪初遭到严重破坏，中国政府在20世纪70年代中期对其进行了重修。今天，这里是武术爱好者的朝圣之地。在其漫长的鼎盛时期，这座寺庙是少林派高僧的居所。它是北魏孝文帝下令建造的。围墙环绕寺庙，建筑群包括山门、门廊、一重重大殿和千佛殿，里面供奉佛祖像，周围是供僧人们诵经的座椅。佛堂之后是办公区域、厨房、大型图书馆和满是艺术品、雕像的众多房间。所有房间都按照古老的风水学布局。这些建筑典雅的屋顶和装饰也是一道风景。最初寺庙有12个院落，几乎完全被群山环绕，掩映在翠竹、灌木、雪松和瀑布之中。

卧佛寺

◐629年 ⚐中国北京 ⚒未知 🏛礼拜场所

美丽的卧佛寺坐落于香山东侧，始建于7世纪大唐王朝（618—907年）最繁荣昌盛的时期，此后经历过数次重建。寺庙位于北京植物园之内，背靠风景秀美的山脉。卧佛寺内有4座殿宇和庭院。三开间的琉璃牌坊立于寺庙的入口。琉璃牌坊被朱红色的墙隔成3个拱门，墙面上装饰黄色、绿色和蓝色的琉璃砖。牌坊之后是三座美丽的中国传统建筑：山门殿、天王殿和三世佛殿，它们都是琉璃瓦深檐歇山顶。第四座大殿是卧佛殿，也是最大的殿宇，内有一座非常特别的铜制卧佛像，长5.3米，重54吨，铸造于1321年。

⚡ **释迦牟尼卧像**

这里再现的场景是佛祖临终前向12位弟子嘱咐后事的场景。弟子像为泥塑。

镇海楼

◐1380年 ⚐中国广东广州
⚒朱亮祖 🏛防御工事

这座位于越秀山顶的红色塔楼在当地被称作"五层楼"，由明朝永嘉侯朱亮祖所建。楼身宽且高大，覆盖绿色琉璃瓦，并有一对石狮镇守大门。广州城墙扩展至山上时，这座塔楼便成为城墙最北边的瞭望塔。

它的基座为石质，上面建有雉堞。天气晴朗时，站在塔上可以远眺历经变迁的广州城美景。城墙已不复存在，镇海楼形单影只地立于美丽的越秀公园之内。该公园位于广州市中心以北，于1952年建立，是一个有着湖泊亭台、飞鸟游鱼、绿树成荫的城市绿洲。

镇海楼被毁5次，重建5次，最近的一次重建是在1928年。如今这里是广州博物馆所在地，收藏着这座有2000年丰富历史古城的相关文物和文献。

拙政园

◐1513年 ⚐中国江苏苏州 ⚒未知 🏛园林

中国著名的私人园林之一是拙政园，修建于明朝正德皇帝统治时期（1506—1521年），园主是一位告老还乡的御史。在40000平方米的园林内，蜿蜒回转的小径穿插于美丽的池塘之间，水流环绕于亭台楼榭之下，整座园林看起来像是漂浮在水上一样。各种建筑技巧在这里被运用得炉火纯青，园林景观框入亭台楼榭的窗框，形成天然图画。远处宝塔的轮廓通过精确的几何排列借景手法，成为园林景观的一部分。

◀ **大自然的缩影**

这座园林是传统中国住宅与自然之间形成和谐关系的完美范例。

紫禁城

◐ 1420年　▥ 中国北京　⌂ 未知　🏛 宫殿

　　紫禁城坐落于天安门广场北侧，在其漫长历史中，有几百年的时间是皇家宫殿。护城河和10米高的宫墙环绕着皇宫。紫禁城位于北京市长达8千米的南北向中轴线上，占地73万平方米，据说里面建有999间房间。皇宫始建于1407年，外墙是砖砌，但是大部分建筑是木质结构。它分为两部分，南半部为前朝，是朝廷所在地，北半部为后宫，是皇室的居所。中心建筑太和殿位于前朝，皇帝的宝座就安放于此。象征皇室的明黄色铺满整座皇宫。从1420年起直到20世纪初，共有24位帝王在此执掌天下。

⌃ 太和殿

⌃ 稍小的正殿

乾清宫内的宝座，用于日常处理朝政和召见大臣。

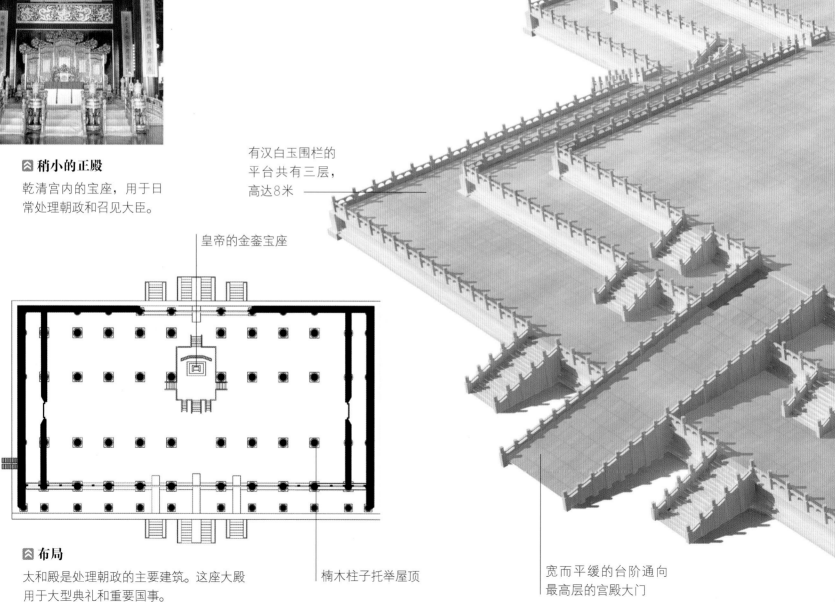

有汉白玉围栏的平台共有三层，高达8米

皇帝的金銮宝座

⌃ 布局

太和殿是处理朝政的主要建筑。这座大殿用于大型典礼和重要国事。

楠木柱子托举屋顶

宽而平缓的台阶通向最高层的宫殿大门

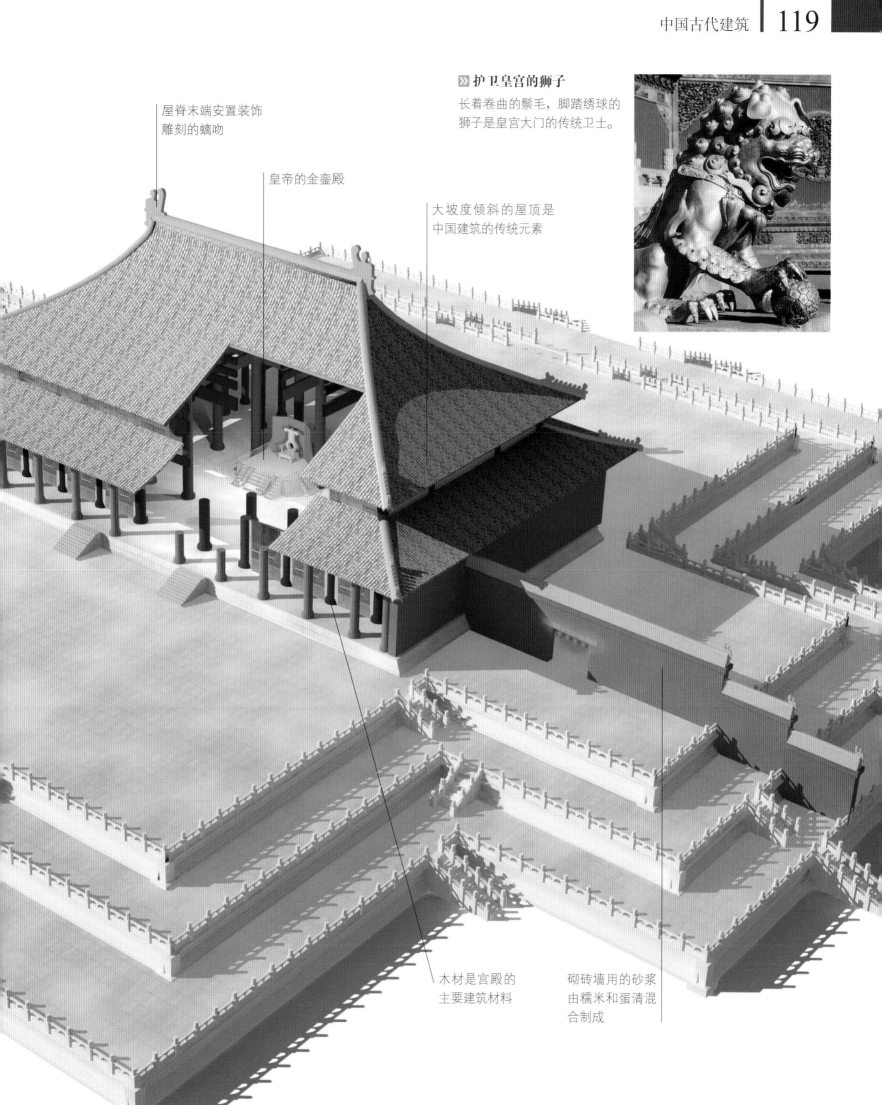

屋脊末端安置装饰
雕刻的螭吻

皇帝的金銮殿

大坡度倾斜的屋顶是
中国建筑的传统元素

》护卫皇宫的狮子

长着卷曲的鬃毛，脚踏绣球的
狮子是皇宫大门的传统卫士。

木材是宫殿的
主要建筑材料

砌砖墙用的砂浆
由糯米和蛋清混
合制成

颐和园

● 约1200年　🏳中国北京　✍未知　🏛皇家园林

颐和园是金朝（1115—1234年）开始修建的皇家园林，原名清漪园。294万平方米的面积上建有无数亭、台、楼、阁、廊、榭、湖泊和溪流。它是中国现存规模最大的皇家园林。1924年对公众开放之前，这里一直是一个神秘的地方。

如今，颐和园已经完全恢复了往日的辉煌。园中有礼品店、咖啡厅、游船等设施。田园诗般的远山背景更平添奇妙的景致，湖光山色，旖旎动人，是人们远离城市中心休闲娱乐的好去处。颐和园以佛香阁为中心，共有3000多座建筑，包括亭阁楼榭、桥梁和长廊，以及排云殿、智慧海以及德辉殿等。建筑构思的灵感来自道教神话中的海上仙山。园内四分之三的面积是水域，亭台楼阁倒映在水面，光影交织，似天然图画。一条700米的覆顶长廊连接着大部分亭台楼榭，长廊上装饰着精美的传统彩画。

⌃田园牧歌的环境
这座美丽的园林位于北京中心西北11千米处的海淀区。颐和园于1998年被列入《世界文化遗产名录》。

⌃昆明湖上的十七孔桥

灵隐寺

◯326年　⚑中国杭州　✍印度僧人慧理　🏛礼拜场所

　　灵隐寺是中国规模庞大的寺庙之一。在10世纪最鼎盛的时期，寺内有18座楼阁、77座殿宇、1300多间禅房，供3000多名僧人居住修行。灵隐寺始建于4世纪初期，到现在已经过16次重建。寺庙的布局犹如一个城市，内有数座壮观巍峨的大殿。三重檐的大雄宝殿高35米。五百罗汉殿，顾名思义，供奉着500尊真人大小的铜制罗汉像。"灵隐"两字的意思是"仙灵所隐之寺庙"。

西安鼓楼

◯1380年　⚑中国西安　✍未知　🏛公共建筑

　　西安鼓楼建于1380年，这座雄伟的正方形三重檐建筑高34米，与之相应的钟楼位于西安市回民区。城墙环绕的西安市位于中国的地理中心位置。鼓楼上原有一面巨鼓，不仅用于报时，还用于在发生危险时报警。如今，鼓楼的第二层是一个古玩商店，第一层的外部环绕各式各样的鼓，内部是一个引人入胜的鼓博物馆。鼓楼是一个巨大的砖木结构建筑，南北正中开辟巨大拱形门洞，门洞下是马路。今天，这座雄健浑厚的建筑独立于马路中央，周围是一些现代大楼。

⚑ 令人惊叹的建筑结构
鼓楼立于高大的砖砌基座之上，是三重檐形制。

佛山祖庙

◯1085年　⚑中国广东佛山　✍未知　🏛礼拜场所

　　佛山祖庙建筑群经过几百年不断地增建，成为今天富有魅力和浓厚地方特色的建筑集合体。大部分原有的祭祀性建筑都被改建过，与大多中国古代建筑一样，它们有丰富的色彩。1911年，这里增建了一座孔庙。现代的商店、餐厅与古代艺术和工艺品奇妙地掺杂在一起。最突出的建筑是庆真楼、钟楼、鼓楼和一个南侧的庭院，内有一座色彩艳丽的有顶大戏台，以前用来表演粤剧，这是源于佛山的一种地方戏剧。祖庙内的清朝石雕上描绘着表现欧洲人的漫画。

太庙

◯1420年　⚑中国北京　✍未知　🏛礼拜场所

　　太庙与紫禁城的南北向中轴线平行，是明清时期皇家祭祀祖先的庙宇。这是一座恢宏壮丽的中国传统皇家建筑。主要建筑包括3座大殿，两侧各有大门和配殿。两层祭祖大殿位于建筑群中心。太庙竣工于1420年，之后经历过多次修缮。建筑群周围环绕着高墙和古柏。两侧狭长的配殿从远处看起来几乎十分朴素，但是在近处可以看到上面也布满了富有想象力的装饰。

⊼ 祈年殿

祈年殿屋顶的梁代表四季、十二个月和一天的十二个时辰，彩色琉璃瓦象征天地万物。

天坛

🌐 1530年　📍 中国北京　✍ 未知　🏛 礼拜场所

　　建于明代的天坛位于北京的天坛公园之内，整个建筑群有围墙环绕。所有建筑构造和布局都遵循复杂的符号和数字命理学。依据在孔子时代之前就出现的理论，天坛是圆形的，象征天空；基座和建筑群的中轴是方形并以直线排列，代表大地，表达天圆地方的理念。北侧的院墙是半圆形（象征天堂）；南侧墙为方形（象征大地）。这里最精美的几座建筑是圜丘坛、皇穹宇和祈年殿。圜丘坛位于3层汉白玉石阶上，皇帝在冬至时，在这里举行祭天仪式。皇穹宇看起来像一把巨大的蓝金色阳伞。祈年殿为三重檐攒尖顶形制，室内天花板布满了精美且具有象征意义的装饰和图案。

　　丹陛桥，或称神路，把这些建筑连接起来。皇帝踏着专门的御用道路走过丹陛桥或去往其他宫殿。

五仙观

🌐 1378年　📍 中国广东广州

✍ 未知　🏛 礼拜场所

　　据说道教五仙观的位置是广州建城神话中五位神仙下凡之地，这个优美神话流传至今。据神话记载，很久以前，五位神仙骑着五头公羊来到了这里。他们带来了五株水稻，并将水稻种植的秘密传授给人们。所以广州至今仍被称为"羊城"或"穗城"。当神仙们返回天庭时，他们的山羊变成了石头，人们为它们修建了这座美丽的红色建筑。

　　五仙观里有一座明朝建造的巨大钟楼，钟楼前的大殿也是明朝风格。大殿东侧的一个池塘里有一个巨大的脚印状凹陷，据说是其中一位神仙留下的。

先农坛

🌐 1420年　📍 中国北京　✍ 未知　🏛 礼拜场所

　　先农坛建筑群占地860万平方米。20世纪时，这里曾被一个工厂占用，古建筑疏于维护，不过在那之后已经修葺。明清时期，农忙季节开始时，皇帝在这里举行藉田礼来纪念神农氏，祈求风调雨顺，五谷丰登。在红色和蓝色琉璃瓦装饰的具服殿，皇帝换上农装，然后进行仪式性的耕作，以示对神农氏的尊敬。

⊼ 具服殿

这个五开间的大殿是先农坛的一部分，上覆绿色琉璃瓦屋顶，殿内外装饰龙纹，殿外建有一个砖砌的平台。

« 天坛内的祈年殿

日本和朝鲜/韩国建筑

约500—1900年

　　高丽时代（918—1392年）木制建筑的本质仍是中式建筑。不过，这种建筑风格传至日本后，发生了微妙的变化，夸张的屋顶和创造性探索精神逐渐成为主流。

　　传统的日本建筑因其优雅、淡泊、精致的比例以及天然图画般的庭院景致而备受推崇。这有多方面的原因。与中国一样，日本也受到地震的困扰，如果建造厚重的建筑，很有可能在地震中倒塌，这并非良策。由于土地稀缺，大部分民众不得不在空地边缘开辟安身之所。所以他们学会了在很小的土地上建造精致的建筑，哪怕是很小的神社、房屋或庭院，都尽可能修葺得舒适惬意。令人惊讶的是，许多所谓"古老"的建筑其实并不老。虽然它们的设计和布局是古代形制，但是木材已经多次更换。神道教寺庙每二十年就进行一次仪式性的完整重建。在某种程度上，这反映了神道教神明的本性，他们只会偶尔造访凡间，所以不需要在凡间建造永久住所。

源远流长的传统

　　随着佛教的到来，建筑传统也不断演变，寺庙建筑群日趋复杂，规模日趋扩大，直到江户时代（1603—1868年），建筑规范和风格才协调一致，寺庙、神庙、住宅和其内部的比例都有了严格的尺寸规定。这造就了非常独特的日本建筑风格，并一直持续到19世纪中叶日本开始向西方世界开放的时候，才发生变化。不过，朝鲜建筑一直保持中国特色，直到近代。

◀ **清水寺**

佛教从中国传入日本，随之传入了中国建筑风格。京都清水寺宝塔的建筑风格和明亮色彩体现了中国建筑的特点。

建筑元素

　　传统日本建筑是木质结构的一个伟大成就。这种设计虽然在防火方面稍显逊色，但是在抗震方面却可圈可点。宁静祥和的感觉体现在神庙、宫殿和其他建筑的设计和构造上。日本建筑虽然源于中国建筑设计风格，但是很快就发展出自己的特色。

屏风充当门和窗

≪ 茶道亭

茶道是一项古老的禅宗仪式，用最简单的日常器物和仪式使人达到宁静致远的境界。一直以来，茶道都需要在专门的建筑中进行。

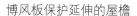

☒ 精心打理的庭院

日本建筑通常与精心设计并细心打理的景观或庭院密不可分。天然与人工达到微妙的平衡。

≫ 神明鸟居

早期的神明鸟居是一种简单的寺庙大门。用两根朴素的柱子笔直插入地里，上部安两根横梁，一根支撑着结构，一根作为枋子。

☒ 华丽的细木作

级别更高的神庙和宫殿的特点不是更多的黄金或宝石装饰，而是精细复杂的细木作。

博风板保护延伸的屋檐

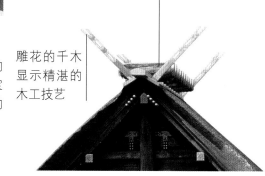

雕花的千木
显示精湛的
木工技艺

☒ 千木

屋顶的千木造型刻意模仿早期日本神庙的结构，即以圆木和树枝建成的简单建筑。其实千木是精工雕刻的博风板，从草葺的屋顶边缘向上延伸成交叉状。

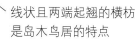

线状且两端起翘的横枋
是岛木鸟居的特点

≪ 岛木鸟居

岛木鸟居比神明鸟居更精致，例如严岛神社的岛木鸟居有两根横枋，呈曲线状，两端起翘，与神社的屋檐遥相呼应。

奈良法隆寺建筑群

◔607年　🏳日本奈良　⛰未知　🏛礼拜场所

　　奈良法隆寺建筑群是日本早期建筑发展的重要范例之一。与日本有密切文化渊源的朝鲜百济王朝将佛教传入日本。用明天皇受到佛教影响，开始修建法隆寺，希望自己的虔诚能治愈病痛，但是未能等到寺庙完工就去世了。

　　法隆寺在670年被焚毁，不过很快就重建。这座早于有文字记载的日本历史（译者按：日本最早的正史是完成于720年的《日本书纪》）的建筑群有4座建筑留存至今，分别是位于建筑群中心的五重塔、金堂、木质牌楼和环绕建筑群中心区域的木质回廊。考究的设计、精致的结构、细致的工艺可能是百济建筑师和工匠的心血。这种优雅的秩序感代表了日本古典建筑的开端。

　　建筑群内也有一些后期作品，其中最引人注目的是圣德太子的梦殿。这是一座八角形建筑，于8世纪落成。铃塔和大讲经堂建于10世纪，其他建筑建于13世纪至19世纪。在1933到1953年之间，所有建筑都经历了拆解并重建，为的是让它们永远流传下去。

❱❱ 日本神庙建筑

　　在7世纪的日本，宝塔是主要神庙建筑形式。日本宝塔的形制是从朝鲜和中国传统演变而来，而朝鲜和中国的宝塔形制是从印度佛塔演变而来。印度佛塔是用来供奉圣物的圆顶土丘。中国的宝塔大多是砖结构且色彩鲜艳，而日本宝塔多为木结构，色调温和统一，通常是宁静的灰色调。

⚑ **神宫的质朴之处**

主殿惊人地小，宽10.9米，进深5.5米。屋顶用粗茎的萱草编织而成。

伊势神宫

🌐 690年　📍日本伊势　⛏ 未知　🏛 礼拜场所

　　从7世纪开始，每隔大约20年，这里都会举行"式年迁宫"仪式，重建这里的两座美丽建筑。一座神庙供奉谷物和收获女神丰受大神，另外一座供奉太阳女神天照大神。日本皇族自称是天照大神的后裔。

　　这种使建筑重生的做法体现了神道教建筑学的精髓，也代表了日本对重生的执着。富丽堂皇的金属栏杆装饰和主殿门上的明艳玻璃球和鎏金体现了中国风格的影响。本质上，该神庙坚持古典且纯粹的建筑形式，追求建筑成为自然的延伸，而不是像大多数建筑那样脱离自然。从这个意义上说，它们可以被看作是西方希腊神庙在东方的对应建筑。内殿是一座用日本柏木建造的朴素建筑。最引人注目的特点是其博风板，它从屋顶的边缘向斜上方伸出，如两把交叉的利剑，不过也可以看作是收割时使用的叉或者其他农具。伊势神宫远离现代日本忙碌的日常生活，直到如今，它仍然是神圣的祭拜之地，而不是市场驱使的旅游景点。在2013年，伊势神宫进行了第62次重建。

》神道教建筑

　　神道教非常强调神的力量，神存在于对祖先的崇拜和对自然的敬畏中，但并不需要以形象崇拜和建造华丽的神社来表达敬畏。虽然如此，早期日本建筑的设计极富象征意义。沉重地压在屋顶上的粗大原木是原始日本房屋的典型特点，也使人联想到传统的谷仓。

⚑ **外宫的鸟居**

平等院

● 1053年　◈日本京都宇治

✍ 未知　血礼拜场所

　　雅致的佛教寺庙倒影在宇治河西岸的一泓碧水中。这座寺庙原本是赐给当地一位权贵的别墅，他的儿子将其改建为寺庙。寺庙在1336年内战期间被焚毁，只有中厅留存至今。这个时期的许多寺庙具有鲜明的中国特点，例如这座建筑上复杂的细节和明快的色彩。然而，这座具有日本本土渊源的寺庙真正代表了日本建筑早期发展的形式。中央的凤凰堂落成于1053年，这个名字来自屋顶上的两只凤凰的装饰。其内部供奉一尊精美的鎏金木质阿弥陀佛，为著名艺术家定朝的作品。

» 通用货币

这座寺庙在日本家喻户晓，10日元硬币上刻有它的形象。

⌄ 流畅的屋檐线条

一座庑殿顶，两座歇山式柏木屋顶互相交错，覆盖在中殿之上。

清水寺

● 1633年　◈日本京都　✍未知　血礼拜场所

　　清水寺主殿架在一个悬空的开放式木框架上，坐落在京都东部的树林中。这座8世纪宗教和城市建筑的瑰宝高悬于陡峭而布满砾石的山麓之上。这个选址既有实际意义，也具有象征意义。这座寺庙是为了供奉慈悲为怀的观音菩萨而建的，在日本传统文化中，有11张脸和1000条手臂的观音菩萨通常现身于岩石遍布的山里。

　　原始的外殿于1633年焚毁。重建的外殿很朴素，现在那里装饰的画作是匠人们在重建时捐献的。从这里再往里就不对游人开放了。后面隐藏着一座内殿，里面还有一个只在特殊场合对外开放的佛堂。在最深处佛殿中的黑漆高台之上供奉着一尊华丽无比、金箔覆盖的观音像，它是高僧圆珍的作品。主殿之后是地主神社，未婚男女在这里祈求好姻缘。

金阁寺

🌑1397年　🏴日本京都　✍未知　🏛住宅

金阁是京都著名的景色之一，它通体覆盖华丽的金箔，以日本清漆封层，湖面灿烂的倒影与建筑本身交相辉映。金阁原本是退位将军足利义满别墅的一部分，将军于1408年去世后，它成为禅宗佛教寺庙。1950年一位精神错乱的僧人放火烧毁金阁。现在的这座重生的珍宝建筑是1955年重建的。

室町时代（1338—1573年）的第三位将军足利义满退位于他的儿子，自己专注于修行。修行的场所就是这所全新的金光灿灿的美丽别墅。原本金阁是一个大建筑群的一部分，建筑群内还包括两座宝塔，但是都在应仁时代（1467—1477年）被烧毁了。重建90年之后又一次被毁，只有金阁和一座小的附属建筑幸存。该阁楼是四方形的三层结构，完美地代表了日本的建筑历史和文化。整座建筑覆盖一层薄薄的金箔，总重48千克，每层都供奉佛像。屋顶覆盖日本瓦，最高处立着一只鎏金的凤凰。1987年，寺庙进行了完全重建，

涂上比以前厚得多的清漆。庭院中的传统茶室保留了14世纪时的原样。距离金阁不远是龙安寺，内有日本最有名的15世纪禅宗枯山水庭院。

🔼 **莲花座青铜佛像**

》日式建筑风格

金阁的迷人之处在于3层建筑的每一层都体现了一种独特的日式风格。第一层是一个四周环绕游廊的大房间，叫作法水室。这一层是寝殿造，即11世纪的宫殿形制。第二层叫作潮音洞，是武家造形制，意指武士住所建筑风格。第三层叫作究竟顶，属禅宗佛殿建筑。

🔽 **金绿交辉**

金阁的墙面和游廊都贴金箔，金碧辉煌，背景是精心打理的园林，草木丛茂，蓊蓊郁郁，更加衬托出金阁的雍容华贵。

姬路城

◔1614年　◪日本姬路　⚒未知　🏛堡垒

优雅洒脱的姬路城（又称白鹭城）是保存最完整的武士时代堡垒，它于1931年被指定为日本国宝。虽然它白色的墙壁和展翼似的房顶使人联想到正要振翅高飞的白鹭，但它其实是勇猛且注重仪式的武士阶级建造的堡垒。

⏫ 屋檐上的装饰性瓦片

坐落在山上的城堡占地23万平方米。在池田辉政（1564—1613年）领导的国家统一时期动用士兵、农民和奴隶进行了扩建。那时日本刚刚开始引进火绳枪和其他枪械，因此城堡的规模非常庞大。城堡主楼被3座副塔守护，外围环绕一条护城河，设计很复杂，有数条秘密通道连接几座塔，以确保在外敌攻入外围防护的情况下守军还能继续防御其他部分。通道特意被设计得很复杂，意在迷惑敌人，同时为守军提供隐蔽的空间。不过，

在和平年代，姬路城是一个富丽堂皇的住宅。内外护城河及高达15米的倾斜外墙保护着城堡。城堡以石头、木材、瓦片和加固铁架建成。

这座极具戏剧性的庞大建筑外墙涂了灰泥。城堡内部是精致的木质走廊和房间，布局如同迷宫一般，以推拉屏风作为门窗，地上铺着几何形状的榻榻米。7层主塔从中庭拔地而起，高达47米。最神奇的事情也许是，这座费尽心思和劳力建好的堡垒从未被攻击过。

》武士

12世纪至19世纪的大部分时间，日本由诸多大名割据统治，大名和他们的武士在将军统治下建立了军事独裁政权。武士是忠心耿耿的特权精英阶级，他们遵循严苛的荣誉准则，称为武士道。从17世纪开始，武士义务基本上成为仪式性的。最后一任将军在1867年退位，武士阶级也随之被取消。

》美景如画

姬路城出现在日本纪念品和日历上的次数，与德国的新天鹅堡（Neuschwanstein）和英国的温莎城堡（Windsor Castle）出现在各自国家的纪念品上的次数相当。

冥想的光华

精美的佛像面朝大海，似乎在凝视远方。佛像的左手作禅定印，表示冥想和入定的状态，右手作触地印。

石窟庵

○751年　⊞韩国庆州　✎金大城　🏛寺庙

石窟庵以其沉静优雅的释迦牟尼像而著名，佛像周围环绕着诸菩萨和弟子的各种雕像。它于新罗景德王统治时期开始建造，很可能是宰相金大城设计建造。入口是一个前厅，其后是很短的走廊，末端是两个莲花状底座的柱子。再往后是花岗岩凿刻的圆拱形主佛堂。当佛教不再兴盛，这里日渐荒废，最终在1913—1915年被日本当局拆除。拆除过程中，石窟内巧妙的自然空调被堵上，导致石头渗水，威胁到佛像。近期该问题才得以解决，在联合国教科文组织（UNESCO）的赞助下，石窟里安装了现代化空调系统。

修学院离宫

○1659年　⊞日本京都　✎未知　🏛住宅

修学院离宫是京都最大的皇家别墅，它位于比叡山麓，从上御茶屋的茶室邻云亭向下望去，城市景观一览无余。离宫是为后水尾上皇（1596—1680年）修建的。他是一位饱学之士，但是被幕府将军的权威压制。别墅坐落于一座优美的庭院内，包括3座朴素且安静的精致住宅，全部按照严格的比例和形制而建。虽然建筑历经300多年的沧桑，但它们看上去却具有惊人的现代感。修学院离宫对欧洲现代设计产生了深远的影响。

伊斯兰建筑

伊斯兰教丰富的思想激发了创作灵感，体现在宗教与世俗方面的艺术与建筑作品上。伊斯兰的艺术和建筑既可以是严肃的，也可以是感性的，无法简单地分类。

伊斯兰传统起源于先知穆罕默德（Mohammed）的诞生之地阿拉伯半岛（Arabian peninsula）。他是麦加的一位富商。从7世纪开始，阿拉伯军队受先知教导的激励，将伊斯兰思想传播至近东地区，之后传播至北非、印度、中亚、西班牙及更遥远的地区。在伊斯兰教所到之地，人们对从阿拉伯半岛带去的建筑传统进行改造和调整，以适应当地的气候和建材。

不断积累的传统

早期伊斯兰建筑在很大程度上受到拜占庭（Byzantium）风格的影响，圣索菲亚大教堂（Hagia Sophia）是一个突出的例子；同时也受到伊斯兰统治之前的波斯（Persia）萨珊（Sassan）文化的影响。在那之后，来自阿富汗、北非、中国和越来越多的北欧的影响开始日渐明显。而且，随着这些风格被吸收融合，某些特定的元素普遍被伊斯兰世界采用。例如，在建筑上表现阿拉伯书法之美与文学之深厚。《古兰经》（The Koran）的重要篇章成为伊斯兰建筑上华丽的装饰，并形成特定的宗教和世俗形制，广为流传。伊斯兰建筑最易于辨认的特征是清真寺，其基本布局衍生自穆罕默德的住宅，那是他的第一批信徒举行集会和礼拜的地方。清真寺的布局一般是一个拱廊

环绕的庭院，庭院的一端是一座建筑或者一片阴凉的地方，用于做礼拜。另一种宗教建筑形式是从萨珊王朝的建筑衍化而来的伊斯兰学校，或称神学院，在环绕庭院的拱廊的每一边都加建一个伊万，即两层的大厅。伊斯兰建筑最有名的特点当数它的穹顶（dome）。留存至今的最早穹顶建筑是圣石寺，这是一座从早期基督教传统发展而来的建筑。伟大的奥斯曼帝国的建筑形式从起初

☑ "霍斯劳和希琳宴饮"
（Khusrau and Shirin）
这幅莫卧儿王朝的缩影来自16世纪诗人尼扎米（Nizami，1141—1209年）所著波斯诗歌集《五卷诗集》（Khamsa）的彩绘手稿，展现了当时世俗建筑浓墨重彩的装饰风格。

☑ 书法装饰
圣石寺（Dome of the Rock）装饰着《古兰经》铭文。装饰性瓷砖外侧围绕着用大理石片和玻璃片组成的马赛克图案。

大事记

570年：伊斯兰教的先知和创始人穆罕默德诞生于阿拉伯半岛的麦加（Mecca）

632年：穆罕默德去世。伊斯兰教徒在6年后占领耶路撒冷（Jerusalem）

约696年：阿拉伯语成为伊斯兰世界的官方语言

825年：波斯数学家花拉子密（Khwarizmi）创建了代数学并改进了阿拉伯数字（Arabic numerals）

| | 600年 | | 800年 | | 1000年 |

630年：穆罕默德和他的军队占领麦加，麦加成为伊斯兰教精神中心

约655年：安拉对穆罕默德的启示录，即斯兰教圣书《古兰经》，最终由他的弟子们完成

711年：塔里克·伊本·齐亚德（Tariq ibn Ziyad）从西哥特（Visigoth）国王罗德里戈（King Roderic）手中夺取了西班牙南部，立科尔多瓦（Córdoba）为首都

848年：萨马拉（Samarra）的大清真寺竣工，它是当时世界上规模最大的伊斯兰教清真寺

《 礼拜神龛

这个嵌入清真寺墙壁的礼拜神龛，或称米哈拉布（mihrab），装饰着炫目的鎏金花朵图案，神龛面向麦加，即礼拜的方向。

1187年：埃及的伊斯兰苏丹萨拉丁（Saladin）从基督徒手中夺取了耶路撒冷

1453年：奥斯曼（Ottoman）土耳其人（Turk）在穆罕默德二世（Mehmet II）领导下攻占君士坦丁堡（Constantinople），或称拜占庭，重新命名为伊斯汀波林（Istinpolin）

1492年：斐迪南（Ferdinand）和伊莎贝拉（Isabella）领导的基督教国家再次占领西班牙全境，

1571年：在勒班陀（Lepanto）海战中，基督徒军队战胜了奥斯曼海军

1200年

1400年

1600年

1100年：穆斯林商人在北非撒哈拉沙漠建立了一座沙漠绿洲，廷巴克图城（Timbuktu）

1258年：蒙古摧毁了巴格达（Baghdad）的阿拔斯王朝（Abbasid caliphate）

1475年：世界上最早的咖啡店"基瓦·汉"（Kiva Han）在伊斯坦布尔（Istanbul）开门营业

1529年：奥斯曼人被围困在维也纳

16世纪：位于也门（Yemen）希巴姆（Shibam）的"泥砖摩天大厦"之城建成

的一个单独的穹顶，发展至后期的一个中央穹顶环绕小一些和半圆穹顶的形制。尤为突出的是伊斯坦布尔的苏莱曼尼耶（Suleymaniye）清真寺。优雅的尖顶宣礼塔（Minaret）通常成对或成群而建，这是东方清真寺的共同特征。这种建筑形制于16世纪在波斯发展起来，已经完全融入了伊斯兰传统。

在伊斯兰教的鼎盛时期，他们的建筑是美丽且感性的。色彩的使用成为建筑装饰的一个重要部分。建筑内外以流光溢彩的玻璃和金色马赛克装饰，也大面积使用绚丽的蓝、绿、红和黄色瓷砖。在伊斯兰宗教建筑上出现生物或人物的形象被认为是偶像崇拜，所以华丽的几何形图案占据了主流，体现了阿拉伯数学发展的悠久历史。《古兰经》的节选经常被用在清真寺、宣礼塔和世俗建筑上的装饰画和石质结构上，流畅起伏的书法风格源自《古兰经》的文字和插图。

世俗设计

几个世纪以来，在世俗建筑方面，伊斯兰传统专注于皇室享乐、商业财富及奢华的装饰。例如，位于格拉纳达（Granada）的豪华的阿尔汗布拉宫（Alhambra Palace）是特权阶层的人间天堂。在过去的几个世纪中，伊斯兰建筑师逐渐琢磨出打造宏伟水景花园的方法，将建筑与景观融为一体。在阿尔汗布拉宫，潺潺流水经过花园和庭院，进入紧挨庭院的房间，这是对沙漠绿洲对这片干旱地区重要意义的致敬。

穆斯林的宫殿不是一些互不相干的独立建筑的集合，而通常更像是一个小城镇，这个概念与后世欧洲西部的中世纪城堡相似。不过，与中世纪城堡不同，穆斯林宫殿通常是令人愉悦的。阳光沐浴着宫苑，空气中飘荡着玫瑰花、杏仁、柠檬和橘子花的香气，耳边飘荡着涓涓水声。宗教在伊斯兰建筑的发展中起到了如此重要的作用，以至于许多宫殿、狩猎别墅和其他大型宅邸都采用了清真寺的设计要素，包括拱顶和宣礼塔。不过，与清真寺不同，有些世俗建筑内部布满了构图丰富的马赛克图案。许多精美的早期伊斯兰宫殿已经坍塌荒废，因为建设者原本就没有计划让建筑留存于世的时间比自己的生命更长久。阿尔汗布拉宫得以幸存是一个幸运的例外。

》》阿尔汗布拉宫

宫殿由众多院落组成，其中以爱神木之院最大也最漂亮，院中水池倒映出的北廊的倒影十分有名。宫殿的布局被划分为行政场所、活动仪式场所、王族居所三大部分，它们既独立又巧妙地相连。

伊斯兰教的影响

　　中世纪的欧洲建筑师有很多东西应该向同时期的穆斯林同行学习，穆斯林建筑师们的成就为后世诸多饱学之士所称赞。克里斯托弗·雷恩（Christopher Wren）在《威斯敏斯特教堂的历史》（*History of Westminster Abbey*，1713年）中写道："我们今天称这种建筑风格为哥特式……然而，哥特人其实是破坏者，而非建筑者，他们对艺术和知识并无渴求。我认为更适合的名称应该是撒拉森（Saracen）风格。"

⌃ 摩尔人（Moorish）的乐土阿尔汗布拉宫

在这座位于西班牙南部的山区的宫殿里，灼热的阳光照耀下，平静的池塘、流淌的运河和粼粼的喷泉为建筑赋予了生机和活力。

早期的一批清真寺

约650—1600年

米马尔·科查·锡南（Mimar Koca Sinan）以及许多才华横溢的建筑师建造了许多座伟大的清真寺。虽然这些清真寺也令人叹为观止，但是早期的一批清真寺具有一种令人怦然心动的特质，它们从广袤干旱的沙漠或青葱的绿洲中拔地而起，高高的尖塔似乎正在极力攀向炽热的天空。

游客小心翼翼地站在伊拉克中部萨马拉宣礼塔顶，俯览壮观的清真寺遗迹，远眺向四方扩展的城市景色，更远处是茫茫大漠，一直延伸到忽明忽暗的地平线。这座螺旋形的宣礼塔是能激发灵感的建筑之一，事实上，它的影响遍布北非、西班牙、波斯、印度和中亚，那里的许多伊斯兰伟大建筑在设计上的确受到它的启发。

出沙漠之路

早期伊斯兰建筑风格充满了一个新宗教全部的感染性能量。有些清真寺，例如杰尔巴（Jerba）的白色清真寺，本身就是一个突尼斯（Tunisian）岛屿绿洲。它是如此低调而安宁，以至于古斯塔夫·福楼拜（Gustave Flaubert）描述悄无声息拂过岛屿的夏风是"那样温柔，似乎暗示着死亡"。在这座只有几十万人口的小岛上，坐落着差不多300座这样精巧简单的清真寺。传说盖拉拉（Guellala）村庄外的夜之清真寺（Jamaa Ellile）是在一夜之间奇迹般地出现的，本来准备在第二天开工的工人还在梦乡。这个故事不仅有趣，也反映了伊斯兰教传播至北非的势头之迅猛，以及早期清真寺建筑速度之快。

《 土耳其伊斯坦布尔苏莱曼尼耶清真寺

阳光从高窗透入室内，照亮苏莱曼尼耶清真寺的内部。这是伟大的建筑师锡南最得意的作品。

建筑元素

伊斯兰艺术家和建筑家发展出了非常独特而美丽的装饰形式，将装饰和建筑融合为不可分割的整体。

⏫ 彩色瓷砖

在波斯和西班牙，建筑师和工匠们共同设计精致的瓷砖。有些建筑整体都贴满瓷砖。蓝色、绿松石色和绿色是标志性的颜色。

宣礼塔有3层阳台，层叠而上向天空延伸

⏫ 火箭形的宣礼塔

锡南是一位16世纪的伟大建筑师，他在庞大的清真寺外围建造了一圈刺向天空的宣礼塔，效果惊人。此图是坐落在伊斯坦布尔市极高点之一的苏莱曼尼耶清真寺。

通往天堂的道路从来都不容易，每一次转弯，楼梯都会变得更狭窄

⏫ 书法

很少有书法对建筑风格产生如此深远的影响。伊斯兰书法家们从预言家和教育家的著作中选择片段并将其镌刻在建筑上

华丽的花式窗棂安在一个装饰复杂的表面，上面刻有花卉和几何图案

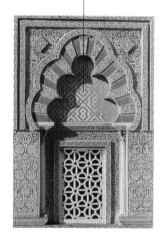

⏫ 螺旋形的宣礼塔

螺旋形宣礼塔是伊斯兰建筑伟大的发明之一，它最先出现在萨马拉。图中是开罗的伊本图伦（Ibn Tulun）清真寺的宣礼塔。

⏫ 马蹄形拱门

这些拱门看起来既像发饰，也像马蹄。这些引人注目的拱门非常有特点，被广泛采用。

⏫ 华丽的拱门

多圆心的花式窗棂使清真寺的窗户具有了仪式感。这种窗棂在欧洲哥特式设计中也很重要。

⏫ 尖顶拱门

尖顶拱门是伊斯兰建筑对欧洲建筑设计做出的最大贡献，它构成了哥特式建筑的基础。

圣石寺（圆石清真寺）

🔵691年　📍耶路撒冷　✍倭马亚哈里发（UMAYYAD KHALIF）和哈里发·阿卜杜勒·马里克（CALIPH ABD AL-MALIK）
🏛 礼拜场所

伊斯兰最早的纪念性建筑是圣石寺，虽然它通常被称作清真寺，但其实它是一个伊斯兰教的圣地，而且并不朝向麦加。圣石寺建在一块石头之上，传说中穆罕默德脚踩这块石头飞升至天堂，并与真主安拉对话。这块石头所在的位置曾经是所罗门王神庙。

它的结构是叙利亚拜占庭设计风格，而布局是八边形的。内部布局、罗马式柱子以及随处可见的马赛克装饰应该是模仿附近的圣墓（Holy Sepulchre）的内饰。先知的圣石上方覆盖着直径23.7米，最高处超过35米的巨大金色穹顶。穹顶为双层结构，有交叉支撑的内外层木制框架，穹顶外面覆盖一层鎏金的铜板。柱子是从一个古罗马遗址收集来的，柱子上架着一个鼓形结构，其上搭建穹顶。柱廊形成两个同心圆的步行道（走道），一个圆形，另一个八边形，用于仪式游行。16世纪奥斯曼帝国的苏莱曼大帝（Suleyman the Magnificent）下令在鼓形下方，八边形顶部外圈贴深蓝色的瓷砖，上面镌刻《古兰经》中《雅辛》（Ya Sin）章的节选。从地板到圆顶的窗户都贴大理石，并装饰镂空雕花的大理石或瓷制窗棂。在此之上是土耳其蓝和金色瓷砖装饰的天花板，犹如一幅华贵的挂毯。穹顶已尽可能按照原设计重建。

🔻 圣地

这处圣地对穆斯林朝圣者具有重要意义。

大马士革（Damascus）大清真寺

◔715年　▣叙利亚（SYRIA）大马士革　✍哈里发瓦利德（CALIPH AL WALID）　🏛礼拜场所

　　7世纪，在伊斯兰教建立的第一个十年，**大马士革进入了它的"黄金时代"。**这里是新文化、政治和宗教激流的交会融合之地。倭马亚帝国在此建都之后，修建了宏伟的清真寺。清真寺遭受数次火灾，并重建数次，不过基本布局从未改变。

　　大清真寺的历史颇为复杂。它位于拜占庭施洗者约翰（St John the Baptist）教堂的旧址，教堂本身建在一座献给朱庇特（Jupiter）的罗马神庙原址上，而这座罗马神庙又建在供奉哈达德神（Hadad）的阿拉米人（Aramaean）神庙的旧址上。罗马神庙有一部分南墙留存下来，并且成为清真寺结构的一部分，外围是一个两侧有连券廊（Arcade）的庭院。

　　清真寺本身由3个宽敞的走廊构成，形成一个类似巴西利卡的巨大空间。只有中央的横厅（transept）将空间分隔开来。较低的连券廊由漂亮的科林斯圆柱组成。在第二层连券廊上方，木质屋顶的尖顶暴露在外。横厅的上方是36米的鹰之穹顶（Nisr Dome），原本是木制，后来改成石制，现在的穹顶是在1893年重建的。

❰❰ **礼拜大厅内的神龛**

❰❰ **安全港**

清真寺庭院里的科林斯式（Corinthian）圆柱支撑着一个带圆顶的金库。

萨马拉大清真寺

- 848之后　伊拉克（IRAQ）萨马拉
- 哈里发穆塔瓦基勒（CALIPH AL-MUTAWAKKIL）　礼拜场所

　　萨马拉大清真寺曾经是世界上最大的清真寺。半圆形塔支撑主建筑，烧结砖砌成的墙保护着连券廊环绕的宽敞庭院，其面积为155米×240米。清真寺有23个大门，可容纳80 000名信徒。内部曾经有多条长廊、泥砖砌的柱子和木制房顶，现在早

已消失了。但是这座清真寺里最引人注目和令人难以忘怀的一座建筑被保留了下来，即螺旋形的玛尔威亚（al-Malwiya）宣礼塔。塔高55米，方形基座高达3米，的确气势不凡。它位于庭院的北墙，为逆时针向上旋转五圈坡道形制，每圈逐渐缩小。虽然它的设计理念有一部分源自美索不达米亚的台阶形金字塔，例如巴比伦的金字塔，但是这种圆形塔的形制是伊斯兰建筑的主要特点。在伊拉克炎热的正午时分，沿着宣礼塔的斜坡徒步而上是一种难忘的体验。但是上塔需要小心别摔倒，因为斜坡的外侧没有护栏。虽然斜坡内侧安装了铁质栏杆，但是在烈日暴晒下的栏杆有可能将手烫伤。

▶▶ 制高点

这座独特的宣礼塔是伊拉克众多古代瑰宝中最美丽的。

凯鲁万（Qairouan）大清真寺

- 836年　突尼斯凯鲁万
- 哈里发穆塔瓦基勒　礼拜场所

伊斯兰教的传播，在北部建筑方面影响深远，主要结果之一是地中海南部沿岸建起许多具有军事风格庭院的宏伟清真寺。

　　其中最早的一座是9世纪的凯鲁万清真寺。它包括一个大型礼拜厅、一座穹顶、一个有连券廊的庭院以及一座3层的塔。有学者认为这是世界上现存最古老的塔。庭院两侧是马蹄形连券廊，这是伊斯兰建筑的鲜明特点。柯林斯式柱子承托着拱券，这种柱子的风格可以追溯至古希腊神庙。事实上，许多用来建造柱子的石料是从凯鲁万附近的古罗马建筑搬运来的。不过，礼拜厅的内部装饰了源于伊斯兰的独特且细致的图画和雕刻，包括基于自然形态而创造的格式化图样，例如树叶、藤蔓和棕榈树装饰。

▼ 变化的外立面

巨大的方形宣礼塔与许多其他宣礼塔一样朝向南方，而且越向上越尖细。

伊本图伦清真寺

⊜879年　🏳埃及开罗　✍未知　🏛礼拜场所

　　这座大清真寺的巨大规模、高大的螺旋形宣礼塔、缜密的建筑学借鉴都清楚地表明它的设计灵感来源于位于现在的伊拉克北部的萨马拉大清真寺（见左页图）。这是为艾哈迈德·伊本图伦（Ahmed Ibn Tulun）建造的，他是阿拔斯王朝的哈里发马蒙（al Ma'mun，后来成为开罗总督，最后成为整个埃及的总督）的一个土耳其奴隶之子。

　　事实上，伊本图伦清真寺很有可能是萨马拉清真寺原班建筑师和工匠的作品，因为伊本图伦出生在萨马拉。清真寺占地26318平方米，由优质红砖建成，外面刷灰泥。现在也基本保持了9世纪晚期的原貌。不过，在1296年，苏丹拉德金下令重建年久失修的螺旋形石质宣礼塔。之后的1999年大修充满了争议，庭院重新铺路修整，古老的喷泉以黑色大理石重新贴面，许多地方重新涂刷灰泥。清真寺位于一个118米×38米的围栏内。墙上端建有军事风格的纯装饰性垛口。虽然清真寺第一眼看上去朴实无华，但其实它布满了低调但丰富的装饰。例如，垛口之下的内部连券廊装饰着花卉饰带，拱门上方雕刻着精美的《古兰经》铭文，据说总长度达2千米。清真寺外墙上的128扇窗户都装饰精致细密且各不相同的灰泥纹样。

⌄ 最近修复
礼拜之前进行仪式性洗脚的净洗池位于庭院正中。

凯特贝（Qaitbay）伊斯兰学校

◉1474年　🏛埃及开罗　⚒苏丹凯特贝（SULTAN QAITBAY）　🏛礼拜场所

在开罗古老伊斯兰区迷宫般的中世纪街巷中坐落着凯特贝伊斯兰学校，这是一座今天被称为"多功能"建筑的迷人早期范例。它集清真寺、陵墓、宣礼塔、古兰经学校和公共水井于一体。虽然伊斯兰学校在过去的几个世纪里几经重建，但是总体上一直保持不变，它是马穆鲁克（Mameluke）设计风格的一个突出案例。

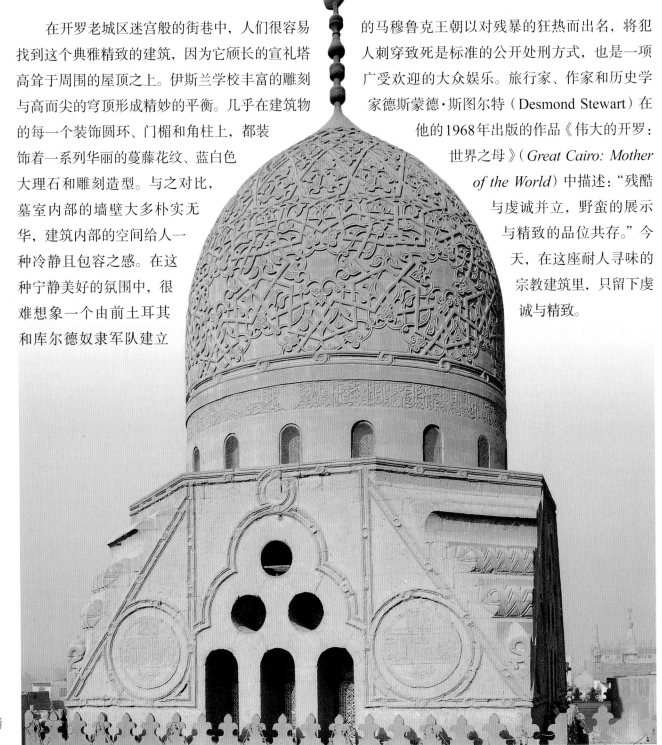

在开罗老城区迷宫般的街巷中，人们很容易找到这个典雅精致的建筑，因为它颀长的宣礼塔高耸于周围的屋顶之上。伊斯兰学校丰富的雕刻与高而尖的穹顶形成精妙的平衡。几乎在建筑物的每一个装饰圆环、门楣和角柱上，都装饰着一系列华丽的蔓藤花纹、蓝白色大理石和雕刻造型。与之对比，墓室内部的墙壁大多朴实无华，建筑内部的空间给人一种冷静且包容之感。在这种宁静美好的氛围中，很难想象一个由前土耳其和库尔德奴隶军队建立

的马穆鲁克王朝以对残暴的狂热而出名，将犯人刺穿致死是标准的公开处刑方式，也是一项广受欢迎的大众娱乐。旅行家、作家和历史学家德斯蒙德·斯图尔特（Desmond Stewart）在他的1968年出版的作品《伟大的开罗：世界之母》（*Great Cairo: Mother of the World*）中描述："残酷与虔诚并立，野蛮的展示与精致的品位共存。"今天，在这座耐人寻味的宗教建筑里，只留下虔诚与精致。

》》精致的细节

伊斯兰学校穹顶布满了精雕细刻的卷曲蔓藤花纹样。

科尔多瓦大清真寺

●987年　🏳西班牙科尔多瓦　✍阿卜杜勒·拉赫曼（ABD AR-RAHMAN）　🏛礼拜场所

叙利亚的阿卜杜勒·拉赫曼王子（756—788年在位）在8世纪统治科尔瓦多，使其从一个无足轻重的小城转变成一个繁荣富裕的城市。王子在城市心脏部位兴建了大清真寺，工程持续了200年，随着倭马亚家族在西班牙的兴衰，几经改建。不过建筑内部一直都是一个神奇之地。

科尔多瓦大清真寺隐藏在巨大的石头扶壁支撑的厚墙之后，从外面看很难想象内部的壮观景象。巨大的礼拜大厅排满了花岗岩、碧玉和大理石柱子，有850根之多。柱子支撑着红白相间的砖石条纹拱门，这些看起来相互交错的拱门似乎在向四面八方无限延伸。阳光从窗户洒入，在宽阔的地板上投射出一直移动的宝石形状阴影。这里曾经使用上千盏小油灯摇曳的火苗来补充照明。

身在室内，好像处于一个不真实的建筑拼图游戏之中。这个令人难忘的体验完美地展示了在建筑巨匠和工艺大师手中，建筑的内部无须装饰，更不用家具，也能达到惊艳的效果。拱门的流畅节奏间歇被大理石和金色的、装饰着拜占庭风格马赛克的米哈拉布（礼拜神龛）打破，拱门也向信徒们提示礼拜的方向。

⊗ 礼拜厅

⊗ 双重功能

大清真寺虽然具有传统伊斯兰外观，但令人惊讶的是，内部建有一座基督教教堂。

阿尔汗布拉宫狮子院

🌓 约1390年　🏳 西班牙格拉纳达　✎ 未知　🏛 宫殿

⌃ 狮子院现状

　　阿尔汗布拉宫是建筑学瑰宝之一。这座易守难攻的宏伟宫殿修建于西班牙最后一个穆斯林王朝时期。宫室殿宇、诸多花园以及迂回流淌于花园之中的水系共同成就了这座优美的建筑群。水流源于狮子院中央石狮环绕的喷泉，水流通过石制水渠流向东、南、西、北四个方向，穿过庭院，进入有穹顶的、充满阳光的房间，粼粼波光反射在墙壁上。这个院落的墙壁与其他院落一样，都布满花纹装饰。许多拱门是纯粹装饰用的"假拱门"，其作用是使连券廊看起来对称。伊斯兰教禁止偶像崇拜，整个宫殿布满了极富想象力的几何图样、花卉和书法装饰。

⏵⏵ 丰富的色彩

色彩艳丽的几何图案瓷砖和灰泥装饰布满了庭院的所有表面。

在北侧和南侧的华盖之下是水池

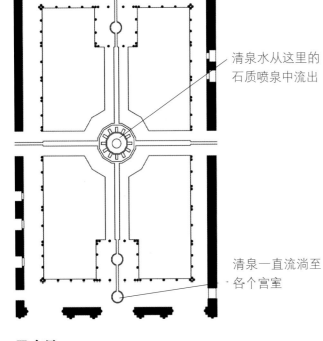

清泉水从这里的石质喷泉中流出

清泉一直流淌至各个宫室

⏵⏵ 布局

庭院的布局是长方形，四周围绕马蹄形拱门。石质水渠将水流引向东、南、西、北四个方向。

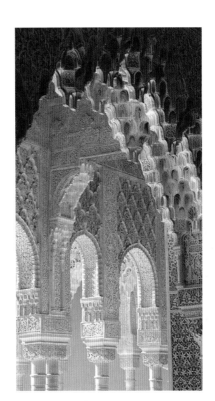

⌃ 装饰布满所有表面

光线从装饰华美的拱门照耀室内，宫室与天堂般的花园融为一体。

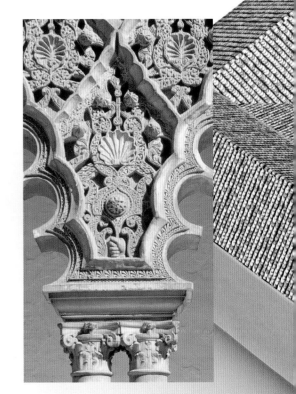

⌃ 浮雕细节

墙壁和拱门上装饰着卷曲回绕、精工细作的雕刻，展示高超的工艺。

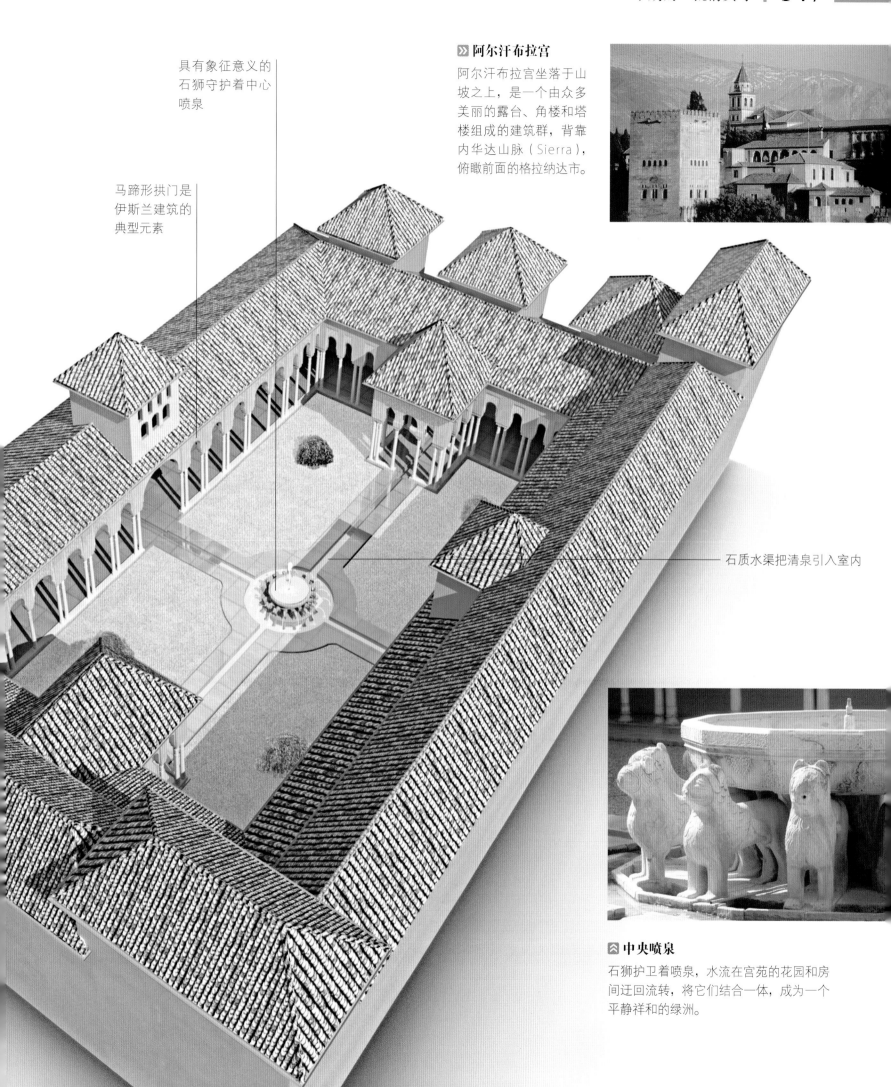

具有象征意义的
石狮守护着中心
喷泉

马蹄形拱门是
伊斯兰建筑的
典型元素

>> **阿尔汗布拉宫**

阿尔汗布拉宫坐落于山坡之上，是一个由众多美丽的露台、角楼和塔楼组成的建筑群，背靠内华达山脉（Sierra），俯瞰前面的格拉纳达市。

石质水渠把清泉引入室内

^ **中央喷泉**

石狮护卫着喷泉，水流在宫苑的花园和房间迂回流转，将它们结合一体，成为一个平静祥和的绿洲。

的套间占满，每个套间都有精美的廊柱阳台。这样的设计，加上色彩明亮、富丽堂皇的装饰，赋予了建筑一种轻盈细腻的感觉。主色调是绿色和绿松石色，那是附近的马尔马拉（Marmara）海的颜色。

直到苏丹阿卜杜勒·迈吉德一世（Abdulmecid I）统治时期（1839—1861年），奥斯曼苏丹都居住于此。这座宫殿不是一个独立的大型建筑，甚至并不是特别壮观，而是一个建筑有机体，在过去的岁月里经历了盛衰起伏。1923年土耳其共和国成立后，该宫殿成为博物馆，对公众开放。瓷砖亭是托普卡珀宫里最早的建筑，现在是陶瓷博物馆，展出从12世纪到现代的最珍贵的土耳其陶器和瓷器作品。

>> **迷人的柱廊**
这座建筑虽然朴素且低调，但它的瓷砖装饰却闻名全球。

托普卡珀宫（Topkapi）的瓷砖亭

 1473年　 土耳其伊斯坦布尔　 未知　 宫殿

这座精致的波斯风格亭台位于托普卡珀宫内，对后来的奥斯曼建筑风格有重大影响。其布局是一个十字架结构，十字架两翼之间的空间被独立

苏莱曼尼耶清真寺

 1557年　 土耳其伊斯坦布尔
 锡南　 礼拜场所

这座16世纪中期的清真寺有巨大的穹顶和状似铅笔的宣礼塔，它主宰着金角湾（Golden Horn）西岸的天际线。金角湾是将伊斯坦布尔分成两部分的新月形河口。清真寺的布局基于圣索菲亚大教堂，建筑的内部很简单，游客步入一个巨大的立方体空间，上面覆

盖一个半圆形穹顶，阳光从彩色玻璃窗照射进来。锡南将几何的运用发挥到了极致，他将严谨的几何形建筑结构与同样源于几何形的内外装饰完美结合。这座建筑大量采用了来自伊兹尼克（Iznik，即尼西亚Nicea）的瓷砖，在苏莱曼大帝、他的妻子罗克塞拉娜（Roxelana），以及他们杰出的建筑师锡南自己的八角形陵园上尤为铺张。锡南在这里营造了一种宁静祥和的纪念感。

>> **都市繁华**
苏莱曼尼耶清真寺高耸于城市的清真寺和集市之上，俯视拥挤的天际线。

⟨⟨ 绝世而独立

清真寺建在一座人工山的山顶，高高立于埃迪尔内城之上，从城市的任何一个角落都能看到它。

塞利米耶（Selimiye）清真寺

● 1574年　🏙 土耳其埃迪尔内（EDIRNE）　✍ 锡南　🏛 礼拜场所

　　锡南称这座建筑为他的巅峰之作，他于1569年，80岁高龄之时开始修建这座清真寺。纪念性的圆顶礼拜厅直径超过30米，火箭形状的宣礼塔高83米，犹如这座城市的皇冠。埃迪尔内城在罗马时期称为哈德里亚诺波利斯（Hadrianopolis），后来成为奥斯曼帝国的首都，直到1453年君士坦丁堡被攻占。

　　从地面仰视，墙壁上嵌入8根粗大的柱子，其上承托42米高的穹顶，以四个半圆穹顶从外部支撑，看起来像是飘浮在建筑内部一样。这种结构可以最大化内部的开放面积，给人一种轻盈疏阔的感觉。从一个朴实无华的门洞进入清真寺，先是一个围绕一圈凉廊（loggia）的庭院，凉廊的每个开间上方都覆盖一个由弧形悬挑（overhang）支撑的小圆顶。从这里看去，清真寺的穹顶从外部看起来平平无奇，只有当你进入建筑以后，才

能体会其规模的震撼。穹顶的整个下表面都覆盖了抽象图案，强调了该建筑的重要纪念意义。

》锡南

　　米马尔·科卡·锡南（1489—1588年）出身于一个希腊基督徒家庭。他在入伍后，先是成为一名骑兵军官，后来成为军事建筑师。从那以后，他为苏莱曼大帝设计了惊人数量的建筑。他认为自己的作品塞利米耶清真寺超越了圣索菲亚大教堂。

⌃ 格子窗上方的瓷砖上刻有白色的铭文

苏丹艾哈迈德清真寺

● 1616年　🏳 土耳其伊斯坦布尔　✍ 赛德夫哈尔·穆罕默德阿迦（SEDEFKAR MEHMET AGA）　🏛 礼拜场所

　　苏丹艾哈迈德清真位于一座罗马时期的跑马场旁，毗邻圣索菲亚大教堂。它也被称为"蓝色清真寺"，因为室内使用了21043块伊兹尼克瓷砖，散发出一种近乎神秘的蓝色光芒。它的建造标志着奥斯曼帝国建筑古典时期的结束。清真寺以6座宣礼塔著称，一个美丽的大理石庭院从三面环绕。苏丹命令他的建筑师（和诗人）赛德夫哈尔同时也在这里修建一个皇家山庄、双层的店铺以及一所神学院。清真寺的中央穹顶由4个巨大的柱墩抬起，再以4个较小的半圆穹顶支撑。大穹顶直径为23.5米，高43米。不少于260扇镶嵌原始彩色玻璃的窗户为室内提供照明，数百盏手工吹制的玻璃油灯悬挂在巨大的内部空间中，从人们头顶稍高一些的位置补充光线。从某些角度来看，清真寺和它的附属建筑看起来像是一个巨大的穹顶海洋，其间点缀着高耸的宣礼塔。大多数较小的穹顶覆盖庭院的拱券。苏丹艾哈迈德清真寺坐落在风光旖旎的海滨。

⌃ 穹顶的海洋

苏丹艾哈迈德一世在建造这座精致的清真寺上毫不吝啬，处处装饰着彩色玻璃、大理石贴面和精美的瓷砖。

蜂巢村，阿勒颇（Aleppo）

● 16世纪　🏳 叙利亚北部　✍ 未知　🏛 村庄

　　这些不凡而美丽的圆锥形房屋的形制和用途可以追溯到石器时代最早的人类聚居点，它们是真正经久不衰且令人倍感亲切的乡土建筑的范例。大约10000年前，安纳托利亚（Anatolian）平原上的人类在柱子状的火山岩中开凿洞穴，在里面建造了非常安全和舒适的居所，甚至还有家具和储藏室。这一传统在阿勒颇周围的村庄得以延续至今，现在的房屋是泥砖砌的蜂巢状房屋。尽管它们是用泥土而不是石头建造的，但这是最适合当地沙漠气候条件的合理解决方案。在那里，一天内可以经历酷热和严寒，所以使用当地材料的简单建筑形式是极为重要的。厚实的梯形大块石灰石构成了墙壁和屋顶，在白天吸收烈日的热量，在凉爽的夜晚慢慢释放温暖。

⌃ 适应气候

雨水会迅速顺着蜂巢形状流走，几乎没有机会损坏泥墙。

杰内（Djenné）泥砖清真寺

🌐 1240年　📍马里（MALI）

✎ 未知；在伊斯梅拉·特拉奥雷的指导卜重建

🏛 礼拜场所

这座惊人的清真寺位于伊斯兰教传教和朝圣中心之一杰内城。它高高在上地俯视着繁忙的市集广场。虽然杰内泥砖清真寺采用了许多伊斯兰世界特有的建筑元素，但是其大胆的泥砖结构使它脱颖而出。清真寺初建于1240年，在1907年由法国人出资整体重建。维护建筑结构是一个持续性的工作，给外墙重新涂刷灰泥是一年一度的重要而欢乐的事件。梯形的外墙高且厚，可以保持礼拜大厅凉爽。墙壁嵌入成捆棕榈树枝，可以减少因为湿度和温度大幅度变化而产生的裂纹。树枝的尖端从墙壁里伸出来，成为清真寺的奇特外表。庞大而厚重的外部结构造就了不同寻常的内部：一排排涂抹石灰泥的砖砌柱子以拱券连接，柱子占用了几乎一半的内部空间。

⬇ 外墙上突出的树枝

在需要维护时，突出外墙的棕榈树枝可以用作脚手架。

希巴姆城（Shibam）

🌐 16世纪　📍也门希巴姆　✎ 未知　🏛 城市

"沙漠曼哈顿"希巴姆城是出现在《一千零一夜》里的一座城市。高耸的泥砖楼房梦幻般地聚集在一起，第一眼看去像是海市蜃楼，而不是真实存在的。7米高的坚固城墙环绕着这座有2000年历史的城市，只有一个城门以供出入。在16世纪，人们对城市进行了大规模重建，是早期高层城市规划的一个突出例子。这是一个被险恶的沙漠和贫瘠的山脉包围的狭长但富有的绿洲。大约500座泥砖楼房留存至今，从6到10层不等。它们大多数是为了父权制家族设计，大多数楼里还有人居住。

泥砖楼房使用了传统的也门建筑技术，砖上刷上一层石灰保护层或粉碎的石膏以防水。即便如此，因为泥砖墙壁自身的不稳定性，人们必须不断地翻新这些已经在石头基座上蠢立了5个世纪的楼房。今天，这里的许多楼房都岌岌可危，因为住户把现代化设备塞进屋里，尤其是洗衣机和洗碗机，这些设备可能漏水，破坏墙壁。希巴姆在1982年被列入《世界文化遗产名录》。

⬅ 沙漠中的住宅

希巴姆的楼房也许看起来像高层公寓楼，但是每栋楼房都只住着一个家族。

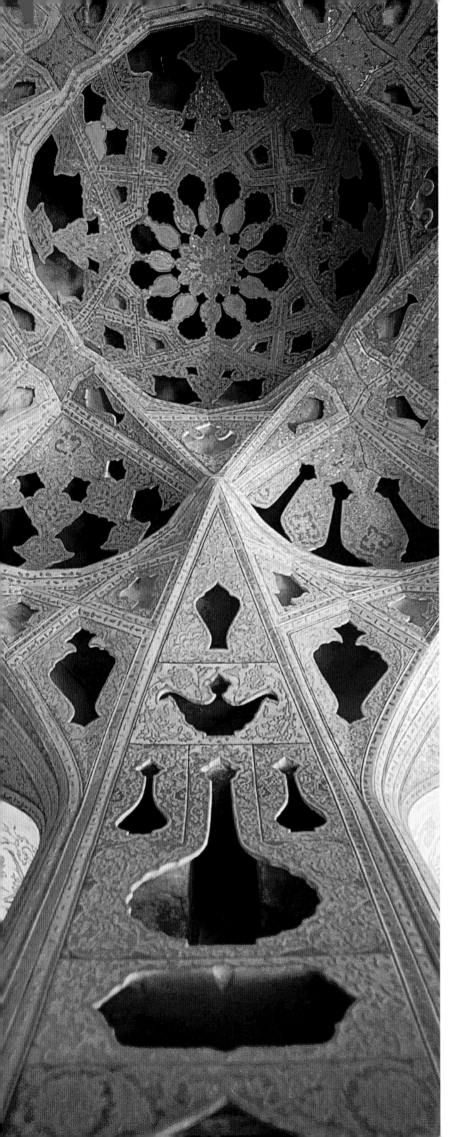

波斯和莫卧儿印度建筑

约1526—1600年

　　637年，波斯被穆斯林征服，之后又被塞尔柱（Seljuk）土耳其人和蒙古人侵略。最终，这个国家在沙·阿巴斯一世（Shah Abbas I，1587年登基）的统治下重新确立其文化霸权地位。阿巴斯在伊斯法罕（Isfahan）这个城市绿洲建都并将它打造成了世界上美丽的城市之一。

　　伊斯法罕，以其精美绝伦的蓝色和松绿石色瓷砖装饰的建筑，对整个欧洲和中亚的一些最美的建筑和城市产生了微妙的影响。这种风格出现的时间与伊斯兰莫卧儿（波斯语"蒙古人"之意）帝国在印度北部达到其创造力顶峰的时期契合。伊斯法罕风格在沙阿·贾汉（Shah Jahan，1628—1658年在位）的建筑中体现得淋漓尽致，例如伟大的纪念性建筑红堡和泰姬陵，以及他建造的园林。

莫卧儿印度建筑

　　巴布尔（Babur，波斯语"老虎"之意，1526—1530年在位）从突厥斯坦（Turkestan）进入印度，创建了莫卧儿（Mughal）帝国。他率领装备了火枪的12 000人大军，横扫印度斯坦（Hindustan），所向披靡。阿克巴尔（Akbar）大帝在他漫长的统治时期建造了一座全新的城市——法塔赫布尔西格里（Fatehpur Sikri）。法塔赫布尔西格里城最终因为缺水而被放弃，但它仍然是一个美丽的建筑典范，在其鼎盛时期，它几乎具有一种人间仙境的气质。

◀ **阿里卡普宫（Ali Qapu）**

伊斯法罕的阿里卡普宫里雕花的壁龛、涂漆的灰泥装饰的天花板和贝壳形拱门代表了莫卧儿印度和穆斯林波斯精妙且超凡脱俗的工艺水平。

建筑元素

在复杂多变的历史进程中，波斯建筑师被伊斯兰教教义所影响，跨越中亚大陆，最终在莫卧儿人入侵时期到达印度次大陆。之后，莫卧儿建筑开始接受一些很久之前就确立的印度教和佛教建筑元素。

« 开放式凉亭（Chattris）

莫卧儿建筑的一个特点是沿着屋檐建开放式凉亭，这明显是源于早期印度教的建筑。开放式凉亭后来也成为英国统治时期印度建筑的一个特点。此开放式凉亭位于法塔赫布尔西格里。

深凹进大理石立面的开间使人无法直接看到建筑的内部

⌃ 深凹的窗户

在德里的胡马雍（Humayun）墓，深凹进墙面的开间设计参考了伊斯法罕的纪念性建筑，凹进的部分在热浪中为人们提供阴凉。

⌃ 穹顶的内部

穹顶内表面贴美丽的瓷砖，并镶嵌彩色玻璃窗［此图为伊斯法罕的卢图福拉（Lotfollah）清真寺］。精美丰富的波斯工艺反映了圣索菲亚大教堂的影响。

⌃ 精美的大理石

在莫卧儿建筑师之间，以大量大理石为建材的传统根深蒂固，他们把这项技术带到了印度。精湛的大理石工艺在沙贾汗的泰姬陵达到顶峰。

« 镂空的屏风

这是胡马雍墓的一扇精心雕琢，洒满阳光的大理石屏风，展现了新印度建筑上的阿拉伯和波斯设计。

—— 伊斯兰的新月从穹顶上方升起

上釉的瓷砖在阳光下熠熠生辉

⌄ 膨大的穹顶

伊斯法罕的伊玛目清真寺（Masjid-i-Shah）美丽的蓝色瓷砖和如美人酥胸似的穹顶对莫卧儿王朝的设计产生了重大影响。

贡巴德·卡武斯（Gunbad-i-Qabus）墓

🔵1007年　📍伊朗戈尔甘（GURGAN）

✍未知　🏛陵墓

　　贡巴德·卡武斯墓位于伊朗北部里海岸边。它被认为是11世纪最有影响的陵墓建筑，而且是与中亚的土耳其人有关的古老伊朗建筑之一。它是一座高51米的圆柱形砖塔，越往上越窄，塔身有突出的肋，最顶上有一个完美的圆锥形塔顶，平面布局是一个十边星形状。陵墓外部朴素无华，砖砌的外立面上唯一的装饰是两条刻着铭文的装饰带和两个帆拱（pendentive，即悬垂且弯曲的三角形结构）支撑着入口上方泪滴状的半圆顶。

库窝特乌尔（Quwwat-ul-Islam）清真寺

🔵1225年　📍印度德里　✍库特布丁·艾伊拜克（QUTB-UD-DIN AIBAK）　🏛礼拜场所

　　这是印度北部的第一座大清真寺。穹顶下的叠涩拱（corbelled arch）显然是当地的建筑技术，通常以突出的石头支撑，并装饰精心雕刻的纹样。不过，从清真寺的布局可以看到波斯设计风格的影子，优雅的尖拱和用阿拉伯书法书写的《古兰经》都是伊斯兰特点。外墙上砂岩制作的屏风和装饰性阳台以浅浮雕带作装饰。朴素的礼拜厅有一个非常低的穹顶。东南门廊以红色砂岩和白色大理石装饰。

卡扬（Kalyan）宣礼塔

🔵1127年　📍乌兹别克斯坦布哈拉（BUKHARA, UZBEKISTAN）　✍阿尔斯兰·汗（ARSLAN KHAN）　🏛礼拜场所

　　布哈拉有着引以为傲的宗教建筑历史。城市中心建有近1000座清真寺，但是25万人口无法支撑这么多清真寺，所以许多都处于不同程度的荒废状态。卡扬宣礼塔高47米，是布哈拉纪念性建筑中最令人印象深刻的一座，也是1220年蒙古人入侵后唯一未被破坏的重要建筑。这座尖塔矗立在建于16世纪的卡扬（意为"伟大的"）清真寺的场地上，俯视着城市天际线，其内部可以容纳12 000位信徒。它以烧结砖建成，锥形塔身上用砖砌出变化多样且不重复的图案，形成窄窄的装饰带。蓝色釉面饰带环绕塔身，上有《古兰经》铭文。

　　宣礼塔的顶部建有一个16个拱门的圆形亭子，宣礼师（muezzin）在这里召唤人们做礼拜。传说在打仗或被围攻时，战士们把圆亭作为瞭望塔。清真寺的地基深达10米，下面是堆积的芦苇，在地震时起到缓冲的作用。

》》二次尝试
宣礼塔在首次修建过程中坍塌了，不得不再次修建。

伊玛目清真寺

🔾1638年　🏳️伊朗伊斯法罕　⚒未知　🏛礼拜场所

　　1598年，萨法维（Safavid）王朝的沙阿巴斯一世（Shah Abbas I）把波斯的首都从加兹温（Qazvin）迁至伊斯法罕。他将城市重新规划成4个互相间接的方形。最大的广场面积为500米×160米，一侧是华丽壮观的伊玛目清真寺，两侧矗立34米高的宣礼塔。

　　伊玛目清真寺有高大的鼓形座和球茎形状的穹顶、覆盖蓝色瓷砖的宣礼塔和装饰华美的门廊，它是萨法维的艺术瑰宝。清真寺朝向麦加，同时与广场融为一体。所以清真寺与主门洞形成奇特的45度角。建筑布局基本上是基于贾玛清真寺（Masjid-i-Jami）确立的4个伊万（波斯和伊斯兰建筑中常见的一种长方形、带有拱顶的空间，三面围墙，一面开放）的布局。每个伊万连接一个圆顶大厅，并以双层的连券廊环绕，券廊有尖顶的壁龛。庭院的东侧和西侧伊万后方是伊斯兰学校。从庭院进入清真寺的门洞两侧和礼拜堂入口两侧各有一对宣礼塔。穹顶高54米，镶满了蓝色和松绿石色的瓷砖，犹如孔雀开屏般耀眼夺目。其他地方使用了黄、粉、绿色的花卉图样的瓷砖，衬印暖色调的砖制建筑的背景，相得益彰。

🔼 **双层连券廊的马赛克细节**

🔽 **雄心勃勃的项目**

伊玛目清真寺始建于1612年，传闻使用了1800万块砖。

》 宏伟的大门
阿里卡普的大露台建于宏伟的大门上层，用木柱支撑。

阿里卡普宫大露台
（Pavilion of Ali Qapu）

● 1597年　⚑ 伊朗伊斯法罕　✍ 未知　🏛 宫殿

　　阿里卡普宫高大精致的门楼，也称阿里卡普宫大露台，或崇高之门。这是在一座早期建筑之上增建而成的门楼。它高高在上地俯视着广场，或称皇家马球场。这是一座复杂的8层建筑，内有大型接待厅，前有高大的露台。这既是宫殿象征意义的入口，也是一个观景台，皇室成员可以坐在这里，悠闲地俯视芸芸众生。该建筑的特色是精美涂漆灰泥装饰的天花板和有贝壳状拱顶的房间。最华美的是位于第六层的音乐厅。

四十柱宫（Pavilion of Chehel-Sotun）

● 1645年　⚑ 伊朗伊斯法罕　✍ 未知　🏛 宫殿

　　6层的四十柱宫是伊斯法罕古老皇宫建筑群里的一座花园亭阁，由沙阿巴斯二世修建。亭子的高而宽的阳台坐落在一个长长水池的一端，由20根细长的柱子支撑，水中倒影与真实建筑互相辉映，从而得名四十柱宫。与阿里卡普宫大露台一样，原来的墙壁和柱子都布满灰泥装饰、图画和镜子碎片做的马赛克。主接待大厅是一个有穹顶的房间，墙上绘着壁画。不过，自从1788年伊朗首都迁至德黑兰以后，伊斯法罕日渐衰落，四十柱宫也未能幸免。今天，只有门廊后面的壁龛里还残存着少量马赛克装饰。四十柱宫曾经是接待贵宾和休闲之地，装饰着精美的大理石、鎏金装饰、灰泥图案和雕像的富丽堂皇的房间或露台曾经是国王会见外国元首和大使的场所。

巴姆堡（Citadel of Bam）

● 约1700年　⚑ 伊朗巴姆　✍ 巴赫曼·伊斯凡迪亚（BAHMAN ESFANDIYAR）　🏛 堡垒

☑ 黏土建成的堡垒
"泥巴"堡垒主要建材是烧结砖、羊毛和草棍。

　　巴姆堡曾经一度被认为是坚不可摧的。它位于现在的伊朗，接近巴基斯坦国境线。该军事堡垒曾经护卫数条重要贸易路线，最著名的是丝绸之路。现代巴姆城位于堡垒的西南方向，在2003年被地震严重破坏。黏土筑成的堡垒也在这场灾难开始的几秒内毁坏殆尽。曾经的堡垒内分为数个区域，外部环绕着城墙，38座瞭望塔上的岗哨日夜守卫着它。在南侧有4座烽火台，东北侧是另一个巨大的烽火台。萨法维王朝于1502年和1722年重建了堡垒的大部分。因此，在黏土城墙围绕和保护之内是一座具有完善服务的文明城市，即使它也许没有伊斯法罕那样繁华，但是也有两层的楼房，许多楼房里面有私家浴室，城市内有宫殿、商铺、市场、旅店、清真寺、军事基地、公共浴室和体育场等。

胡马雍墓

🌑1566年　🏴印度德里　✍米拉克·米尔扎·吉亚斯（MIRAK MIRAZA GHIYAS）　🏛陵墓

　　印度的第一个莫卧儿风格建筑是胡马雍墓。胡马雍是第一位莫卧儿皇帝巴布尔·沙（Babur Shah）之子，也是帖木儿（Timur）的一位后人。帖木儿在1526年横扫旁遮普省（Punjab）到达德里（Delhi）。胡马雍墓位于一个高大的正方形基座之上，陵墓本身位于一个美丽花园的中心，其灵感来自波斯设计。

　　胡马雍的遗孀开始建造陵墓，其子继位后接手修建。从墓中的尖拱和穹顶及花园的布局上都可以看出这位建筑师是波斯人。陵墓的布局本质上是一个大而完美的网格，象征天国花园在尘世的代表，首先分为4个部分，再分为9个部分。装饰性小溪、铺垫的路径和一排排的树木把平坦的场地分隔开。建筑的灵感来自印度教建筑中封闭的圣堂和伊朗建筑中一连串相互连接的房间和走廊。完美比例的第二层立于巨大的红色连券廊基座之上，由伊万、拱券、连券廊、尖塔和亭子组成。陵墓遵循伊斯兰传统，采用了穹顶、拱顶、尖拱和蔓藤花纹等元素。建筑的布局是正方形，墓碑安置在中央八角形的房间，外围对角线上建有更多八角形房间，两侧建有拱形大厅，镂刻的屏风保护其入口。

⏏ 令人惊叹的对称性

胡马雍墓的顶部是一个高42.5米的白色大理石穹顶。

法塔赫布尔西格里

◎约1580年　📍印度北方邦（UTTAR PRADESH）　✎未知　🏛城市

法塔赫布尔西格里意为"胜利之城"，它是出自莫卧儿建筑师之手的最大规模纪念性建筑群。这座城市建于阿克巴尔大帝大兴土木进行建设的时期，是为了庆祝他儿子贾汉吉尔（Jahangir）的降生而建，但是在15年之后就被废弃了。它也许曾经辉煌一时，但是水源短缺的问题无法解决。法塔赫布尔西格里以几乎完美的状态保存至今。

✖ 支撑王座的木质柱子

✖ 历史性的错误

虽然宫内修葺了优雅的倒影池，但缺乏足够的水源供应。人们最终不得不废弃法塔赫布尔西格里。

建造这座皇家城堡并不十分困难，因为那里有大量的砂岩和大理石，还有一支手工业大军。但选址是一个错误，城市位于阿格拉（Agra）西面40千米的岩石山脊上，干旱缺水，建成仅15年后就被废弃了。法塔赫布尔西格里成为所有鬼城中最壮观的一座。

城里每一个角落都有制作精良、富有想象力的纪念性建筑。当然也有一座大清真寺，它的庭院长宽为110米×130米环绕着回廊，沿着回廊屋顶建有一串印度风格开放式凉亭。不过，最精彩的部分是南门，阿克巴尔大帝将南门重修为一个纪念性入口。一段陡峭的楼梯通向大门，穿过高大的伊万，进入半八角形的前厅，到达清真寺的庭院。站在台阶上，城市景观尽收眼底。最主要的一座建筑是奇妙而复杂的潘琪玛哈（Panch Mahal），即5层宫殿。它以红色砂岩建成，宫室、亭台以桥梁相互连接，宫内有库房、后宫、浴室、接待室及马厩等，为莫卧儿帝王提供一切所需。

鲁克尼·阿拉姆（Rukn-i-Alam）墓

🕐1324年　📍巴基斯坦木尔坦（MULTAN）

🏛图格鲁克一世（TUGHLUQ I）　🏛陵墓

　　图格鲁克一世是中世纪时期下旁遮普邦迪巴尔布尔（Depalpur）的一位突厥-蒙古总督。这座陵墓是莫卧儿王朝之前建筑风格的一个范例，至今还在俯视着木尔坦这座建于青铜时代的城市。木尔坦位于巴基斯坦中部，先是被亚历山大大帝征服，后于712年前后被穆斯林占领。鲁克尼·阿拉姆的陵墓是八角形，以抛光的红砖修建，上托一个直径17米、高45米的高大半球形穹顶。巨大的扶壁支撑外墙，扶壁越向上越窄，伸向木尔坦炙热而灰霾的天空。穹顶安放在第二层八角形结构之上，外圈是宣礼员召唤信徒礼拜的通道。建筑材料是砖头与希沙姆木（shisam wood），两种材料以特定间隔粘合在一起，这是一种可以追溯到古代印度河流域文明的土著建筑形式。建筑外层贴陶片和蓝色、天蓝色和白色釉面瓷砖。陵墓上装饰着花卉图案和书法。

⊼ 当地标志性建筑

圆顶的纪念堂高高矗立在一个人工山上，从40千米以外都可以看到。1977年，人们对其进行了精心的修复。

贾汉吉尔墓

🕐1630年　📍巴基斯坦拉合尔（LAHORE）

🏛未知　🏛陵墓

　　这座长而低的单层拱廊建筑坐落在拉合尔西北部拉维河（Ravi river）对岸的一个观赏园林里。莫卧儿王朝的第四任伟大皇帝贾汉吉尔安息于此，他于1605至1627年在位。继任的皇帝沙贾汉（1628—1658年）统治期间开启了建筑上的"大理石统治时代"，这座红色砂岩和白色大理石打造的建筑是"大理石统治时代"一系列主要建筑的第一座。这座典雅内敛陵墓的四角立着4座八角形宣礼塔，这种宣礼塔对印度来说是一种新的形制，不过它融合了传统印度元素。陵墓位于高墙大院内的一座规则式园林之中，中规中矩的园林代表天堂在人间的缩影。该建筑的形制相当简单，然而，其雕刻和镶嵌半宝石的工艺却十分高超，几年后，这种工艺在泰姬陵上被发挥到了极致。贾汉吉尔墓使用了青金石、缟玛瑙、碧玉、黄玉、红玉和色彩瑰丽的大理石。花园的4条走廊连接陵墓，其中3条楼廊装饰精致复杂的大理石。陵墓的外部入口通向一个庭院，在莫卧儿时代曾作为商队旅店。

⊻ 珍贵的纪念性建筑

巴基斯坦最高面额的1000卢比纸币上印着贾汉吉尔墓的图案。

↑ 墓室内蒙塔兹·马哈尔的墓碑

泰姬陵

⊙1653年　🏳印度阿格拉　✍沙贾汉　🏛陵墓

　　泰姬陵覆盖着熠熠生辉的洁白大理石，巍然而立于狭长倒影池的一端，它代表莫卧儿王朝建筑艺术的最高成就。泰姬陵是沙贾汉为了纪念他最宠爱的妻子蒙塔兹·马哈尔（Mumtaz-i-Mahal）而建，这座精美的陵墓动用了20000人工，历时22年完成。它的美丽体现在其宁静庄严的氛围，还有变幻的天空反射在大理石上的奇幻色彩。

　　泰姬陵建于贾木纳（Jamuna）河边的一片平地上，以高墙围绕，高墙内四角建有宽大的八角形亭子。从阿格拉堡的皇宫可以看到这些亭子。陵墓本身建于一个高大的红色砂岩平台之上，长57米，四角建有47米高的宣礼塔。这种布局突出了泪珠形双层中央穹顶精心设计的比例。中央穹顶的内层直径为18米，高24米。穹顶的形状源自印度教寺庙设计和波斯帖木儿建筑，两侧是4个

较小的有圆顶的亭子。这种布局是德里胡马雍墓的改版：一系列环环相扣的走廊包围一个八角形房间，在每个交叉处建有一个附属的八角形房间。高大的外立面上鲜有装饰，与其称它壮丽，不如更确切地说，它具有一种纯粹的美。精美的大理石镂空雕花窗棂透进来一些阳光，给昏暗的室内带来些许光明。国王和王后的遗体深埋在建筑之下的一间石室里。

泰姬陵并没有按照那个时代的惯例建造在花园的中央，而是建在花园中心靠后侧，后立面正对着滔滔河水。有一种说法是，泰姬陵之所以建在贾木纳河畔是因为国王计划在河对岸建造一座与之相呼应的黑色大理石陵墓。

《 王冠上的珠宝

人们形容泰姬陵是"由伟人设计，由珠宝大师打造"。

《 红白相交

堡垒的墙以红色砂岩建造，宫殿以大理石建造。

德里红堡

⬤ 1648年　🏳 印度德里　⛰ 沙贾汉　🏛 宫殿

红堡的名字来自其巨大的红色砂岩围墙，它是沙贾汉在将首都从阿格拉迁往德里时建造的一座坚固宫殿建筑群。壮观的拉合尔（Lahore）门是主入口，城堡内有土耳其浴室（皇家浴池）、国王的私人办公室和莫蒂清真寺（Moti Masjid，即珍珠清真寺）等。建有镀金的角楼彩宫是后宫嫔妃的居所。

红堡建筑群因其绵延2千米长的大规模红砂岩围墙而得名。这里的建筑融合了伊斯兰、波斯、蒙古和印度文明的建筑风格，是莫卧儿王朝建筑的典型代表。2007年，联合国教科文组织将红堡建筑群列为世界遗产。500多岁的红堡是了解印度历史文化的好去处，这座城堡的辉煌过去见证了莫卧儿王朝曾经的辉煌，也寄托了王朝的第五任国王对爱妻的无限怀念。如今，红堡建筑群在晚间会上演印地语和英语版本的声光秀，让来自世界各地的参观者倾听红堡的历史。

⬇ 德里红堡外观

中世纪欧洲建筑

⏫ 战火连年

无数次冲突中失去生命的人们安眠在欧洲各处新建的大教堂（cathedral）内。此图中是位于坎特伯雷（Canterbury）的爱德华（Edward）国王（1330—1376年）的陵墓，人们称他为英国的"黑太子"。

从5世纪罗马沦陷，到1000年这段时期通常被称作黑暗时代。这几个世纪的历史虽然鲜有文献记载，但是并不是像人们通常认为的那样是知识和艺术的荒漠。昏暗迷茫之中，仍然有创造的灵感在闪烁，中世纪建筑艺术最终在荣耀的光芒中灿烂绽放。

一路开疆辟土的日耳曼民族（例如哥特人和法兰克人）在罗马帝国衰落后向西欧移民，最终分布整个西欧地区。他们并不是像刻板印象描述的那样是残暴好斗的异教徒，大多数人要么是基督徒，要么皈依了基督教，其中不乏一些人对他们亲手摧毁的帝国的成就颇为钦佩。不过，这些

大事记

约800年：查理曼大帝（Charlemagne）在圣诞节当天被教皇加冕为第一位神圣罗马帝国皇帝

988年：基辅大公弗拉基米尔（Grand Duke Vladimir of Kiev）成为一名基督徒，随后俄罗斯皈依基督教

1066年：哈罗德国王（King Harold）麾下的诺曼底的威廉（William of Normandy）率领盎格鲁–撒克逊（AngloSaxon）军队征服英格兰的尝试失败了

1088年：第一所欧洲大学在博洛尼亚（Bologna）成立

| 800年 | 900年 | 1000年 | 1100年 |

851年：罗马发生了大地震，毁坏了许多建筑物

976年：简化的阿拉伯语数学符号被引入欧洲，挑战罗马数字

1096—1099年：由布永的戈德弗雷（Godfrey of Bouillon）领导的第一次十字军东征，从撒拉森人手中夺取了耶路撒冷

1163年：教皇亚历山大三世（Pope Alexander III）为巴黎圣母院（Notre Dame cathedral in Paris）奠基

》》圣杯传说

圣杯（The Grail）是一件与耶稣基督（Christ）相关的圣物。在中世纪的亚瑟王（King Arthur）浪漫传说中，它是众多骑士追寻的目标。当耶稣被钉在十字架上受难时，亚利马太（Arimathea）的约瑟夫（Joseph）用它来接耶稣的鲜血。中世纪的诗人和说书艺人认为圣杯有起死回生的神力。

▽ 帕西瓦尔（Perceval）和圣杯

在最早出现的故事中，帕西瓦尔是寻找圣杯的人；而在后来的故事版本里，加拉哈德骑士成为主角。

留存下来的重要的建筑图纸之一是来自瑞士圣加勒修道院（St Galle, Switzerland）的一幅理想的本笃会（Benedictine）修道院的平面布局图］。修道院的这个角色并没有被轻视，而是得到鼓励：当西欧的统治者们势力逐渐壮大，他们开始追求知识，而教堂满足了这些富有赞助人的渴求，并从中受益匪浅。

⊠ 泥金手抄本

僧侣为宗教书籍精心绘制插图，例如这本时祷书（Book of Hours）。

烽火连年

当欧洲在适应罗马帝国溃败留下的真空时，地方、地域以及国家领导人之间的冲突和权力斗争导致了连年征战。以至于从黑暗时代到15世纪的历史文献里，除了长期连绵的血腥战争，几乎没有其他内容。

这些中世纪的权力斗争并不仅仅是世俗方面的争权夺位。在13世纪，罗马的教会在西欧取得

征服者保留了许多最初的日常生活和社会组织的形式的传统。随着他们的到来，西欧进入了一个较长的文化和社会动荡以及政治不稳定的时期，众多罗马人修建的基础设施被荒废了，例如道路和供水系统。基督教会是中世纪早期唯一持续运行的国际力量。最起码，教会保持了前罗马帝国殖民地地区的社会团结。在这个动荡时代，修道院成为知识的宝库和艺术的天堂［哥特时代以前

1315年：意大利外科医生蒙迪诺·德·卢齐（Mondino de Luzzi）首次对人体尸体进行了精确的公开解剖

1337—1453年：英法两个新兴超级大国之间的百年战争

1378—1417年：阿维尼翁（Avignon）教皇和罗马教皇之间的长期分裂以罗马赢得霸权而结束

1200年　　　　　　　　　　　**1300年**　　　　　　　　　　　**1400年**

1271年：探险家、士兵和作家马可·波罗（Marco Polo）离开威尼斯前往中国

1347—1351年：黑死病导致欧洲三分之一的人口死亡

约1386年：杰弗里·乔瑟（Geoffrey Chaucer）开始写《坎特伯雷故事集》（The Canterbury Tales），这是第一部伟大的英语文学作品

1402年：晚期哥特式大教堂，塞维利亚（Seville）大教堂开始动工，它完工后成为世界上最大的大教堂

巴黎圣礼拜堂（Sainte-Chapelle）的大玫瑰窗

彩色玻璃艺术在13世纪和14世纪达到顶峰，为哥特式大教堂和其他教堂的内部添光增彩。

了宗教主导权。罗马教会在阿尔比建造了一座庞大而形似堡垒的大教堂，以彰显教皇的权威。

在中世纪末期，西欧逐渐恢复了政治稳定，重要的欧洲国家要么已经建国（例如英国、法国、西班牙、瑞典和葡萄牙），要么成立了公国（Principality）和大公国（Grand duchy）。

中世纪艺术

政治的稳定带来经济和文化的复兴，包括建筑的繁荣发展。其结果是产生了一大批世界上最壮观美丽的建筑，大多数是中世纪的大教堂和修道院。也产生了一批迷人的地方建筑，即遍布欧洲、如雨后春笋般建起的数千座教区教堂。英国

十字军东征

1096—1291年，西欧天主教会、世俗封建主和意大利富商，在宗教旗帜下对地中海东岸国家进行的侵略战争，因侵略军身缀十字标记而得名。

第五次十字军东征

此泥金手绘本的细节描绘了1219年十字军骑士攻占埃及达米埃特（Damietta）的场景。

的这些建筑是世界上最大最完整的乡土艺术集合。除了伟大的建筑，中世纪也产生了伟大的艺术、精美的文学作品和书籍以及精彩的传奇故事，如圣杯传奇、华丽的甲胄、富有想象力的工程建筑以及古代知识的复兴。知识复兴很大程度上要归功于与西班牙伊斯兰学者的交流，他们保证了柏拉图、亚里士多德等人的著作代代流传。

虽然泥金手绘祈祷书和时祷书、哥特式主教堂的彩色玻璃窗、军旗和羽毛装饰的骑士头盔是华美精致、流光溢彩的，但是中世纪世界的核心是黑暗的。不仅仅是因为那是一个战争频繁的时代，还因为欧洲正在经历一次重大气候变化。在中世纪初期，英国地区还盛产柠檬，而到了14世纪的第一个十年，该地区进入了小冰河时代，从而导致了1315年至1317年的大饥荒，市镇数量锐减。紧随这场悲剧而来的是1347年至1351年的黑死病，这是一场始于丝绸之路沿线某地的鼠疫，最终导致欧洲三分之一的人口死亡。欧洲用了150年才恢复原本的人口数量。黑死病对经济和社会产生了深远的影响：疫情结束后，劳动力所剩无几，导致工资大幅上涨，农民爆发革命，封建制度土崩瓦解。西欧的农奴制度结束了，但是瘟疫并未结束，在整个14世纪，毒性稍弱的瘟疫一直不断爆发。

在死亡和战争、无序与挣扎中，中世纪的建筑肯定起到了鼓舞人心的作用，它们将人们从日常生活的致命泥潭中解脱出来。直至今日，它们仍然是建筑艺术皇冠上的明珠。

中世纪的体量

法国的圣米歇尔山教堂（Mont St Michel）巍然屹立，与世隔绝，高高地耸立在窄小的岛屿上。

罗马式建筑

约800—1100年

　　罗马时代的教堂是由罗马的巴西利卡发展而来的。修道院院长和国王们资助修建教堂，希望重现古罗马建筑艺术的辉煌。早期的罗马式建筑成为法兰克的查理曼大帝（768—814年在位）的"住宅风格"，在他被加冕为神圣罗马帝国皇帝后，这种风格更是风靡全国。

　　酷爱艺术与文化的查理曼大帝是罗马政权的重要支持者。正因如此，在800年的圣诞节当天，他被加冕为"罗马人的皇帝"。从那时开始，罗马式建筑在意大利（包括西西里）、法国、德国、斯堪的纳维亚（Scandinavia）和英国流行开了。这种风格虽然在各地有所差异，总体上却惊人地一致。活跃的宗教势力也在支持罗马式的推广，例如克鲁尼亚修会（Cluniac order）。克鲁尼亚修会兴建了一批那个时代最壮观的朝圣教堂，包括法国图尔（Tours）的圣马丁（St Martin）教堂、图卢兹（Toulouse）的圣瑟琳（St Sernin）教堂及西班牙圣地亚哥德孔波斯特拉（Santiago de Compostela）教堂。

罗马式建筑的特点

　　罗马式建筑的特点是十字形布局，后殿（apse）有走廊（ambulatories）围绕，信徒沿着这条走廊次序经过圣物匣（reliquary）。建造结实且高大的建筑物需要厚实墙壁的支撑，墙上仅开很小的窗，当然，这种形式与武士国王们的风格还算匹配。因此，不管是9世纪的查理曼大帝，还是1066年攻占了英国的诺曼底公爵威廉（William of Normandy）都采用了这种风格。威廉完全了解建筑作为统治和支配的象征性力量，在位期间也修建了罗马式建筑瑰宝，例如达勒姆大教堂（Durham Cathedral）的中厅（nave）。

◀ **意大利比萨大教堂（The Duomo at Pisa）**

这座教堂的内部形成一个十字，68根柱子把内部空间分隔成5个中厅。光线从上方照亮室内，湿壁画（fresco）、彩色大理石拼成的几何构图和方格天花板使教堂内部意趣盎然。

建筑元素

罗马式建筑的特点是如城堡般固若金汤。笃信基督教且能征善战的国王们选择了这种风格，希望自己能像传说中的罗马皇帝们那样幸运。这种建筑艺术融合了古罗马元素，同时受到伊斯兰和基督教建筑传统的影响，发展出独特的风格。

— 之字形的雕刻

— 龛楣（tympanum）中心的人物和动物雕刻

— 柱子紧密排列在一起

⊼ 雕刻的龛楣

罗马教堂的龛楣与罗马神庙的三角山花一样布满浮雕。三角山花是门或窗的上方与券之间的面积。

— 圆顶的高拱券组成连券廊

雕花装饰带与石材产生对比

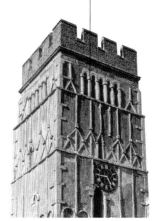

⊼ 雕花石柱

英国达勒姆大教堂的巨大柱子内填满了碎石，之字形的雕花减轻了柱子的沉重感，也为粗犷的中厅中心增添光影交叠的戏剧效果。

⊼ 自然风格的雕刻

这是西西里（Sicily）蒙雷亚莱大教堂（Monreale Cathedral）的柱头，它在某些方面借鉴了经典的科林斯式设计，树叶状的装饰包裹着手持盾牌的骑士形象赋予了它灵动感。

⊼ 雕花装饰带

雕花做类似交缠带子的装饰是盎格鲁–撒克逊教堂的一个突出特征，例如英国厄尔斯·巴顿（Earls Barton）的众圣徒教堂（All Saints Church）。

« 连券廊

连券廊的使用在意大利的比萨大教堂的斜塔上达到了极致。比萨斜塔是一座钟楼。这是许多罗马式建筑共有的特点，相似的设计也运用在比萨教堂的中厅。

« 假连券廊

这是一种独特的装饰形式，在原本空白的墙壁上做出连券廊浮雕，这比开窗更便宜也更容易施工。

帕尔马洗礼堂（Baptistery, Parma）

● 1196年后　　🏴 帕尔马，意大利　　✍ 贝内代托·安泰拉米（BENEDETTO ANTELAMI）　　🏛 洗礼堂

这座位于帕尔马的贝内代托·安泰拉米的洗礼堂奢华无比。外墙以扶壁支撑，每个扶壁顶端是一个开放式的灯笼式天窗，扶壁之间建拱券，四个平顶拱围绕整个建筑。再上方是一个优雅的圆拱。建筑有3个入口或门廊，门廊上的浮雕在那个时代并不常见，在当时的意大利也是独一无二的。有人认为这是安泰拉米（Antelami）本人的作品。这些意大利雕塑作品呼应了当时法国艺术的发展进程，尤其是在题材方面，例如《圣母玛利亚》和《最后的审判》。

建筑内部是十六边的布局，显然也是受到法国的影响：内部以半露柱（half-column）连接和支撑，其高度几乎达到建筑本身。顶部是一个有肋的尖顶拱，室内的最底层环绕圆拱连券廊。

▶▶ 中世纪杰作
帕尔马（Parma）的精致粉色大理石洗礼堂（位于12世纪教堂的右侧）是意大利罗马式建筑的杰作之一。

加里森达塔（Garisenda）与阿西内利塔（Asinelli）

● 约1100年和1119年　　🏴 意大利博洛尼亚

✍ 加里森达和阿西内利家族　　🏛 塔楼

传言博洛尼亚曾经有过180座类似加里森达塔和阿西内利塔的建筑。这些规模巨大的独立建筑原本的用途是瞭望塔，也是修建者家族权力的象征。它们的外形是正方形，以砖头砌成，只有少数窗户，在建筑艺术上毫不起眼，但考虑到它们修建在一个大多依靠猜测来估算受力和负载的时代，这两座建筑在技术上是领先的。

圣安布罗斯（Sant'Ambrogio）教堂

● 1080年后　　🏴 意大利米兰　　✍ 未知　　🏛 礼拜场所

圣安布罗斯教堂的砖砌结构并无装饰，前厅是封闭的，山墙立面建有两层巨大的圆拱。这座建筑看起来朴素且老气，但内部却有一些技术上的突破。中厅拱门的券一直延伸到支撑的柱墩，形成拱门和柱墩之间的视觉联系，中厅天花板由有横向和斜向肋的拱顶连接，这是此类设计早期的应用范例之一。中厅被隔出一系列开间，该设计沿用在后来的罗马和哥特风格。

蒙雷亚莱大教堂（Monreale Cathedral）

◐1182年　🏛西西里的巴勒莫（PALERMO）附近　⚒威廉二世（WILLIAM II）　🏛礼拜场所

蒙雷亚莱大教堂是一座装饰繁复的华丽建筑，也是诺曼-阿拉伯（Norman-Arab）建筑的突出范例：它融合了12世纪西方教堂建筑与阿拉伯装饰。该教堂展示了强大的拜占庭风格影响，主要表现在中厅、侧廊和后殿闪闪发光的马赛克上。

⤢ **教堂内部体现了摩尔风格的影响**

蒙雷亚莱大教堂是一座有平屋顶的巴西利卡，有一个开阔的中厅、宽大的侧廊（aisle），侧廊通向东端尽头的3个浅后殿。半个穹顶覆盖着高高的圣龛，拜占庭时代的马赛克基督像从穹顶俯视下方，令人生畏。建筑内部最令人震撼的是大面积的马赛克。

只有中厅的尖顶拱门能看出该建筑与同时期法国北部哥特风格的联系。教堂外部最突出的特点是主后殿，它看起来像一个由重叠的尖拱门和圆盘组成的糕点，整体都装饰着彩色大理石拼接出的精确几何图案。复杂精美的表面装饰具有明显伊斯兰影响。

这种精湛工艺也用来创造铜制大门上令人惊叹的42幅《圣经》故事场景。原本的本笃会修道院附属建筑所留下的只有一座回廊，内部的228根复合柱支撑着摩尔式（Moorish）拱门。许多是柱身雕刻复杂形象和植物纹样的螺旋形柱，其中一些还镶嵌了玻璃马赛克。

》威廉二世

　　西西里的统治者威廉二世（1166—1189年在位）建造奢华的蒙雷亚莱主教堂是一次蓄意的尝试，不仅旨在使巴勒莫现有的大教堂黯然失色，而且意在打压出生于英国的大主教沃尔特·奥法米尔（Archbishop Walter Ophamil）。这位大主教是教皇因诺森特二世（Innocent II）的坚定支持者。

⬇ **高耸于城市之上**

大教堂是巴勒莫西南的蒙雷亚莱城最宏伟的建筑。这是一座美丽的基督教大教堂，其装饰由在穆斯林传统下培训出来的手工艺匠人完成。

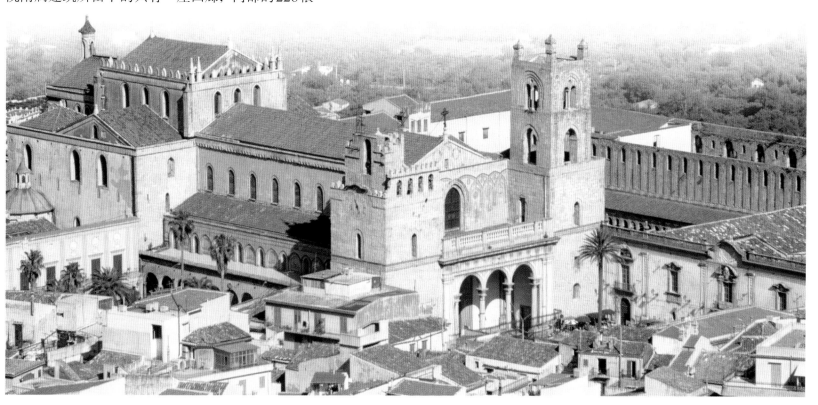

中央的高开间上装饰着三角山花，其上有一个突出的门廊作装饰。两根半露柱（稍微凸出外墙，类似柱子的长方形装饰物）强调门廊的线条。中央开间呼应后面的一个大中厅和两侧的开间。每个开间上架一个券，这个连券廊明确地隔开中厅和侧廊。沿着房檐一圈的拱券上装饰着精美的雕刻，令人惊叹。

在内部，平屋顶的中厅内有3个横向的拱门，每个拱门都以双柱支撑。在这之上是一个颇为宽大的拱廊，高处的侧窗提供照明。巨大十字形拱顶下的走廊明朗疏阔。这个十字形拱顶最大的特点是由两个桶形券交叉构成，交叉处形成边缘清晰的棱。平面布局是一个简单的长方形，只有祭坛后面的后殿和两侧较小的后殿增加了一些变化。

▶▶ 完美的样板

在圣尼古拉斯坚固的罗马教堂竣工后，意大利南部陆续修建了一系列同一风格的教堂。它展示了对自身价值的清晰认识。

巴里（Bari）圣尼古拉（San Nicola）教堂

● 1087年之后　🏴 意大利巴里　✍ 未知　🏛 礼拜场所

位于意大利东南部的普利亚（Buglian）城市巴里的圣尼古拉教堂是诺尔曼建筑者强权和财富

比萨大教堂

● 1063年之后　🏴 意大利比萨

✍ 布谢托·迪·乔瓦尼（BUSCHETTO DI GIOVANNI）和雷纳尔多（RAINALDO）等　🏛 礼拜场所

在清晰展示意大利的罗马式和哥特式建筑与同时期的欧洲建筑之间的巨大差别这个方面，很

少有建筑能超越比萨大教堂。造成这种差别的部分原因是当地建筑传统的发扬光大，另一部分原因是对这个国家古典风格传统的坚守，两方面都排斥非意大利风格。

大教堂坐落在欧洲壮观的建筑群之一的中心，包括主教堂本身、具有当代风格的洗礼堂和钟楼（比萨斜塔）。这3座建筑外部都贴明亮的白色条纹大理石，这是比萨市民刻意地、甚至是夸张的表达自豪感的方式。大教堂始建于11世纪，后来进行了大规模的改造，主要是在13世纪扩建了中厅，增建了外立面。

外立面是托斯卡纳（Tuscan）地区"文艺复兴开端"（proto-Renaissance）风格的一个典型例子：第一层环绕连券廊，往上是4层雕刻的连券，下面两层左右延伸到建筑的面宽，而上面两层的额宽度与中厅相当。

◀◀ 传统的影响

文艺复兴风格的拱券构成一种叠合式双山花（double pedimented temple façade）的外立面。

普瓦捷圣母大教堂
（Notre Dame la Grande）

◉约1145年　🏛法国普瓦捷（POITIERS）

✍未知　🏛礼拜场所

　　进入13世纪，法国的政治割据政权更倾向于发展各自的地方建筑风格，普瓦捷圣母大教堂是一个令人印象深刻的例子。它的外立面并没有像法国更北部的教堂那样执着于垂直线条。中厅既没有上层连券廊，也没有高侧窗，构成连券廊的圆拱与一个以朴素横肋支撑的石质桶形拱顶（round-headed arch）几乎相接。

◀◀ 令人印象深刻的外立面

普瓦捷圣母大教堂的外立面很宽，装饰着《圣经》故事里圣徒的雕像。

圣米格尔·德·埃斯卡拉达教堂
（San Miguel de Escalada）

◉913年之后　🏛西班牙西北部莱昂（LEÓN）附近

✍加西亚国王（KING GARCIA）　🏛礼拜场所

　　莫扎拉布（Mozarabic）建筑融合了基督教的功能和摩尔风格的装饰细节，这是西班牙早期罗马式建筑的一个重要特征。圣米格尔·德·埃斯卡拉达教堂建于10世纪，大部分建筑者是摩尔工匠，西班牙北部曾经发生大规模驱赶阿拉伯人的行动，这些摩尔工匠就是遗留下的那批人。教堂是简单的长方形，侧廊的宽度几乎与中厅相等，十字交叉点结构原始，内部的东侧后殿处建有三个拱券。圣米格尔的中厅、门廊的马蹄形券以及带有装饰的木质天花板都突出了摩尔风格的影响。

▽ 完美对称

圣米格尔典雅的外观和其门廊，与其令人难忘的内部大理石柱形成完美平衡。

▶▶ **大胆且伟岸**

毫无疑问，德国罗马式重视实质而非精细。

玛利亚·拉赫本笃会修道院（Maria Laach Abbey）

🌐 1093年之后　📍德国莱茵兰（RHINELAND）　✍ 未知　🏛 礼拜场所

　　这座雄伟的本笃会修道院坐落在拉赫湖（Laacher See）西南岸田园诗般的湖滨，靠近科隆南部的安德纳赫（Andernach）。玛利亚·拉赫与施派尔（Speyer）、美因茨（Mainz）和沃尔姆斯（Worms）的大教堂都是德国罗马式建筑的优秀代表。尽管该建筑深受意大利北部和加洛林（Carolingian）风格的影响，但其大胆的组合结构和巨大的规模是教会重振权威后发布的一个高调宣言。

⬆ **柱头细节**

西门上方的栩栩如生石雕，表现魔鬼正在记录信徒罪孽的场景。

　　主要建筑材料是当地的火山石，修道院最显眼的外部特征是其塔楼，东西侧各有3座。西侧中央的正方形塔楼是最高大的。山墙之间的屋顶形成菱形，或称"盔胄"顶（'helm' roof），交叉点正上方的屋顶形成了一个八角形。

　　虽然这座建筑在设计上努力强调垂直观感，但是圆顶连券廊上沿构成的横向轮廓还是形成了强烈的反差。重复且成对的圆顶拱券主要出现在塔楼。西侧的主要结构是后殿和圆塔之内的西侧横厅。与众不同的西侧回廊式前厅通往圆塔内的主门。建筑东侧建有3间后殿。

　　修道院内部出人意料地空旷疏朗，回音重重，厚重的建筑构造随处可见。有些柱头装饰着自然主义风格浮雕。中厅和侧廊都采用了立于方形基座之上的半壁柱，这是典型莱茵兰风格的体现——可以看作哥特风格的初期萌芽。中厅和侧廊拱顶开间的宽度相同，也反映了正在萌芽的新风格。

骑士堡（Krak des Chevaliers）

🌗1142年之后　🏴叙利亚霍姆斯（HOMS, SYRIA）　⚔医院骑士团（KNIGHTS HOSPITALLERS）　🏛防御工事

　　骑士堡是十字军东征时期医院骑士团在近东建造的规模宏大的城堡之一，它让人不由想起长期且残酷的战争。

此城堡是保卫叙利亚的战略性要地霍姆斯峡（Homs Gap）的5座城堡之一。它有3个特点：建造在一个易守难攻的地点、庞大的规模体量以及同心的圆墙。城堡的心脏，即主楼的周围修建了防御性塔楼。这个地点本身令人生畏，这里位于一个石山山脉的凸起处，地势陡峭。外层城墙的门楼通往一个"曲折的入口"。假设敌人攻进外层城墙，他们不得不进入一个曲折的通道，守军可以在此进行反击。南侧和西侧的内墙防守比较薄弱，在这里建有巨大的"冰川"，即一面无法攀登的斜墙，最厚处超过25米。这类城堡的主要功能不仅是守住领地，而且还能够防御进攻，同时需要养活一支庞大的驻军。骑士堡成功地抵挡住了12次进攻，最终在1271年陷落。2013年和2014年，它在炮击中遭受了一些破坏。

》医院骑士团（THE KNIGHTS HOSPITALLERS）

　　医院骑士团正式建立于1113年，在那一年，教皇帕斯加尔二世（Paschal II）表彰了他们在圣地的慈善事业。在那以后，骑士团迅速壮大成为近东的主要军事力量，同时一直延续照顾病患的传统。他们在1291年阿克（Acre）陷落后离开了圣地，首先定居塞浦路斯（Cyprus），1530年以后移居到马耳他（Malta）。

⊼ 医院骑士团的印章

⊻ 山区据点
骑士堡外围的战壕增强了防守功能。为了挖掘战壕清理了上百吨石头。

达勒姆大教堂

● 1093年之后　🚩英国达勒姆　✍卡里莱夫主教（BISHOP CARILEPH）　🏛礼拜场所

推动诺曼人所向披靡的残酷军事和政治力量，也同样促进了建筑热潮的爆发。人们最先想到的诺曼人建筑遗产可能是城堡，不过最终他们的建筑天分还是因为教堂而流芳百世。威廉二世（1087—1100年在位）统治时期兴建的达勒姆大教堂是这种建筑天分的最佳体现。大教堂完美复刻了建筑者的气质：朴素严厉、大胆勇猛且气势逼人。

⤢ 北门的青铜门环
（约1140年）

达勒姆大教堂或许是11世纪晚期盎格鲁-诺曼建设者精湛技术的巅峰作品。在将近半个世纪的时间里，他们是欧洲最有成就的工程师。这座大教堂是欧洲第一座采用尖拱顶的建筑。有肋支撑的拱顶形制曾经被采用过，主要是在1082以后的德国施派尔，但从未以这样的方式出现——或者说从未形成这样的戏剧性效果。

它的意义不仅是在一个大的空间上面覆盖一个令人震撼的石质屋顶。每隔一个开间立起一根巨大柱子，强有力地向上延伸并跨越屋顶。其结果就是打造出一个极具统一性并充满力量的内部空间，以及具有惊人丰碑感的建筑，这也是哥特式即将兴起的前兆。除了一些少数哥特风格的点缀，达勒姆教堂总体上是罗马式。中厅巨大的实心柱子上装饰着精确切割的几何形图案，柱子托举起同样巨大的拱券，为教堂内部赋予了节奏和动感。教堂外部也毫不逊色，部分原因是它位于威尔（Wear）河畔的高地上，本身就具有引人注目的舞台效果。在很多方面，该建筑是盎格鲁-诺曼式建筑的巅峰。

▶▶ 尽收眼底
达勒姆教堂俯视着达勒姆城和附近的城堡，这是达勒姆"王子主教"（Prince Bishops of Durham）的古老居所。

>> **威廉·圣·卡里莱夫**

这位诺曼·本笃会（Norman Benedictine）修士于1081年成为达勒姆主教。由于他与苏格兰国王唐纳德三世（King Donald III）的渊源深厚，国王威廉二世（William II）并不信任他。1095年，主教患病期间，国王召他去温莎（Windsor）觐见，主教在到达后不久就去世了。

伦敦塔

◐ 1078年之后　📍 英国伦敦
✍ 征服者威廉（WILLIAM THE CONQUEROR）
🏛 防御工事

1066年，诺曼人征服英国后，为了巩固统治，在全国各地的关键地点建造了不少于70座城堡。伦敦塔是其中比较大型的一座。这是一座用石头砌外墙的正方形建筑，四角建有塔楼，沿着外墙建有稍微凸出的扶壁，墙的高处开狭长的窗。在17世纪后半叶，塔上增建了优雅的角楼，并且扩大了大部分窗户。

🔽 **威严与风度**
美丽的罗马式布道者圣约翰（St John the Evangelist）礼拜堂位于伦敦塔内。

雅芳河畔布拉福圣劳伦斯教堂（St Laurence，Bradford-on-Avon）

◐ 约1050年　📍 英国威尔特郡（WILTSHIRE）雅芳河畔布拉福　✍ 未知　🏛 礼拜场所

只有大约50座盎格鲁-撒克逊建筑在诺曼人的征伐中幸存下来，圣劳伦斯教堂是幸免于难的建筑之一。这是一座朴素的建筑：3座山墙结构互相连接，组成了这座教堂，圆顶的假连券廊给建筑带来一些活跃之感。它的历史是如此悠久，粗糙狭窄的内部空间令人莫名感动。

◀ **朴素之美**
教堂的外部装饰假连券廊、撒克逊传统图样和朴素的壁柱。

奥斯特拉斯教堂（Østerlars Church）

🏛 1150年　📍丹麦博恩霍尔姆岛（BORNHOLM ISLAND）
✍ 未知　🏛 礼拜场所

在800年至1050年，维京人和北欧人占领了从俄罗斯到地中海（Mediterranean）的大片土地，包括英国东部和法国北部的大部分地区。斯堪的纳维亚文化对北欧大部分地区产生了重要影响。从11世纪中期开始，基督教开始在斯堪的纳维亚立足，反过来影响该地区，其结果是当地传统和基督教传统的交融混合，这在教堂建筑外观上表现得尤为显著。位于波罗的海（Baltic）的博恩霍尔姆（Bornholm）岛发展了一种独特的石筑圆形教堂传统。教堂特意建造得如同堡垒般坚固，它不仅可以作为礼拜场所，还可以在需要时用作抵御波罗海盗的军事据点。

《 融合的风格

奥斯特拉斯教堂厚重且倾斜的扶壁是竣工多年以后增建的。

博尔贡教堂（Borgund Church）

🏛 1150年　📍挪威松恩峡湾（SOGNE FJORD）
✍ 未知　🏛 礼拜场所

博尔贡教堂是挪威的"木板"教堂（"stave" church）中最有名的一座。它奇特的外表看起来像宝塔，又像维京（Viking）葬礼上的柴堆，但教堂的内部则基于拜占庭教堂的中央布局，这是维京人接触遥远地区文明的佐证。原始的建筑是一个以拱廊环绕的中央空间，上方建起高塔。木质结构的塔向上层层高攀，看起来与法国哥特风格的发展有一定关联。东侧的后殿是后期增建的。建筑材料是木板。将原木竖着劈开，弧形的一侧朝外，平面的一侧朝里对接在一起。虽然这种建筑工艺在斯堪的纳维亚半岛上由来已久，但从未被用来建造如此大规模的建筑。

教堂的外观令人难忘，饱经风霜的陡峭屋顶和嵌于山墙顶端的龙头雕刻似乎在提醒着人们该地区的异教徒传统。

》 合成的传统

这种教堂是传统建筑方法和基督教需求碰撞的产物。

伦德大教堂（Lund Cathedral）

🕐1103年　📍瑞典伦德　✒多纳图斯（DONATUS）

🏛礼拜场所

　　奥斯特拉斯和博尔贡教堂的屋顶都具有鲜明的当地斯堪的那维亚风格，与伦德大教堂产生鲜明的对比。伦德大教堂是彻头彻尾的成熟罗马式，尤其具有德国罗马式的特征，除了没有西侧后殿和双横厅布局。即使把这座建筑搬到德国的莱茵兰，它也会完美融入。

　　西侧内部最显眼的是两座方形的塔，塔上装饰着3层复杂的圆顶连券廊，屋顶形成一个又陡又尖的塔尖。中央门洞上方建有3个大得多的圆顶拱券，再上一层装饰连券廊，最高一层是三角形山墙，也装饰圆拱。主入口上方的龛楣（门楣和拱之间的空间）里布满了精美的雕刻。在内部，中厅拱廊的形制是两个拱券一组形成一个大拱券。这是不久之前产生在德国施派尔的一项创新。教堂内部也布满了雕刻，其中以中厅柱头的雕刻最为精美。东侧最显眼的是极宽的横厅和后殿。虽然伦德大教堂经过了多次修复，但它高调地标志着斯堪的纳维亚进入了罗马式教堂建筑的主流。

▶▶ 罗马式建筑的声明

这座大教堂最令人印象深刻的特点是其富有动态感的外立面，尤其是两侧的塔楼。

海达尔木板教堂（Heddal Stave）

🕐1250年　📍挪威泰勒马克（TELEMARK）

✒未知　🏛礼拜场所

　　海达尔教堂是挪威存留至今规模最大的木结构教堂。据统计，曾经建造的1000座这类教堂中，如今只有28座留存。无论从哪方面看，海达尔木板教堂都是一座宏伟的建筑：陡峭的木质屋顶、山墙和塔楼堆叠在一起，构成了不断重复的律动感，在其顶点的方形塔楼上达到高潮。教堂内部布满雕刻装饰，更突出了那种壮观感觉。昏暗的灯光增强了这种效果，这是所有木板教堂的特点。这里几乎没有窗户，或者窗户很小，通常安装在屋檐下墙面的高处。教堂在19世纪中期经历了大修，从那时起挪威人开始越来越重视他们的建筑传统和遗产。与很多19世纪的教堂修复相似，工程开始时人们对该教堂的历史知之甚少。在20世纪50年代初期，它才被重新修复为更接近其原本的状态。

◀◀ 攀登顶峰

为了维护木制教堂，有必要定期刷油。这项攀登陡峭屋顶的工作由当地登山者负责。

哥特式建筑

约1150—1500年

　　中世纪哥特式教堂是欧洲文明的璀璨成果之一。人们建造高耸入云的石制拱顶、塔楼和尖顶，以表达对天国世界的向往。委托人和建筑师的美好愿景以及石匠和手工匠人的精湛技术共同成就了这些伟大的建筑。

　　船形结构的中厅高处，从地面向上看目不能及的地方，装饰着精雕细刻的天使、恶魔、树叶和其他装饰物。人们竭尽所能把最美的装饰奉献给天父的全视之眼。哥特风格源于法国，初现于残酷的十字军东征时期，尽管它的开端是黑暗的，但是它造就了一些有史以来鼓舞人心和大胆的建筑。

目标是天堂

　　哥特风格的精华在于它的飞扶壁（flying buttress）。中世纪的石匠用这个方法分散教堂墙壁的载荷，墙越高，装饰性飞扶壁的跨度就越宽。有了这种方法，建筑者们终于可以造出更高、装饰更复杂的石质拱顶和更大的窗户。逐渐地，教堂的窗户取代了墙壁的重要性，例如沙特尔（Chartres）大教堂的窗户。这些以飞扶壁支撑的大教堂的彩色玻璃窗上描绘着《旧约》上的故事，演绎着耶稣基督、他的使徒、圣徒和殉道者的生平，相当于中世纪的电影院或者电视。这些富丽堂皇的建筑与农民们居住的寒酸泥瓦房形成强烈对比。难怪教堂能使人们心生敬畏。如果说法国人的追求是修筑高耸的拱顶，那么英国人和德国人竞争的目标就是更高的尖塔。索尔兹伯里大教堂（Salisbury Cathedral）的尖塔高123米，位于巴伐利亚（Bavaria）的乌尔姆明斯特（Ulm Münster）大教堂的尖塔高度达到了160米。

《 哥特建筑的拱顶

韦尔斯大教堂（Wells Cathedral）内牧师会礼堂（chapter house）的扇形拱顶看起来像棕榈树，从中央柱子上延伸的32条石肋将这个效果推向极致。

建筑元素

哥特风格特点是高耸入云，这是建筑学上的伟大探索之一。尖顶拱券、高大的拱顶以及飞扶壁将修道院、教堂高高托举向中世纪的天空。石匠在结构方面的天赋以及高超的手艺，配合手工艺人丰富的想象力，赋予了建筑灵魂，它们似乎在高唱赞歌。

▶▶ 玫瑰花窗

玫瑰花窗（rose window）是哥特式教堂的辉煌。精美的石制花式窗棂之间镶嵌着彩色玻璃，每一块的位置都恰好能捕捉最好的阳光。它通常安装在横厅的北墙和南墙的两座塔之间。此图是法国兰斯大教堂（Rheims）的玫瑰花窗。

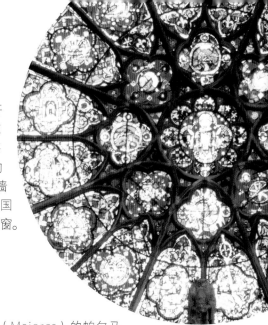

☑ 尖塔

尖顶延续和放大了哥特式塔楼那种垂直向上、刺破长空的动能。此图是建于15世纪末的钟楼，它俯瞰着牛津大学玛格达伦学院（Magdalen College, Oxford）的回廊。

卷叶形花饰通常用来装饰尖塔 ——

⊼ 拱顶

此图中是亚眠大教堂（Amiens Cathedral）的十字拱顶，由两个桶形拱交叉而成。当拱顶越来越轻、越来越高、越来越颀长，中厅墙上的窗户也越来越大，设计也越来越大胆。最终的形制是英国发明的扇形拱顶。

☑ 飞扶壁

西班牙马略卡岛（Majorca）的帕尔马大教堂（Palma Cathedral）中厅高44米，以石质飞扶壁支撑。

⊼ 哥特式拱券之一

约克郡（Yorkshire）里彭大教堂（Ripon Cathedral）由约克大主教罗杰·德·庞·勒维克（Roger of Pont L'Eveque）建造。中厅采光来自简单的尖顶哥特式窗户。

⊼ 哥特式拱券之二

亚眠大教堂设计者是托马斯·德·科尔蒙（Thomas de Cormont）、勒尼奥·德·科尔蒙（Regnault de Cormont）和罗伯特·德·卢萨切斯（Robert de Luzarches）。

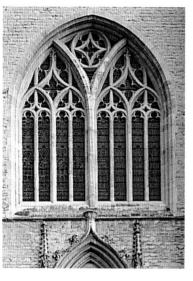

⊼ 哥特式拱券之三

拱形套着拱形：此图为14世纪建于比利时龙瑟（Ronse）的圣埃尔姆（St Hermes）大教堂。拱形套着拱形的窗户展示了哥特式窗日益复杂的造型和窗饰的精致。

⊼ 哥特式拱券之四

建于1475年的英国温莎（Windsor）的圣乔治教堂（St George's Chapel）的四圆心拱，或称垂直哥特式拱券，展示了巨大的窗户可以代替一整面墙。

巴黎的法国皇家宫廷小礼拜堂

⊙1248年　🏳法国巴黎　⚱路易九世（Louis IX）

🏛礼拜场所

　　这座礼拜堂比中世纪基督教世界任何教堂都要奢华，它是法国君主为了彰显对宗教的虔诚及皇室特权的刻意声明。礼拜堂内供奉着圣物，包括路易九世从君士坦丁堡的鲍德温二世（Baldwin II）购买的荆棘王冠和十字架的碎片。

　　从礼拜堂的外观可以明显地看出，这座建筑强调垂直性和高度：扶壁的顶部安装了精心制作的顶饰，西端陡峭的山墙两侧矗立着同样险峻的塔楼，一个精致的锥形箭头高立于屋顶最高点。内部有两个小礼拜堂。其中一座礼拜堂极其阴暗，看起来更像一间墓室。而皇家宫廷小礼拜堂本身是一个由华丽的高柱组成炫目空间，柱子向上高高延伸至拱顶，柱子之间安装窗户，玻璃窗完全取代了墙壁。在这个完全开放的空间，这些夺目的彩色玻璃窗代表了哥特式建筑发展的高光时刻。

⌃ **巴黎圣母院西侧的辐射式玫瑰花窗**

巴黎圣母院

⊙1163年之后　🏳法国巴黎

⚱苏利主教（BISHOP DE SULLY）　🏛礼拜场所

　　规模庞大的巴黎圣母院是哥特建筑语言的完美例子，从12世纪中期开始它的影响一直回荡在西方基督教世界。巴黎圣母院的建成并不仅是精湛的技术和充足资金的愉快结合。刚建立基督教统治的欧洲政权在神学方面有一项当务之急：修建圣母院作为上帝的王国在凡间的代表。圣但尼（St Denis）、桑斯（Sens）、拉昂（Laon）、和努瓦永（Noyon）大教堂等就是例子，法国北部（欧洲新知识文化中心）的这些大教堂是与巴黎圣母院一脉相承，但是稍早一些的建筑。而修建巴黎圣母院的本意就是缔造一个新的耶路撒冷。

　　几乎所有的那个时代的顶尖技术都运用在这座大教堂上了。中厅之上的拱顶高度超过30米，无数条石肋纵横交错，它们的作用不仅是建筑结构，还是具有强烈统一感的视觉元素。教堂外墙采用了飞扶壁，这大概是这种结构首次在建筑上使用。墙体的高处安装更多的窗户，让阳光充满教堂内部。严肃而理性的外立面上装饰许多雕像，一个巨大玫瑰花窗是它的焦点，两侧立着威严的塔楼。教堂的横厅和带有精美花式窗棂的玫瑰花窗是在13世纪增建的。小尖塔则是19世纪才增建的。

» **熠熠生辉的礼拜堂**

这座礼拜堂是一个令人惊叹的哥特建筑杰作，给人以一种超凡脱俗之感。

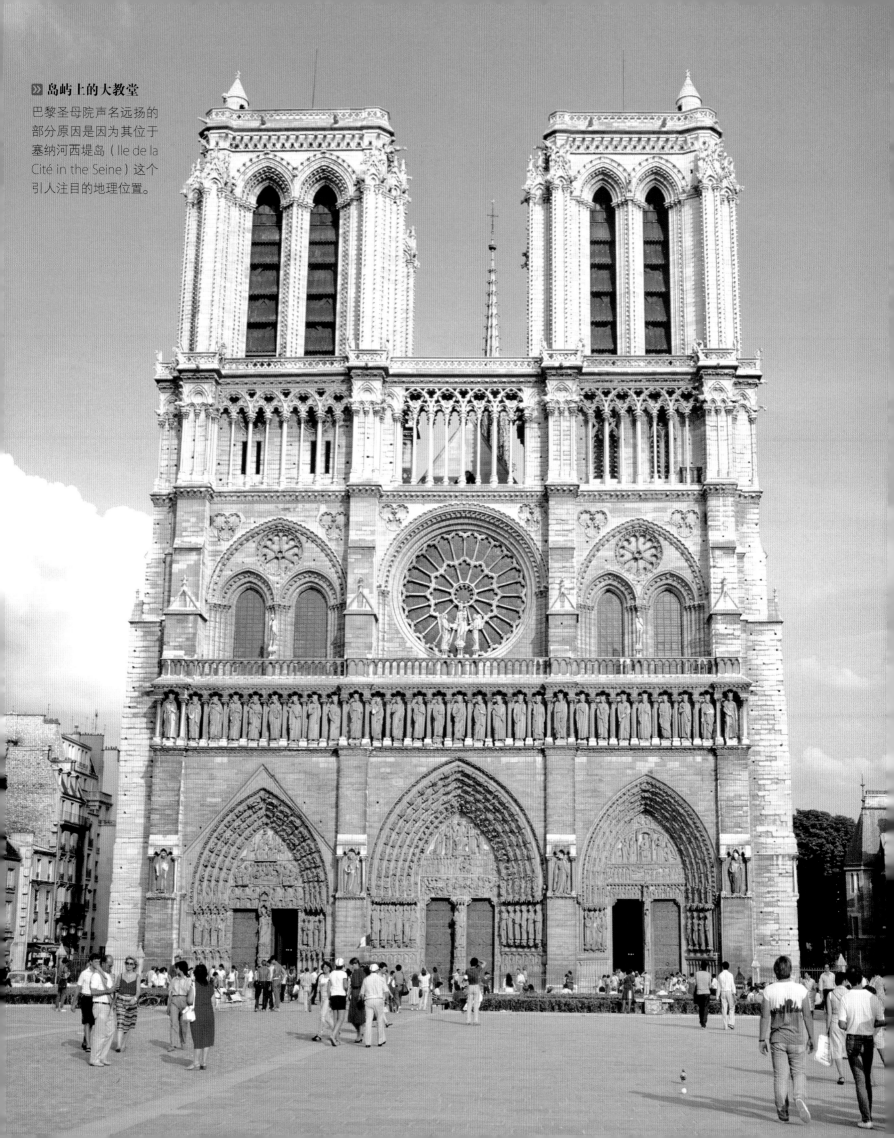

岛屿上的大教堂
巴黎圣母院声名远扬的部分原因是因为其位于塞纳河西堤岛（Ile de la Cité in the Seine）这个引人注目的地理位置。

沙特尔大教堂（Chartres Cathedral）

🕐1230年　📍法国沙特尔　✍未知　🏛礼拜场所

　　沙特尔大教堂是第一座哥特式大教堂。它的原址上曾经有一座教堂，但是在1020年毁于火灾，之后人们开始兴建沙特尔大教堂。新建的教堂在1194年又经历了一场火灾，除了西立面大部分被毁，之后再次开始重建。历经磨难，最终建成一座壮观宏伟、完整和谐的建筑。开阔的中厅、装饰生动雕塑的门廊、精工打造的彩色玻璃窗及嵌入地板令人惊叹的迷宫，寓意着带领朝圣者们进行一次精神上的耶路撒冷之旅。这些元素都被完美地应用在这个伟大的建筑和宗教成就上。教堂的原址上有一口圣井（现在位于地窖），这口井对德鲁依教徒（Druids）和罗马人都有神圣的意义。沙特尔大教堂是第一座献给圣母玛利亚的教堂，里面供奉着传说中耶稣基督降生时圣母穿的袍子。

⬆️ **从东侧看沙特尔大教堂**

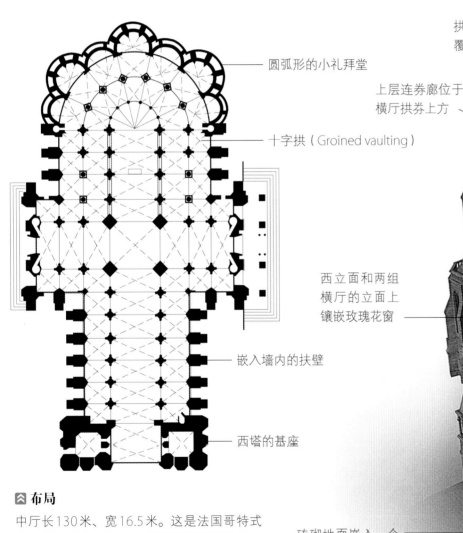

圆弧形的小礼拜堂

十字拱（Groined vaulting）

嵌入墙内的扶壁

西塔的基座

⬆️ **布局**

中厅长130米、宽16.5米。这是法国哥特式大教堂的典型布局，与兰斯和亚眠的教堂十分相似。与英国教堂不同的是其高度和采光，还有中厅与歌坛合并的形制。

拱顶上方没有用木结构，而是用覆盖铜片的铸铁框架

飞扶壁承担了墙壁的载荷，因此可以安装大窗

上层连券廊位于中厅和横厅拱券上方

西立面和两组横厅的立面上镶嵌玫瑰花窗

砖砌地面嵌入一个巨型迷宫，引领人们进入步行冥想

西南侧的尖塔更高，达到了113米

工程一直进行到16世纪，这座火焰状的尖塔就是在那个时候修建的

⌃⌃ 拱形天花板

大教堂创新性地使用了飞扶壁，使天花板可以达到34米的高度。看起来好像是整面墙的彩色玻璃，托起高高的拱顶。

⌃⌃ 彩色玻璃细节

这些中世纪的彩色玻璃窗面积超过3000平方米，它们让教堂内部沐浴在流光溢彩之中。

⌃⌃ 雕刻

在门廊上方的内凹三角形空间里的雕塑描绘了基督立于圣光之中，被圣徒和天使包围的情景。这样逼真立体的精美雕塑布满门檐。

博韦大教堂（Beauvais Cathedral）

🌑 1247年之后　🏴 法国博韦　✍ 未知　🏛 礼拜场所

　　哥特式建筑始于1144年的圣丹尼斯，而始建于1247年的博韦大教堂代表了这种建筑风格直系演变的最后阶段。正是在这里，法国的"辉煌"哥特式（High Gothic）建筑达到了顶峰。或者说，本应在此达到顶峰，因为博韦大教堂不仅没有竣工，而且它的唱诗班席在1284年也倒塌了。曾经的唱诗班席高48米，是法国有史以来最高的建筑，也是教堂的骄傲。1337年，人们在很大程度上按照最初的设计进行了重建，谨慎地添加了额外的柱墩。

» 追求高拱顶

博韦大教堂是法国哥特式建筑追求垂直高耸感的最突出典范。

阿尔比大教堂（Albi Cathedral）

🌑 1282年以后　🏴 法国西南部阿尔比

✍ 未知　🏛 礼拜场所

　　阿尔比大教堂与法国北部近乎同时代的"辉煌式"哥特风格大教堂形成了鲜明的对比。从外部看，它更像一座堡垒而不是一座教堂。它的基座向外倾斜，似乎是为了击退攻击者而建；它的窗户与法国北部大教堂的彩色玻璃窗比起来似乎只是狭长的缝。玫瑰色砖墙中凸出的半圆形扶壁代替了飞扶壁。事实上，这种堡垒性质反映的不仅是地区差异，而且是相当刻意的：它毫不含糊地宣示背靠王权支持的教会首次将控制权扩展到朗格多克（Languedoc）。大厅式的内部与外部的简约风格形成了鲜明的对比。开放式的中厅宽18米，是法国教堂中最宽的中厅。巨大内部扶壁沿着两边的墙壁向室内凸出，形成一系列深凹的小礼拜堂，共有22间。内部装饰可以追溯到14世纪和15世纪，包括一座巨大而美丽的圣坛屏风（rood screen）、大量的湿壁画及雕像。大教堂还拥有法国令人印象深刻的风琴之一。

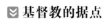

▽ 基督教的据点

阿尔比大教堂是教会武装的真实体现——以砖石形式存在的基督教正统思想。

卡尔卡松堡（Carcassonne）

🕐 约1350年　🏛 法国奥德（AUDE）　✎ 未知　🏛 城市

　　卡尔卡松堡俯瞰法国西南部朗格多克−鲁西永（Languedoc-Rousillon）的奥德。即使它在19世纪进行了大规模的修复，卡尔卡松仍然是欧洲中世纪堡垒城市中保存完整的一个。最令人难忘的特点是环绕堡垒的城墙，沿着城墙建有数座尖顶的塔楼。堡垒有些部分是1世纪罗马人建造的，有些部分是5世纪西哥特人（Visigothic）建造的，大部分是13世纪由路易九世和他的继任者菲利普三世（Philip III）建造。1247年，该城市被西蒙·德·孟福尔（Simon de Montfort）占领，之后又传给了法国君主。因此，它成为对抗南部扩张的西班牙阿拉贡王国（Aragon）的重要防御点。从15世纪开始，卡尔卡松在军事上的重要性日渐式微，从此衰落。1835年，当诗人普罗斯珀·梅里

美（Prosper Mérimée）来到这里时，城堡已经破败不堪，普罗斯珀·梅里美下决心恢复这座城市中世纪的辉煌，他安排维奥莱特−勒杜克（Viollet-le-Duc）监督重建工作。

❮❮ 复兴辉煌

无论重建程度如何，卡尔卡松都是法国最引人注目的中世纪要塞城镇。

阿拉斯市政厅
（ Hôtel de Ville, Arras ）

🕐 1502年之后　🏛 法国阿拉斯

✎ 未知　🏛 市民建筑

　　虽然中世纪晚期的法国繁荣富裕，但是它没有什么杰出的市政建筑。当10世纪开始的教堂建设热潮开始消退，修建宫殿和城堡成为人们竞争的建设项目。当然，很少有公共建筑能与中世纪晚期意大利和低地国家的那些公共建筑相媲美，阿拉斯的市政厅是一个值得注意的例外。阿拉斯不仅在地理上靠近低地国家，而且在16世纪初（即市政厅落成时），它与低地国家一样，处于西班牙的哈布斯堡王朝（Habsburg）统治之下。阿拉斯的市政厅的外观与布鲁日（Bruges）和伊普尔（Ypres）的纺织会馆（Cloth Hall）极为

相似。这座建筑刻意装饰得富丽堂皇，高调地表达公民的自豪感。第一层是连券廊，再往上一层是有雕花窗棂的窗户，阳光透过窗棂照亮第一层的大厅。陡峭的斜屋顶上是3排老虎窗（dormer window）。巨大的钟楼高76米，直冲云霄。

❮❮ 市民自豪感

原始建筑已经在第一次世界大战中毁于战火，如今的建筑是重建的。

伊普尔纺织会馆（Cloth Hall, Ypres）

🕐1214年之后　📍比利时伊普尔　✍未知　🏛市民建筑

在低地国家所有主要的中世纪世俗建筑中，包括安特卫普（Antwerp）、根特（Ghent）、布鲁日、勒芬（Louvain）、布鲁塞尔（Brussels）等，最令人印象深刻、最壮观的一座，是伊普尔的纺织会馆。部分归功于其巨大的规模。该建筑长132米，远超那个时期的大多数教堂。

与布鲁日的纺织会馆一样，伊普尔纺织会馆也可以被称作是贸易殿堂。同样，与布鲁日纺织会馆类似，伊普尔纺织会馆也在陡峭的斜屋顶上建起高耸的塔楼，塔楼的最高处是一个精致的灯笼式中央天窗。立面两端的两个角楼更加突出了建筑的垂直高耸感。不过，建筑整体上还是以横向为主。外立面本身是简单的形制：第一层是长方形的开间，上面是两层拱形窗户，一层的窗户是圆形的，二层较大的窗户是尖顶的。它们一起形成了重复的、有节奏的韵律，赋予建筑一种安稳和确定感。

◀◀ **贸易圣殿**
原始的伊普尔纺织会馆毁于第一次世界大战的炮火，如今的会馆是20世纪30年代重建的。

布鲁日纺织会馆

🕐1282年之后　📍比利时布鲁日　✍未知　🏛市民建筑

"中世纪后期贸易的强大动力"在布鲁日纺织会馆上得以明确地展现。这座大厅是布鲁日布料交易的中心。布鲁日是汉萨帝国（Hanseatic）的重要城市，也是欧洲富有的城市之一。它是1000年以后出现的北欧和意大利城市中心的一个典型，因贸易而致富，且具有强烈公民价值（civic worth）意识。这种意识部分体现在新的建筑类型上，即旨在促进贸易的市场、仓库、市政厅和行会厅。这些建筑尽可能地使他们的城市给人们留下深刻印象。纺织会馆的主要特征是一座高80米的塔楼。不成比例地赫然耸立在坚固的3层砖砌大厅之上。其巨大的规模与伊普尔纺织会馆和安特卫普大教堂相当。把布鲁日纺织会馆与安特卫普大教堂相提并论是恰当的。在中世纪鼎盛时期，以贸易致富的北欧城市当然无意反对宗教的权威，但他们不仅意识到了自己的新地位，而且决定在建筑上表达这种自豪感，建造华丽程度和规模都可以与最宏伟的大教堂相媲美的世俗建筑。塔楼的下半部分是在1282年原大厅被烧毁后重建的，上半部分是一个八角形灯笼式天窗，是在1482年到1486年增建的。

韦尔斯大教堂（Wells Cathedral）

🌓 1180年之后　📍英国萨默塞特（SOMERSET）韦尔斯

✍ 未知　🏛 礼拜场所

在韦尔斯大教堂、林肯（Lincoln）大教堂和索尔兹伯里大教堂这3座建筑中，韦尔斯大教堂是最宏伟的，而且是彻头彻尾的英国风格教堂（对比受法国风格影响的教堂）。实际上，所有成熟英国哥特式第一阶段［早期英国式（Early English］的主要特点都在该建筑上有所体现。与所有这类宗教建筑的选址一样，它位于一个开阔的场地，其设计更注重长度而非高度。它有两组横厅，教堂东端是方形，西端的主门很小。更加不寻常的是，西立面装饰了许多雕刻。内部最引人注目的特点是一个形似倒置的过滤器的拱顶。

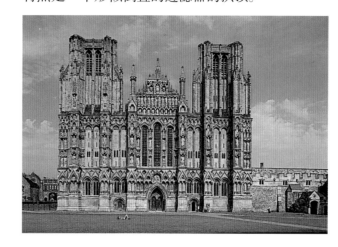

⟪ 全景展示

教堂的西立面奇特的向平面展开，犹如一个银幕，上面展示着许多精美雕塑。

伊利大教堂（Ely Cathedral）

🌓 1080年之后　📍英国剑桥郡（CAMBRIDGESHIR）伊利

✍ 未知　🏛 礼拜场所

伊利大教堂以规模巨大，而且兼容并蓄多种建筑特点而栖身于英国颇具盛名、令人叹为观止的大教堂之一。它展示了从11世纪的诺曼风格到14世纪的装饰性哥特式（Decorated Gothic）每个时期的代表性特点。最不寻常且令人难忘的特点就是中厅和横厅的八角形交叉形制。这是1332年至1340年增建的，上面高高托起同样令人惊叹的木质八角形灯笼式天窗。这两种形制在欧洲的哥特式建筑中是前所未有的。中厅和横厅的风格是地道的诺曼式，与达勒姆大教堂的中厅与横厅同样令人难忘。侧廊、上层连券廊和高侧窗都装饰结实的圆型券。对比之下，修建于14世纪的唱诗班席装饰华丽，以飞扶壁从外部支撑，这在英国很少见。教堂内的圣母小礼拜堂建于1321年至1349年，布满雕刻，富丽堂皇。

⟱ 巍然屹立

伊利大教堂本身规模巨大，西侧的中央塔楼增强了这种视觉冲击力。

索尔兹伯里大教堂（Salisbury Cathedral）

🕐 1258年　🏳 英国威尔特郡（WILTSHIRE）索尔兹伯里

✍ 伊莱亚斯·德·迪勒姆（ELIAS DE DEREHAM）　🏛 礼拜场所

沉静而稳重的索尔兹伯里大教堂，位于英国无可厚非的最美丽教堂建筑群内。它或许是最典型的英国大教堂，对许多人来说，它代表这个国度最迷人的魅力。尖塔、回廊，尤其是建筑的长度都是13世纪英国哥特式建筑的特点。

⤊ 中厅的穹顶

这座教堂的特殊性在于它是完全新建的（而不是像大部分教堂那样是修建在原来的建筑之上的），而且仅用了38年就竣工了。竣工100年之后增建了尖塔。从那之后，整座教堂几乎没有任何改动。因此，它是英国早期哥特式建筑中最完整、最能体现风格特点的例子，几乎可以说是该风格的一个模板。比起同时代的法国建筑，索尔兹伯里大教堂有明显的不同。亚眠大教堂是法国哥特式（French Gothic）建筑的代表，而索尔兹伯里大教堂是英国哥特式建筑的代表。它是一个统一的整体，外立面自然而然地将人们的视线引入室内，整体设计重点强调建筑的垂直和高大。索尔兹伯里大教堂运用了一系列强调水平特性的单独元素。外立面的宽度比教堂本身要宽，这是典型的英国设计。外立面上密密麻麻地挤满了修复后的19世纪雕塑，可谓是该建筑最不尽如人意的元素。在内部，中厅自然地将视线引向东端的圣母礼拜堂，而不是引向上方的穹顶；例如，穹顶的柱身向下延伸到上层连券廊的顶部就戛然而止，而不是直达地面。与韦尔斯大教堂一样，索尔兹伯里大教堂也建了两组横厅，进一步增强了独立分割空间感。

》伊莱亚斯·德·迪勒姆

讨论中世纪"建筑师"通常是没有什么意义的。通常来说，建筑项目由教士指导，由石匠团队施工。在索尔兹伯里教堂，这个行政工作由教堂的一位教士伊莱亚斯·德·迪勒姆负责。尽管人们不能确定他对该教堂的设计有多大的贡献，还是姑且认为他是设计者。德·迪勒姆于1245年去世，在有生之年没能目睹大教堂完工。

▷ 超级尖塔

索尔兹伯里大教堂独特的尖塔是在1335年前后增建的。它高达123米，是英国最高的尖塔。

国王学院礼拜堂

◔ 1515年　⌂ 英国剑桥大学

✎ 亨利八世　🏛 礼拜场所

　　国王学院礼拜堂始建于1446年，是垂直哥特式建筑的出色范例，也是英国特有的哥特风格的最后绽放。它的平面布局简洁明了，是一个长88米、宽12米的长方形，高24米。简而言之，这是一个没有侧廊的简单开放式空间，内部只有一个早期文艺复兴时期的精致圣坛屏将空间分隔开，而且完全不影响内部空间的开放感。这座建筑奇迹部分归功于巨大且一模一样的窗户，部分归功于富丽堂皇的装饰。中厅两侧每侧有12面大窗，几乎占满墙面，显得窗户之间的墙壁更像是柱子。华丽的扇形拱顶达到了艺术的巅峰。这是一个充满活力和想象力的几何学实践，大量的纹章和动物雕刻挤在底层的墙壁和柱墩上，它们的艺术美感与建筑的几何结构相比也毫不逊色。从外部看，

最主要的特征是窗户之间狭窄的扶壁、每根扶壁顶端的小尖塔以及教堂四个角上威严的尖塔。

⊗ 完美的垂直哥特式

这座礼拜堂的庄严宏伟之感源于简单的规划与精致的细节的结合。

威斯敏斯特大厅（Westminster Hall）

◔ 1399年　⌂ 英国伦敦　✎ 亨利·伊夫利（HENRY YEVELE）和休·赫兰德（HUGH HERLAND）　🏛 宫殿

　　威斯敏斯特大厅位于珠宝塔对面，是中世纪的威斯敏斯特宫在1834年火灾之后唯一幸存的建筑（重建后成为现在的国会大厦）。大厅的主体是亨利·伊夫利的杰作。考虑到中世纪后期艺术家地位的提升，亨利·伊夫利可以被认为是现代意义上的建筑师。不过该建筑最负盛名的特点是休·赫兰德设计的锤式屋架（hammer-beam）的顶棚。中世纪的英国在开发各种各样的木质屋顶方面是独一无二的，其复杂性和装饰程度各不相同。不少教堂采用了这种木质顶棚结构，从某种意义上来说，最大、最精致的是威斯敏斯特大厅的顶棚：全长70米，宽20米。它不仅是一项技术上的杰作，而且凸出的锤式屋架支撑的双重橡木拱券也是垂直哥特式的巨大成功。巨大的木梁上雕刻着丰富

精美的图案，锤式屋架两端硕大的木刻天使尤其令人难忘。

⊲ 富有视觉冲击力的中世纪工程

威斯敏斯特大厅的顶棚没有使用柱子支撑，它是采用这种结构的中世纪大厅里最大的一座。

康威城堡（Conwy Castle）

● 1289年　📍 北威尔士阿伯康威和科尔温（ABERCONWY & COLWYN）

✍ 爱德华一世（EDWARD I）　🏛 防御工事

　　爱德华一世修建了康威、哈勒赫（Harlech）、博马里斯（Beaumaris）、卡那封（Caernarvon）等城堡，它们是英国占领威尔士这个残酷现实的有力声明。这些令人望而生畏的防御工事代表中世纪城堡的最高成就。在之后的不到一个世纪的时间里，火药的发明将把它们淘汰。它们凸显了城堡修建的一个重要巨大转折。在12世纪，城堡的防御工事是由外向内布置的，朝着城堡主楼的方向逐渐加强。但是，康威城堡的防御工事却集中在外墙上，墙上筑有8个巨大的、自给自足的圆塔。作为进一步的防御，庭院分为内、外院两部分。

斯托克赛（Stokesay Castle）城堡

● 1305年　📍 英国什罗普郡（SHROPSHIRE）斯托克赛

✍ 劳伦斯·德·勒德洛（LAURENCE DE LUDLOW）

🏛 防御工事

　　康威城堡是为了展示国家权威而兴建的，而斯托克赛城堡是一座更加低调的建筑。它其实是一座宅邸，但是因为接近威尔士的边境，所以有必要承担防御功能。今天这座建筑最显眼的军事特点就是南端的塔楼。不过，原来环绕整座城堡的护城河以及部分外墙已经消失不见了。而原来的城门楼在17世纪进行了重建。从长16米、宽9.5米的大厅不难看出，该建筑的主要用途是日常生活，而非军事。当年这里商贾云集，而非金戈铁马。

马堡圣伊丽莎白教堂
（Church of St Elizabeth，Marburg）

🕐 约1283年　📍德国马堡　✍ 未知　🏛 礼拜场所

　　圣伊丽莎白教堂结合了德国教堂的传统和法国"辉煌式"哥特风格的影响，这种影响已经在科隆大教堂开始出现。与哥特时期众多德国教堂一样，圣伊丽莎白教堂是一座大厅式教堂，也就是说，中厅和侧廊高度相同。这是一个巨大而开放的内部空间，而不是像法国的"辉煌"哥特式理念一味地追求高耸的中厅。该建筑的设计取消了法国"辉煌"哥特式建筑的3层内部立面（连券廊、上层连券廊和更高处的高侧窗），也不需要飞扶壁。教堂的东端和横厅末端是后殿，这是一种回溯到德国罗马式的设计。不过，有许多细节显然是源自法国的，例如中厅柱墩的造型，以及它们向上延伸到中厅和侧厅的拱顶的形制，窗饰也是如此。

⮜ 两座尖塔

圣伊丽莎白教堂的尖塔明显具有与法国建筑形制并行发展的特征。

马尔堡（Malbork Castle）

🕐 1276年之后　📍波兰马尔堡

✍ 条顿（Teutonic）骑士团　🏛 防御工事

　　1233年，在神圣罗马帝国皇帝和教皇的支持下，条顿骑士团开始在欧洲中部的大片地区强制人民皈依基督教。马尔堡原本是一座具有防御功能的修道院，后来被骑士团接管，并发展成为欧洲最大的中世纪砖砌城堡。它拥有多个防御墙、大门和塔楼系统，占地0.324平方千米。1309年，当它成为条顿骑士团团长的住所时，该城堡被大规模扩建。建筑分为几个阶段，首先修建的是上城堡，然后是中城堡，之后，在1382年至1399年，修建了团长宫殿，这是一个极尽奢华的4层砖砌建筑。马尔堡在第二次世界大战期间遭到严重破坏，此后得到了精心修复。

⮟ 条顿堡垒

此图左边可以看到团长宫殿，右边是戒备森严的上城堡。

锡耶纳大教堂（Siena Cathedral）

⊙ 约1226年之后　 🏛 意大利锡耶纳

✍ 未知　 🏛 礼拜场所

　　显而易见，意大利的建筑没有受到在法国北部的哥特式建筑发展的影响。古典传承和强大的罗马式建筑传统造就了意大利建筑独特的风格。

　　在更多意大利中世纪最宏伟和最有威望的教堂中，锡耶纳大教堂是一个典范。西立面与当时的法国建筑有表面上的相似之处：三扇大门、人物雕塑及中央的玫瑰花窗。不过两者的区别是更加惊人的。不仅是色彩的运用，更加突出的是大理石拼接的色彩鲜艳的横带，这种装饰明确无误地突出了建筑的横向性。这条大理石横带从外部一直延续到建筑的内部。后来教堂里又增加了一个大理石镶嵌的地板，更加增强了这种装饰效果。然而最不寻常的特点是八角形的交叉点，上面覆盖着一个最不哥特式的结构——穹顶。南侧的横厅上高高竖起一个方形的钟楼，钟楼本身也用大理石横饰带装饰。

⌃ **法国风格的影响**

教堂外立面的下半部分建于1285年至1295年，上半部分于1376年完工。

兰茨胡特圣马丁教堂（St Martin, Landshut）

⌄ **激发敬畏之心**

从地面直冲穹顶的高柱将人们的目光引向上方，创造出一种光明和敬畏之感。

⊙ 1498年　 🏛 德国巴伐利亚（BAVARIA）兰茨胡特

✍ 汉斯·冯·布尔豪森（HANS VON BURGHAUSEN）

🏛 礼拜场所

　　圣马丁教堂是哥特时代后期在德国南部发展起来的大厅式教堂的典型：类似的还有弗赖堡（Freiburg）、纽伦堡（Nuremberg）、美因茨（Mainz）、马堡（Marburg）和慕尼黑（Munich）的教堂。圣马丁教堂的中厅和侧廊的高度是一致的，其内部的效果是一个由柱子托举的开放式大厅。照明并不是来自天窗，而是侧廊的窗户。侧廊通常设计一层或者两层窗户。即使如此，对垂直性的强调也无所不在。教堂具有一种惊人的高耸空间感，狭窄的窗户和消失的横厅加强了这种感觉。

　　西侧只有一座高133米的塔楼，是典型的后期哥特式。13世纪法国大教堂这种垂直性设计的目的是增强东西轴向的延伸感，但是在这里，垂直线条的作用是将人们的视线引向上方和对面，以及教堂的东端。

来自东方的影响

在穹顶之下，沿着教堂的南侧，纤细的柱子支撑着拜占庭风格的尖顶连券廊。

帕多瓦圣安东尼奥教堂
（Sant'Antonio, Padua）

○1307年　意大利帕多瓦威尼托（VENETO）

未知　礼拜场所

意大利哥特式建筑的奇特之处，姑且不称它为混乱之处，最明显的莫过于帕多瓦的圣安东尼奥教堂。法国哥特式、伦巴第（Lombard）罗马式以及最奇怪的拜占庭风格杂糅在一起，创造了一个惊人的混合体。鉴于帕多瓦离威尼斯很近，在此地出现拜占庭风格就不足为奇了。更令人惊讶的是它们在平面布局上采用了法国哥特式教堂中厅、侧廊、横厅和唱诗班席。唱诗班席位于最东端，那里还建有9个辐射状小礼拜堂。

从外面看，从中厅的屋顶中央开始，间或穿插建起数座颀长的、顶部有灯笼形的圆塔，使各种风格的混淆变得更为明显。同样不同寻常的是中厅外部两侧的山墙，垂直侧廊的坚实扶壁将山墙分为几段。

圣乔凡尼保罗大教堂
（Santi Giovanni e Paolo）

○1385年　意大利威尼斯　未知　礼拜场所

圣乔凡尼保罗大教堂是威尼斯总督（威尼斯统治者）的传统墓地。它的庞大规模、拉丁十字架布局及内部高耸的空间都毫无疑问地表明其北部哥特式传统，而它的尖拱、肋拱和高天窗进一步证明了这点。该教堂几乎在其他每一个方面都明确无误地显示它是威尼斯本地传统的产物。为了试着消除中厅和侧廊之间的区别并创造一个开放的内部空间，朴素的中厅里，巨大柱子之间的间距特意留得很大。内部设计的重点是横向和纵向的延伸，而非高度。此外，建筑的外部不是由飞扶壁支撑，而是采用相对原始得多的"系梁"（tie beams）方法在内部连接和固定。久负盛名的砖砌外立面可以追溯到1430年。高大的中央大门上装饰山墙，大门看起来像是耸立于由侧廊形成的第二个较浅山墙之前，极富戏剧效果。

内部支撑

木质系梁横跨建筑内部，把墙壁和柱子向内拉伸。

锡耶纳市政厅（Palazzo Pubblico, Siena）

🌑1309年　🏳意大利托斯卡尼　✍多梅尼科·迪·阿戈斯蒂诺（DOMENICO DI AGOSTINO）等　🏛市政建筑

　　市政厅位于锡耶纳中心的扇形德尔坎波广场（Piazza del Campo）。这是一座威严而不失优雅的建筑，也是这座曾经的城市的政府所在地。市政厅是尖顶哥特式的一个突出范例，比起同时期许多其他城市宫殿式建筑来说，它少了一些军事化，多了几分柔美。甚至垛口也是活泼的装饰而不是出自防御目的。

　　这座建筑原本是海关，经过数次扩建，其附属建筑曾经是地方监狱。第一层表面覆盖漂亮的洞石石灰岩，墙上镶嵌了一排尖顶拱窗，只有上层建筑是砖砌。主外墙的左侧曼贾塔（Torre del Mangia）高达102米，似乎要刺破长空，有力地象征着城市权威。钟楼的基座是一座巨大的、装饰精致的门廊，与一楼的窗户等高。这座门廊被称为广场礼拜堂（Capella di Piazza），设计师是多梅尼科·迪·阿戈斯蒂诺。除了钟楼和门廊，该建筑的对称美学也可圈可点。建筑的中央是4层，两侧是两座三开间的3层建筑。市政厅之内是办公室、会议室及宿舍，许多房间装饰当时著名画家的湿壁画。如今这座建筑内还有锡耶纳市博物馆。

🔽 **高塔**

曼贾塔是意大利最高的城市钟楼，它高高在上，俯视着德尔坎波广场。

威尼斯总督宫（Doge's Palace）

◔约1438年　🏛意大利威尼斯

✍乔瓦尼·博恩（GIOVANNI BUON）和巴尔托洛梅奥·博恩（BARTOLOMEO BUON）　🏛宫殿

　　这座典雅且充满异域风情的建筑曾经是威尼斯总督的府邸，也曾经是许多政府机构的办公地点。总督是威尼斯共和国的首席行政长官和领导人。不过，威尼斯总督宫似乎是生不逢时，因为当它落成的时候，哥特式在意大利其他地方已经过时了，取而代之的是重新被发现的古典风格。即使是这样，我们似乎不应该称威尼斯总督宫为哥特式，因为它的这种特殊的哥特式是威尼斯独有的。装饰着花边状窗棂的一楼拱廊、布满华丽雕刻的卡尔门（Porta della Carta）及沿着屋檐布置的头冠状华丽石雕都不是典型的哥特式元素。也许该建筑最引人入胜的特点是在第一、第二层外立面的装饰上方是空旷的墙壁。也许有人会觉得这会使建筑看起来头重脚轻，但是真实效果恰

恰相反。尽管建筑的用途是严肃的，但是外观效果却是极其优雅，甚至是顽皮轻松的。第一层是开阔的尖顶拱廊，第二层有大会议厅，这是欧洲几座华丽的大厅之一。

⌃ 色彩斑斓的外立面
50米长的外立面以小块的白色和玫瑰色大理石片贴面。

黄金府邸（Ca d'Oro）

◔1440年　🏛意大利威尼斯

✍乔瓦尼·博恩和巴尔托洛梅奥·博恩　🏛宫殿

　　威尼斯大运河上的黄金府邸也许是这座城市中世纪晚期最伟大的民用建筑，但是它具有所有城市宫殿的特点。它的连券廊和中央庭院的功能不仅仅是装饰，也利于夏季通风降温。第一层的券廊开间很大，表明建筑的用途是仓储、办公、和居住；第二层有最富丽堂皇的公共空间。该建筑最引人入胜的特色是威尼斯特有的那种具有梦幻色彩的哥特式表达，这种风格极大程度上受到拜占庭和阿拉伯的影响。这座建筑异常奢靡华丽，而且曾经用镀金来装饰外墙，因而得名"黄金府邸"。所有3层楼的拱券都安装精美的花式窗棂。外立面上不同寻常的波浪形尖顶明显受到阿拉伯风格的影响。

⌃ 意外的不对称之美
黄金府邸的不对称性并非刻意为之，设计者原本计划建造侧翼，但未能按计划施工。

阿维拉圣托马斯教堂
（St Thomas's Church, Avila）

● 1493年　🏳 西班牙阿维拉　✍ 索洛萨诺的马丁
（MARTIN OF SOLOZANO）　🏛 修道院

这座美丽的拉丁十字形布局修道院位于阿维拉附近，它始建于1482年，是卡斯蒂利亚（Castille）的斐迪南国王（King Ferdinand）和伊莎贝拉女王（Queen Isabella）的避暑别墅。他们选择此地安葬他们唯一的儿子。斐迪南国王成功说服教皇允许将该教堂用作西班牙宗教裁判所（Inquisition）的所在地。

这座简单的教堂坐落在一个院子的后部，西立面上雕刻着斐迪南和伊莎贝拉的纹章，镶嵌在漂亮的凶猛狮子之间。唱诗班席里安放有73把胡桃木座椅，据说是由一个摩尔人囚犯雕刻的。他用这个作品换取了活命的机会。唱诗班席上方是佩德罗·贝鲁盖特（Pedro Berruguete）创作的五幅描绘圣·托马斯（Saint Thomas）生活的画作。宽阔的中厅最突出的特点是四圆心的低矮拱券，还有三个阴凉的回廊，称作新人回廊、寂静回廊和国王回廊（Cloister of Novices, the Cloister of Silence, and the Cloister of Kings）。

⏫ 皇家度假胜地

这座教堂最初是由斐迪南国王和伊莎贝拉女王建立的，是防卫森严的城市外的一个宁静的度假地。

🔽 再利用的建筑

吉拉尔达塔是塞维利亚大教堂的标志，它曾经是一座清真寺的宣礼塔，改造后也保留了阿尔莫哈德（Almohad）美丽的传统砖砌图案。

塞维利亚大教堂

● 1520年　🏳 西班牙塞维利亚　✍ 未知　🏛 礼拜场所

在中世纪，塞维利亚大教堂曾经是世界上最大的教堂。部分原因是该大教堂建在伊斯兰世界巨大的清真寺之一的地基上。在清真寺原址上建造一座至少一样宏伟的大教堂，其结果是一种奇特的融合，教堂在细节上是哥特式的，但它长方形的布局却并非哥特式。宽阔的中厅两侧是两开间宽的巨大侧厅，通向同样宽的侧礼拜堂。从外部看，最引人注目的特色是三重飞扶壁和98米高的吉拉尔达塔（Giralda），这是原清真寺的宣礼塔改造的，现在为基督教服务。

塞哥维亚大教堂（Segovia Cathedral）

◉1525年以后　🏛西班牙塞哥维亚，

✍胡安·古尔·德·翁塔恩（JUAN GIL DE HONTAÑÓN）

🏛礼拜场所

　　塞哥维亚哥特式大教堂始建于16世纪初期，在动工的100年前，意大利建筑师们已经开始重新发现古典风格。他们发起的欧洲建筑古典主义运动将会持续至少3个世纪。哥特式从12世纪中期就成为欧洲建筑风格的主流，逐渐发展得越来越复杂华丽，到16世纪，哥特风格的热度显然也接近尾声了。这种风格只有在欧洲边远地区还在流行。

　　直到16世纪，哥特式一直保持着重要的地位。塞哥维亚大教堂是西班牙哥特艺术最后的绽放。高大雄伟的建筑上镶嵌着装饰性的雕刻，摩尔式和哥特式元素完美地融合在一起。

❮❮ 精确的几何美学

科卡堡的美与众不同，这里有无数多边形和半圆形塔楼，它们都以各种砖砌花样装饰表面。

科卡堡（Coca Castle）

◉1453年之后　🏛西班牙塞哥维亚

✍阿隆索·德·丰塞卡（ALONSO DE FONSECA）

🏛防御工事

　　位于塞哥维亚西北45千米处的科卡堡是一座巨大的砖结构建筑。它是中世纪后期欧洲尤为壮观的城堡之一。主要设计理念源于十字军东征时期基督教国度发展的堡垒设计，内有一座中央碉堡，外圈防御工事将其护卫在中间，工事外墙上建起防御塔楼和其他据点。

布尔戈斯大教堂（Burgos Cathedral）

◉1221年之后　🏛西班牙布尔戈斯

✍未知　🏛礼拜场所

　　布尔戈斯大教堂几乎是一个教科书式的例子，在这里可以看到西班牙哥特式每一个阶段的特点。中厅、横厅及唱诗班席（建筑最早的一部分）都是显然源于法国哥特式范例。外部的飞扶壁和西外立面的下半部分也是法国的设计风格。

　　不过，十字交叉点上方的巨大灯笼式天窗、教堂东端令人眼花缭乱的侧礼拜堂（也称治安官的礼拜堂，Capilla del Condestable）和高耸在教堂西端，装饰着透雕的尖塔都是很久之后增建的，它们展示了西班牙哥特式后期精致复杂的风格。

巴利亚多利德圣巴勃罗教堂
（Valladolid，San Pablo），

◉1276—1492年　🏛西班牙巴利亚多利德

✍未知　🏛礼拜场所

　　位于巴利亚多利德的圣巴勃罗教堂的外立面建于15世纪晚期，根据人们的审美不同，有人把它描述为生机勃勃，而有人认为它过分奢靡，甚至艳俗。该教堂大概是科隆的西蒙（Simon of Cologne）的作品。工程始于1486年以后，是西班牙晚期哥特式"伊莎贝尔"装饰风格极端的例子之一。伊莎贝尔风格来源于卡斯提尔的伊莎贝拉女王（1474—1504年在位）。

文艺复兴时期的建筑

作为建筑史上的分水岭，文艺复兴时期见证了前所未有的新思想的涌现和传播，其中印刷革命发挥了重要的作用。知识和文化通过书籍跨越了宫廷和神职人员的藩篱，尽管挑战了教堂的权威性，但让更多伟大的艺术家和赞助人得以现世。

文艺复兴究竟始于何时仍未可知。在席卷欧洲的黑暗时代（Dark Ages），虽有穆斯林学者和基督徒让古典文化停滞不前，但早在14世纪中期，意大利牧师、学者和诗人弗朗齐斯科·彼特拉克（Francesco Petrarch，1304—1374年）就已引领着人们去重新发现古希腊和古罗马的作家。事实上，"黑暗时代"很可能就是他创造的词语，用来描述他所认为的古典文明与其所处的重新觉醒的欧洲世界之间的缺口。不只是彼特拉克，但丁·阿利基耶里（Dante Alighieri，1265—

▶▶ 罗马梵蒂冈西斯廷教堂（Sistine Chapel ceiling, Vatican, Rome，1508—1512年）

受重拾人性尊严的影响，文艺复兴时期的艺术变得更加逼真。这幅壁画的作者是米开朗基罗，他描绘的是被上帝赋予生命的亚当（Adam）。

大事记

1469年：多纳泰罗（Donatello）的大卫铜像是自古罗马以来第一个无需支撑物支撑的雕塑

1492年：克里斯托弗·哥伦布（Christopher Columbus）在向亚洲航行时，穿越了大西洋，最终来到了加勒比海（Caribbean）

1517年：马丁·路德（Martin Luther）将他的95条论纲贴在威登堡大教堂（Wittenberg Cathedral）的门上，至此新教（Protestantism）开始兴起

1547年：伊凡雷帝是俄国首位皇帝，抑或是沙皇

| 1475年 | 1500年 | 1525年 | 1550年 |

1485年：莱昂·巴蒂斯塔·阿尔伯蒂（Leon Battista Alberti）的《论建筑》[阿尔伯蒂建筑十书，De re aedificatoria (Ten Books on Architecture)] 出版

1502年：多纳托·布拉曼特（Donato Bramante）建造完成了蒙托罗坦比哀多礼拜堂（Tempietto San Pietro in Montorio），为文艺复兴时期的建筑设立了标准

1522年：麦哲伦（Magellan）完成了第一次环球航行，是全球贸易的开端

1534年：当亨利八世（Henry VIII）建立英国国教（Church of England）时，罗马教皇（Papal）在英国的权力宣告终结

1563年：特利腾大公会议（Council of Trent）在教皇庇护四世（Pope Pius IV）的主持下结束，罗马的反宗教改革（Counter-Reformation）正式开始

印刷革命（THE PRINTING REVOLUTION）

德国美因茨（Mainz）的约翰内斯·古滕贝格（Johannes Gutenberg，1398—1468年）为印刷技术的发展起到了关键的作用，如欧洲第一台能批量生产、可移动、可重复使用的，成本低、速度快的金属活字印刷机和铸字机。以前，书籍都是一笔一画书写而成的，抄写一本圣经可能要花上一年的时间，而古滕贝格的印刷机却可以用同样的时间成百倍地印制。

生产线上的文学

铅字先装在一个框子里，经上墨后，再拧紧印刷机，就可在纸面印上铅字。

1321年）也早已有所发现。在《神曲》（Divine Comedy）的前奏中，但丁在向导罗马史诗诗人维吉尔（Virgil）的带领下游览了地狱。

如果说彼特拉克的"黑暗时代"是魔鬼的领地，那么中世纪晚期就是上帝的王国，欧洲文艺复兴见证了人类的崛起和胜利，用希腊哲学家普罗泰戈拉（Protagoras，公元前485—前420年）的话来说，人类现在是"万物的尺度"（the measure of all things）。这是主张个人独立和个人表达的人文主义（Humanism）的基础。

意大利是文艺复兴的中心，首座建筑是由菲利普·布鲁内莱斯基（Filippo Brunelleschi，见第208页）设计的圣母百花大教堂（Florence Cathedral）的穹隆（1436年），它突破了中世纪的设计审美。布鲁内莱斯基是早期运用透视法的建筑师之一。

印刷术和思想的传播

随着实用印刷机的发明，书籍成为一种传播思想的革命性新媒介。文艺复兴时期第一部重要的建筑专著《论建筑》，于1452年由佛罗伦萨建筑师莱昂·巴蒂斯塔·阿尔伯蒂撰写而成，并于1485年出版。次年，1世纪的罗马建筑师维特鲁威的巨著出版，在接下来的400年里，这部著作成为建筑师们的圣经。阿尔伯蒂的书是一种启示，是用精确的计算来阐述主要的建筑元素——方形、正方体、圆形和球体——以及建筑的理想比例。这些比例是音乐与自然与理想化的人体的和谐共处，就像人类是按照上帝的形象受造，而建筑也可以按照阿尔伯蒂的比例仿照人类的样貌建造。

尽管文艺复兴以人文主义为特征，对宗教权威的挑战越来越大，但罗马教会至少在近一个世纪里仍享有绝对的权力。文艺复兴早期，许多最伟大的建筑物都是由雄心勃勃的教皇和富有的神职人员下令建造的。

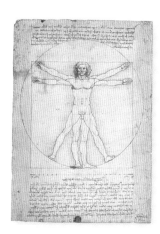

《维特鲁威人》
（**Vitruvian Man**，约1490年）

列奥纳多·达·芬奇（Leonardo da Vinci）根据维特鲁威所描述的（男性）人体比例绘制了这幅图。

1588年：西班牙无敌舰队（Spanish Armada）被弗朗西斯·德雷克（Francis Drake）和英国皇家海军（Royal Navy）摧毁，使英国免遭入侵

1608年：定居于加拿大的法国殖民者，在他们称之为"新法兰西"（New France）的地方建立了魁北克市（Quebec）

1618年：波希米亚（Bohemia）天主教徒和新教徒之间的"三十年战争"（Thirty Years' War）波及了整个欧洲

1575年 | **1600年** | **1625年** | **1650年**

1570年：安德烈亚·帕拉第奥（Andrea Palladio）的建筑专著《建筑四书》（I quattro libri dell'architettura）出版

1591年：采用米开朗基罗的设计，罗马圣彼得大教堂的穹隆建造完成

1611年：钦定版圣经（King James Bible）在英国出版，这是《圣经》最好的一版译本，时至今日全世界也无出其右

1656年：设计师乔凡尼·洛伦佐·贝尔尼尼（Gian Lorenzo Bernini）亲自操刀设计的罗马圣彼得广场和圆形柱廊开始建造施工

《理想城》（*Image of an ideal city*）

在这幅出自意大利乌尔比诺（Urbino）公爵宫的文艺复兴时期的画作中，理想化的建筑被认为是人与神的化身。

阿尔伯蒂的神圣几何对文艺复兴时期思想的形成产生了巨大的影响：在全能的上帝面前，人类不再无能为力，而是逐渐成长为一个独立的个体，能够通过艺术塑造世界，展现上帝的意志。由此，建筑师的地位和自我形象得到了极大的提升，不再是哥特世界中那个谦逊、默默无闻的设计师和泥瓦匠，而是上帝的化身。

在此之后，有关建筑的巨著相继出版，如1537年塞巴斯蒂亚诺·塞利奥（Sebastiano Serlio，1475—1554年）的建筑书和1562年贾科莫·巴洛齐·维尼奥拉（Giacomo Barozzi da Vignola，1507—1573年）的建筑书。在阿尔贝蒂和维特鲁威的印刷译本之后，出现了一部具有划时代意义

的巨著——《建筑四书》，这部书的作者是安德烈亚·帕拉第奥（Andrea Palladio），文艺复兴晚期伟大和颇具影响力的建筑师之一。在英语世界，第一部建筑巨著《第一和主要的建筑基础》（*First and Chief Groundes of Architecture*）已近当代，即1563年才由约翰·舒特爵士（Sir John Shute）出版发行。

随着书籍的出现，建筑物的设计能够参照比例尺寸，绘制出精确的平面图、剖面图和立面图。从此开始，建筑师已不再是建造师，场地的限制再也无法禁锢他们的思想，他们跨越藩篱，创造出属于自己的建筑。

城市规划

　　文艺复兴时期的建筑和城市规划是携手并进的，有广场就会有圆形柱廊。两者既有理性，也有人性，正如意大利公爵宫（Palazzo Ducale）这幅画所展示的那样（见上图）。这幅著名的画作，可能是由皮耶罗·德拉·弗朗切斯卡（Piero della Francesca）所绘，描绘了理想环境下的新建筑——没有人出现的建筑图纸，而这也成为后继建筑师的共识。这并不是说人物形象会破坏画面，而是因为阿尔伯蒂的信念——文艺复兴时期建筑的基本理念——即建筑本身通过其完美的比例成为人和神的化身。

》新教（PROTESTANTISM）

　　罗马教会，外有人文主义的挑战，内有来自反抗教会需要改革的神职人员和学者的威胁。这些"新教徒"，如马丁·路德（Martin Luther, 1483—1546年），认为如今的教会腐朽、奢靡，已然偏离了《圣经》中记载的基督教理想。因此，新教徒提出了包括简化礼拜仪式，减少对牧师的干预，以及使用当地语言而非拉丁语布道的改革。当然，印刷术也对新教教义的发展起到了促进作用。教会行动迟缓，新教徒在某些王国和当权者的支持下，通过建立一个非传统的新教教会为他们的宗教发动了一场改革运动。

》》马丁·路德（Martin Luther）

牧师、大学教师路德，希望人们能自己去学习《圣经》，找到属于自己对上帝的信仰。

意大利的文艺复兴建筑

约1420—1550年

在15世纪的意大利，随着城邦国家的崛起，以及银行和新的资本主义风险带来的利益驱使，大量的私人、商业和民用建筑开始陆续出现。每个城邦国家都试图在其宏伟的建筑和公共场所方面超越其竞争对手。这样的结果是一种启示。

文艺复兴时期，最早用石头和大理石建造的理想建筑有佛罗伦萨圣十字方济会修道院（Franciscan church of Santa Croce）的帕奇（Pazzi）小教堂，以及15世纪中期为佛罗伦萨里卡迪（Riccardi）家族修建的皮蒂宫（Pitti）和斯特罗兹宫（Strozzi）。从某种意义上来说，这些巨大的城市住宅所具有的防御性和私密性，仍未摆脱中世纪的建筑风格。不过，从细节上来看，虽然古代建筑的样式风格多有再现，如斯特罗兹宫（Palazzo Strozzi）中被精美的檐口分隔开的石立面，但并没有完全照搬多纳托·布拉曼特（Donato Bramante，1444—1514年）在之后设计的罗马建筑中所表现出来的理性和对光的运用。可以这样说，布拉曼特是意大利文艺复兴鼎盛时期的代表人物，在这个时代，宏伟的建筑都能做到对古典建筑原型自信地再阐。这些建筑的设计师都是集雕刻家、画家、诗人、工程师、剧作家和士兵于一身的典型"文艺复兴人"。

布拉曼特的圣伯多禄小教堂

奇怪的是，在那个创造力井喷的时代，最具影响力的建筑却是布拉曼特的圣伯多禄小教堂。这座小教堂基本上脱胎于罗马的维斯塔神庙（Temple of Vesta），而灵感则来自圣彼得大教堂附近的米开朗基罗穹隆、伦敦的雷恩圣保罗教堂（Wren's St Paul's）的穹隆和美国华盛顿国会大厦（US Capitol）的穹隆。

《 宏伟的穹隆

罗马圣彼得大教堂（St Peter's Basilica）矗立在圣彼得的墓址之上，其穹隆的设计就出自米开朗基罗之手，他在72岁时设计了这座教堂。

建筑元素

在文艺复兴时期，建筑师们不断地从古罗马的建筑中吸取能量和想象力，任何古典的建筑元素和柱式都可使用。为了满足更多住户的需求，许多的新式建筑开始涌现。这时精湛的设计已非教堂和宫廷所独享，越来越多的富人亦可消费。

在数层三角山墙的立面之上是穹隆和灯亭

穹隆的曲线平衡了成角的立面

三角山墙涡卷纹

⌃ 爱奥尼柱式

这是标准的爱奥尼柱式，来自卡普拉罗拉（Caprarola）壮观的法尔内塞宫（Palazzo Farnese）。

⌃ 粗面石块砌体

可以表现建筑底部的力量感和粗犷感。此处所示为米开伦佐（Michelozzo）设计的佛罗伦萨的美第奇宫（Palazzo Medici-Riccardi）。

⌃ 壁柱

文艺复兴时期，这些长方形柱子越来越多地出现在教堂的立面和内饰中，如图所示为罗马圣女苏撒纳堂（Santa Susanna）的三角山墙。

⌃ 叠加的三角山墙

古典形式的宏伟表现，一个叠一个，这是天才设计师帕拉第奥设计的威尼斯救主教堂（Redentore）。

当时较为流行的是在有栏杆的屋顶上布置雕像

多立克柱式的大量运用彰显了梵蒂冈的实力背景

⌃ 喷泉

文艺复兴时期的建筑师和设计师喜欢炫耀他们在水利工程方面的高超技艺。如图所示是蒂沃利埃斯特庄园（Villa d'Este）的奥瓦托喷泉（Ovato Fountain）。

⌄ 对称布局

文艺复兴时期，理想中的别墅应作完全对称设计，如帕拉第奥在维琴察的卡普拉别墅（Villa Capra, Vicenza）。

圆形柱廊环绕着椭圆形的广场

⌄ 文艺复兴晚期壮观的圆形柱廊

如图所示的壮观的圆形柱廊，是1656年由贝尔尼尼（Bernini）为罗马圣彼得广场设计建造的，它也是欧洲各地争相效仿的样板。

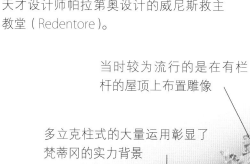

圣母百花大教堂（Duomo, Florence Cathedral）

◔1436年　📍意大利佛罗伦萨（Florance, Italy）　✍菲利普·布鲁内莱斯基（Filippo Brunelleschi）　🏛礼拜场所

　　文艺复兴时期，圣母百花大教堂迷人穹隆的出现，标志着伟大建筑革命的开始。布鲁内莱斯基凭借这一结构杰作，不仅使这座巨大的建筑跳离了哥特世界，还让自己成为具有标志性的艺术家。

▼ 最终成就

1474年，在列奥纳多·达·芬奇的帮助下，灯亭顶部的大铜球建造安装完成。1600年，又因被闪电击中而进行了更换。

　　如何在中世纪大教堂的十字中心上面建造穹隆或圆顶，一直是困扰大教堂歌剧院（Opera del Duomo）工程委员会的难题。要想建成，其跨度必须达到46米，这是前人从未尝试过的。终于在1418年，布鲁内莱斯基解决了这一难题，并于1420年开始修建，其设计方案灵感来源于一个无须借力的双层砖制穹隆。内壁运用万神殿中古罗马人所使用的技术，用砖按人字形排列加固，这样就可以在建造过程中摆脱脚手架的束缚。外壁则相对较轻。整座建筑高达91米。虽然，布鲁内列斯基的设计是全新的，但它的外形连同支撑外部的拱肋和隐藏的链条，都略呈尖角而非圆角，表现出哥特式设计的美学特征。1436年，穹隆上的灯亭建成，而其装饰却直到他临终之时，也就是1446年才几近完工。

≫ 菲利普·布鲁内莱斯基

　　1377年，布鲁内莱斯基在佛罗伦萨出生，原从事雕塑和冶金工作，后于1401年，转行从事建筑工作并拜在罗马雕塑家多纳泰罗（Donatello）门下。他的天赋在于能够从同龄人眼中弃之不用的哥特式建筑的黑暗和不必要的复杂中，找到一种更加清晰和明亮的东西，让佛罗伦萨这座城市展现出新的一面。

△ 布鲁内莱斯基设计的穹隆内侧壁画

≪ 著名立面

孩子们的休息室位于这条著名的凉廊连拱上，现为一座小型的艺术博物馆。

佛罗伦萨育婴堂
（Ospedale degli Innocenti）

🔵 1445年　　🏳 意大利佛罗伦萨

🏛 菲利普·布鲁内莱斯基　　🏛 民用建筑

文艺复兴早期，面向圣母领报广场（Piazza Santissima Annunziata）的这条外凉廊是最具影响力的设计。在此之后，许多建筑开始在科林斯式柱列上搭建大面积的拱券，并在拱肩上装饰陶制的圆形装饰物和大片无任何装饰的墙面。这座建筑充满人性，它为城中孤儿搭建了一个有光、有温暖、围有两个回廊的家。作为欧洲第一家孤儿院，修建经费均由丝绸织工协会（Guild of Silk Weavers）赞助，但在1430年至1436年，却因资金短缺而停工，此时的布鲁内莱斯基正忙于修建圣母百花大教堂，遂委任弗朗西斯科·德拉·卢娜（Francesco della Luna）接手这座孤儿院的修建工作，并于1966年建造完成。

美第奇宫（Palazzo Medici-Riccardi）

🔵 1459年　　🏳 意大利佛罗伦萨　　🏛 米开伦佐·巴多罗米欧（MICHELOZZO DI BARTOLOMEO）　　🏛 住宅

在科西莫·德·美第奇（Cosimo de Medici）的委托下，这座宽檐的城市宫殿于1444年开始建造。整座建筑呈不对称设计，中间是一个方形的庭院，走过一节楼梯，就可以通往各个生活区和精致的美第奇宫的家族礼拜堂（Cappella dei Magi），上面的壁画均由贝诺佐·戈佐利（Benozzo Gozzoli）绘制。从路面到檐口，突出的粗面石块砌体的防御性立面，不仅愈发光滑，而且每层楼的高度和结构上的夸张程度也在降低。相比之下，其内庭则显得较为柔和，几乎完全复制了布鲁内莱斯基在佛罗伦萨育婴堂设计的凉廊。

在布鲁内莱斯基去世后，米开伦佐（1396—1472年）立即接替他成为圣母百花大教堂的建筑师。1642年，这座宫殿卖给了里卡迪（Riccardi）家族，原来的设计做了调整，为了与米开伦佐之前的设计相协调，1680年，又加开了6扇凸窗。

≪ 隐居的安宁

内部庭院优雅的连拱上有科林斯式的柱头和饰有美第奇标志的拱肩。

坦比哀多/蒙托里奥圣伯多禄小教堂
（Tempietto San Pietro in Montorio）

● 1502年　🏛意大利罗马　✍多纳托·布拉曼特
（DONATO BRAMANTE）　🏛礼拜场所

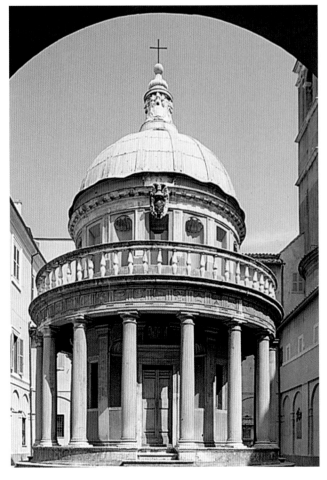

这座比例匀称、带穹隆的多立克式圆形大厅，是为了纪念首任教皇圣彼得而修建的，据说耶稣（Christ）就是在这里被钉死在十字架上。透过地板中央的一个孔洞，就可以看到圣彼得被称为"小神庙"（tempietto）的墓室。这座小教堂位于蒙托里奥圣彼得大教堂回廊的一个小庭院里。

这是多纳托·布拉曼特（1444—1514年）的第一个重要的建筑作品，是文艺复兴早期建筑中少有的冷静。布拉曼特巧妙地将古罗马的建筑样式运用其中——基督教神殿特有的半圆形穹隆支撑在一圈装饰成罗马风格的多立克式柱列上。

布拉曼特的第一件杰作，通过文艺复兴时期安德烈亚·帕拉第奥的《建筑四书》而让意大利以外的世人所熟知，并在往后的400年里，对古典建筑师产生了巨大的影响。

⏫ 结合性的影响

这座"小神庙"集古典和早期基督教建筑风格于一体，是文艺复兴时期的经典之作。

圣彼得大教堂的穹隆
（St Peter's Dome）

● 1591年　🏛意大利罗马　✍米开朗基罗·博纳罗蒂　🏛礼拜场所

⏩ 纵向描写

穹隆上的拱肋架在支撑灯亭鼓座的柱列上。

米开朗基罗·博纳罗蒂（1475—1564年），第一次修建了宏伟壮观的教皇宗座圣殿（Papal basilica）后，时隔40年，当他70岁时又受命开始设计圣彼得大教堂的冠顶。为了向上帝致敬，他未取一分报酬。对这座大教堂的穹隆，他选择运用布鲁内莱斯基在建造圣母百花大教堂时的方法。

这个巨大的穹隆，直径长42米，由内外两层砖石结构组成。从外面看，这顶穹隆就像是一个架在漂亮鼓座上的半球，下面是成对凸出的科林斯式圆柱，中间是巨大的盲窗。从下往上看，虽然穹隆下面的沉重装饰巧妙地弱化了它的效果，但是看起来还是非常尖。

这座巨大的建筑，最上面是一个装有球状物和十字架的灯亭，而在下面作支撑的则是4根长16米、高137米，拴有隐藏铁链的巨型墩柱。该建筑在米开朗基罗死后的1588年至1591年建造完成。

穹顶

天空，尤指夜空，古代天文官称其为天穹。地球好似被一个闪光的穹隆罩在其中，而在这个穹隆之外就是天堂。从万神殿开始，穹隆既象征宇宙，又是宏伟的建筑样式。

因查士丁尼（Justinian）设计的圣索菲亚大教堂，有一顶雄伟的罗马式蝶形穹隆，从此它就成为伊斯兰建筑的要素。在意大利文艺复兴时期，这样的穹隆盛行于世：意大利大教堂的名字——"大教堂"（duomo）——就是指其本身之大。从布鲁内莱斯基设计的横跨圣母百花大教堂的十字穹隆开始，意大利建筑师们便愈发自信，发明出许多新的技术去建造更大的结构，如双层穹隆。

穹隆在巴洛克时期和新古典主义时期继续发展。在伦敦克里斯托弗·雷恩爵士的设计中更进一步，如3层的圣保罗大教堂。外部的铅制穹隆连接着内部砖制穹隆的顶端。穹隆内部的上面是一个带有轻质铅木结构的砖制圆锥体，如此设计可以承受穹顶外部灯亭、球状物和十字架的重量。这样复杂的设计让圣保罗大教堂的穹隆，看起来就像是文艺复兴时期耸起的哥特式塔楼和尖顶——高耸而宽阔，相较于帕特农神庙的混凝土穹隆，它对城市天际线产生了深远的影响。

⌃ 较平的穹隆

都柏林四法院（Four Courts, Dubin）的新古典主义穹隆轮廓更为简洁。

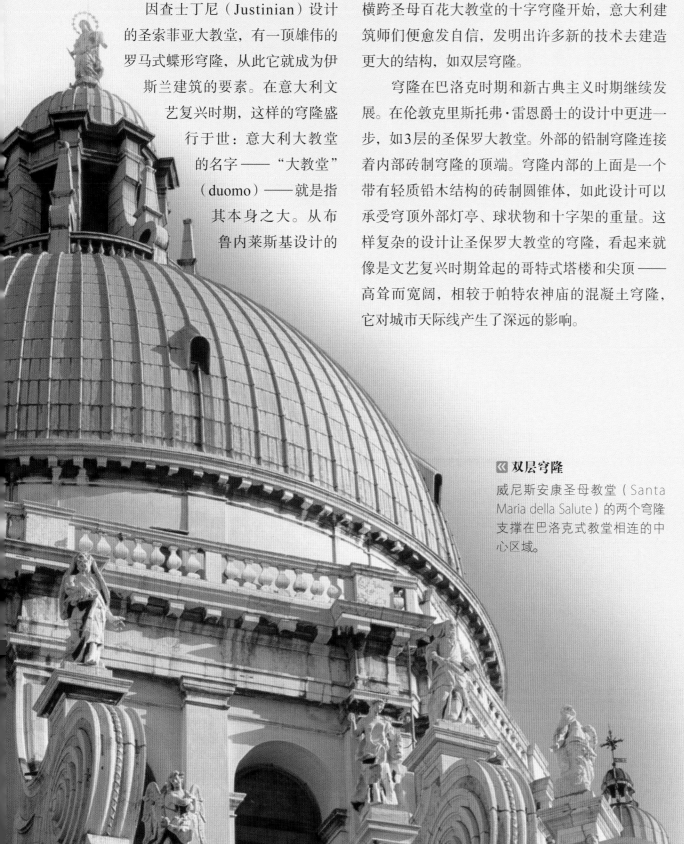

« 双层穹隆

威尼斯安康圣母教堂（Santa Maria della Salute）的两个穹隆支撑在巴洛克式教堂相连的中心区域。

卡普拉罗拉法尔内塞宫（Palazzo Farnese, Caprarola）

◗ 约1560年　　☖ 意大利罗马附近

✍ 贾科莫·巴罗兹·达·维尼奥拉（Giacomo Barozzi Da Vignola）　　血 住宅

⌃ 主立面

　　这座宫殿式别墅，是罗马北部标志性的建筑物，设计师为曾是画家的建筑师贾科莫·巴罗齐·达·维尼奥拉（1507—1573年）。这座建筑重现了小安东尼奥·达·桑迦洛（Sangallo the Younger）早期设计的非常壮观的五边形堡垒。尽管有雄心壮志，甚至把邻近城镇的部分房屋拆除来为其腾空间，但它却一直未能完工。走过巨型台阶和平台，可以来到这座位于高地上的宫殿，这样的设计可以完全遮蔽这座建筑底部的护城河和堡垒。其内部也和外部一样壮观。

« 天使大厅

墙上和圆顶天花板上绘有乔瓦尼·德·韦基（Giovanni de 'Vecchi）的壁画，表现的是反叛天使的堕落。

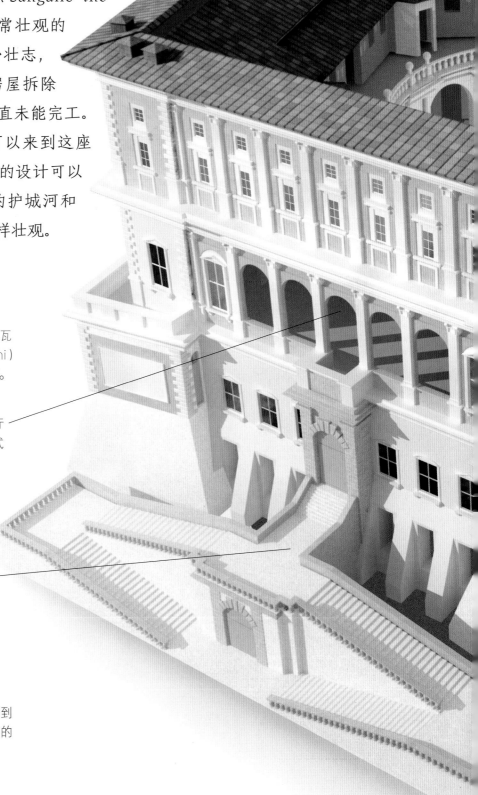

两层高的主厅
雄踞于堡垒式
的主厅之上

通过曲折的楼梯
通往粗面基座上
方的主入口

« 宫殿般的道路

走过通往别墅的一对坡道，就会来到一处中间设有小溪的具有纪念性的双楼梯前。

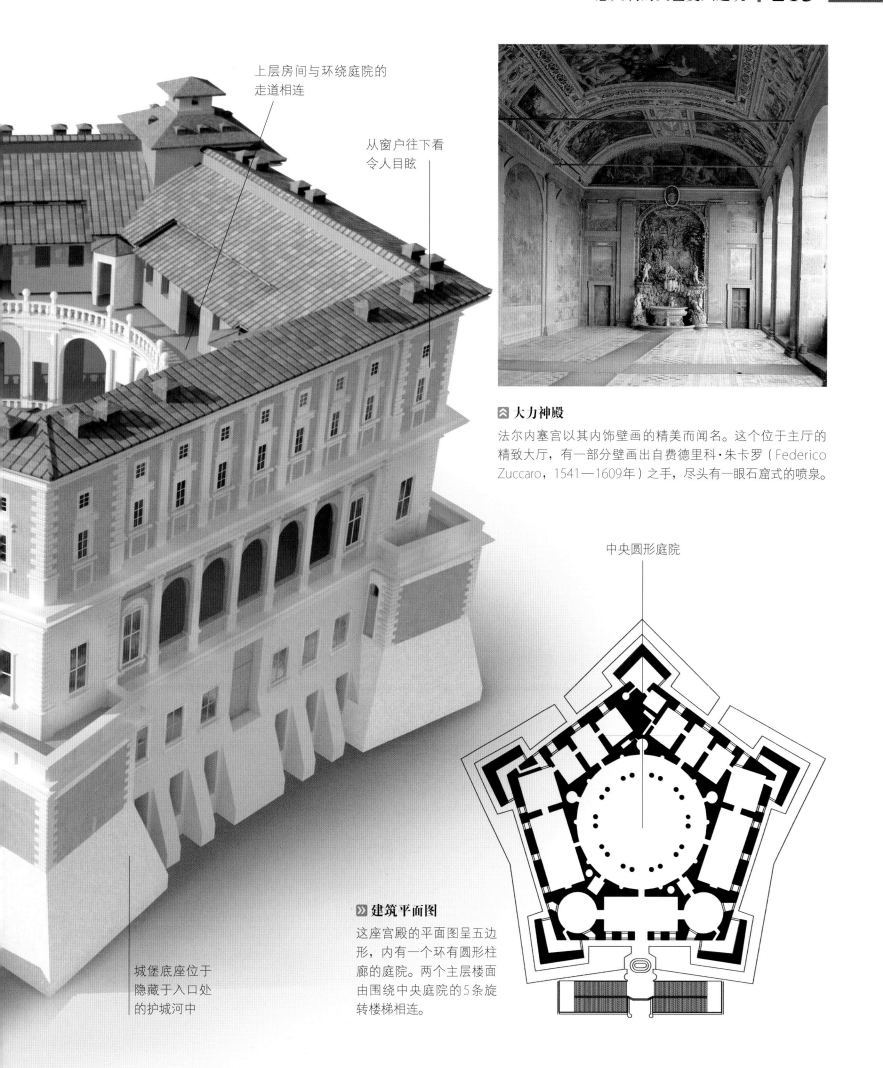

上层房间与环绕庭院的
走道相连

从窗户往下看
令人目眩

⚠ 大力神殿

法尔内塞宫以其内饰壁画的精美而闻名。这个位于主厅的
精致大厅，有一部分壁画出自费德里科·朱卡罗（Federico
Zuccaro，1541—1609年）之手，尽头有一眼石窟式的喷泉。

中央圆形庭院

城堡底座位于
隐藏于入口处
的护城河中

》建筑平面图

这座宫殿的平面图呈五边
形，内有一个环有圆形柱
廊的庭院。两个主层楼面
由围绕中央庭院的5条旋
转楼梯相连。

德泰宫（Palazzo del Te）

○1535年　　意大利曼托瓦（MANTUA, ITALY）

朱利奥·罗马诺（GIULIO ROMANO）　　宫殿

这里是贡扎加公爵（Duke of Gonzaga）和其情妇的夏日行宫，是建筑师朱利奥·罗马诺（约1499—1546年）最著名的作品。朱利奥是拉斐尔（Raphael）的学生，设计风格顽皮而富有想象力，被世人称为风格主义（Mannerism）。整座建筑的外墙建造时长不过18个月，而精美的内饰却花费了大量的时间：在巨人大厅（Sala dei Giganti）中描绘奥林匹克宴会和骑骏马的壁画竟然能呈现出令人惊讶的立体效果。游客还可行至镶嵌着贝壳的洞穴（Casino della Grotta）中沐浴，享受瀑布带来的清爽。

埃斯特庄园（Villa d'Este）

○1572年　　意大利蒂沃利

皮洛·李高利（PIRRO LIGORIO）　　住宅

埃斯特庄园的宫殿式花园是16世纪宏伟、美丽、极具影响力的花园之一。这座文艺复兴风格的庄园，是受蒂沃利总督加迪纳尔·伊波利托·埃斯特（Gardinal Ippolito d'Este）红衣主教的委托，由皮洛·李高利和阿尔贝托·伽尔瓦尼（Alberto Galvani）设计修建而成。埃斯特一直生活于此，直到1572年去世时，建造工作才接近尾声。整座建筑的灵感来自巴比伦空中花园（Hanging Gardens of Babylon）的幻境和毗邻的哈德良别墅（Hadrian's Villa）。他想要在水的调配上超越古罗马皇帝，创造出可供数百个喷泉使用的输水装置。当这些装置运行起来时，整座庄园就是文艺复兴时期的建筑和园林奇迹。

▽ **增辉**

埃斯特庄园和它的花园布置在曾经是修道院下面的一系列平台上。

朱利奥·罗马诺的自宅
（Giulio Romano's House）

⏳1546年　📍意大利曼托瓦（MANTUA, ITALY）

🏛朱利奥·罗马诺　🏛住宅

　　朱利奥是建筑师、设计师和画家，从1524年到其辞世的1546年设计的所有重要建筑作品都在曼图亚（Mantua）。他把德泰宫的设计稿、重建曼托瓦大教堂（Mantua cathedral）的设计稿，以及翻新圣贝内托大教堂（San Benedetto church）和公爵宫（Ducal Palace）的设计稿都保存在橱柜中，后来他在写著名的《艺术家的生活》（*Lives of the Artists*）时，还把这些设计稿展示给了乔尔乔·瓦萨里（Giorgio Vasari）。朱利奥还画了一些希望能像梵蒂冈壁画那样流传下来的风俗画。他还是莎士比亚（Shakespeare）提到的唯一一位当代艺术家［《冬天的故事》（*A Winter's Tale*），第五幕，第二场］。

马里诺宫（Palazzo Marino）

⏳1558年之后　📍意大利米兰

🏛加莱阿佐·阿莱西（GALEAZZO ALESSI）　🏛住宅

　　这座耗资庞大的独立洋房，是为热那亚（Genoese）银行家托马索·马里诺（Tommaso Marino）设计的。作为管理米兰的西班牙政府参议员，他把征收上来的地方税收借给神圣罗马皇帝（Holy Roman Emperor）和教皇，拥有武装队和"处决权"（licensed to kill）。这座宫殿的立面借鉴了米开朗基罗和朱利奥·罗马诺的奢华设计风格，1861年，改作米兰的市政厅。

≪ 马里诺宫（Palazzo Marino）

这座宫殿的立面，带有建筑师加利亚佐·阿莱西（Galeazzo Alessi）浓郁的个人风格。在热那亚（Genova），他也设计过许多类似的大型排屋。

维琴察宗座圣殿（Basilica, Vicenza）

⏳1617年　📍意大利维琴察（VICENZA, ITALY）

🏛安德烈亚·帕拉第奥（ANDREA PALLADIO）

🏛民用建筑

　　1549年，当帕拉第奥（Palladio）被要求改造维琴察中世纪的市政厅时，他天才般地将其改造成自己心目中的现代罗马大教堂。这座新的连拱建筑，环绕并支撑着15世纪的旧物，创造出了意大利文艺复兴时期引人注目而又精细的城市建筑之一。一层连拱为多立克式，上层为爱奥尼式。上下两层的连拱均有建筑师标志性的开口，如在两侧用圆柱支撑的圆顶拱券，以及用两排柱列支撑的罗马多立克檐部，进而在圆柱和墙壁间形成一个狭窄的垂直开口，用于门口、窗口或拱券等处。这座宗座圣殿的护墙上布满了雕像，后面是封闭的中世纪议会大厅的包铜屋顶。旧建筑仅有三面有帕拉第奥的立面和连拱。

圣马克图书馆（St Mark's Library）

⏳1553年　📍意大利威尼斯　🏛吉库普·圣索维诺（JACOPO SANSOVINO）　🏛图书馆

　　圣索维诺设计的这座令人惊艳的古典图书馆，有白色的石制立面和漂亮的内饰，体现了一种宽容的大度。东侧是一条有21个凸出结构的凉廊，用作漂亮的遮蔽式公共走道。整座建筑大小适中，装饰和谐，是圣马克广场的哥特式总督宫（Doge's Palace）的礼节性衬托。这座凉廊排列着多立克式半柱，而图书馆本身的主厅则装饰着爱奥尼式半柱，它们立于圆顶窗户之间，拱券上面和中间饰有雕刻精美的"胜利女神"和海神。1588年，维琴佐·斯卡莫齐（Vicenzo Scamozzi）对这座建筑进行了扩建。

▽ 圣马克图书馆（St Mark's Library）

这座图书馆的沙龙以独特的肖像艺术而闻名，不论是墙壁，还是天花板，均饰有著名艺术家的作品，如丁托列托（Tintoretto）、提香（Titian）和保罗·委罗内塞（Paolo Veronese）。

圣乔治马焦雷教堂（Church of San Giorgio Maggiore）

● 1610年 🏳 意大利威尼斯 ⚒ 安德烈亚·帕拉第奥 🏛 礼拜场所

如此美丽、如此奢靡的威尼斯圣乔治马焦雷教堂的本笃会教堂（Benedictine church），是欧洲伟大的固有建筑之一。教堂既如诗如画，又严谨教条，既浪漫多情，又彬彬有礼，虽建在一座小岛上，但却面向城市中心，呈现出一种深刻的文明和崇高。

安德烈亚·帕拉第奥将微妙的几何构图与高贵的形式融汇于圣乔治马焦雷教堂中，看似平淡却又极富内涵，可以说他是有史以来极具影响力的建筑师之一。因受命建造一座传统的十字形教堂，所以他选用一座宏伟的白色大理石三角山立面来掩盖真正的设计核心，即哥特式或中世纪风格。尽管这面大理石三角山立面是一种建筑障眼法，但仍能表现出后面那座有着高中殿和低侧廊的红砖建筑。这面立面与4根较为突出的复合式圆柱铰接在一起，圆柱之间用垂花雕饰（装饰环）连接，立于入口处的高基座上。这座教堂是帕拉第奥于10世纪扩建和重建的修道院建筑群的一部分，在他去世后这座教堂才建造完成。

⊟ 对面的视角
圣乔治马焦雷教堂与圣马可广场隔水相望，令人印象深刻。

≫ 安德烈亚·帕拉第奥

帕拉第奥在帕多瓦接受石匠训练，之后在罗马学习，后定居维琴察。他的建筑作品以及他的著作，对英国、美国等多个国家的建筑产生了深远影响。

≫ 安德烈亚·帕拉第奥

布雷甘泽府邸
(Palazzo Porto Breganze)

○约1605年 意大利威尼斯

安德烈亚·帕拉第奥 住宅

帕拉第奥死后，这座宏伟的宫殿在文森佐·斯卡默基（Vincenzo Scamozzi）的指挥下开始建造。原本建筑中有7个纪念性的突出结构，但现在只发现了两个，不过仍能承重，虽然一直未能完工但至今仍令人着迷。帕拉第奥的设计是围绕一座相称的宏伟庭院而建造的宏伟宫殿。临街立面排列着巨大的科林斯式半柱，柱头间用花彩形饰连接，立于巨大而高大的柱础上。主厅的窗顶比老虎窗要高，光线可照到旁边市井建筑的三层阁楼上。它不仅是一个立面，从其侧壁可以看到后面的楼层比帕拉第奥预想的要多。内饰较为乏味。

救主堂（ Il Redentore ）

○1592年 意大利威尼斯

安德烈亚·帕拉第奥 礼拜场所

这座帕拉第奥设计的教堂看似一艘停泊在朱代卡（Giudecca）拥挤房屋间的红色巨船，与圣马克大教堂呈对角线相交。其设计在很多方面都很传统，有一个长长的中殿——两侧是由半圆形窗户照亮的小教堂，并由深厚的外部扶壁作支撑——和一个顶部有十字架的朴素穹隆。白色石制立面是一组三角山与另一组三角山之间的完美搭配：这是最高级的建筑，即运用令人愉悦的几何图形以非谦逊的方式来表现。

>> 宏伟的内饰

救主堂的内饰被漆成白色，表现出一种宏伟、古典的帕拉第奥风格。

叹息桥（ Bridge of Sighs ）

○约1600—1603年 意大利威尼斯

安东尼奥·康廷（ ANTONIO CONTIN ） 桥梁

这座巴洛克式白色石灰石桥之所以被称作"叹息桥"，不是因为游客唱叹它的美丽，而是因为它是连接总督府和城市监狱的桥梁。事实上，当这座有两个通道的美丽封闭桥梁建成后，威尼斯最黑暗、最残酷的惩罚日子就结束了。它的立面有弧形三角山，上面装饰着代表海浪起伏的涡卷纹饰。今天，主教们的石雕面无表情地静静俯视着坐在贡多拉船上的游客们。

《 剧景

奥林匹克剧场的舞台背景巧妙地运用了错视画、木头和石膏板，营造出了宏伟的城市景观。

奥林匹克剧场（ Teatro Olimpico ）

○1585年 意大利维琴察

安德烈亚·帕拉第奥 剧院

帕拉第奥重建了一座罗马露天剧院，是该时期唯一幸存下来的剧院，其建造精度可达考古级。这座木制剧院，其半椭圆形的礼堂与当代舞台设计的时尚并不相同，虽然它建在一个简单的砖砌盒子里，但却让人觉得是在室外，上有天蓝色的天花板，周围有花园雕像。陡峭的层层座椅面向的是一个上面列有飞檐的木制圆形柱廊的长方形舞台。

意大利以外的文艺复兴建筑

约1500—1700年

　　克里斯托弗·哥伦布（Christopher Columbus）于1492年"发现"了美洲。因其丰富资源，欧洲各国蜂拥而至，遂葡萄牙探险家开辟了多条通往东方的贸易路线，而西方国家的世界观也随之开始发生了巨大的变化。来自意大利的激进思想迅速传播开来，文艺复兴风格的建筑焕发出了新的生机。

　　欧洲的边远国家，如英国，受文艺复兴的影响较晚。比如，剑桥国王学院礼拜堂（King's College Chapel），是一座垂直哥特式（Perpendicular Gothic）的建筑杰作，比布拉曼特的小教堂晚十多年建成。渐渐地，英国赞助人开始采用意大利设计，不过最初只在装饰细节上有所体现。英国第一批真正的古典建筑应是伊尼戈·琼斯（Inigo Jones）为詹姆斯一世（King James I）设计的宫殿，如位于格林威治的女王之家（Queen's House, Greenwich）。

文艺复兴的建筑融合体

　　因对意式建筑接受的速度较慢，16世纪和17世纪西欧和北欧出现了一些建筑融合体。低地国家（Low Countries）、斯堪的纳维亚（Scandinavia）、苏格兰（Scotland）和英格兰（England）的本土风格与来自意大利的建筑风格融合在一起。在法国，枫丹白露宫（Château de Fontainebleau）变成了艺术中心，产生了许多可在卢瓦尔宫（Loire châteaux）的设计中看到的风格主义。在荷兰（Netherlands），艺术家耶罗尼米斯·博斯（Hieronymus Bosch）将哥特式设计的传统延续到了16世纪。文艺复兴时期，简单粗糙但可用的设计形式也随着来自西班牙和葡萄牙的探险家和征服者穿越大西洋而来。最终，随着新的欧洲帝国占领了世界的大部分地区，文艺复兴设计的影响波及全世界。

❮❮ 布鲁塞尔大广场（Grand Place, Brussels）

大广场上的多家行会公所在装饰上力求超越其他建筑，这是文艺复兴晚期佛兰德斯建筑的典型特征。

建筑元素（Elements）

随着文艺复兴传播到意大利以外的地区，它也与更古老的传统设计相遇。这样的融合诞生出了建筑的混杂样式，有时极具想象力，有的则一塌糊涂，但不管怎样，它们仍极富魅力。

⊗ 涡卷饰

基本的古典饰板，雕刻或刻有纹章或肖像，整个北欧建筑中随处可见涡卷饰。

⊗ 式样奇特的山墙

文艺复兴时期的建筑细节较易模仿，而其严谨的布局和组成部分则难以去模仿。因此，意大利以外的地方到处都能看到式样奇特的立面。

— 塔尖呈现出哥特式文艺复兴风格

— 在塔的高层饰有科林斯式圆柱

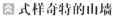

爱奥尼式圆柱占了立面的一半

多立克式圆柱构成了这座向上的塔的古典柱础

⊗ 古典叠柱式

英国牛津的牛津大学图书馆（Bodleian Library）里，各层都饰有古典柱式。

⊗ 精致的老虎窗

在法国香波堡（Château de Chambord）的屋顶上虽未按意式比例设计，但布满了意式细节。

⊗ 有石涡卷饰的三角山墙

如图所示为从罗马直接引进的流行设计，现可在勒梅西埃（Lemercier）设计的恩典谷教堂（Church of Val-de-Grâce）正面看到。

舍农索城堡（Château de Chenonceau）

● 1576年　🏴 法国卢瓦尔舍农索城堡（CHENONCEAU, LOIRE, FRANCE）　✍ 菲利贝尔·德洛姆（PHILIBERT DE L'ORME）　🏛 住宅

菲利贝尔·德洛姆（约1510—1570年）是第一个在意大利学习的法国专业建筑师，后被任命为皇家工程的监造师。这座城堡的主体部分位于历史悠久的舍农索庄园中，呈长方体，建于雪河（Cher river）河桩的4座塔楼上。1513年至1523年，它以中世纪与文艺复兴早期结合的方式进行了重建。德洛姆的杰出贡献在于，在横跨河流的五拱桥上建造了一个纤细而优雅的新翼楼。这样的延展处理，是为了实现一种极致的平衡，如梦似幻般地横跨在河水流过的桥拱之上。桥拱两侧的巨大扶壁与上面3层的窗户排成一线。1576年，简·比朗（Jean Bullant，约1520—1578年）在阁楼层中加装了几扇风格主义的窗户，当时这座城堡的主人是法国女王凯瑟琳·德·美第奇（Catherine de Medici）。

》河上城堡

原有的城堡上的哥特式塔楼被文艺复兴时期对称的桥翼所取代。

香波堡（Château de Chambord）

● 1547年　🏴 法国卢瓦尔香波堡（CHAMBORD, LOIRE, FRANCE）　✍ 多米尼克·达·科尔多纳（DOMENICO DA CORTONA）　🏛 住宅

弗朗索瓦一世（François I）对华美的香波堡的规划，都像是一座中世纪的城堡，配有深墙、门楼、一个中心要塞，此外每个角上还有锥形顶塔楼。其装饰物中包括早期文艺复兴时期的石雕，是法国城堡多产时代中最有趣的内部设计。这座城堡的设计者为意大利建筑师多米尼克·达·科尔多纳，列奥纳多·达·芬奇（Leonardo da Vinci）或也为其提供过帮助，位于中心的"城堡主楼"中有一个壮观的双螺旋石梯——与现代百货商店中交错布置的自动扶梯理念相同，可以让游客在上下楼时避免磕碰。

▽强势保护

这座城堡不仅有护城河的保护和防御，花园外还有一条长35千米的围墙。

枫丹白露宫
（Château de Fontainebleau）

🌐 1586年　📍 法国巴黎附近

✍ 吉尔斯·勒·布雷顿（GILLES LE BRETON）　🏛 宫殿

　　枫丹白露宫是一座在旧有宫殿基础上不断重建的宫殿。它在建筑史上享有重要的意义，是16世纪三四十年代吉尔斯·勒·布雷顿为弗朗索瓦一世（François I）而建的宫殿。自12世纪以来，这座中世纪以前的狩猎小屋一直属于法国国王。但

是，弗朗索瓦想要在法国巴黎再现罗马帝国往日的傲世辉煌，将这里打造成"小罗马"，所以他把这座宫殿进行了意式改造，尤其是弗朗索瓦一世长廊（Galerie de François I），这是一个非常长的房间，室内由意大利画家罗素·菲伦蒂诺（Rosso Fiorentino，1494—1540年）精心绘制并用灰泥作饰。随着这座宫殿变得更加具有艺术意识，建筑师的角色也在1553年勒·布雷顿（Le Breton）去世后，转而由画家弗兰西斯科·普列马提乔（Francesco Primaticcio，1504—1570年）担任。

❯❯ 乡村度假地

这座宫殿坐落在枫丹白露的森林中，四周环绕着一个巨大的公园和壮丽的园林。

卢浮宫的时钟馆
（Pavillon de l'Horloge, Louvre）

🌐 约1640年　📍 法国巴黎　✍ 雅克·勒梅西埃　🏛 宫殿

　　老卢浮宫，原于1190年作堡垒而建。14世纪，重建为查理五世（Charles V）的宫殿，1527年，弗朗索瓦一世将其拆除。1546年，在弗朗索瓦一世辞世前不久，皮埃尔·莱斯柯（Pierre Lescot，1500—1578年）受命开始建造一座新的皇家宫殿，且此项工程延续了好几代人的时间。从莱斯柯对稍早的文艺复兴时期罗亚尔城堡（Loire châteaux）的研究中，他设计出了宏伟的，甚至可以说是鳞茎状的法国文艺复兴风格，即永恒的老卢浮宫庭院：紧密耦合的圆柱，堆叠的石刻，三角山套三角山，巨大的斜屋顶或弧形屋顶，以及混杂的雕像。1624年，巴黎索邦大学的建筑师雅克·勒梅西埃接手了卢浮宫的建筑工程，同时

扩建了时钟馆。他是最后一个成熟、甚至过度成熟的法国文艺复兴风格的建筑师，曾与画家尼古拉斯·普桑（Nicolas Poussin）有过多次激烈的交锋，因为普桑认为勒梅西埃的装饰手法过于夸张和笨拙。

❯❯ 法式宏伟

在红衣主教黎塞留（Cardinal Richelieu）的命令下，勒梅西埃以莱斯柯风格设计了时钟馆，后来又为黎塞留建造了一座独立宫殿。

孚日广场（Place des Vosges）

🕐 1612年　📍法国巴黎

🏛 克劳德·查尔斯顿（CLAUDE CHASTILLON）　🏛 住宅

由亨利四世（Henry IV）赞助修建的孚日广场（前身为皇家广场），周围环绕着风格典雅的红色砖石房，对法国城市设计来说，它的出现可谓是一场革命：在这里的房屋多为民宅，而非宫殿，是巴黎市中心规划良好的住宅区。经过仔细的规划，采光好的房屋一般举架较高、位置相对靠后，形制统一的连拱围绕在这座花园广场的四周。不过，可以看到的是，每栋房屋的屋顶轮廓并不相同，在秩序中形成了独属于个体的风格。1680年，位于中心花园的孚日广场设计修建，大小正好为140米×140米。在广场的两端是隐藏在拱廊开口后面的两栋大而坚固的房屋，虽然不曾有一位国王在此住过，但它们曾经却被称作为国王和王后的宫殿。当然，孚日广场也不乏名人居住于此，如红衣主教黎塞留和维克多·雨果（Victor Hugo），此外赛维涅夫人（Madame de Sévigné）也在此出生。今天我们看到的孚日广场已经修缮完成，现为巴黎地标性建筑。

⬆ 宫殿入口

国王和王后的宫殿实际上是位于广场南北两端的入户门亭。

布鲁塞尔行会公所（Guild Houses, Brussels）

🕐 1700年　📍比利时布鲁塞尔（BRUSSELS, BELGIUM）

🏛 威廉·迪布恩（WILLEM DE BRUYN）　🏛 住宅

17世纪90年代，布鲁塞尔大广场（Brussels' Grand Place）周围出现了各种城市行业协会和私人业主建造的宜人住宅。虽然这些房屋有高度个性化和多彩的文艺复兴装饰，但它们还是形成了一种集中式的聚集模式。奢华的雕像、凤凰饰品、瓮形、男像柱、马像、弦月窗、有凹槽的壁柱、涡卷纹和其他花边状的装饰数不胜数，是建筑师艺术性和工艺性的集中呈现。有许多历史故事发生在这里，如1847年，马克思（Marx）和恩格斯（Engels）曾在天鹅咖啡馆（La Maison du Cygne restaurant）楼上的房间里与德国工人联合会（Deutsche Arbeiterverein，德国劳工联盟）的成员会面。广场南侧的大楼，看起来像是17世纪末期的百货商店，是由威廉·迪布恩设计的由大立面的几栋房屋组成的建筑。

圣母教堂（Onze Lieve Vrouwekerk）

🕐 1627年

📍比利时斯海彭赫弗尔（SCHERPENHEUVEL, BELGIUM）

🏛 温兹拉斯·科博尔格（WENCESLAS COBERGER）

🏛 礼拜场所

在圣母七面朝圣教堂（The seven-sided pilgrim church of Our Lady）中，供奉着一尊被认为是奇迹的圣母玛利亚雕像。这座教堂最著名的是其宏伟的穹隆，从大小和用料上来看，它应是低地国家的早期建筑。沿着一条林荫大道，这座集中式教堂远看似乎坐落在一对古典凉亭之间，正中处就是教堂的穹隆。科堡（Coberger）是当时西属尼德兰（Spanish Netherlands）的天主教哈布斯堡王朝（Habsburg）统治者的宫廷建筑师，他在设计这座教堂时可能借鉴了罗马圣若望圣殿（San Giovanni dei Fiorentini）的建筑样式，具有极大的审美克制。

安特卫普市府大楼
（Town Hall, Antwerp）

🔘1566年　📍比利时安特卫普　✏️科内利斯·弗洛里斯
（CORNELIS FLORIS）　🏛️民用房屋

市府大楼位于安特卫普大广场（Grote Markt）的一侧，是建筑师和雕塑家科内利斯·弗洛里斯（1514—1575年）早期文艺复兴时期的宏伟设计。弗洛里斯深受塞巴斯蒂亚诺·塞利奥（Sebastiano Serlio）《建筑著述》（*l'architettura*，1537年出版）中所示图例的影响，将最新的意式风格与弗兰德（Flemish）和荷兰（Netherlandish）传统风格相融合。在给人深刻印象的带烟囱的巨大斜屋顶下，弗洛里斯把立面的中心部分设计成一个连续的罗马凯旋门，下有4层台阶，上有一个左右分饰细长方尖碑的三角形山墙。这座略不同于多立克式、爱奥尼式和科林斯式壁柱的建筑，饰有盾和代表审慎和正义的雕像，而翼楼则相对朴素，不带装饰。在粗面的一层楼中共有45家商铺。

◀◀ **欢迎访客**

在房顶屋檐下的第三层楼是一个露天的高侧廊层。

莫瑞泰斯皇家美术馆
（Mauritshuis）

🔘1640年　📍荷兰海牙（THE HAGUE, NETHERLANDS）
✏️雅各布·范·坎彭（JACOB VAN CAMPEN）　🏛️住宅

17世纪中叶的荷兰建筑，深受意大利文艺复兴时期建筑师帕拉第奥和斯卡莫奇建筑作品的影响。莫瑞泰斯皇家美术馆是一座豪华的独立洋房，是为荷属巴西（Dutch Brazil）总督纳索的莫里斯（Jan Maurits van Nassau）而建，由雅各布·范·坎彭和彼得·波斯特（Pieter Post）设计。这座建筑的布局略呈方形，主接待区两侧是私人套房，是明显的帕拉第奥威尼斯别墅（Palladio's Venetian villas）设计。意式的砖立面上有爱奥尼式壁柱和浅浮雕雕刻细节，而陡峭的斜屋顶上以前还有过高耸的烟囱，是明显的荷兰式建筑。从1822年起，它作为皇家油画秘藏（Royal Cabinet of Paintings）场所，收藏了维米尔（Vermeer）、斯蒂恩（Steen）、伦勃朗（Rembrandt）和弗兰斯·哈尔斯（Frans Hals）等人的大量作品。莫瑞泰斯皇家美术馆在低地国家和英国国内新式建筑发展中发挥了重要作用。

▼ **古典影响**

当时英国最伟大的建筑，是克里斯托弗·雷恩（Christopher Wren）极为推崇的莫瑞泰斯皇家美术馆。

17世纪，风景如画、繁荣富裕的荷兰北部城镇恩克赫伊森（Enkhuizen）曾是一个海港，拥有400艘鲱鱼船队和东、西印度公司（East and West India Companies）的仓储式办公室。在许多方面，它可以与阿姆斯特丹（Amsterdam）的商业实力相媲美。

这座新市府大楼始建于1686年，设计师是阿姆斯特丹的史蒂文·温尼克，它既是这座城市的象征，又体现了港口城市的自由精神，世界各地的思想都能在这里进行阐发和碰撞。作为荷兰建筑大师雅各布·范·坎彭的学生，温尼克建造了一个完全不同于古典柱式的市府大楼：漂亮的立面上有展开的窗子、粗面的隅石和轮廓分明的砌石，顶部是冠有圆顶的稍斜屋顶。

该建筑影响了荷兰古典主义（Dutch Classicism）的发展，外墙则更加注重内在的表现力，而非外在的装饰性，真正表现雅致、质朴和高贵的细节，可从做工精细的窗框上一窥究竟。

⏵⏵ 典型荷式建筑
只在立面的中心部分作细节处理。

恩克赫伊森市府大楼
（Town Hall, Enkhuizen）

⏱ 始建于1686年　🏴 荷兰爱塞美尔湖（IJSSELMEER, NETHERLANDS）　✍ 史蒂文·温尼克（STEVEN VENNEKOOL）　🏛 民用建筑

查理五世宫（Palace of Charles Ⅴ）

⏱ 1568年　🏴 西班牙格拉纳达（GRANADA, SPAIN）
✍ 佩德罗·马舒卡（PEDRO MACHUCA）　🏛 宫殿

这座建筑的耗资巨大，但为斗牛而建的中庭却从未完工。作为米开朗基罗的弟子和皇家建筑师，他的设计是多么庄严和宏伟啊！中庭四周环绕着层层无华饰的多立克式和爱奥尼式柱列，其间还有深嵌的门廊，营造出明暗分明的光影图案。这座庭院坐落在宫殿的长方形宫墙里，外部装饰着华丽的大理石立面和粗面砌筑。

华伦斯坦宫凉廊
（Loggia, Wallenstein Palace）

⏱ 1631年
🏴 捷克共和国布拉格（PRAGUE, CZECH REPUBLIC）
✍ 安德里亚·斯培西亚（ANDREA SPEZZA）　🏛 宫殿

1626年，为赶超布拉格城堡（Prague Castle）的规模，捷克的贵族之一阿尔布雷希特·冯·瓦伦斯坦（Albrecht Vaclav Wallenstein）将军委托建造了华伦斯坦宫和花园。在4个巨大庭院的周围，宏伟的立面融合了意大利文艺复兴晚期和当代北欧的建筑元素。为了在建筑规模上体现纪念性，3个巨大的拱廊支撑在双柱上，看起来比瓦伦斯坦原先设想的宫殿更大。穿过这道拱廊，就能看到马厩、洞穴、喷泉、鸟舍和意式大花园。1631年，整座宫殿建造完成。1950年，该地改作为文化部的办公地址。而从1994年至今，这里则一直是捷克共和国（Czech Republic）议会参议院所在地。目前，修缮工作仍在继续。

⏷ 象征价值
国王查理五世（Charles Ⅴ）将其宫殿选址于阿尔罕布拉宫（Alhambra）中——这座穆斯林防御宫殿曾被天主教双王（Catholic Monarchs）、他的祖父母占领。

圣罗兰索·德·埃尔·埃斯科里亚修道院（El Real Monasterio de San Lorenzo de El Escorial）

◉1582年　🚩西班牙中部埃斯科里亚尔（EL ESCORIAL, CENTRAL SPAIN）　✍胡安·包蒂斯塔·德·托莱多和胡安·德·埃雷拉（JUAN BAUTISTA DE TOLEDO & JUAN DE HERRERA）　🏛宫殿

为菲利普二世（King Philip II）修建的圣罗兰索·德·埃尔·埃斯科里亚修道院，地处偏僻，始建于1562年，不仅体现了赞助人的热情，还代表了特定时代的西班牙建筑。这座建筑建于西班牙帝国国力和宗教法庭势力的鼎盛时期，是世界上令人生畏的建筑之一，是呈网格布局［（圣劳伦斯（St Laurence）的象征］上的无华饰的宗教建筑群，即使在今天，它仍以其强烈的气势吸引着游客。宫殿、修道院、教堂、陵墓和宗教学院的庭院对称排列，周围是壮观且昏暗的5层高的院墙。而这座有穹隆的修道院，虽无华饰但却漂亮，表现出意大利文艺复兴时期的设计风格。

拉·梅塞教堂（Iglesia de la Merced）

◉1737年　🚩厄瓜多尔基多（QUITO, ECUADOR）　✍未知　🏛礼拜场所

10世纪印加帝国将基多确定为其首都，后遭西班牙侵占，是南美洲古老、保存完好的都城之一。重大的宗教活动都在这里举行，每座宏伟的教堂中都能看到西班牙、意大利、佛兰芒（Flemish）、摩尔（Moorish）和本土风格完美融合的建筑样式。拉·梅塞教堂是一个巨大的白色宗座圣殿，正中间是一个巨大的方塔，饰有阿拉伯式（Arabic）纹样以及五顶穹隆。入口处的太阳和月亮雕像，是印加文化崇拜者最为熟悉的图像。1701年奠基，1736年方塔建成，1747年教堂落成。毗连修道院的主回廊里，均是用石柱支撑的炫白色拱道，正中有一眼喷泉，竖立着正在嬉闹的海神雕像。第二条回廊是一个铺满塞维利亚花砖的博物馆。虽有多次地震，但这座教堂并未被毁。

大都会大教堂（Metropolitan Cathedral）

◉1813年　🚩墨西哥，墨西哥城　✍克劳狄奥·德·阿西涅加（CLAUDIO DE ARCINIEGA）　🏛礼拜场所

作为第一座西班牙教堂，它是在1628年被拆毁的旧教堂上新建的宏伟建筑，位于一座古老的阿兹塔克神庙（Aztec temple）的旧址上。建造石材多取自于旧庙。这座教堂最先修建完成的中殿空灵而昏暗，1793年，何塞·达米安·奥尔蒂斯·德·卡斯特罗（Jose Damian Ortiz de Castro）设计建造了西塔。

哈德威克庄园（Hardwick Hall）

○1597年　🏴英国德比郡（DERBYSHIRE, ENGLAND）

✍罗伯特·史密森（ROBERT SMYTHSON）　🏛住宅

　　15世纪，威尼斯人发现了罗马人使用的透明玻璃，并于16世纪传入英国。在那里，窗户的尺寸象征着主人的财力，越大说明越有钱。这座伊丽莎白晚期的乡村别墅，是为"哈德威克的贝丝"〔Bess of Hardwick，什鲁斯伯里伯爵夫人伊丽莎白（Elizabeth, Countess of Shrewsbury）〕而建，她利用四次婚姻得以攀附权贵，借机挤入上流社会，并把名字的字母组合"ES"镌刻在这座建筑中精致的栏杆上。长跨度的高侧廊层正好穿过主立面的第二层，是英国住宅中引人注目的房间之一。

》"哈德威克庄园，玻璃比墙多"

此座庄园所用的是从天花板到地面的大窗，不仅利于采光，还能彰显主人的财力。

沃莱顿庄园（Wollaton Hal）

○1588年　🏴英国诺丁汉郡（NOTTINGHAMSHIRE, ENGLAND）　✍罗伯特·史密森　🏛住宅

　　为弗朗西斯·威洛比爵士（Sir Francis Willoughby）建造的这座壮观的庄园，是罗伯特·史密森（1535—1614年）的主要作品。其建设资金来自修道院解散时，被摧毁的萨顿帕西村（Sutton Passey）村民的家产。虽然它的设计看起来像城堡，但所有华丽精致的设计却都在外部，因为它没有内部庭院。巨大的塔楼宴会厅最负盛名，巨大的窗户是晚期哥特式，与中央大厅的侧天窗连接在一起。下面房屋的立面上装饰着多立克式、爱奥尼式和科林斯式的壁柱，以及空壁龛和漂亮的栏杆，彰显了意大利文艺复兴时期建筑师，如塞巴斯蒂亚诺·塞利奥（Sebastiano Serlio）所带来的影响。塔顶的四角是方尖碑，布满了精美的涡卷纹三角山。史密森原设计的内饰在大火中被烧毁，后由杰弗里·亚特维尔爵士的设计所取代。

 极富戏剧性

尽管这座宴会厅看起来像是用起重机吊装在现有建筑上的，但它是史密森早期设计中最重要的一部分。

伯利庄园（Burghley House）

⊖ 1587年　⊓ 英国林肯郡（LINCOLNSHIRE, ENGLAND）

⊿ 威廉·塞西尔（WILLIAM CECIL）　⛫ 住宅

　　亨利八世（Henry VIII）统治时期，文艺复兴装饰第一次出现在英国建筑中，但即使到了其女伊丽莎白一世（Elizabeth I）长期统治的末期，对英国建筑师来说，如此风格的装饰也不过是玩乐之用。这座巨大的宅邸建在一座亨利八世解散的天主教修道院的旧址之上，当时是由伊丽莎白的首席国务大臣威廉·塞西尔，也就是后来的伯利勋爵（Lord Burghley）执导的这次解散。如果把所有的塔楼、尖塔、洋葱形屋顶、方尖碑和许多精致的风向标从天际线中剥离，你就会发现它不过是一座向大中央庭院集中的、无华饰的石制建筑。高大的门楼和高屋顶的大厅，从本质上来说是中世纪的产物，但却在渐渐渗入的文艺复兴革命中保存了下来。能人布朗（Capability Brown）设计了这座庄园的鹿园。

白厅宴会厅
（Banqueting House, Whitehall）

⊖ 1622年　⊓ 英国伦敦

⊿ 伊尼戈·琼斯（INIGO JONES）　⛫ 民用房屋

　　这座英国真正意义上的古典建筑，是对中世纪宫殿白厅（Whitehall）的突破性扩建。它有7个突出结构，其灵感来自伊尼戈·琼斯（1573—1652年）在意大利游学时游览帕拉第奥设计的古罗马宗座圣殿。这座宴会厅的修建目的是宫廷娱乐之用，其中许多娱乐活动还都是由琼斯本人亲自编写和设计的。再看其内部结构，看似简单却又充满奥妙，是一个巨大的白色双层立方体，内有带天花板的高层侧廊。

格林威治女王之家
（Queen's House, Greenwich）

🌐1635年　📍英国伦敦　✍伊尼戈·琼斯　🏛宫殿

女王之家，原为詹姆斯一世（James I）的妻子，来自丹麦的安妮王后（Anne of Denmark）而建，完工时她已去世多年。这座宫殿实际上是一座狩猎小屋，跨立在通往德特福德（Deptford）的公路上，而这条公路又穿过了格林尼治宫（Greenwich Palace）的庭院，将宫殿与花园隔开。由此可以看出，女王之家实际上是一座桥，立面未经多饰，但隐藏在后面的建筑却别有洞天。从1662年起，当约翰·韦伯（John Webb）受查理二世（Charles II）的委托，开始对女王之家的内饰进行改造时，它才变成了一幢真正意义上的房屋。20世纪80年代，女王之家修缮完成，但并未对外开放，6年后才作为国家海事博物馆（National Maritime Museum）的一部分于1990年重新对外开放，其装饰风格表现为17世纪60年代的样式，家具有原件，也有后期仿制品。经过改造后，原始设计的独特性并未被掩盖，保留了宏伟的帕拉第奥式（Palladian）盘梯、可以俯瞰公园的漂亮凉廊，以及通往主入口的蟹形楼梯。

» 帕拉第奥式比例

典型的帕拉第奥式建筑，三部分的立面中，位于中间的立面，比例上相对突出，有墙面纹饰，上冠有一层带栏杆的粗面楼阁。

博德利图书馆（Bodleian Library）

🌐约1615年　📍英国牛津（OXFORD, ENGLAND）

✍未知　🏛图书馆

托马斯·博德利（Thomas Bodley），是牛津大学学者和退休外交官，他把自己的一生和积蓄都奉献给了这座大学图书馆的修复工作。1550年，因宗教改革运动后的动荡，这座图书馆被毁，当1602年重新开放后才开始修建主庭塔楼。这座图书馆的正式入口两侧有向上排列着的成对的塔斯干式、多立克式、爱奥尼式、科林斯式和复合式圆柱，因此被称为"高耸的五杆塔"（Tower of the Five Orders）。

考文特花园圣保罗大教堂
（St Paul's, Covent Garden）

🌐1633年　📍英国伦敦　✍伊尼戈·琼斯　🏛礼拜场所

宗教改革运动后，这座教堂作为伦敦第一个全新的教堂，布局规划做到了极简，呈巴西利卡式建筑，内有宽阔的走廊，可供多人听布道。琼斯设计的那面朝东的塔斯干式大门廊是很有力量的，祭坛虽在门廊的正后方，但却并不是教堂的入口，右边才是教堂的入口。貌似谷仓的入口位于教堂的西端，穿过一座城市小花园便可到达。

哥本哈根证券交易所
（The Exchange, Copenhagen）

🕘1640年　🏳丹麦根本哈根（COPENHAGEN, DENMARK）　✍建筑师小汉斯·范·斯汀温克尔（HANS VAN STEENWINCKEL THE YOUNGER）　🏛民用建筑

　　这座建筑最吸引人的地方是它的灯亭塔，顶部有一座雕塑家路德维希·海德里弗（Ludwig Heidriffer）设计的四条龙盘绕着的青铜塔尖。除此之外，其主体建筑也不失为一件伟大的艺术品。它是应建筑之王克里斯蒂安四世（Christian IV）要求修建的欧洲最古老的证券交易所，其两层楼高的砖立面，长而单调，但却精致美观。

« 灭点

如今，作为哥本哈根商会（Copenhagen Chamber of Commerce）的总部，其顶部有一个极细的针状尖顶。

腓特烈堡（Frederiksborg Castle）

🕘1620年　🏳丹麦，哥本哈根希罗德附近（HILLERØD, NEAR COPENHAGEN, DENMARK）　✍汉斯和劳伦斯·凡·斯丁温克尔（HANS & LORENZ VAN STEENWINCKEL）　🏛防御工事

　　腓特烈堡原为丹麦－挪威国王腓特烈二世（Frederick II）所建，直到1599年其子克里斯蒂安四世（Christian IV）即位加冕时，这座宫殿的奢华程度才提升了一大截，变成了今天我们所看到的样子：位于湖中3座小岛上的3座砖石建筑，是由一连串造型雅致的小桥连向岸边的。这绝不是一座普通的城堡，特别是它那辉煌而浪漫的屋顶轮廓，再也找不到像它一样的建筑了。1577年，克里斯蒂安出生在腓特烈堡，他决心把它变成色彩丰富、令人愉悦的空间。两位荷兰文艺复兴建筑师在对其进行扩建时，增建了许多山墙、小尖塔、包铜的屋顶、螺旋形尖塔和精美的砂岩装饰，从而形成一种愉悦的雕塑式的处理。

⊠ 小岛生活

这座童话般的城堡位于3个彼此相连的小岛上，周围环绕着当时最时尚的法式花园。

巴洛克建筑和洛可可建筑

巴洛克一词，源于葡萄牙语，意为一颗形状不规则的珍珠，是反宗教改革运动（Counter-Reformation，约1545—1650年）蓬勃发展的产物，在天主教会的支持下打击在北欧蔓延的新教"异端"。洛可可 [源自法文rocaille（贝壳工艺），是一种混合贝壳与石块的室内装饰物] 承继了巴洛克的轻佻与世俗化。

» 凡尔赛宫

1745年，王长子的婚礼上，巴洛克式与洛可可艺术在镜厅（Galerie des Glaces）的假面舞会（bal masque）上戏剧性地相遇了。

大事记

1620年：首批清教徒（Pilgrim Fathers）在美国马萨诸塞州（Massachusetts）的普利茅斯（Plymouth）创教

1643年：法国国王路易十四（Louis XIV），自号太阳王（Sun King），于5岁时即位，在位长达72年

1685年：路易十四废除的南特敕令（Edict of Nantes），标志着法国对新教徒的全面进攻

1687年：由艾萨克·牛顿（Isaac Newton）所著的《自然哲学的数学原理》（Principia Mathematica）出版，书中对地心引力做出了全面阐释

1625年

1650年

1675年

1633年：贝尔尼尼修建完成罗马圣彼得大教堂的青铜华盖（baldacchino）

1666年：1665年大瘟疫（Great Plague）和肆虐不久的伦敦大火（Great Fire of London），让这座城市的重建工作不得不变得小心翼翼

1685年：巴洛克时期作曲家约翰·塞巴斯蒂安·巴赫（Johann Sebastian Bach）和格奥尔格·弗里德里希·亨德尔（Georg Frideric Handel）出生

许多反宗教改革运动的斗争，都是在激进的新天主教修会的推进下完成的，如1534年由西班牙士兵伊纳爵·罗耀拉（Ignatius Loyola，1491—1556年）创办的耶稣会（Society of Jesus）于1540年得到教皇的批准，耶稣会充满激情地布道，

勤勉地授业。不仅对罗马的戏剧艺术和建筑产生了影响，还以一种更为清醒的方式，影响了西班牙、法国、奥地利、巴伐利亚（Bavaria）和拉丁美洲（Latin America），乃至信奉新教的英国。因此，巴洛克式建筑是一种传播信仰的手段，特别是在教皇西克斯图斯五世（Pope Sixtus V，如下图）这样强大而坚定的赞助人的委托下，为罗马修建的巨大的新建筑和公共场所。

巴洛克艺术是夸张的、戏剧性的、形象化的和虚幻的。无论是在绘画中，如卡拉瓦乔（Caravaggio）的明暗对比油画，还是在建筑中，就像当时所有的意式教堂一样，巴洛克表达了对光影的高度表现。不论作品好坏，雕塑不再像是死物，而是拥有了生命，如罗马的贝尔尼尼（Bernini）或巴伐利亚的阿桑兄弟（Asam brothers）的作品，建筑内饰变得超凡脱俗。

》教皇西克斯图斯五世

西克斯图斯［费利切·柏瑞迪（Felice Peretti），1520—1590年］是巴洛克的主要推动者。他出身贫寒，当过猪倌，后来成为一名牧师。在经济低迷时期，他到处征税、贩卖教堂里的好工作，把收敛来的大量金钱用在庞大建筑工程的建设上，为教皇改造了整个罗马城。他以一种雄心勃勃的巴洛克式做派，希望抽干蓬蒂内沼泽（Pontine Marshes）、征服埃及、打败土耳其，把圣墓（Holy Sepulchre）从耶路撒冷（Jerusalem）迁到罗马。

许多巴洛克式大教堂、宫殿和庄宅都有宏伟的穹隆、小天使雕像、情景式绘画和近乎色情的雕塑——如贝尔尼尼的《圣德雷萨修女的狂喜》(*Ecstasy of St Theresa*，1647—1652年)。这些建筑通常都围绕着面前的广场街道，如在罗马圣彼得大教堂前，贝尔尼尼设计的圆形柱廊的巨型手臂，以及罗马纳沃纳广场(Piazza Navona)，整座城市好似巴洛克式的舞台布景。时至今日，在艺术指导和舞台背景方面，它仍是电影中最佳的取景地。

巴洛克风格发展成两种独立的，甚至是相互重叠的形式。天主教国家的巴洛克风格是热情洋溢的，而英格兰、荷兰和北欧的巴洛克风格则较显温和。英国巴洛克大师克里斯托弗·雷恩、约翰·范布勒(John Vanbrugh，1664—1726年)和尼古拉斯·霍克斯穆尔(Nicholas Hawksmoor，1661—

»《圣德雷萨修女的狂喜》
这是贝尔尼尼对圣德雷萨在幻觉中见到上帝情景的激情表现，小天使把箭射进了这个卡米莱特(Carmelite)教堂修女的胸膛，她在自述中写道："我的灵魂已得到上帝之爱。"

1736年）不仅形成了独特的个人风格，还对之后几个世纪的建筑样式的发展产生了影响，其影响力遍布大英帝国（Great Britain），远至美国等其他地方。

欧洲：洛可可的游乐场

洛可可是一种有趣的装饰风格，缘起于法国，可看作是巴洛克风格的延续。色彩丰富、富有魅力，善于使用旋涡、金漆、镜子和中式风格的装饰技巧，可以说洛可可充满了趣味性。意大利的提埃波罗（Tiepolo）、法国的华铎（Watteau）、布歇（Boucher）和弗拉戈纳尔（Fragonard）等当代艺术家的作品，同样捕捉到了它的精髓。在弗拉戈纳尔最著名的画作《秋千》中，一位年轻女子身穿美丽的轻薄丝裙，在茂密的花园中荡向天空，身前抬头看向她的年轻男子同样身着丝质服装，是典型的洛可可式场景。这样的表现方式，看起来或许有些幼稚，甚至略显粗糙，但却令人赏心悦目，与当代法国和德国宫殿洛可可风格的内饰不谋而合，甚至可以说，在罗滕布赫（Rottenbuch）引人注目的明快的教堂里，游客眼中每个转角处演奏乐器的小天使，就像是在跳华尔兹。

低俗的终结

虽然巴洛克风格广为俄罗斯和拉丁美洲所接受，但在欧洲和信奉新教的英格兰，它却被早早地拒之门外。同样的，洛可可也与这种严肃的新情绪发生了冲突。像J. F. 布隆代尔（Jacques-François Blondel，1705—1774年）这样有影响力的建筑师和作家，都对其弃之如敝屣，他谴责当代室内设计中"贝壳、龙、芦苇、棕榈树和植物的荒谬混杂"。尽管洛可可风格曾带给人以巨大的乐趣，但最终还是被严肃的新古典主义（Neo-Classicism）所取代。

《 巴赫和他的家人

巴洛克风格遍及建筑、绘画、雕塑和音乐，约翰·塞巴斯蒂安·巴赫（Johann Sebastian Bach）是一位复杂而崇高的大师。

》 弗拉戈纳尔的《秋千》

走近来看，年轻女子坐着的秋千，正被她那隐身在灌木丛中的牧师情人向上推着。

巴洛克建筑

约1600—1725年

铺张华丽的巴洛克式建筑，对有些人来说太过于天主教，对另一些人来说，又过于感性。但对整个欧洲的城镇来说，因为有巴洛克设计才让人们感受到了建筑的魅力——它们是生活的舞台。所以说，巴洛克式建筑是美好生活的代言人。

如果巴洛克建筑师生于当下，那么他们必将成为好莱坞（Hollywood）的巨星。毕竟，最好的巴洛克式建筑，是高度电影化的。建筑生命的律动流淌在每条曲线和每道涡卷纹中，光影的调动，情绪的表达，让每一处都充满惊喜，萦绕着无法抗拒的戏剧感。这样的表现力，自然在信奉新教的国家中树敌颇多，那些追求曲线美的粗俗表现，让罗马天主教徒（Papist）瞠目结舌。虽然如此，还是有一些最具魅力的巴洛克式设计出现在上层阶级的建筑里，如约翰·范布勒爵士和尼古拉斯·霍克斯穆尔的作品。事实上，范布勒是一个剧作家，锦衣玉食（bon viveur）和风趣的谈吐就像他设计的布莱尼姆宫（Blenheim Palace）和霍华德城堡（Castle Howard）一样，让他成为巴洛克建筑的代表人物。

无法抗拒的设计

如果你像清教徒一样，那么你就无法为伦敦圣保罗大教堂的穹隆或威尼斯圣玛利亚大教堂的穹隆而激动。当你第一次来到巴伐利亚诺尔诺西亚本尼狄克修道院（Benedictine abbey church at Rohr, Bavaria）看到里面的那些雕塑时，你是无法感到惊悚和恐惧的，埃吉德·奎林·阿萨姆（Egid Quirin Asam，1692—1750年）设计和雕刻的圣母玛利亚好似真的随着唱诗班的美妙歌声，飞升入天堂一般。

« 维也纳圣卡尔教堂

这座教堂的外观由费希尔·冯·埃拉赫（Fischer von Erlach）设计，是巴洛克和古典罗马元素独特的融合，但似乎并不成功。

建筑元素

　　巴洛克建筑是最宏伟、最富想象力和最华丽风格的建筑。虽然其风格初成于罗马，但它以宏伟的穹隆、圆润的曲线和胖乎乎的小天使为特点，最终为信奉新教的国家所接受。我们都知道，巴洛克建筑有着无可挑剔的自信和纯粹的时髦戏剧效果。

铜在石造部分的映衬下闪闪发光

在阳光和雨水中，金色穹隆熠熠生辉

柔和的圆形穹隆和灯亭状顶盖

⚒ 小天使

小天使是巴洛克式教堂、宫殿、桌子或椅子中常会出现的建筑元素。这些好玩的"神童"（putti）亦可在西班牙阿兰胡埃斯宫（Palace of Aranjuez）的庭院里找到。

⚒ 罗马时兴样式

饰有棱纹的穹隆与罗马的圣彼得大教堂遥相呼应。在维也纳费舍尔（Fischer）设计的卡尔教堂（Karlskirche）里，绿色铜顶上方的天窗和十字架高达72米。

⚒ 高目标

为了建造一座高耸于巴黎上空的穹隆，朱尔斯·哈杜因－曼沙特（Jules Hardouin-Mansart）在荣军院（Les Invalides）建造了一座带有两层鼓座的建筑，上面冠有一个有尖塔的灯亭。

⚒ 象征性的雕刻品

这是由巴尔达萨勒雷·隆格纳（Baldassare Longhena）设计的威尼斯安康圣母教堂（Santa Maria della Salute）。

⚒ 脱离地心引力的雕像

巴伐利亚诺尔诺西亚修道院杰出的戏剧化祭坛雕塑，让圣母玛利亚好似真的飞在天空中似的。

色彩对比增强了戏剧性

拾级而上，教堂逐显真容

⚒ 3层外部楼梯

戏剧性的楼梯是宏伟的巴洛克式建筑的一大特色。抓人眼球的楼梯正对着葡萄牙耶稣朝圣所（Bom Jesus do Monte），是一座将洛可可和帕拉第奥样式融为一体的综合建筑体。

罗马圣彼得大教堂（St Peter's, Rome）

🕙1615年　📍意大利罗马　🏛米开朗基罗及其他（MICHELANGELO & OTHERS）　🏛礼拜场所

圣彼得大教堂是一座令人印象深刻的建筑，它是罗马教会权力和力量的胜利宣言。然而，这样一座建筑的修建难度、频繁的政治动荡，让它的建造过程时断时续，用了将近一个多世纪的时间。

该建筑的设计师主要有3位：米开朗基罗、吉亚科莫·德拉·波塔（Giacomo della Porta，主要负责穹隆）和卡洛·马代尔诺（Carlo Maderno）。而在之前的40年间，建筑师布拉曼特（Bramante）、桑加罗（Sangallo）、弗拉·乔康多（Fra Giocondo）、拉斐尔（Raphael）和佩鲁奇（Peruzzi）也担任了此座教堂的设计工作。1546年，被尊为欧洲最伟大的雕塑家和画家的米开朗基罗年届72，受命担任此座教堂的设计工作。他把最后的生命都用在了圣彼得大教堂的建造上，并且拒绝接受任何形式的报酬。

米开朗基罗的设计为集中式的希腊十字形。1564年，当他去世后：德拉·帕特（della Porta）、封塔纳（Fontana）和维芙娜（Vifnola），参与到这座建筑的设计工作中，但并未改变米开朗基罗的设计方案（除穹隆）。1606年，马代尔诺（Maderno）增建了中殿和立面，但放弃了集中式的平面设计。

四喷泉圣卡罗教堂（San Carlo alle Quattro Fontane）

○1665年　◪意大利罗马　◮弗朗切斯科·波洛米尼（FRANCESCO BORROMINI）　🏛礼拜场所

　　虽然四喷泉圣卡罗教堂可容身于圣彼得大教堂的中央墩柱间，但它却是一座充满惊人活力和创造力的教堂。这座罗马巴洛克盛期的重要作品，是其神秘而饱受折磨的建筑师弗朗切斯科·波洛米尼的杰作。

⏫ **围有圆柱的椭圆形屋顶庭院**

　　圣卡罗教堂的面积很小，它实际上是一座修道院教堂。教堂的后面和一侧是回廊、修道院房屋和花园，规模与教堂一样小。尽管如此，这座教堂却是波洛米尼第一座独立完成设计的建筑，也是他的代表作。17世纪30年代，当设计完成时，因资金问题，工程分作两个阶段才得以完成。1641年，内部工程完工，而当1665年立面开始动工前不久，波洛米尼就去世了。

　　这座建筑的内外，都给人以动荡不安的感觉。呈椭圆形的巴洛克式建筑形制，不仅保留了建筑的动感，还调和了集中式布局和纵向布局带给人的严肃感。在此基础上，波洛米尼又做了进一步的改动，将内部空间分隔成联动的椭圆形碎片。如此，一面面波状墙壁组成的华丽内饰，在给人以紧迫刺激感的同时，又进一步强调了檐口和圆柱的稳重力量感。椭圆形的装饰图案与两层曲立面的外部相映成趣。可以说，这座建筑是对巴洛克风格的重新定义。

⏵⏵ 弗朗切斯科·波洛米尼

　　波洛米尼（1599—1667年）出生于意大利北部，从1617年开始搬到罗马生活，在与贝尔尼尼合作之前师从马德尔诺。波洛米尼不仅是建筑师和雕塑家，还是一名技艺高超的朝臣，虽不骄不躁、严肃认真，但因其身份地位，空有一身才华而无处展现，独立完成的设计作品鲜少见到。最后他用自杀终结了辛苦的一生。

⏵⏵ 曲立面

圣卡罗教堂的底层立面采用凹-凸-凹的排列方式，上层则为凹-凹-凹。

公共空间

文艺复兴和巴洛克时期公共建筑项目的繁荣，反映出政治当局试图彰显其慷慨的一面。最受公众喜爱的大广场（grand squares），有精美的雕像、喷泉和令人印象深刻的建筑，人们可以在那里散步，享受城市生活剧场中的喧闹与纯净。

⏫ 米开朗基罗的《大卫》
（*Michelangelo's David*）
这座1504年的著名雕像最初位于佛罗伦萨的市政广场（Piazza della signoria），为城市公共空间竞争性的雕塑树立了榜样。

罗马的纳沃纳广场（Piazza Navona）是经典的巴洛克式广场，拥有当时意大利市民广场应有的一切，如贝尔尼尼和贾科莫·德拉·波塔（Giacomo della Porta）设计的巨大喷泉，以及波洛米尼设计的教堂、方尖碑和英雄雕像。这座广场的方方面面都设计得非常到位，深受当地居民和游客的喜爱。在意大利城市和农村的中心，都建造有这样一座广场。如今，随着全世界对这种广场的接纳和认可，以及城市主义或城市设计再次受到重视，它们的吸引力也在增加。

17世纪，意大利各大城市竞相设计和建造可以睥睨他人的广场。它们作为公民的舞台，决定了人们生活表演的基调和节奏。纳沃纳广场本身是一个封闭的空间，很像一座初心未改的城市剧院——关注人、雕塑和建筑，而不是像今天的广场，把重心转向车辆、商铺、街道设施、广告和普通杂物上。这些公共广场是巴洛克时期杰出的成就之一。

⏬ 海神雕像喷泉
贾科莫·德拉·波塔为纳沃纳广场设计的充满戏剧性的海神尼普顿（Neptune）喷泉。

左侧为圣山圣母堂，而右侧为奇迹圣母堂。

圣山圣母堂和奇迹圣母堂
（Santa Maria di Montesanto and Santa Maria dei Miracoli）

● 1677年　🏛意大利罗马　✍雷纳尔第，方达娜和贝尔尼尼（RAINALDI, FONTANA & BERNINI）　🏛礼拜场所

　　圣山圣母堂和奇迹圣母堂是一对双子教堂，它的重要性并不在于建筑的优点，而是在于它们对17世纪罗马宏伟城市规划所带来的影响。反宗教改革运动要求罗马复兴，清除中世纪城市棚户区的残余，创造一系列巨大的公共空间和广阔的新景观。因此，城市规模就要与之前完全不同。在历任教皇的推动下，以及数位拥有同样胸怀的建筑师的共同努力下，巴洛克被赋予了英雄般的活力。这是一种可以改变城市的愿景。1518年，这座双子教堂建造在波波罗广场（Piazza del Popolo）的中心，同时还有3条道路在这里交会。这两座教堂虽然相似，但并不完全相同（建造地点的尴尬结果），哪怕尽可能地让二者从外形轮廓和穹顶形状上看起来相像。

圣菲利普神学院
（Oratory of St Philip Neri）

● 1640年　🏛意大利罗马　✍弗朗切斯科·波洛米尼（FRANCESCO BORROMINI）　🏛礼拜场所

　　从外观来看，圣菲利普神学院很像教堂，于1564年由圣徒圣菲理·乃里（Philip Neri）创立，坐落在小谷圣母教堂（Santa Maria in Vallicella）的旁边。大概是从1620年开始，多位建筑师参与到这座神学院内部的设计中，波洛米尼也在其列。他设计的立面既令人着迷，又具有重要意义。因为这个有弧度的立面，成为罗马巴洛克风格的最初表现，另外它也体现了设计者本人的活力和创造力，证明了波洛米尼是罗马巴洛克建筑师中最为独特的一位。

由直线和曲线构成的独特三角山墙，是拥有无限创造力的波罗米尼的经典设计。

神圣的阶梯

这些令人印象深刻的阶梯连接着教堂和商业区。脚下是西班牙广场（Piazza di Spagna），可通往罗马优美的购物街之一。

西班牙阶梯（The Spanish Steps）

🕐1728年　📍意大利罗马　✎弗朗齐斯科·德·桑克提斯（FRANCESCO DE SANCTIS）　🏛公共空间

在1570年天主圣三教堂（Trinità dei Monti）落成之前，就已有人提出应建造一条可连接西班

牙广场（Piazza di Spagna）的阶梯。整个17世纪，提出设计方案的人有许多，就连贝尔尼尼也有提议。但直到1717年，在克雷芒十一世（Clement XI）的坚持下，建造阶梯的工程才开始启动。作为罗马巴洛克晚期城镇规划中最突出的例证，这条阶梯形制优雅而蜿蜒，共有137级台阶。拾级而上，越靠近两个主平台处阶梯越宽，反之亦然。整条阶梯的节奏感富有洛可可风格的轻柔与曼妙，取代了巴洛克风格的刚硬与英雄气概。1786年，在天主圣三教堂前的最高点，还为庇护六世（Pius VI）修建了一座方尖碑。这条阶梯已修复数次，最近一次是在2016年。

特莱维喷泉（Trevi Fountain）

🕐1762年　📍意大利罗马

✎尼古拉·沙维（NICOLA SALVI）　🏛喷泉

1453年，为向此地修建的喷泉供水，尼古拉斯五世（Nicholas V）对维尔戈水渠（Aqua Virginis）进行了扩建。1629年，应教皇乌尔班八世（Pope Urban VIII）的要求，贝尔尼尼设计了一座喷泉，无论从大小还是华丽程度上，都远超城市中的其他建筑。1643年，工程停工。18世纪早期，曾有两次试图恢复该项目的建造，但都失败了，直到1732年，才开始修建今天我们所看到的尼古拉·沙维设计的喷泉。当时虽另有8位雕塑家负责喷泉的雕塑工作，但沙维的理念却占据了主导地位，尤其是他决定将现有的波利宫（Palazzo Poli）的立面作为背景，进而极大地增加建筑的宏伟效果。这座喷泉刻意地呈现出戏剧性的表现：水从布满雕像的宏伟壮观的凯旋门中喷涌而出，如瀑布般流进中心的集水盘中，流过那些看似随意布置的巨大砂屑凝灰岩块中。

壮丽的流水

位于中心的海神尼普顿雕像，创作于1762年，两侧是象征富足和健康的人物雕像。

安康圣母教堂（Santa Maria della Salute）

◔1681年　📍意大利威尼斯（VENICE, ITALY）　✍巴尔达萨雷·罗根纳（BALDASSARE LONGHENA）　🏛礼拜场所

　　安康圣母教堂不仅是威尼斯最重要的巴洛克式教堂，还是意大利年代久远、形制宏伟的教堂之一。从地理位置来看，这座教堂地处威尼斯大运河（Grand Canal）的南端，与总督宫（Doge's Palace）和圣马克广场（St Mark's Square）相对，此外，更为重要的是，整座建筑规模宏大，大胆地把多种元素集合在了一起。

　　居高临下的穹隆，是巴洛克戏剧早熟的表现，它与唱诗厢上第二顶较小的穹隆遥相呼应，两侧还有两座逐渐变尖的钟楼，形成了一种大胆而又真正的威尼斯式的天际线。八角形的底层平面（在威尼斯是独一无二的），雄伟壮丽的正门，用大半个圆柱擎起的两层建筑，主穹隆鼓座上的16个用作扶壁的巨型涡卷形饰物，以及适合水乡城市的仿浪花形制的涡卷形砌筑，都为建筑的戏剧性添姿抹彩。这座教堂是当地建筑师巴尔达萨雷·罗根纳最有名的作品，他是威尼斯巴洛克风格建筑的拥护者之一，其所取得的成就在于让这座巴洛克式建筑与威尼斯哥特式建筑之间形成了完美的互补。

⊠ 内部视角

▶▶ 城市地标

从任何角度来看，罗根纳梦幻般的穹隆都像是飘浮在威尼斯屋顶的轮廓线之上。

凡尔赛宫（Palace of Versailles）

◔1772年　📍法国巴黎附近　🏛儒勒·哈杜安－曼沙特及其他（Jules HARDOUIN-MANSART & OTHERS）　🏛宫殿

⚡ **曼沙特设计的皇家礼拜堂**

没有什么比巨大的凡尔赛宫更能向世人证明，法国已取代罗马成为欧洲艺术的中心。这座宫殿并不只是象征了17世纪法国君主制的统治地位，它那宏伟且巨大的花园也是整个欧洲的模仿对象。

虽然现在看到的凡尔赛宫雄伟而壮观，但最初的设计却并非如此，1623年至1631年间，它不过是为路易十三（Louis XIII）修建的一座狩猎小屋。1661年，路易十四（Louis XIV）下令，把这座不起眼的建筑改造成新的法国宫廷和政府所在地。为了满足他的设想，他把原有的狩猎小屋进行扩建，但因扩建工程被分为几个不同的阶段进行，所以一直持续到了18世纪后期。第一阶段（1661—1670年），是路易·勒沃（Louis Le Vau）设计了原狩猎小屋的围墙，包括一座有三面庭院、可直接通往主（东）立面的荣誉法庭（Cour d'Honneur），以及（西）花园立面的中心区域。

同一时期，安德烈·勒诺特尔（André Le Nôtre）还修建了可至宫殿西侧的布置井然的大花园。第二阶段（1678—1708年），儒勒·哈杜安–曼沙特将勒沃设计的花园立面南北延伸，建造了一面长402米的立面。除此之外，他还增建了70米的镜厅和豪华美丽的皇家礼拜堂（Chapelle Royale）。最后阶段（1770—1772年），是雅克–昂日·卡布里耶（Jacques-Ange Gabriel）设计修建的位于北翼末端的歌剧院。此时，与其说是在建造一座宫殿，不如说是打造一座布置井然的微型城市。

▽ 帝王视角

从最初简陋的狩猎小屋，到路易十四的宫殿，它已然成为法国巴洛克式宏伟建筑的实例。

荣军院（Les Invalides）

● 1706年　▷ 法国巴黎　✎ 儒勒·哈杜安–曼沙特（JULES HARDOUIN– MANSART）　🏛 礼拜场所

　　与凡尔赛宫同样令人惊艳的还有路易十四为退伍军人设计建造的荣军院（Les Invalides）。荣军院的设计中，令人印象最为深刻的要数其立面，正中有一个巨大的穹隆和一个离地106米高的镀金灯亭。此外，还有支撑这顶穹隆的双层鼓座，上层用涡旋形扶壁作支撑，下层则用极为显眼的双柱作支撑。立面正中，是由数组巨型圆柱作支撑的隔间，位于两层楼的正上方，再上面的三角山墙则同样富有表现力。

◁ 雄伟颂词

教堂的内饰美化了军队和路易十四的君主制。

凡多姆广场（Place Vendôme）

● 1720年　▷ 法国巴黎

✎ 儒勒·哈杜安–曼沙特　🏛 公共空间

　　凡多姆广场是17世纪晚期法国城镇规划走向正式的地标性建筑物。整个广场统一为一个矩形公共空间，周围环绕着的士绅府邸（*hôtels particuliers*），立面协调统一，底层用粗面石砌筑，一层和二层饰有巨大壁柱，斜屋顶上还有交替布置的椭圆形和矩形窗户。三角山墙的斜角略有凸出。矗立在广场中间的拿破仑式圆柱（尽管经过了很大的修改），似在回应罗马皇帝图拉真。

▷▷ 凡多姆广场

梅尔克修道院（Melk Abbey）

🕑1736年　🏛奥地利梅尔克（MELK, AUSTRIA）

✍雅格布·普兰陶尔（JAKOB PRANDTAUER）

🏛礼拜场所

　　信奉天主教的奥地利和德国南部的小国，对巴洛克式建筑情有独钟。雅格布·普兰陶尔设计的本笃会修道院（Benedictine abbey）和梅尔克修道院，是纵情的巴洛克表现手法的实例。这座位于多瑙河（Danube）中岩石之上的黄赭色庙宇，所处环境和整体设计都刻意表现出了戏剧性。居高临下的主穹隆顶上，是一个具有异国情调的灯亭。两座带有洋葱形穹隆的钟楼，突显了主穹隆的弧形立面。

》》金灿灿的外表

梅尔克修道院的黄白色灰泥墙面，是经典的中欧巴洛克式色彩。

特洛伊宫堡（Troja Palace）

🕑1696年　🏛捷克布拉格（PRAGUE, CZECH REPUBLIC）

✍儒勒·哈杜安-曼沙特　🏛宫殿

　　这座建筑深受欧洲西部巴洛克风格的影响，形制优雅，布局脱胎于巴洛克式建筑，所用柱式模仿的是帕拉第奥的设计样式。正中间的中心区，有5个隔间宽，3层楼高，左右两侧高两层的翼楼侧翼面向前凸出。在翼楼的斜顶上，饰有无装饰的老虎窗。从中心区和翼楼的底层窗户到上层窗户中间，饰有巨大的复合式壁柱，所有壁柱的形制均是一致的，是最吸引人目光的建筑元素。走过一条饰有精致人像的双楼梯，就可来到前面的法式花园。

》》色彩对比

从某种程度上来说，特洛伊宫堡的红白配色不仅增加了建筑的冲击力，还为原本严肃的设计增添了戏剧性。

圣卡尔教堂（Karlskirche）

○1737年　□奥地利维也纳（VIENNA, AUSTRIA）
△约翰·贝恩哈德·费雪·凡艾尔拉赫（JOHANN
BERNHARD FISCHER VON ERLACH）　血礼拜场所

　　维也纳圣卡尔教堂表达了奥地利哈布斯堡王朝（Habsburg Austria）对扩张所能表述的各种豪言壮语，尤其是在面对古罗马的沉重债务时。不管这座建筑看起来有多壮观，其每部分的构造却仍像是脱节一般，彼此无关又各自为政。可是这样失和的艺术表现形式，却也组成了某种怪异的美。这座建筑到处充斥着我们所熟知的巴洛克式建筑术语，如穹隆、曲立面、侧翼塔楼和三角山门廊等。高鼓座上只有一顶穹隆，饰有精致的椭圆形窗。侧翼塔楼仿照罗马图拉真圆柱进行建造，与整体格格不入，其巨大的底座更是加深了这种感觉。以万神殿为模板的中央门廊，在这些大而重的圆柱和同样巨大的柱础面前显得相形见绌。每侧设置的凯旋门顶部饰有非古典风格的塔楼，远远高于中央的门廊。主楼立面虽设计得非常宽，

但因其与中央门廊的宽度差不多，所以增加了错位感。虽然有各种各样学术上的缺陷，但我们不得不说，圣卡尔教堂是巴洛克戏剧和戏剧化城市舞台管理的绝佳典范。

圣母玛利亚教堂（Frauenkirche）

○1743年　□德国德累斯顿（DRESDEN, GERMANY）
△乔治·巴尔（George Bahr）　血礼拜场所

　　德累斯顿圣母玛利亚教堂，不仅是德国引人注目的巴洛克式建筑之一，还是建在德国北部地区信奉新教（虽然这是一座遍布巴洛克式建筑的城市）的建筑。因第二次世界大战，它变成了一地废墟，且一变就是几十年，直到2005年才被修复完成。作为一座真实的建筑物，人们的目光都被其精致的外表所吸引，认为它是一个巨型的桌面装饰物。这座集中式的教堂，左右对称，唯有弧形的祭坛打破了其中的平衡。从外部来看，其立面上轮廓突出

的有缺口的三角山支撑于巨大的成对壁柱上。建筑的四角上，饰有顶端为精美塔楼的倾斜圆形三角山。这种结构严谨的建构正中，是一顶装有老虎窗的奇特陡峭穹隆，上面冠有大而坚固的敞开式灯亭。

《 恢复优雅
圣母玛利亚教堂粗犷的轮廓中不失独特的精致细节。

萨拉曼卡新大教堂
（New Cathedral, Salamanca）

🍽1738年　🏳西班牙西部萨拉曼卡（SALAMANCA, WESTERN SPAIN）　⛰阿尔贝托·德·丘里格达及其他人（ALBERTO DE CHURRIGUERA & OTHERS）　🏛礼拜场所

　　1510年，斐迪南国王（King Ferdinand）下令修建了新大教堂（New Cathedral），但真正开始施工，却是3年后由让·吉尔德·亨塔南（Juan Gil de Hontanon）执导修建的。这座建筑完美融合了胡安·德·里贝罗（Juan de Ribero）设计的晚期哥特式建筑和丘里格达家族不同成员设计的后期巴洛克式建筑，教堂内部最具戏剧性的部分是阿尔贝托·德·丘里格达的唱诗厢，里面是尤塞·德·莱拉（José de Larra）和胡安·德·穆西卡（Juan de Mujica）精心设计的小隔间，饰有圣徒、殉道者和使徒的浮雕，还有佩德罗·德·埃切瓦里亚（Pedro de Echevarria）设计的大管风琴。

» 新旧并存

新大教堂（La Nueva）坐落在12世纪建造的罗马式大教堂［又名旧大教堂（Catedral Vieja）］的旁边。

圣方济教堂
（Church of San Francisco Xavier）

🍽1762年
🏳墨西哥特波索特兰（TEPOTZOTLAN, MEXICO）
⛰洛伦佐·罗德里格斯（LORENZO RODRIGUEZ）
🏛礼拜场所

　　这座雄伟的教堂，是一座石窟状的白色石灰岩立面，位于阿兹台克（Aztec）供奉宴会之神的神殿附近，其本身是巴洛克式抑或是西班牙巴洛克式建筑（Churrigueresque），令人赏心悦目。整座建筑饰有300多尊天使、圣人、小天使、洋蓟、花椰菜、瓮、菊苣和人像雕塑，两侧装有逐渐变细的壁柱。这座耶稣会教堂的内饰比立面更繁复，以华丽的镀金祭坛而闻名。立面被不均匀地分成3层，上面的Z字形装饰在阳光和月光中印刻出道道暗影。日间，有些细节隐于阴影中，有些则被突显，呈现出不断改变的设计效果——一种摄影无法捕捉到的巴洛克式舞蹈。过大的弧形山墙上塞满了瓮。自1964年至今，这座教堂成为墨西哥总督区国家博物馆（National Museum of the Vice-Royalty）的一部分。

三一学院雷恩图书馆
（Wren Library, Trinity College）

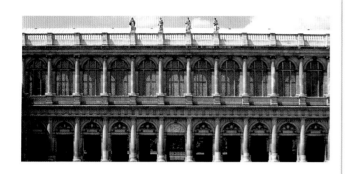

🌐1695年　📍英国剑桥（CAMBRIDGE, ENGLAND）
✍克里斯托夫·雷恩　🏛大学

　　三一学院图书馆是雷恩为剑桥大学设计的3座建筑中的最后一座，结构巧妙而令人印象深刻。虽然该建筑为两层结构，下层是一座拱廊，上层是图书室，但图书馆的地面却并非位于第二层窗户的位置，而是在拱廊的弦月窗。不仅可以为书架提供最大的空间，还能让采光区域实现最广。

拉德克利夫相机
（Radcliffe Camera）

🌐1749年
📍英国牛津（Oxford, England）
✍詹姆斯·吉布斯（James Gibbs）
🏛大学

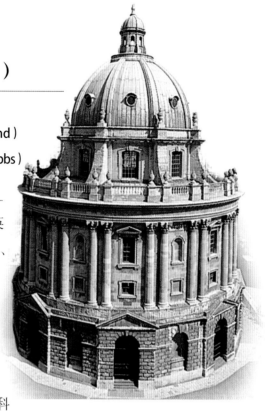

　　拉德克利夫相机是英国和谐的建筑之一，底座、楼体和穹隆均完美契合。交错分隔的壁龛和三角山的粗面砌筑底座，并非圆形，而是十六边形。上面是一个两层的圆形建筑，由成对巨大的较为凸出的科林斯式圆柱支撑，顶部是一个巨大的檐口和嵌有瓮形的栏杆。在坚固而凸出的扶壁上，冠有一顶饰有大量棱纹的穹隆，顶部则是一座灯亭。

⬆宝库
拉德克利夫相机作为一家图书馆，现共有约60万本藏书存于馆内地下室中。

⬇超大尺寸
这座修道院教堂是一座两层的三角山形建筑，两侧侍有巨大的钟楼，每个钟楼中有57只钟。

马夫拉宫修道院
（Palace-Monastery of Mafra）

🌐1770年　📍葡萄牙马夫拉（MAFRA, PORTUGAL）
✍若昂·弗雷德里科·卢多维斯（JOÃO FREDERICO LUDOVICE）　🏛宫殿/礼拜场所

　　距里斯本（Lisbon）西北40千米处的马夫拉宫修道院，雄伟壮观，是挥霍无度的葡萄牙若昂五世（João V）为庆祝其继承人的诞生而下令建造的。其修建资金来源于巴西的钻石矿。这座建筑的巨大规模可与西班牙的埃斯科里亚尔建筑群（Escorial）相媲美，后者的修建者为150年前的菲利普五世（Philip V）。当时共有45000名工人参与到此项建造工作中，他们修建了800间房和4500扇门窗，其造价之高足以让这个国家濒临破产。修道院教堂位于这面220米长的立面中心，两端是两座凸出的巨型翼楼，上面是平坦的四边形穹隆：南面为女王之居，北面为国王之室。马夫拉是一座巨大的建筑，当你身置其中时会自然而然产生敬畏感。

圣保罗大教堂（St Paul's Cathedral）

◉1710年　📍英国伦敦　✍克里斯托弗·雷恩　🏛礼拜场所

圣保罗大教堂是短暂的英国巴洛克式建筑的巅峰之作，因其与天主教信条相关，所以它在信奉新教的英格兰并不受人信任。在这座非常和谐的建筑中，异乎寻常的矛盾是雷恩说服了一位新教神职人员而去接受的巴洛克式建筑。

✕ 克里斯托弗·雷恩

雷恩（1632—1723年）曾是一名训练有素的数学家和天文学家，30岁时开始转向建筑设计。1666年，伦敦大火虽然没有让整座城市进行重建，但是他却拥有了成为主要设计师的契机，得以重建圣保罗大教堂和其他52座教堂。

尽管圣保罗大教堂满是古典主义的宁静气息，但它却是一种妥协的产物。一方面雷恩希望建造一座集中式的、名副其实的古典主义教堂，另一方面新教徒为满足新教仪式的需要，坚持建造一座有中殿、走道和唱诗厢的纵向教堂。所以，这座教堂呈现出了纵向教堂中鲜少出现的集中式布局。比如，中殿只比唱诗厢长一个隔间；巨型穹隆下的巨大十字架，长34米，支撑

在8个巨大的墙墩上，作为其内部建筑的承重构件。这些冲突对两层楼上充满节奏感的外墙来说，根本毫无意义，而且在中殿和唱诗厢的上层，有用来掩饰一层走道的屏风。位于高鼓座上的穹隆，高耸在这座教堂之上，就像它曾经翱翔在伦敦的天际线一样。

» 真正的巴洛克

在许多方面来看，圣保罗大教堂可媲美甚至能超越罗马的各式建筑。

圣玛莉里波教堂（St Mary-le-Bow）

🔵1673年　📍英国伦敦

🏛克里斯托弗·雷恩　🏛礼拜场所

　　伦敦大火后，雷恩在伦敦建造了52座教堂，这足以证明他的勤奋和创造力（不只是克服了局促而不规则的施工场地），大多数教堂的内饰之所以都很朴素［最特别的是沃尔布鲁克圣司提反教堂（St Stephen，Walbrook），雷恩是处理空间的艺术大师，将纵向的内部空间整合为一个集中式的教堂］，一部分是因为资金问题，还有一部分是源于新教教义的必要性。像许多城市教堂一样，圣玛莉里波教堂为纵向布局，坚固的半柱式墩柱上支撑着带有宽敞窗户的圆筒拱顶，两边是宽阔的中殿和走道。过道中漂亮的木制长廊，虽是雷恩设计的教堂的一大特色，但真正吸引人注目的

地方却是教堂的塔楼。

　　到19世纪末，除圣保罗大教堂的穹隆之外，雷恩设计的教堂塔楼一直主宰着伦敦的天际线。通常情况下，圣玛莉里波教堂的塔楼底座是平坦的，但它超越周围建筑屋顶的部分，却是前所未有的、令人惊讶的精致，有些呈古典状，而有些则现哥特貌。钟楼上的圆柱列逐渐变窄，形成一个顶上有细长三面尖顶的小教堂。

》卓越的天才

若仅凭这些建筑表现出的独创性和想象力来看，雷恩设计的教堂塔楼完全体现出了巴洛克精神。

伍尔诺斯圣玛利亚堂
（St Mary Woolnoth）

🔵1726年　📍英国伦敦　🏛尼古拉斯·霍克斯穆尔
（NICHOLAS HAWKSMOOR）　🏛礼拜场所

　　当雷恩设计的伦敦城教堂散发出宁静优雅的气息时，18世纪早期作为其前助手的霍克斯穆尔，却建造出了6座完全不同的教堂，表现出一种强烈的、几乎令人不安的活力。他的设计与之前共事过的约翰·范布勒的建筑一样，具有惊人的原创性。不仅在细节的处理上充满了古典意味，而且在宏大的气势上还表现出了巴洛克的气息，这些建筑都会让人为之心颤。

　　伍尔诺斯圣玛利亚堂的立面，是霍克斯穆尔式建筑的典型代表。整座建筑的较低楼层都用粗面石块砌体，其效果被四角不同寻常的较为突出的圆柱（同样是粗面石块砌体）和拱形入口上方粗面砌筑的楔石以及半圆形窗户来加强。

　　相比之下，一层几乎完全没有任何装饰，只有中间有3扇方形小窗。上面是一座塔楼，中间是用两根圆柱隔出的百叶窗，而两边分立的复合式

双柱与这两根圆柱之间的墙面则无任何装饰。最上面是两座长方形小塔楼，再上面是立于坚固檐部上的超大栏杆。

《额外空间维度

霍克斯穆尔对主体和对比纹理的戏剧性处理，使他的作品具有强烈的雕塑感。

史匹特菲尔德教堂
（Christ Church, Spitalfields）

◉ 1729年　📍英国伦敦　✎尼古拉斯·霍克斯穆尔

🏛 礼拜场所

尼古拉斯·霍克斯穆尔（1661—1736年）是一名受过传统教育的建筑师，在国王办公厅（Office of the King's Works）接受过高水平的训练，他的很多作品在风格上具有鲜明的个性化特征。他非常善于以陌生的方式来处理熟悉的形式。

史匹特菲尔德教堂的柱廊支撑在4根多立克式圆柱上，形成了一种突出的帕拉第奥式拱券，其主拱券两侧有两个方头开口。从一层的正门进入，先会看到一堵坚固的墙，但它实际上是一个双层屏风。从侧面看，其大胆设计让人叹为观止。在这片巴洛克式的砖石建筑上，耸立着一座细长的哥特式尖塔。

« 为那些生活在社会边缘的人而建

据1711年颁布的国会法案（Act of Parliament），建造基督教堂是为了服务于那些生活在伦敦边缘的民众。

圣马丁教堂
（St Martin-in-the-Fields）

◉ 1726年　📍英国伦敦

✎詹姆斯·吉布斯（JAMES GIBBS）　🏛 礼拜场所

詹姆斯·吉布斯（1682—1754年）设计的巴洛克式建筑，即使再大胆，也无法挣脱18世纪后期更加平静和理性的建筑样式的桎梏。因此，从很多方面来看，圣马丁教堂都是典型的英国18世纪教堂。

这座建筑呈长方形，北、南、东面饰有巨大的科林斯式壁柱，而在西端则是支撑在6根科林斯式圆柱上的壮观的三角形门廊。屋顶上是一圈造型雅致的栏杆，仅在门廊处留有空缺。由此可见，整座建筑的细节处理得非常丰富，比如雕刻得尤为精细的门廊井格天花板。

不过，这座建筑最主要的特点还在于它的尖顶，虽在当时饱受批评，但后来却证明其巨大的影响力。

查茨沃斯庄园（Chatsworth House）

◉ 1687年以后　📍英国德比郡（DERBYSHIRE, ENGLAND）　✎威廉·塔尔曼和托马斯·阿切（WILLIAM TALMAN & THOMAS ARCHER）　🏛 住宅

⬇ 巧妙的曲面

查茨沃斯庄园的西立面。阿切设计的北立面只能在左侧看到。

查茨沃斯庄园是英国占地面积庞大的宏伟庄园之一，其复杂的建筑史一直延续到19世纪。这座黄色石制庄园，位于一座伊丽莎白时代建筑的原址上，俯瞰着壮丽的花园和广阔的绿地。

威廉·塔尔曼（1650—1719年）设计的南立面，底座为带凹缝的粗面石块砌体，上面是带有沉重拱顶石的两排形制相同的窗户。位于两端的3个隔间饰有巨大的爱奥尼式壁柱。点缀着瓮的栏杆令这座庄园的屋顶轮廓线生动起来。而双坡道台阶则是后来增建的。

1700年后修建的西立面，建筑师不明，结构轻盈。在大而坚固的三角楣饰下，是由较为突出的圆柱分隔的3个中央隔间。北立面建造的时间稍晚，设计师为原花园的设计者托马斯·阿切（1668—1743年），他用独特的曲面掩盖了建筑四角不对称的事实。

布莱尼姆宫（Blenheim Palace）

⏺1724年　🏳英国牛津郡伍德斯托克（WOODSTOCK, OXFORDSHIRE, ENGLAND）　✍约翰·范布勒爵士（SIR JOHN VANBRUGH）　🏛宫殿

　　布莱尼姆宫巨大的翼楼，见证了约翰·范布勒爵士（1664—1726年）最大胆的创新，是用一幢建筑物作充满自信的大肆宣扬。哪怕其规模足够大，也绝不是规模大小的问题。范布勒对建筑主体的设计极为自信——结合了一种可与霍克斯穆尔相媲美的创造力——建造了一座刻意表现奢华的建筑。具有讽刺意味的是，在即将完工之前，这座巴洛克式的建筑，就因为范布勒擅长的夸耀而在英国遭到嘲笑。

⏫ **立面展示**

透过正南面大胆突出的中央隔间和门廊眺望着广阔的观赏性公园。

霍华德城堡（Castle Howard）

⏺1712年　🏳英国北约克郡（NORTH YORKSHIRE, ENGLAND）　✍约翰·范布勒爵士　🏛住宅

　　霍华德城堡虽然比布莱尼姆宫小，但其宏伟壮观、气势恢宏的巴洛克风格却丝毫不逊色。这座建筑的设计师范布勒，他曾是一名士兵、商人和剧作家，后来开始从事建筑设计。这座城堡是他设计的第一座令人惊叹的建筑。

　　与布莱尼姆宫一样，主（北）立面排列着精致的接待大厅。走过一段宽敞的楼梯，就可来到由两侧翼楼和中央巨大楼体组成的建筑前，饰有巨大的壁柱和一顶位于高鼓座上作装饰用的穹隆。就像布莱尼姆宫一样，整座建筑和谐统一。虽然南侧的楼面装饰繁复，但它却被视作一个独立的单元，使中央带有三角楣饰的楼体，仍可占据主位。在立面背后，这座建筑主要的公共区域彼此相连，同布莱尼姆宫的布局一致。到目前为止，这座宫殿最壮观的内部空间仍是位于北侧的大厅，其举架与整座宫殿等高。

🔽 **虚张声势的外观**

霍华德城堡的南侧楼面。范布勒设计的天际线仿佛充满戏剧性的动作大片。

洛可可建筑

约1725—1775年

　　洛可可从来都不是一种建筑风格。它实际上是一种颓废的巴洛克风格，由一群极其轻浮的法国、意大利和德国艺术家、装饰设计师和建筑师稍加雕琢而成。该风格诞生于法国路易十五（Louis XV，1715—1774年）统治时期，在巴伐利亚（Bavaria）达至鼎盛。

　　洛可可作为一种态度或一种风尚，是一种短暂的建筑和装饰风格，最早诞生于18世纪30年代到40年代的欧洲皇室宫廷。虽然在法国、巴伐利亚和俄罗斯的洛可可式建筑，华丽而金灿灿，耀眼而夺目，但在欧洲其他国家，不论是乡镇还是城市，它所表现出来的建筑风格却都相对保守。都柏林（Dublin）就是其中之一，这座于18世纪重建和扩建的城市，虽有砖砌的平台和花园广场，但在美丽的外观下又是相对朴素的设计理念。不过，在都柏林市中心，一些看上去严肃的帕拉第奥式房屋的门后，却在令人愉悦的天花板上蜿蜒着丰富的洛可可式灰泥装饰。这就像是在裁缝街（Savile Row）裁制的一套朴素西装里，找到了一层别致的丝绸衬里。

洛可可大师

　　罗滕布赫教堂的内饰，出自约瑟夫·施穆泽（Josef Schmuzer，1683—1752年）和其子弗朗茨（Franz，1713—1775年）之手，两人都是灰泥装饰方面的专家。同样深谙此道专家，还有瑞士出生的拉法兰契尼兄弟（Lafranchini brothers）、保罗（Paul，1695—1776年）和菲利普（Philip，1702—1779年），他们让爱尔兰帕拉第奥式房屋焕发了新的生命力。除此之外，意大利建筑师巴尔托洛梅奥·拉斯特列利（Bartolomeo Rastrelli，1700—1771年）还在俄罗斯设计了一座豪华的洛可可式杰作——位于圣彼得堡（St Petersburg）附近的凯瑟琳宫（Catherine Palace）。

◀ 绚丽夺目的触感

位于俄罗斯圣彼得堡郊外皇村（Tsarskoe Selo）的凯瑟琳宫，以其镀金穹隆和蓝色灰泥装饰图案，展示了洛可可建筑虽短暂但却耀眼的一生。

建筑元素

　　洛可可是一种顽皮的设计风格，更多地与室内装饰、绘画和轻浮联系在一起，而不是建筑。即便如此，从爱尔兰到奥匈帝国的边境，洛可可式建筑遍布了整个欧洲。

⌄ 位于顶端的小天使
洛可可风格的小天使无法保持静止，在巴伐利亚州罗滕布赫的一座教堂里，有一对小天使正在敲鼓。

嬉闹的小天使象征着无忧无虑

⌄ 有装饰的镜子
洛可可的设计师喜用镜子（越多越好）。这些有趣的例子来自德国洛可可式布鲁尔城堡（Schloss Bruhl）。

漂亮的镏金镜子

⌃ 有趣的灰泥装饰图案
丰富的灰泥装饰图案是洛可可设计的一大特点，就连位于德国巴伐利亚阿尔卑斯山脉（Bavarian Alps）脚下的宏伟维斯教堂（Wieskirche）的天花板上也有此饰物。

独立的山墙和雕塑使立面具有活力

⌃ 华丽的立面
葡萄牙雷阿尔城（Vila Real）马特乌斯宫殿（Palácio de Mateus）的翼楼将人们的目光集中在引人注目的中央立面上，饰有精心设计的多样塔楼、烟囱和雕塑。

⌃ 大厅的镜子
这个奢华的洛可可式房间中布满镀金的镜子，位于德国宁芬堡（Schloss Nymphenburg）的阿玛琳堡（Amalienburg）展馆内。

茨温格宫（Zwinger）

◔ 1722年　 🚩 德国德累斯顿（DRESDEN, GERMANY）

🖌 马特乌斯·丹尼尔·珀佩尔曼（MATTHÄUS DANIEL PÖPPELMANN）　🏛 宫殿

　　茨温格宫是欧洲独一无二的建筑，既是游乐花园，又是剧院，还是画廊。不过，它更是一座宫廷娱乐场所，整座建筑结构松散而自由。应该说，这座建筑把巴洛克和新兴的洛可可式融为一体，不论是建筑和雕塑都变成了令人惊叹的精制物体。

⤒ **琴钟亭**
（Glockenspielpavillon）
上的石雕

⤓ **布置井然的花园**
虽然茨温格宫尚未完工，但珀佩尔曼布置井然的花园仍令人印象深刻。

　　茨温格宫是为奥古斯塔斯大力王（Augustus the Strong）萨克森·埃莱克托（Saxon Elector）而建，用来收藏其艺术藏品及举办比赛的场所。建筑师马特乌斯·珀佩尔曼将这座宫殿称为"罗马竞技场"（Roman arena）。茨温格宫布局简单，有一个封闭的正方形花园，一条走廊连接着位于两端的半圆后殿式的二层入门亭，走入门亭可上至二层装饰朴素的走廊，两侧装有带瓮的栏杆。可以说，这两座亭子上的雕塑组合，丰富而多样，如镶嵌皇家徽章的洋葱形穹隆下的王冠门（Kronentor），以及二层相背立有缺口的弧形三角山墙，都与一层的建筑相呼应。虽然呈现效果多有失衡，但事实上却恰恰相反。它们代表的是生活之乐（joie de vivre），令人兴奋和陶醉。

>> **马特乌斯·丹尼尔·珀佩尔曼**

　　1685年大火后，宫廷建筑师马特乌斯·珀佩尔曼（1662—1736年）不仅承担起德累斯顿（Dresden）大部分的重建工作，还负责重建了1701年被烧毁的埃莱克托（Elector）的宫殿。茨温格宫是迄今为止珀佩尔曼对洛可可风格发展的最大贡献。作为对德国建筑极具影响的人物，他无论在世俗建筑还是在教堂建筑上，都为洛可可风格的发展发挥了重要的作用。

慕尼黑圣约翰内波穆克朝圣教堂
（**St John Nepomuk, Munich**）

🌐1750年　📍德国慕尼黑（MUNICH, GERMANY）

✎埃吉德·奎林和科斯马斯·达米安·阿桑（EGID QUIRIN & COSMAS DAMIAN ASAM）　🏛礼拜场所

　　这座小教堂与众不同，是阿桑兄弟（Asam brothers）——画家科斯马斯·达米安（1686—1739年）和雕塑家埃吉德·奎林（1692—1750年）——在他们家旁边建造的一座私人教堂。这座教堂是为供奉一位14世纪的波希米亚牧师——于1729年被册封为圣徒，据说是被文塞斯劳斯四世（Wenceslaus IV）下令淹死的。

◀ 阿桑式

这座立面体现了阿桑兄弟设计的所有元素，起伏的墙壁、后缺口的弧形山花和强烈的色彩。

伍兹堡官邸（**Residenz, Würzburg**）

🌐1722年　📍德国伍兹堡（WÜRZBURG, GERMANY）

✎约翰·巴塔萨·纽曼（Johann Balthasar Neumann）

🏛宫殿

　　伍兹堡官邸是伍兹堡热爱享乐的亲王主教的官方宫殿。这座建筑本身并非一无是处，尤其是那座极其奢华的小教堂，它既有巴洛克风格，又有洛可可风格。然而，最值得注意的是，这座官邸是一个融合了建筑、雕塑、灰泥和绘画等艺术的最高典范，且逐渐演变成为中欧洛可可风格的特征。最引人注目的是宏伟的楼梯和由约翰·巴塔萨·纽曼（1687—1753年）设计的正殿。18世纪杰出的壁画画家乔凡尼·巴蒂斯塔·提埃坡罗（Giovanni Battista Tiepolo）在楼梯上面设计了带有悬臂式的圆顶，画出了世界上最大的壁画——一幅闪闪发光的大陆景象。正殿里还有许多华丽的提埃坡罗壁画。这座小教堂的设计者也是纽曼。

▼ 适合王子

这座住宅是为约翰·菲利普·弗朗茨·冯·舍恩伯恩（Johann Philipp Franz von Schonborn）王子建造的，据说拿破仑（Napoleon）称之为"欧洲最好的牧师住宅"。

威尔顿堡修道院教堂
（Abbey Church, Weltenburg）

- 1724年　　德国凯尔海姆（KEHLHEIM, GERMANY）
- 埃吉德·奎林和科斯马斯·达米安·阿桑　　礼拜场所

阿桑兄弟对建筑戏剧性的品位，在多瑙河（Danube）岸边威尔顿堡修道院教堂达到了顶点。从外部来看，这座教堂能获得认可的迹象几乎微乎其微。然而，教堂内部却可以称之为18世纪最伟大的德国教堂内饰，代表着洛可可风格在德国全面兴

似剧院的教堂

华丽的洛可可装饰——全部镀金的多彩灰泥——盘旋在曲面墙壁上，把视线引向高处的祭坛。

起的关键时刻。其设计并不复杂，有一个椭圆形的前厅和中殿，以及一个可通往高处祭坛的宽敞唱诗厢。但这种简单的设计，却被装饰物给抵消了，尤其是在高祭坛后面的令人吃惊的雕像——圣乔治（St George）杀死了一条翻腾的猛龙。

罗腾毕克教堂
（Rottenbuch Church）

🌐 1747年　📍 德国罗腾毕克（ROTTENBUCH, GERMANY）
✍ 约瑟夫和弗朗茨·克萨维尔·施瓦茨（JOSEF& FRANZ XAVER SCHMUZER）
🏛 礼拜场所

巴伐利亚对洛可可风格的热情在罗滕毕克教区教堂中得到了很好的体现，这座15世纪的哥特式建筑被华丽的洛可可风格内饰改造而成。雷根斯堡（Regensburg）的哥特式教堂老教堂（Alte Kapelle）也被阿桑兄弟进行了类似的改造。

🔽 **天路历程**

教堂内美丽的壁画描绘了圣奥古斯丁（St Augustine）的朝圣之旅。

阿玛琳宫（Amalienburg）

🌐 1739年　📍 德国慕尼黑　✍ 法兰西斯·德·居维利埃（FRANÇOIS DE CUVILLIÉS）　🏛 宫殿

阿玛琳宫是宁芬堡（Schloss Nymphenburg）庭院中的一个亭子，位于慕尼黑郊外，由选帝侯马克斯·伊曼纽尔（Max Emanuel）在1716年至1728年设计建造而成。若说最早成形于法国的洛可可风格，首先是一种室内装饰风格的话，那么阿玛琳宫就是其最纯粹和最引人注目的实例——既有宫廷气派，又有复杂巧妙的乐趣的胜地。

阿玛琳宫是一座集中式建筑，位于正中是一间椭圆形的镜厅（Hall of Mirrors）。除了两端的门和一侧的窗户，墙壁上挂满了椭圆形的镜子。在这些镜子的周围、中间和上面的一些地方都缠绕着大量的镀金灰泥，描绘着乐器、植物、鸟和小天使。而在浅蓝色的天花板上，则变成了各种牧羊人和牧羊女居住的精美场景。这种效果确实令人着迷。

维斯特教堂（Wieskirche）

◐ 1754年　🏳️德国巴伐利亚（Bavaria, Germany）　✍️多明尼克和约翰·巴普蒂斯特·齐默尔曼（Dominikus&Johann Baptist Zimmerman）　🏛️礼拜场所

　　维斯特教堂或草甸教堂（Meadow Church），是官方的受难救世主朝圣教堂（Pilgrimage Church of the Scourged Saviour）。在阿尔卑斯山脚下的草甸上，其建筑师——多明尼克兄弟（Dominikus brothers，1685—1766年）和约翰·巴普蒂斯特·齐默尔曼（1680—1758年）——创造了一种充满活力的巴洛克和洛可可风格。作为世界遗产地，这座教堂建在据说曾有被鞭打的基督雕像流泪的地方，时至今日，它仍是朝圣的重要场所，也是主要的旅游景点。维斯特教堂是一个令人愉悦的地方，巧妙的设计让阳光可以从许多隐藏角落照入中殿，充分利用了周围的乡村环境。教堂虽然像巴克特里蛋糕一样丰盛，但从外观来看，却有着严格的布局，以直线作主导，而其内部，则遍布旋涡和卷曲。颜色的使用具有象征意义，以红色和蓝色为主。红色代表献祭的血，而蓝色则从天幕盘旋而下，代表上帝的宽恕和恩典。丰富多彩的天主教肖像遍布壁画、灰泥装饰图案和雕像中。

⌃ **坐落在草甸上的维斯特教堂**

多层屋顶呈现出复杂的外部轮廓

巴洛克式山墙与塔楼上的洋葱形穹隆相呼应

⌃ **唱诗厢的窗户**
色彩鲜艳的镀金大理石柱沐浴在从唱诗厢上方的大窗户透出的阳光中。

陡峭的洋葱形穹隆，演变自拜占庭的建筑风格

从远处就能看到高大的镀金十字架

阶梯式坡屋顶的设计是为了去除北方的积雪

宽大的窗户可加大采光

附加的祭祀席

⤒ 天花板壁画

天花板上多彩的壁画和灰泥作品，既是二维的，也是三维的，描绘了坐在彩虹上的基督、天使、施恩座和永恒之门。

» 中殿和祭坛

白与金，外面高山草甸（覆有积雪时效果最好）的充足光线反射入殿。

洋葱形镀金穹隆

凯瑟琳宫（Catherine Palace）

◔ 1756年　🏛 俄罗斯圣彼得堡附近的皇村（TSARSKOE SELO, NEAR ST PETERSBURG, RUSSIA）

✍ 巴托洛梅奥·弗朗切斯科·拉斯特雷利（FRANCESCO BARTOLOMEO RASTRELLI）　🏛 宫殿

　　从规模和豪华程度上来看，凯瑟琳宫（或叶卡捷琳娜宫）可与圣彼得堡的冬宫相媲美。与凡尔赛宫一样，这座非凡的宫殿是在表明，建筑可以用来体现和给予君主制绝对的权力。其主立面长298米，外围的花园占地面积则达567公顷。

　　凯瑟琳宫因沙皇伊丽莎白（Tsarina Elizabeth）的母亲凯瑟琳一世（Catherine I）的名字而得名，虽吸收了已有建筑的元素，但从外观上来看，至少还可作为雄伟的洛可可式建筑的实例。从花园正面看，有山墙的隔间将其主体有规律地进行了分隔。正中的3个隔间有白色的粗面底座，精致的阳台上立有4对双柱、突出的巨型圆柱和一个有缺口的带有皇家纹章的卷状三角楣饰。分侍两侧的4个隔间形制相同，只少了带圆柱的阳台和三角楣饰。不过，从视觉上来看，最吸引人目光的是其立面的色彩搭配：蓝墙配白柱，三角

楣饰窗棂，镀金的柱头、盾形纹章和涡卷装饰与巨大的女像柱相映成趣。

≫ 巴托洛梅奥·弗朗切斯科·拉斯特雷利

　　拉斯特雷利（Rastrelli，1700—1771年）的父亲是一位意大利雕塑家，1716年，随父前往俄罗斯，与数百位西方艺术家和工匠一道兴建圣彼得堡。1741年，当他从巴黎学成回俄后，出任沙皇伊丽莎白的宫廷建筑师。他设计了大量的建筑作品，最有名的是凯瑟琳宫和冬宫（Winter Palace）。

≫ 得体的阶梯

一条两侧有雕像的宽梯，通向五彩缤纷的花园立面。

耶稣山教堂（Bom Jesus do Monte）

🌐1784年之后　📍葡萄牙布拉加（BRAGA, PORTUGAL）

✍克鲁兹·阿马兰蒂（CRUZ AMARANTE）　🏛礼拜场所

　　尽管这座教堂地理位置优越、外形突出，但真正令人感兴趣的却并非其主体，而是通往教堂的楼梯。结构设计特别，位于山坡顶，两侧树木繁密，向上的坡路是之字形的大理石台阶。从某种程度上来说，这条楼梯经由折叠和再折叠的视觉效果，形成了一种精确且抽象的模式。从下往上看，效果是惊人的，明亮的白色灰泥墙拾级而上，而更特别的是，装饰物也随梯愈精。墙内的喷泉代表着感官，泉水的高度象征着美德。逐层而立的各种雕塑，也变得愈发精美。虽然这座教堂设计于洛可可时期，但其建筑风格却可追溯至巴洛克时期，因为在其表面装饰的掩盖下，内里是真正的帕拉第奥式建筑。

《 独特的路径

最虔诚的朝圣者在进入教堂时都是用双膝爬上门楼梯的。

圣地亚哥德孔波斯特拉主教座堂（Santiago de Compostela）

🌐1749年　📍西班牙圣地亚哥（SANTIAGO, SPAIN）

✍费尔南多·德·卡萨斯·诺沃亚（FERNANDO DE CASAS Y NOVOA）　🏛礼拜场所

　　在欧洲伟大的罗马式大教堂中，也许只有杜伦大教堂（Durham）可与圣地亚哥德孔波斯特拉主教座堂相媲美。不过，从外观来看，杜伦大教堂仍保留了中世纪的宏伟，而德孔波斯特拉主教座堂却有着伊比利亚最极端的西班牙巴洛克式（Churrigueresque）的立面。西班牙巴洛克式取自丘里格拉（Churriguera）之名，其家族来自巴塞罗那（Barcelona），出过多位雕塑家和建筑师，其中最有名的是荷西·贝尼多·丘里格拉（José Benito Churriguera，1665—1725年）。有人认为，这样的建筑风格受拉丁美洲当地流行的艺术形式的影响，是用大量精心设计的元素堆砌而成的。

圣泽维尔北团大教堂（San Xavier del Bac）

🌐1797年　📍美国亚利桑那州图森（TUCSON, ARIZONA, USA）　✍尤西比奥·弗朗西斯科·基诺（EUSÉBIO FRANCISCO KINO）　🏛礼拜场所

　　圣泽维尔北团大教堂的耶稣会教堂，是目前美国西南部建造的最大且最令人印象深刻的西班牙式教堂。从外部来看，主要是由扶壁支撑的两座方塔组成，整体建筑呈白色，只有弧形缺口的三角楣饰下是装饰华丽的红砖入口。

▽ 独一无二

整座教堂用黏土砖、石头和石灰浆修建而成，穹隆为砌筑拱顶，是美国西班牙式建筑中不常出现的样式。

古典复兴建筑

随着新考古学的出现及赫库兰尼姆（Herculaneum，1738年）和庞贝古城（1748年）等遗址的发掘，西欧重新对古典主义产生了兴趣。从考古学的角度来说，这种新兴的古希腊古罗马建筑风格更贴合现实，并因此取代了文艺复兴建筑、巴洛克建筑和洛可可建筑。

无论是专制政体还是历经新生民主阵痛的政府——强盛的欧洲国家和年轻的美利坚合众国均野心勃勃、斗志昂扬，新古典主义建筑被视作它们的绝配，因为这种建筑既象征着前奥古斯都时代罗马的共和理想，也代表着雅典和希腊城邦的民主政治。

新古典主义建筑能够满足人们所能想到的几乎每一种建筑用途，并最终成为外观华丽高贵的乡间宅邸、市政大厅、法院法庭、火车站点以及民族纪念碑。

在英国，一些纯粹主义建筑者认为巴洛克风格俗气，由此，新古典主义建筑获得了蓬勃发展。其中最重要的人物便是第三代伯灵顿伯爵理

>> **大旅行途中的瑞典古斯塔夫三世，1783年**
王公贵族、艺术家、建筑师以及他们富裕的赞助人，都热衷于前往罗马希腊，踏上一场盛大的名胜古迹游历之旅。

查德·博伊尔（Richard Boyle，1694—1753年），他在3次意大利大旅行中成为安德烈亚·帕拉第奥（Andrea Palladio）杰作的忠实拥趸。1723年，他在伦敦市中心帕拉第奥式宫殿的基础上为韦德将军设计了房屋外立面，在此过程中，他创造出一种简洁匀称的建筑风格，后被称为帕拉第奥主义，这种风格传遍了伯灵顿家族领地的爱尔兰，也漂洋过海传到了美国。格鲁吉亚·巴斯（Georgian Bath）、都柏林、爱丁堡以及英国许多最精巧的乡间别墅都是这种风格。

在大革命后的法国，浮华的洛可可建筑因与旧政权波旁王朝相关联而被摒弃，取而代之的是新古典主义建筑，这种建筑的本质是英雄式帝国主义，其风格十分适合拿破仑·波拿巴建立的新法兰西帝国。巴黎的玛德莱娜大教堂（Madeleine）于19世纪中期完工，是仿照罗马卡斯托尔神庙（Temple of Castor）建造的一座庞大的科林斯式教堂，它

大事记

1755年：温克尔曼在《希腊绘画与雕塑沉思录》（*Reflections on the Painting and Sculpture of the Greeks*）一书中颂扬了理想的希腊之美

1762年："雅典人"斯图尔特（Stuart）和尼古拉斯·瑞威特（Nicholas Revett）出版了《雅典古迹》（*The Antiquities of Athens*），继续鼓励发扬希腊复兴风格

1770年：英国皇家海军詹姆斯·库克船长（Captain James Cook）绘制出澳大利亚东海岸线图

1776年：《独立宣言》：美国终于宣布摆脱了英国的统治

1750年	1760年	1770年	1780年

1757年：乔万尼·保罗·帕尼尼（Giovanni Paolo Panini）绘制了英雄杰作《古罗马》（*Ancient Rome*），赞美了罗马主要的纪念碑

1769年：詹姆斯·瓦特（James Watt）和马修·博尔顿（Matthew Boulton）为第一台蒸汽机申请了专利

1771年：克雷芒十四世（Clement XIV）为拥有大量古典艺术馆藏的大型梵蒂冈博物馆揭幕

1786年："开明暴君"和新古典主义建筑的支持者普鲁士腓特烈大帝逝世

拿破仑·波拿巴（1769—1821年）

拿破仑既是一名杰出的文官，也是一名优秀的将领，他于1804年成为法国皇帝。

展现了法国设计艺术在半个多世纪的时间里所取得的巨大成就。

在建筑作品相对较少的新古典主义建筑师中，法国人艾蒂安–路易·布雷（Étienne-Louis Boullée，1728—1799年）的影响最为深远。他曾绘制过国家图书馆和牛顿纪念堂（1784年）的草图：建筑阴森空寂，规模难以想象，身处其中的人类如蝼蚁般渺小。

希腊复兴风格

18世纪中叶，约翰·温克尔曼（Johann Winckelmann，1717—1768年）和阿贝·洛吉耶（Abbé Laugier，1713—1769年）分别撰写了关于古典希腊艺术和西方建筑根源的著作，这令许多人认为希腊——而非罗马——为理想之美提供了最佳范例。在接下来的一个世纪里，希腊之美在艺术领域占据着愈发重要的地位，各大城市的希腊风格建筑数量激增，柱廊、列柱、门楣更是为其锦上添花。

雅典帕特农神庙（18世纪蚀刻）

于希腊复兴主义者而言，没什么建筑能够比公元前5世纪的雅典建筑更完美。帕特农神庙是其登峰造极的建筑典范，它影响了许多新古典主义建筑。

1789年：攻占巴士底狱象征着法国大革命的开端的君主制的覆灭

1799年：拿破仑·波拿巴成为法国的独裁者，致使欧洲陷入连年战争

1806年：拿破仑命人建造了凯旋门

1815年：滑铁卢战役：英国和普鲁士军队击败拿破仑，他被驱逐海外

1790年　　　　**1800年**　　　　**1825年**　　　　**1850年**

1793年：恐怖统治（The Reign of Terror）开始，这一年里法国有数千人被送上断头台

1805年：纳尔逊（Nelson）在特拉法加战役中摧毁了法国和西班牙舰队

1807年：英国宣布奴隶贸易非法，美国于1865年废除了奴隶制

1837年：维多利亚女王登上英格兰王位，开启了漫长的统治，大英帝国进入日不落帝国时代

1848年：卡尔·马克思和弗里德里希·恩格斯发表《共产党宣言》，标志着社会主义的兴起

新古典主义建筑

约1750—1850年

　　自18世纪中叶起，古典建筑的复兴极大地改变了许多欧洲城市的面貌和功能。因此，在工业主义最初萌芽之时，最新的建筑理念所根植的文化，其实早在两千年前甚至更早以前就达到巅峰了。

　　圣彼得堡、爱丁堡新城还有赫尔辛基都是新古典主义建筑时代的杰出创造，每一座城市都标志着其恢宏而崭新的开端，每一座城市又都多多少少地装作它们阴冷潮湿甚至天寒地冻的气候适合这种建筑——在爱琴海的暖阳下诞生，在亚得里亚海和地中海的浪花下壮大。引人注目的是，这种艺术规划起了妙用：很大程度上来说，这些城市瑰丽灿烂，值得一看，其建筑考究雅致，设计因地制宜，以最大限度利用它们严酷的地理区位。有人认为，它们所体现的古代建筑风格并不过时，甚至十分"新潮"（modern）——这个词直到18世纪才在英语中出现，令人心向往之。这些欧洲城市与雅典和罗马相距甚远，但其间的街道、宫廷、教堂和市政厅的设计却明快动人，时而缤纷多彩，即便在今天，也的确显得十分时尚，令人耳目一新。

古典礼仪

　　新古典主义建筑真正的光辉不仅在于建筑穹顶、山形墙饰、柱廊和那精准的数学比例，还在于其内在的礼仪。这些建筑设计之初，就适于步行或骑行参观——圣彼得堡便是后者那种情况。即便像凯旋门那样规模庞大的建筑，也像是城市舞台上熟悉的实力派演员。到19世纪，众多夺人眼目的新古典主义建筑开始展现出地方特色。圣彼得堡的尖顶海军大楼只能属于俄罗斯，而格拉斯哥建筑师亚历山大·希腊·汤姆森（Alexander "Greek" Thomson）的作品——比如加勒多尼亚路自由教堂（Caledonia Road Free Church）却属于它自己的一个世界（现已大多损毁）。

《 多立克式瓦尔哈拉神殿（Temple of Walhalla）

巴伐利亚路德维希一世（Ludwig I）在德国雷根斯堡（Regensburg）附近建造了这座新古典主义神殿。它俯瞰着多瑙河，保存着德国历史上著名人物的半身像。

建筑元素

　　新古典主义建筑不仅与恢宏的古希腊古罗马遗迹考古再发现有关，而且与新一代欧洲国王和皇帝的雄心壮志有关。他们视自己为古典文明的继承者，并且以坚定不移的决心建造了规模庞大的建筑。

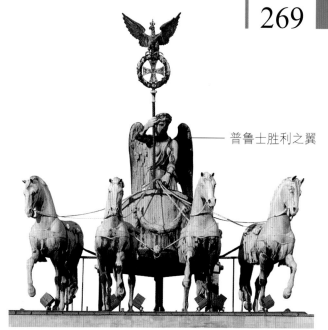

普鲁士胜利之翼

⚄ 希腊雕像

希腊的"驷马战车"（quadriga）多次出现在新古典主义风格城市的纪念性雕塑中，最为著名的是柏林勃兰登堡门（Brandenburg Gate）顶部的这座雕像。

⚄ 威严的柱廊

柏林阿尔特斯博物馆（Altes Museum）的柱廊简洁庄重，在新古典主义设计中具有很大影响力。

基于罗马式设计的浮雕方格

⚄ 罗马式消遣

玛德莱娜大教堂位于巴黎市中心，是为纪念传奇英雄拿破仑·波拿巴的"大军团"（Grande Armée）所重建的一座罗马神庙，它最终奉为一所圣教堂。

英雄雕像赞颂了法国的辉煌

⚄ 凯旋门

由拿破仑·波拿巴委托建造的巴黎凯旋门使古罗马拱门相形见绌。新古典主义建筑师的细微鉴赏力常常受制于自负的赞助人。

古典风格的雕塑代表了文明的进步

立面并未上色，这一点与原型希腊神庙不同

⚄ 新古典主义希腊风格立面

随着古希腊遗迹被重新发现，它们成为宏伟的新希腊式建筑立面的基础，伦敦大英博物馆便是一个例子，其风格类似于爱奥尼柱式神殿（Ionic temple）。

先贤祠，巴黎

◔1790年　🏳法国巴黎　⌂雅克-热尔曼·苏夫洛　🏛市政建筑

这座巴黎地标式建筑恢宏大气，是雅克-热尔曼·苏夫洛（Jacques-Germain Soufflot，1713—1780年）的伟大杰作。他如饥似渴地研究着古罗马的历史遗迹，是早期新古典主义顶级建筑大师。先贤祠原是路易十五为圣女吉纳维夫（St Geneviève）设计的教堂，现在则是我们熟知的法国英雄名人堂。

⚜穹顶内部绘画

先贤祠的穹顶是根据克里斯托弗·雷恩的伦敦圣保罗大教堂穹顶建造的。同圣保罗大教堂一样，先贤祠由教堂（或者说规划为教堂的建筑）设计而来，内有狭长的中厅和过道。高耸的墙面令这座建筑比平面图看起来更为敦实厚重。

先贤祠建筑平面呈希腊十字形，长110米，宽85米，新古典主义立面工致精巧。正面的科林斯式柱廊以罗马万神殿为基础，十分宏伟壮观。在内部，希腊十字形结构由圆顶和桶形拱顶所覆盖。6世纪，巴黎守护神圣女吉纳维夫葬在一所教堂里，1757年，人们开始在这座教堂的遗址上修建先贤祠。法国大革命时，先贤祠变为纪念法国英雄伟人的圣祠，建筑四周原有的窗户也被封填起来。1806年，它再次变回教堂；1885年，这里又变为一座博物馆。无论是什么用途，先贤祠都赫然屹立于此。

》雅克-热尔曼·苏夫洛

雅克-热尔曼·苏夫洛出生于欧塞尔（Auxerre），于1731—1738年就读于罗马的法兰西学院。1755年，马里尼侯爵（Marquis de Marigny）将王室的巴黎建筑掌控权交予苏夫洛。尽管他是一名古典主义者，但他仍十分喜爱过去哥特式建筑的轻盈明亮；在设计先贤祠时，苏夫洛就采用了中世纪技艺来实现新古典主义建筑之目的。

》巨大的穹顶
巴黎市中心的许多街巷林道都可以看到先贤祠高达83米的穹顶。

AUX GRANDS HOMMES LA PATRIE RECONNAISSANTE

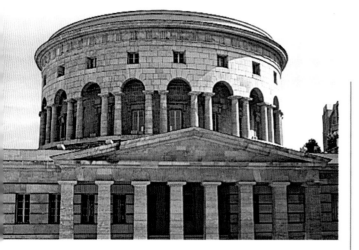

拉维莱特城关

🌐1789年　🏳法国巴黎

🏛克劳德·尼古拉斯·勒杜　🏛市政建筑

这座壮观的装饰性建筑现在坐落于一个市政公园内。曾经，像这样的税关有40座，它们环绕着巴黎都城，为国库增金添银；大革命时，多数税关惨遭损毁，如今仅余4座。这座建筑规模庞大，基座为方形，其正前方立面为多立克式，没有任何装饰，方形基座上是大型圆厅。

协和广场

🌐1775年　🏳法国巴黎

🏛雅克－昂日·卡布里耶　🏛市政建筑

协和广场依塞纳河而建，它位于卢浮宫西端，将杜乐丽花园和香榭丽舍大道分隔开来。1753年，广场中间矗立起路易十五的骑马雕像，协和广场则成为这座新雕像的衬景。如今，广场仍保留得很好，其北侧两栋一模一样的宫廷式建筑并排而立，建筑侧面是美观大方的科林斯式立柱，上有山形墙饰点缀。国王的雕像在大革命期间被推倒，取而代之的是断头台——1793年至1795年，1300人被推上这个断头台，其中就包括路易十六、玛丽·安托瓦内特（Marie Antoinette）、丹东（Danton）和罗伯斯庇尔。1829年，埃及总督穆罕默德·阿里赠送的高23米的卢克索方尖碑取代了断头台。1787—1790年，让－鲁道夫·佩罗内（Jean-Rodolphe Perronet）修建了横跨塞纳河的协和大桥，从广场直通国民议会。

国民议会

🌐1810年　🏳法国巴黎

🏛贝尔纳·普瓦耶　🏛政府大楼

法国国民议会需要建造一栋大楼，其风格"既高贵，又虔诚"，这个任务便落在贝尔纳·普瓦耶（Bernard Poyet，1742—1824年）头上，于是他在这一片日益增多的宫殿式建筑群前，设计了雄伟的柱廊。国民议会大楼后面坐落着国民议会，前面正对着协和大桥，而普瓦耶的设计恰好处在协和大桥与远处协和广场的中轴线上。普瓦耶还曾设计过一种奇怪的装置，这种装置能让人体验零重力状态：把人装在铁筒里，铁筒从桥上坠落，经弹簧缓冲后掉入塞纳河。

凯旋门

🌐1836年　🏳法国巴黎

🏛让－弗朗索瓦－泰雷兹·沙尔格兰　🏛纪念碑

1806年，拿破仑赢得奥斯特里茨战役后不久，便下令仿照古罗马凯旋门建造一座高大磅礴的拱门。但直到1836年，建筑师沙尔格兰（Chalgrin）去世25年后，凯旋门才建成。凯旋门高49.5米，至今仍是世界上最大的拱门；沙尔格兰师从天马行空的畅想家布雷，所以他这样设计并非没有渊源。凯旋门位于12条星光放射状道路的中心，是香榭丽舍大道一众景观中的极致。巨大的门柱基座上有四面栩栩如生的巨型浮雕，这是凯旋门的一大特色；拱门顶部则是革命战争和拿破仑战争期间取得的重大胜利战役的名称；凯旋门内的墙壁上还可以看到重要性稍次的胜仗名称以及558名法国将领的名字。

⊠ 艰巨的任务

凯旋门的地基用了两年才建好。

圣玛德莱娜教堂

◖1842年后　▥法国巴黎
✍皮埃尔–亚历山大·维尼翁　▥礼拜场所

古典理想

这排柱廊虽然略宽，但与罗马卡雷神庙十分相似。

这座建筑仿照尼姆的罗马卡雷神庙建成，它本是座教堂，但在1806年，拿破仑下令将这座巨型新式科林斯建筑改为一座敬奉其"大军团"的荣耀神庙。1842年，它终被奉为一座教堂，敬奉抹大拉的圣玛利亚（St Mary Magdalene）。这是一座独栋建筑，矗立于7米高的基座上，侧面立柱高20米，其气势雄伟威严，即便在罗马神庙衰落1400年后，仍能产生影响，传递威严，展现公民尊严。这座建筑是皮埃尔–亚历山大·维尼翁（Pierre-Alexandre Vignon，1763—1828年）的杰作，他是勒杜的学生。

里沃利大街

◖1855年　▥法国巴黎
✍皮埃尔·封丹和夏尔·柏西埃　▥市政建筑

美丽的里沃利大街（Rue de Rivoli）是拿破仑最钟爱的两位建筑师皮埃尔·封丹（Pierre Fontaine，1762—1853年）和夏尔·柏西埃（Charles Percier，1764—1838年）联袂设计的，这条拱廊大街朝向杜乐丽花园，从玛莱区（Marais）一直通向协和广场。街道拱廊长1.5千米，漫步巴黎的行人们走在拱廊下，可以免受风吹日晒雨淋。

这条街花了很长时间才建成：在波旁王朝复辟期间、查理十世、路易·菲利普以及拿破仑三世统治期间，这条街道一直在修建中。然而，历代国王和皇帝很容易就可以证明，这样一个受人欢迎且政治上基本中立的工程是十分合理的。与此同时，巴黎下水主管道也建在这条街道下方。

公民的胜利

这一整洁文明现代的城市规划典范是为纪念拿破仑在里沃利战役（1797年）中战胜奥地利人而命名的。

市镇规划

文艺复兴时期，理想新市镇的设计通过石材和大理石得以实现，这是放飞的梦想，也是愉悦的放纵。但到了18世纪，欧洲城市快速扩张，这就要求更为人们采取更为严密周全、协调一致的规划方法了。

在欧洲君主的绝对统治下，美观漂亮而一成不变的规划往往由法律强制执行。18世纪初，俄罗斯彼得大帝（1672—1725年）为新首都圣彼得堡的建设奠定了基础。他在位期间，大力促使俄国在技术和文化上赶超西欧，因此他希望圣彼得堡能够与欧洲任何一个首都相媲美，其结果便是造就了一座最伟大的新古典主义之城。同样地，拿破仑·波拿巴希望将18世纪晚期的巴黎变为一座宏伟华丽的宫廷之都、古迹之城。他还通过修建城市下水道、人行道，改善供水，设置新市场和屠宰场实现了城市现代化。拿破仑三世时期，奥斯曼男爵（Baron Haussmann）开展了更为彻底的升级改建工程。

在英国和美国，人们通过共识制定了合理的城市规划，所以英国的城市扩张仍是相当有机的过程。作为伦敦第一个文艺复兴广场，考文特花园原是为想要逃离伦敦旧城喧嚣污秽的富商贵族修建的。但几十年后，城市生活中令人不齿的犯罪问题也玷污了这块土地。于是，富商巨贾们便又搬往更新、更干净的格鲁吉亚广场，城市便愈发庞大。

在美国，华盛顿特区从18世纪末开始发展。宽敞的街道格局四通八达，连接了东南西北的主要建筑、露天空间和格网般的街道，为全世界的都市城镇规划者们提供了范例。

⌄ 彼得大帝

在沙皇彼得一世的统治下，圣彼得堡规划并建造为一座伟大的新古典主义之城。

⌄ 中央点

1806年，拿破仑下令修建凯旋门。后来12条奥斯曼大道以凯旋门为核心，像车轮辐条一样向外伸展辐射开来。

勃兰登堡门

🕐 1793年 　🏛 德国柏林

✍ 卡尔·戈特哈德·朗汉斯 　🏛 纪念建筑

1780年，普鲁士腓特烈威廉二世（Friedrich Wilhelm II）下令建造勃兰登堡门，这是一座以雅典卫城门道（propylaea）为基础的雄伟多立克式大门。它象征着和平，但看起来更像是与战争有关。许多年来，勃兰登堡门都是柏林墙最为著名的一个部分。大门高26米，位于菩提树大街（Unter den Linden）的尽头，而这条街道是一条通向威廉宫的菩提林荫道。它是通往柏林的几大城门之一，其城门入口把关十分严格。勃兰登堡门由一面多立克式门和两排各6根廊柱组成，城门两侧是一对简洁朴素的多立克亭。大门顶上有座驷马战车雕像，胜利女神高举着月桂花环驾驶着这架战车。过去，柏林市中心有一排长长的古典复兴建筑，勃兰登堡门是第一座，当时的唯美主义者便将柏林这座城市称为"Spreeathen"，意思是施普雷河上的雅典。

≫ 雄伟的大门

多立克式门宽65米、深11米。

阿尔特斯博物馆

🕐 1830年 　🏛 德国柏林

✍ 卡尔·弗雷德里希·申克尔 　🏛 博物馆

阿尔特斯博物馆（Altes Museum）冷峻、完美，令人难以忘怀，是希腊复兴时期重要的建筑之一，对两次世界大战之间流行的简约古典主义产生过重大影响。申克尔以万神殿为基础，在这里建造了一个庞大的双层鼓形座。18根爱奥尼式立柱美观壮丽，立在显眼的基座上，上面是两只普鲁士老鹰，而鼓形座则在方形体上，古希腊运动员驾驭着骄傲的牡马，一派威风。这座建筑充满柏拉图式元素，构思完美，技艺精巧。德国统一以来，阿尔特斯博物馆完成了全面修缮，现如今已成为一座颇受欢迎的美术馆、博物馆。

≫ 现代釉彩

博物馆外墙现已上釉；走上露天台阶便是场馆入口，这里通风良好，而今已鲜少有人倾心于其艺术。

园丁之家，夏洛滕霍夫宫

🏛 1829年　📍德国波兹坦

🏛 卡尔·弗雷德里希·申克尔　🏛 宫殿

　　这座建筑反映出申克尔平和甚至幽默的心境，是申克尔可爱迷人的建筑代表作。夏洛滕霍夫宫（Charlottenhof）的园丁之家仿造一座旧建筑建造而成，展现了英国新古典主义家、才华横溢的洋派建筑师约翰·纳什（John Nash）的影响力。他比申克尔年长一代，十分诙谐风趣。1826年，申克尔前往伦敦参观新大英博物馆时，二人相识。此行途中，煤气路灯和马克·布鲁内尔（Marc Brunel）的泰晤士河隧道给他留下了极为深刻的印象。申克尔在夏洛滕霍夫宫内建造了许多房屋，这是其中的一座，由旧农舍翻修而来，原属夏洛特·雷文兹（Charlotte Reventzow）为王储及其配偶伊丽莎白所准备。夏洛滕霍夫宫是一处静养宜居之地，房屋充满美感，令人备感愉悦，格局合理得当，从客厅出来可以直接步入风景如画的花园中。从外形上来说，申克尔将小型罗马浴室、罗马神庙、意大利乡间别墅巧妙地融为一体，建成了这座园丁之家。然而或许有些可悲的是，如今建造的郊区别墅，很少有如此精巧活泼的设计了。

⊗ 园丁的喜悦

这座房子设计得精巧迷人，是申克尔平易近人的建筑风格的代表。

柏林剧院

🏛 1821年　📍德国柏林

🏛 卡尔·弗雷德里希·申克尔　🏛 歌剧院

　　通过设计柏林剧院（Schauspielhaus, Berlin），申克尔展现了复兴希腊设计是如何影响最雄壮的新市政建筑的。柏林剧院是一个华美的建筑舞台，是一座大型、大胆的建筑，它素无装饰，而是用直线直率地勾勒出后面的大厅房间。窗户几乎个个紧挨，照亮了剧院内部，从这个角度来看，大半个世纪后出现在欧洲街道上的大型新古典主义百货大楼，就是以剧院为原型设计的。剧院入口正对着阿卡德米广场（Platz der Akademie），正面是宏伟的爱奥尼式柱廊，柱廊上方是一面大型山墙阁楼，里面是观众席，顶部是座阿波罗驾驶着狮鹫牵引的战车的雕像。剧院坐落在德国精致塔楼和法国教堂中间，展现出申克尔强烈的公共剧院意识。剧院内部，他设计成希腊风格的圆顶剧场，舞台深入观众席之中。1945年，剧院惨遭大火焚烧；1984年，剧院终于重新面对公众开放。

⊗ 文化地标

贝多芬《第九交响曲》、瓦格纳《漂泊的荷兰人》（Der fliegende Holländer）的柏林首演都在柏林剧院进行。

奇斯维克府邸

🕐 1729年　🏴 英国伦敦　⚒ 伯灵顿勋爵　🏛 住宅

奇斯维克府邸（Chiswick House）是一栋精致的别墅，原属一座大宅邸的一部分，但其他部分现已拆除。该建筑由第三代伯灵顿伯爵理查德·博伊尔（1694—1753年）设计，他是一名建筑师、赞助人、鉴赏家。由于他和志趣相投的伙伴都不认同巴洛克晚期粗俗奢华的设计风格，于是他便站起来领导了英国的帕拉第奥运动。一个世纪前，伊尼戈·琼斯（Inigo Jones）将安德烈亚·帕拉第奥（Andrea Palladio）引入英国，就是在这里，伯灵顿以安德烈亚·帕拉第奥的作品为基础，推荐了更为清教徒式的、从几何角度来说更为严密的建筑设计。奇斯维克府仿照维琴察的卡普拉别墅建造，它虽然并非完全对称，但其独特之处在于外观简洁朴素、石雕切割干净，其方尖碑式烟囱、八边形穹顶、弦月窗、威尼斯式窗户，或许还有那意外丰富的内饰及家具，都让这栋别墅别具一格。室内装饰和家具出自威廉·肯特（William Kent）之手，1719年，伯灵顿把他从意大利带回来，专攻室内及花园设计。

建造房屋

和谐的外观在很大程度上令奇斯维克府邸看起来十分优雅简洁。

萨默塞特府

🕐 1786年　🏴 英国伦敦
⚒ 威廉·钱伯斯勋爵　🏛 政府建筑

萨默塞特府位于河岸街和泰晤士河之间，占地面积十分庞大，曾作为政府办公楼使用。实际上，这是英国修建的第一座办公用途大楼。大楼十分恢宏气派，设计师是威廉·钱伯斯（1723—1796年），他曾在巴黎和意大利接受培训，成为一名建筑师，还曾辅导过威尔士亲王，即后来的乔治三世。

萨默塞特府朝向河岸街的一面十分朴素，只突出去九面窗户那么宽，没有任何宏伟的造型。然而，过了拱门，便是一处大气的广场，广场周边是宏伟的翼楼，这是后文艺复兴时代英国优秀的城市规划范例之一。萨默塞特府长200米，朝向泰晤士河的一面为凡尔赛风格，中间是突出的部分，中央顶部为山墙阁楼和浅圆顶，大楼两侧是山墙柱廊门。这个长长的立面矗立在一个巨大的台子上，而这个台子由粗琢过的拱门支撑，可以看作帕拉第奥式桥。直至19世纪中叶泰晤士河筑堤之前，这些拱门下都会有河水漫过。

河滨办公楼

萨默塞特府原本是政府办公楼，现在则是欧洲主要艺术藏品所在地。

皇家新月楼和圆形广场，巴斯

◉1775年　🏳英国西南城市巴斯　⚐约翰·伍德父子　🏛住宅

从空中看，圆形广场和皇家新月楼像是一个巨大的问号，它们标志着18世纪城镇设计闪耀的时刻之一。在这里，约翰·伍德（John Wood，1705—1754年）及其儿子小约翰·伍德（1728—1782年）为罗马设计赋予了新生，从围闭广场到拥抱开放的新月楼，他们总是以优雅欢欣的姿态一往无前。

皇家新月楼和圆形广场都十分壮观，是城市中备受追捧的住宅。圆形广场先由老约翰·伍德建设。巴斯曾经是一个古罗马风格的城市，而伍德决心重建一个现代版的巴斯。圆形广场本计划建为运动场所，但考虑到日益时尚的健康度假区对智能住宅的需求，这里变成了一处城镇住宅圈。这里有三条街道，其中一条是布鲁克街，径直通向新月楼。伍德借鉴罗马斗兽场的立面，将新月楼蜂蜜色的石墙外观依照层次等级设计为多立克柱式、爱奥尼柱式和科林斯柱式。每间房屋的平面各不相同，因此从后面来看，圆形广场并不完美；然而，它是英国实用主义的绝佳例证，展现了圆形广场历久弥新的吸引力：它既严肃正式，同时又适应性强。皇家新月楼包括30幢楼，其灵感亦源自罗马斗兽场，设计影响十分深远。大楼的建筑立面精巧细致，高底基座上的爱奥尼柱式则壮丽辉煌，二者相得益彰。

》伍德父子

约翰·伍德是巴斯一位建筑商的儿子，他为18世纪的巴斯设计了许多精妙绝伦的街道和建筑，包括皇后广场、南北商业街（North and South Parades）、圆形广场、帕莱尔帕克公园（Prior Park）。他按照自己的设想，在巴斯创造了一个"新罗马"。他的儿子约翰建成了圆形广场，之后设计了皇家新月楼和巴斯集会厅（Assembly Rooms）。

⌄ 面向游客开放

皇家新月楼一号楼已由巴斯保护托事会（Bath Preservation Trust）全面修缮，现为一座博物馆。

圣乔治大厅

🌐 1854年　📍英国利物浦

✍ 哈维·朗斯代尔·埃尔姆斯　🏛 市政建筑

» 公民自豪感的呈现
旅客离开利物浦主火车站，首先映入眼帘的便是圣乔治大厅。

圣乔治大厅是19世纪上半叶英国恢宏的建筑之一，内有多个法庭、一个巨大的音乐厅和一个会议厅，是一座美得动人心魄的新古典主义神庙。圣乔治大厅原来仅是座音乐厅，哈维·朗斯代尔·埃尔姆斯（1813—1847年）在年仅23岁时便赢得了设计圣乔治大厅的竞赛，此外他还在新巡回法院的设计比赛中获胜。1842年，按照改进版设计，音乐厅和法院开始合并建设，成为一座普鲁士建筑师申克尔风格的雄伟神庙。后来埃尔姆斯患病，建筑师换为查尔斯·罗伯特·科克雷尔（Charles Robert Cockerell，1788—1863年）。

这座建筑气势恢宏，垒起于高座之上，音乐厅顶部大阁楼层的灵感则取自享乐主义的罗马卡拉卡拉浴场。音乐厅是桶形穹顶，镀金装饰，极尽奢华。大厅里有一架巨大的管风琴，地板上铺着精美的瓷砖。这座建筑充分彰显着贸易基础上的繁荣。

加勒多尼亚路自由教堂

🌐 1857年　📍英国格拉斯哥

✍ 亚历山大·希腊·汤姆森　🏛 礼拜场所

新古典主义运动在19世纪的苏格兰尤为盛行。这座庞大的希腊风格教堂出自苏格兰伟大的建筑师之一——亚历山大·希腊·汤姆森（1817—1875年）之手，他作品颇丰，即便古典传统在英国的影响力已日渐式微，在他居住的格拉斯哥，他仍选择继续将其发扬光大。这座教堂也是后来才愈渐著名。

这座前联合长老会教堂坐落于格拉斯哥戈尔巴尔斯（Gorbals）地区，汤姆森曾是该教的长老。教堂矗立在朝西的巨大基面上，支撑着爱奥尼柱式门廊。旁边，一座高耸、方正、朴素的石塔直冲云霄，刺入格拉斯哥的天空。教堂并不对称，中厅有1150个座位，最初是许多高侧窗将教堂照亮。

格拉斯哥1962年拆除该地区的旧租户公寓时，教堂失去会众。1965年，大楼内部被大火烧毁。不可思议的是——虽然这座建筑设计宏伟，并且20世纪著名的美国建筑历史学家亨利-拉塞尔·希契科克（Henry-Russell Hitchcock）将其描述为世界上精美的浪漫主义古典教堂之一，但是这座空壳教堂已被遗弃，空荡荡地存在了40年之久，尽管夜晚会有泛光将其照亮。

都柏林四法院

◷1802年　🏴爱尔兰都柏林

⚒詹姆斯·冈东　🏛市政建筑

四法院是英国建筑师詹姆斯·冈东（James Gandon，1743—1823年）的经典代表作，雷恩圣保罗大教堂的希腊十字形设计以及克劳德·尼古拉斯·勒杜（Claude Nicolas Ledoux，1736—1806年）的丰碑杰作都曾对该建筑产生过影响。建筑上方是鼓形屋，其顶部则是一个浅碟形穹顶。鼓形屋下方的中央大厅、大法官法院、国王合议庭法院、财政法院和普通民事法院呈对角线排列在中央大厅周围。屋顶轮廓雕塑出自爱德华·史密斯（Edward Smyth）之手，代表摩西、正义、仁慈、智慧和权威。四法院在爱尔兰内战期间（1922—1923年）遭到严重破坏，现在，建筑外部进行了修缮，而内部则已重新排列改造。

《 入口给人以深刻印象

高大威严的科林斯柱式门廊朝向利菲河。

都柏林海关大楼

◷1791年　🏴爱尔兰都柏林

🏴詹姆斯·冈东　⚒市政建筑

海关大楼四面各不相同，富有张力的转角亭将其两两相连。海关大楼受雷恩在切尔西和伦敦格林威治皇家医院影响，与四法院相隔不远。1781年，冈东受命设计海关大楼，以征收消费税。由于担心新海关大楼选址会阻碍房屋视线，继而使房屋贬值，愤怒的都柏林商贾便极力阻挠大楼的建设，但大楼最终还是在1791年竣工。这座建筑大体上朴实无华，但托马斯·班克斯（Thomas Banks）、阿戈斯蒂诺内·卡利尼（Agostino Carlini）和爱德华·史密斯把象征着爱尔兰河流的雕塑沿屋顶轮廓刻在了拱顶石上，十分精美。英爱战争期间（1919—1922年），战火焚毁了大楼穹顶，石雕开裂，大楼内部毁于一旦。20世纪80年代，海关大楼的修缮工作终于完成。

∨ 河畔风情

海关大楼沿利菲河而建，低矮的建筑大楼优雅从容。

>> 优雅的用餐环境

咖啡桌椅位于入口凉廊处，后面是宏大的希腊风格墙面，上有屋顶遮阳挡雨，但侧面仍向街道开放。

佩德罗基咖啡馆

● 1831年　🏳意大利帕多瓦　✍朱塞佩·亚佩利和安东尼奥·格拉代尼戈　🏛商业建筑

在帕多瓦这座以行人廊道闻名的城市里，佩德罗基咖啡馆（Caffè Pedrocchi）不仅是主要的城市地标和约会场所，还为行人廊道增添了一抹靓丽崭新的色彩。这家咖啡馆空间敞亮，向来深受当地人和游客的喜爱。朱塞佩·亚佩利（Giuseppe Jappelli，1783—1852年）和安东尼奥·格拉代尼戈（Antonio Gradenigo，1806—1884年）联手设计了这座希腊风格的咖啡馆，建筑富有罗马元素的装饰，令人印象深刻。多利克式门廊的罗马风格雕刻和铁艺装饰十分精巧，在坚实的多利克柱式门廊后，是一对凉廊（开放式廊道），穿过这里就是两个入口。两个凉廊将建筑前面的空地半围了起来，有些像一个小院；中间则形成了一个舒展的、十分夸张的两层科林斯式凉廊。

建筑侧面仿造了科林斯式半露方柱，以高大的长方体柱式为特征，仿照后立柱建成。咖啡馆的侧墙类似于美观的办公楼侧墙，这里没有门，游客也无法从此进入。佩德罗基咖啡馆直到1842年才最终完全竣工。亚佩利后期钟爱多种建筑风格：他在帕多瓦的威尔第歌剧院（Teatro Verdi）是洛可可风格，而他设计的别墅则是帕拉第奥风格。

赫尔辛基大学图书馆

● 1845年　🏳芬兰赫尔辛基

✍卡尔·路德维希·恩格尔　🏛图书馆

⌄ 错视柱

黄色墙壁上的一系列半柱和柱壁给人以柱廊式建筑的错觉。

大学图书馆是赫尔辛基重建时期的一座关键建筑，出自建筑师卡尔·路德维希·恩格尔（Carl Ludwig Engel，1778—1840年）之手。他出生于柏林，曾在塔林（位于如今的爱沙尼亚）和俄罗斯圣彼得堡工作，之后来到芬兰。图书馆主体为赭黄色立方体，内有3间长厅，屋顶全部是半圆筒形穹顶，而中厅有一个华丽圆顶，上有凹陷嵌板。雄壮的科林斯式柱列将3个厅装点得十分高贵，灯光灿烂华丽，尤其是窗外飘着鹅毛大雪时，日光反射进来，十分美丽耀眼。建筑外侧相对简单，四面都是科林斯式半柱和壁柱；它们看起来像独立的柱子，但实际上都半嵌在墙里，与建筑融为一体。

这座图书馆融合了普鲁士和圣彼得堡绝佳的当代建筑美学。它几乎与最初建造时的样子别无二致，使用起来也十分舒畅。恩格尔设计的天才之处在于他最大程度利用了日光，在这样一个一年到头黑夜多过白天的城市里，他创造了一个内部熠熠生光的建筑。

赫尔辛基大教堂

◔ 1852年　🏴 芬兰赫尔辛基

✍ 卡尔·路德维希·恩格尔　🏛 礼拜场所

　　赫尔辛基大教堂轩昂宏壮，是一座雪白的路德派大教堂。巨大的花岗岩台阶通向赫尔辛基大教堂，站在这里，几乎可以俯瞰城市的每一个角落。细长的中央鼓厅和圆顶凝望着整座城市的港口和波罗的海。主穹顶高62米，侧面是四座塔楼，塔楼采用了较小的俄罗斯风情穹顶。

　　教堂主体呈希腊十字形，四面的科林斯式柱廊完全相同。教堂上的窗户为内部投射了充足的光线。希腊十字形建筑内排有列柱，而鼓厅则由结实厚重的砖石建筑支撑，形成嵌板

较低的拱门，风格为科林斯式。厢座虽简单，但沿着中堂却显得秩序井然。希腊风格的细节在布道坛上十分亮眼，虽然数量不多，但细致精良。1818年，恩格尔开始进行教堂设计，1830年，教堂开始动工。1840年，恩格尔逝世，恩斯特·劳赫曼（Ernst Lohrmann，1803—1870年）接手了他的工作，直至最终完成。

✅ **居高临下的位置**
从大教堂屋顶向下看，是耶稣十二门徒的镀锌雕像。

赫尔辛基老教堂

◔ 1826年　🏴 芬兰赫尔辛基

✍ 卡尔·路德维希·恩格尔　🏛 礼拜场所

　　赫尔辛基老教堂在市中心的一个公园内遗世独立。它原本只是座临时建筑，然而，当设计用来替代它的大教堂落成时，赫尔辛基的人口已经增长到同时需要这两座教堂的程度了。实际上，虽然大教堂能容纳1300人，但这个小得多的老教堂也能容纳1200位会众。

　　公园里大雪纷飞时，老教堂显得尤其美丽。这是座庞大的木质结构建筑，由四个突出的多利

克式柱廊和方形坦比哀多（庙宇式结构）构成，上有三角屋顶，顶部是一个小圆顶。室内简明朴素，窗棂比例匀称，透过窗户，阳光洒满了整座建筑。

　　这是赫尔辛基最古老的教堂。它所在的公园原本是座墓地，1697年大饥荒的死伤者以及1710年大瘟疫的1185名罹难者遗骸葬在这里，其中许多都是瑞典士兵。恩格尔在修建教堂的同时，还在公园主入口设计了一扇石门，以悼念因瘟疫去世的人们。如今，老教堂公园内种满了榆树，是一个更加幸福快乐的地方。

圣彼得堡海军大厦

🌐 1829年　📍 俄罗斯圣彼得堡

🖊 卡尔·意瓦诺维奇·罗西　🏛 军事建筑

这些威严雄壮的建筑曾经是军队办公楼，它们朝向冬宫，坐落在广阔的冬宫广场南侧，蜿蜒600米长，横扫而过，气势如虹。这座庞大复杂的建筑正部分改建为冬宫博物馆（Hermitage Museum）的画廊和办公室。

外墙将新旧建筑稍加装饰，简洁明了，但中心则十分震撼，粗粝的基座上是起于一层楼高的魁伟科林斯式半柱。中央部分下方横穿出一条巨大的围堰拱道（凹陷嵌板），形成了一条可供通行的街道。拱门上雕刻着一架驷马战车，载着希腊双翼胜利女神尼姬（Nike），高扬在宏伟壮丽的圣彼得堡上空。

中央拱门由3座拱门构成，角度分别对应着街道的曲线。大楼一侧的巨大玻璃穹顶映照着下方的军事图书馆，虽然里面收藏了珍贵古老的军事历史书籍，但它并不对公众开放。这座建筑由卡尔·意瓦诺维奇·罗西（Karl Ivanovich Rossi，1775—1849年）设计，他出生于圣彼得堡，有一半意大利血统，1804年至1806年，他曾前往意大利寻求灵感。

⏏ 铭刻记忆的建筑

这些宏伟的军事建筑给人留下了震撼强烈的印象，令人们回想起彼得大帝统治下圣彼得堡强盛的军事力量。

圣以撒大教堂

🌐 1858年　📍 俄罗斯圣彼得堡

🖊 奥古斯特·蒙特费朗　🏛 礼拜场所

这座恢宏的希腊十字形大教堂由沙皇亚历山大一世下令建造，独自矗立在一个巨大的广场上。镀金圆顶傲视着整片区域，站在圆顶底部的环绕长廊上，涅瓦河和整个圣彼得堡的美景尽收眼底。大教堂内部十分宽敞，它占地4000平方米，可容纳14000名朝圣者站拜。

大教堂流光溢彩，使用了数千吨亚宝石，包括14种不同颜色的大理石和43种其他矿物宝石，比如孔雀石、碧玉、斑岩和天青石。外部立柱是红色花岗岩。俄国革命后多年，圣以撒大教堂曾经是一座无神论历史博物馆。现在，经过彻底修缮，大量19世纪艺术品收藏于此。

⏩ 工程保障

成千上万的木桩打入泥地里，支撑着圣以撒大教堂的重量。

新海军部大楼

◔ 1823年　🏛 俄罗斯圣彼得堡

✍ 安德烈扬·德米特里耶维奇·扎哈罗夫　🏛 军事建筑

　　新海军部大楼将古典风格与纯正的俄国风格完美融合。这座军事建筑气宇轩昂，威严宏壮，无疑是安德烈扬·德米特里耶维奇·扎哈罗夫（Adrian Dmitrievitch Zakharov）作品的绝佳代表。扎哈罗夫在巴黎求学期间，艾蒂安-路易·布雷天马行空的画作明显吸引了他的目光，海军部大楼设计壮观华丽，从镀金穹顶到穹顶下方浮夸的中央大门，布雷的影响可见一斑。

　　新海军部大楼是所有新古典主义建筑中，独特新颖的建筑之一。

　　大厦主立面长375米，分为一系列亭台，止于宏伟的多利克式庙宇之前。入口的塔楼和高耸的尖塔高73米。塔楼像婚礼蛋糕一样层层叠叠，上有一圈雕带，罗马海神尼普顿（Neptune）正在将代表权力的三叉戟交给彼得大帝。更高一层的是4尊古代军事领袖的雕像，他们分别是阿喀琉斯（Achilles）、埃阿斯（Ajax）、皮洛士（Pyrrhus）和亚历山大大帝。

≫ 安德烈扬·德米特里耶维奇·扎哈罗夫

　　俄国建筑师扎哈罗夫（1761—1811年）曾在圣彼得堡艺术学院学习；1782年，他前往巴黎，在凯旋门的建造者——让-弗朗索瓦·沙尔格兰门下学习了四年。后来，他以教授的身份回归美术学院；1806年，扎哈罗夫受沙皇亚历山大一世之令，重建彼得大帝最初的海军部大楼。圣彼得堡科学院也是他的主要杰作。

≫ 军舰指针
穹顶尖峰上的风向标呈彼得大帝私人战舰的形状。

美国的新古典主义建筑

约1775—1850年

　　美国的新古典主义建筑受3种因素影响：早期移民流行的品位、《独立宣言》（1776年）时代大众崛起的文化，以及这份著名宣言的起草人托马斯·杰斐逊所树立的信念——希腊和罗马的建筑蕴含着文明民主的特质。

　　除却这些贵族间的联系，美国许多最原始、最美观的新古典主义是为富裕的奴隶主在南方建造的种植园。当然，希腊和罗马都曾有依靠奴隶的历史，杰斐逊的家乡弗吉尼亚州亦是如此。在那里，这位自学成才的建筑师设计了里士满的州议会大厦和夏洛茨维尔的弗吉尼亚大学。

新首都的风格

　　大西洋两岸的革命政府都十分钟爱新古典主义建筑，美国国会将华盛顿特区的主要纪念场馆均建造为这种风格，国会大厦本身看起来也像是世俗的罗马圣彼得大教堂或是伦敦的圣保罗大教堂。1777年，法国工程师皮埃尔·查尔斯·郎方少校（Major Pierre Charles L'Enfant，1754—1825年）来到美国，投身独立战争，效命华盛顿政府。华盛顿的部分规划参考了凡尔赛圣母花园的设计，同时也参考了托马斯·杰斐逊给朗方的新古典主义欧洲城市的设计；1791年，朗方制定了华盛顿最初城市规划，最终结果是在格状规划的基础上叠加了对角大街互联互通。朗方为华盛顿设计的宽阔道路从国会大厦和白宫向外辐射。作为新生国家的首都，华盛顿特区意味着美国城市规划的典范。朗方构思的规划如今鲜有改变，对这个羽翼未丰的国家来说，这是一次非常大胆而富有远见的冒险。

◀ **杰斐逊设计的弗吉尼亚大学圆形大厅**

这座建筑以罗马万神殿为基础，前面是校园的
中央草坪，内部是图书馆。

建筑元素

随着美国逐渐成为世界上最强盛的国家，其建筑师也转向了新古典主义形式的建筑，以此来反映古代雅典民主和罗马共和的精神。新古典主义在新英格兰蓬勃发展，不仅朴素的几何图书馆和政府建筑尤为适用，更为简单轻便的住宅也十分适合新古典主义风格。

⊼ 帕拉第奥的影响

为向美国同胞介绍文艺复兴时期的建筑师安德烈亚·帕拉第奥精神，托马斯·杰斐逊做了大量工作。华盛顿特区的白宫是典型的帕拉第奥式建筑——平面和谐对称，大量运用山形墙饰及立柱，这些都是帕拉第奥式建筑的显著特征。

⊼ 新古典城市露台

纽约的华盛顿广场是一种在伦敦、都柏林和爱丁堡广为人知的住宅发展模式的翻版。其标配是常规立面上的窗扇和门以及两侧的罗马柱。

⊵ 巨型纪念碑

华盛顿纪念碑占据了市中心，是一座比拿破仑凯旋门更宏伟的城市地标。它以古埃及方尖碑为基础，建造这样的纪念碑是为了与美国首都的规模和雄心相匹配。

国家元首示意致敬的露台

权力与野心的象征

纪念碑高169米

⊼ 仿罗马立面的建筑

弗吉尼亚州里士满的州议会大厦由托马斯·杰斐逊设计。它以公元前1世纪的罗马卡雷神庙（Maison Carrée）为基础，是一座理想化的"共和"建筑，但实际上卡雷神庙可以追溯到罗马帝国建国之始。

⊼ 环绕式古典柱廊

希腊风格的绝佳应用范例之一。这种房屋有遮阳柱廊，很好地适应了当地气候。

白色大理石饰面

国会大厦，华盛顿

● 1863年　🏳 美国华盛顿　✍ 托马斯·尤斯蒂克·沃尔特　🏛 政府建筑

　　美国各地几十座政府大楼都仿照国会大厦建造，这座庆贺胜利的大厦俯瞰着波托马克河。大厦最初由威廉·桑顿（William Thornton，1759—1828年）、本杰明·亨利·拉特罗布（Benjamin Henry Latrobe，1764—1820年）以及查尔斯·布尔芬奇（Charles Bulfinch，1763—1844年）3人于1793年开始设计，但由于实际原因和政治原因，他们的设计有所欠缺。托马斯·尤斯蒂克·沃尔特（Thomas Ustick Walter，1804—1887年）便创造了一座更大的建筑。大厦南翼是众议院（立法议会的下议院），北翼是参议院（上议院）。两翼在圆形大厅交会，宏伟的铁铸圆顶上有108扇窗户将内部照亮。圆顶下方是国家雕像厅，里面收藏着重要历史人物的绘画和雕像。

⌃ 西侧视图

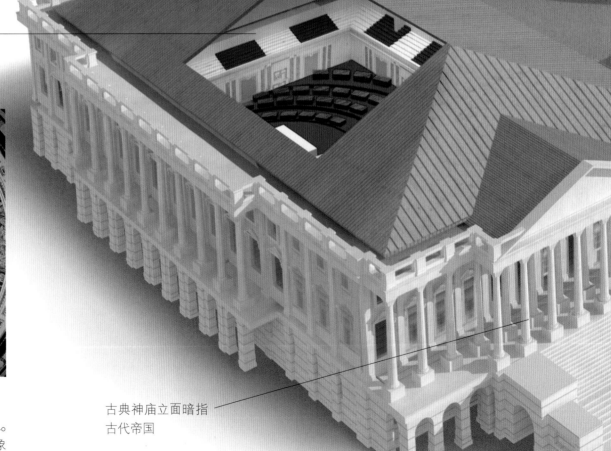

众议院，有许多办公室和委员会会议室

古典神庙立面暗指古代帝国

⌃ **圆顶内部**

阳光从巨大的防火圆顶上的窗户涌入。可以看到，对称的新古典主义建筑象征着这个新兴强国的自豪与骄傲。

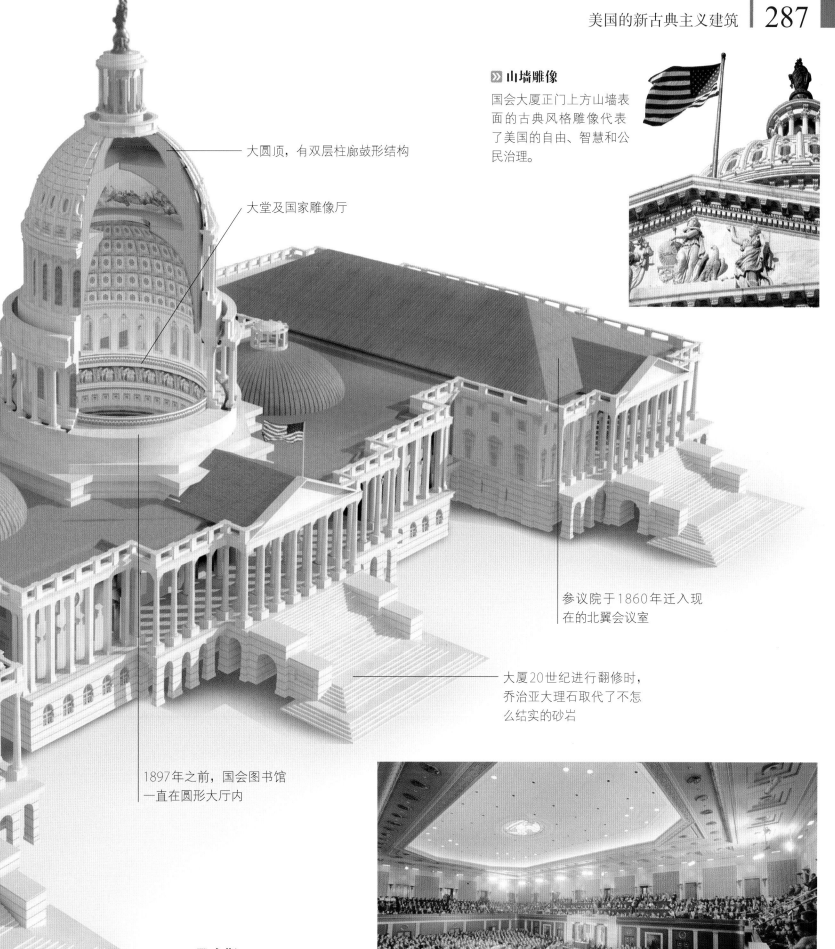

— 大圆顶，有双层柱廊鼓形结构

大堂及国家雕像厅

》山墙雕像
国会大厦正门上方山墙表面的古典风格雕像代表了美国的自由、智慧和公民治理。

参议院于1860年迁入现在的北翼会议室

大厦20世纪进行翻修时，乔治亚大理石取代了不怎么结实的砂岩

1897年之前，国会图书馆一直在圆形大厅内

》会期
众议院的半圆形席位将议员们平等地团结在一起，象征着民主。参议院和众议院都建造了高处的公共廊道。

独立纪念馆

◉ 1745年　🏛 美国宾夕法尼亚州费城

✍ 安德鲁·汉密尔顿和威廉·斯特里克兰　🏛 市政建筑

这座建筑在推动美国历史发展上发挥了关键作用，因而闻名天下。1776年7月4日，《独立宣言》在这里发表，这份文件所阐述的"生存权、自由权和追求幸福的权利"奠定了美国政府理论的基础。

独立纪念馆可以说是一座别具特色的乔治王朝风格的建筑 —— 如果可以使用这个词形容而又不冒犯美国人感情的话 —— 这座建筑花了很长时间才建成，几位建筑师都为它的变化呕心沥血。建筑主体是美观漂亮的红砖，饰有白色石材。该建筑于1745年建成，最初是宾夕法尼亚州殖民议会。1753年，增建了一座独具特色的塔尖塔楼，但在1832年，美国首都华盛顿的设计师之一威廉·斯特里克兰（William Strickland，1788—1854年）拆除并重建了该建筑。

独立纪念馆的建筑师深受安妮女王风格的红砖房屋的影响，而这些红砖房又受17世纪中叶荷兰建筑的影响。荷兰人以及英国人都是这里的移民，他们传承了端庄朴素而又生机勃勃的设计传统。当时，这座建筑曾经作为州议会、艺术自然博物馆、法庭。1943年，该建筑确定为国家历史遗址。

蒙蒂塞洛

◉ 1809年　🏛 美国弗吉尼亚州夏洛茨维尔

✍ 托马斯·杰斐逊　🏛 住宅

托马斯·杰斐逊（1743—1826年）自行设计、居住的这座乡间别墅别出心裁。作为《独立宣言》的起草人、驻法外交部长、美国总统（1801—1809年），杰斐逊建造的这座山顶建筑，或多或少都带有传统帕拉第奥设计的元素。然而，他在巴黎常驻期间，吸收了最新的新古典主义思想，并将蒙蒂塞洛（Monticello）改造为一座更迷人、更严谨的建筑。在经过1768年至1784年以及1796年至1809年这两个阶段的建设和修茸后，蒙蒂塞洛内含33间明亮的房间，至少5间室内卫生间 —— 简而言之，这是一座非常理想的住宅。杰斐逊还在这里存放了6700卷书，这也奠定了国会图书馆文学藏书的基础。1923年，杰斐逊的奴隶曾经照看过的房屋、亭台和土地，一并出售给了托马斯·杰斐逊基金会，并由该基金会管理至今。

☑ **令人印象深刻的入口**

蒙蒂塞洛有两个主门，其中一个在漂亮的多立克式柱廊下方（见下图），通向一间精美的圆顶接待厅。

白宫

● 1817年　⚐ 美国华盛顿特区
✍ 詹姆斯·霍本　🏛 政府建筑

　　白宫是美国总统的官邸，也是世界上著名的建筑之一。白宫最初在1792年由爱尔兰建筑师詹姆斯·霍本（James Hoban，1762—1831年）设计，他采用帕拉第奥风格，使用砂岩，差遣从爱丁堡而来的泥瓦匠以及当地奴隶建造而成。1807—1808年，B. H. 拉特罗布（B. H. Latrobe）增建了门廊；

　　1812年战争期间，白宫被烧毁；1815年至1817年，白宫重建；之后的几十年里，麦金·米德和怀特（McKim Mead & White）等著名建筑师陆续改建白宫，也正是他们在1902年将总统办公室迁至西翼行政办公楼，供总统及其工作人员使用。1909年，白宫西翼行政办公楼扩修，建成著名的椭圆形总统私人办公室。由于人们发现支撑天花板的旧木材不堪重负，1948年至1952年间，白宫大部分区域使用钢架结构进行了重建。

🔽 **总统门廊**

在1901年西奥多·罗斯福成为总统之前，白宫一直被称作行政大厦。

华盛顿纪念碑

● 1884年　⚐ 美国华盛顿特区
✍ 罗伯特·米尔斯　🏛 纪念碑

　　献给美国首任总统的华盛顿纪念碑直冲云霄，但花了将近一个世纪才建成。人们最初的提议是建造一个传统的骑马雕像来纪念总统；但最终选定的设计十分磅礴，1848年，纪念碑开始动工建设；1861年，美国内战中断了建设进度，最终，华盛顿纪念碑花了将近40年才完全建成。纪念碑高169米，外表是白色大理石。

苏格兰礼共济会

● 1915年　⚐ 美国华盛顿特区
✍ 约翰·拉塞尔·波普　🏛 礼堂

　　这座不朽的建筑是根据"世界七大奇迹"之一的摩索拉斯王（King Mausolus）陵墓建造的，它出乎人们的意料，自1915年起便一直是苏格兰礼共济会的总部。约翰·拉塞尔·波普（John Russell Pope，1874—1937年）的首个重要杰作便是这座建筑，后来他又设计了位于华盛顿的国家美术馆和杰斐逊纪念堂。

工业世界的建筑

工业化、通信交流以及交通运输的飞跃是19世纪的最大特征。诸如火车、电力、电报以及该世纪末出现的电话和汽车这样的创新令西方社会焕然一新。对建筑师们来说，传统不得不让位于重新焕发生机的新世界的需求。

英国维多利亚时代的建筑师奥古斯塔斯·普金（Augustus Pugin，1812—1852年）写道："我就是这样一节火车头，总是来去奔波。"普金生活在19世纪，是一个精力充沛的人，40岁时便燃尽了自己的青春年华，英年早逝。15岁时，普金开始在温莎城堡为乔治四世设计哥特式内饰；在他的职业生涯里，他在英国和爱

运输

到19世纪末，公共铁路已经在工业化的英国大地上伸展出自己的钢铁臂膀。

大事记

1803年：理查德·特里维西克建造了世界上第一节蒸汽火车头

1830年：利物浦和曼彻斯特之间的铁路开通，这是第一条全蒸汽运行的铁路干线

1866年：布鲁内尔的大东方号轮船铺设了第一条横渡大西洋的海底电缆

1879年：托马斯·爱迪生发明了电灯泡

约1880年：大量移民从欧洲涌入美国

1800年	1830年	1860年	1880年

1829年：降雨试验：乔治·斯蒂芬森的"火箭"速度惊人，达到了52千米每小时

1862年：法国人路易斯·巴斯德完善了巴氏灭菌法，保护食品免受污染

1876年：苏格兰人亚历山大·格雷厄姆·贝尔发明了电话

1880年：西门子和哈尔斯克制造出世界上第一台电梯，促进了摩天大楼的发展

尔兰的工业化城镇里建造了许多教堂。一支由施工队、工匠和装潢师组成的专业团队与普金一同工作，为把英国景观复兴为他所认为的14世纪哥特式天主教的鼎盛辉煌而努力。一位游客震惊于普金的海量设计作品，例如修道院、教堂、住宅、家具、书籍、墙纸，以及伦敦新威斯敏斯特宫的每一处细节，并问他："先生，您需要助手吗？"普金吼着回道："一个都不准雇。否则一周内我就会把他杀掉。"普金的新哥特式设计影响范围远至澳大利亚、美国。这位信奉福音的维多利亚时代建筑师之所以能够如此迅捷地建造这么多作品，除了与他本身的激情和旺盛的精力有关，还在于铁路带来的便利。

铁路时代

并非所有建筑师都和普金有一样的感受。铁路的出现和快速发展的工业引起了一些人的强烈反对，他们有的多愁善感，有的则怀恋过去。工艺美术运动应运而生，这场运动由英国匠人、辩论家威廉·莫里斯（William Morris，1834—1896年）发起，旨在鼓励建造浪漫的手工建筑，以此尽力避免现代世界的侵袭。与此同时，铁路以惊人的速度发展着。到普金去世时，火车已成为欧洲和美国大部分地区人们日常生活中不可或缺的一部分。世纪之交时，火车头的最高时速达到了150千米每小时，而许多特快列车的平均时速为80—90千米每小时。其中某些火车就像是车轮上的酒店，里面有餐车、卧铺、理发室、盥洗间、电灯，以及许多值班员。轨道和信息系统得到了突飞猛进的改善，所以火车比以往任何时候行驶得更快速、更平稳，也更安全。

铁路的影响不仅在于陆上旅行更快捷、更舒适，它还产生了深远的社会经济影响。随着铁路网愈加整合协调，原先无法想象的旅途通过乘火

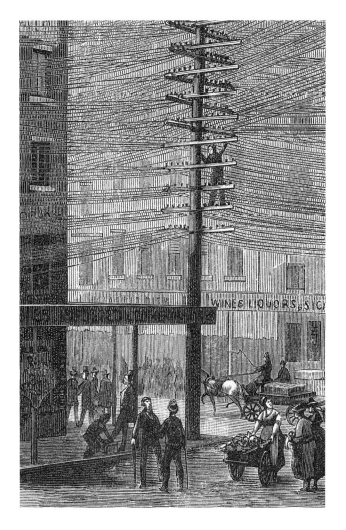

◄ 电线杆及电线

电报机使信息可以通过莫尔斯电码远距离发送。1844年，第一条电线在巴尔的摩和华盛顿之间架设。

1885年：卡尔·本茨在德国曼海姆制造出第一辆汽油车，这是一辆三轮车

1894年：古列尔莫·马可尼演示了首次无线电传输

1903年：莱特兄弟在美国俄亥俄州的基蒂·霍克进行了世界上首次动力飞行

1908年：亨利·福特推出T型车，一款为普通大众量产的坚固耐用型汽车

1900年　　　　　　　　　　　　　　　**1920年**

1886年：法国和美国同时发明了制铝工艺

1889年：古斯塔夫·埃菲尔为巴黎世博会开幕建造的埃菲尔铁塔完工

1900年：纽约奥的斯电梯公司在巴黎展示了第一台自动扶梯

1914年：弗朗茨·费迪南大公遇刺后，第一次世界大战开始

1919年：沃尔特·格罗皮乌斯在的德国成立了包豪斯建筑设计学院

车变得相对简单。例如，1869年，人们第一次可以通过"铁路"横跨美国。而标准铁路时刻的应用也使各地时差逐渐消失——这对保障列车服务安全高效所需的可靠时刻表来说至关重要。

不仅火车缩短了陆路旅行的时间，大型轮船也开始加快海上航行的速度。第一艘定期横渡大西洋的轮船是由英国工程师伊桑巴德·金德姆·布鲁内尔（Isambard Kingdom Brunel）设计的大西方号（The Great Western，1838年），而同样由布鲁内尔设计的大东方号（The Great Eastern，1858年）轮船在1866年铺设了第一条横渡大西洋的海底电缆。有了更加快捷的交通以及诸如电报和（后来的）电话这样的新通信方式，世界似乎

变得越来越小。城市、国家甚至文化之间的观念和人员流动变得愈发容易，而这也有助于传播查尔斯·达尔文以及卡尔·马克思等人的全新理论。

铁马

铁路能够将数吨重的原料——如煤炭、木材、铁矿石——进行长距离运输，将它们从矿山和森林运至冶炼厂和工厂，这有助于加快工业化的步伐。铁路还可以将制成品运送到分销点。从建筑的角度来看，这意味着建筑材料可以轻而易举地从一个地点运到另一个地点。过去，有的地区没有合适的黏土制砖，或者市镇远离石料

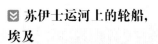

苏伊士运河上的轮船，埃及

苏伊士运河于1869年开通，它连通了地中海和红海，船只无须绕行非洲，便可穿行于欧洲和亚洲之间。

开采地，现在，这些地区能够以较低的成本制砖、进行建设。水晶宫因1851年万国工业博览会落地海德公园，这座宫殿的许多部分就是通过铁路从"世界工厂"伯明翰运送到"雾都"伦敦的。

铁路使建筑师和建筑商能够随心所欲地将其理念、图纸和材料应用到任何地方，其结果也是有利有弊。过去默默无闻的城镇，现在可以雇用优秀的建筑师，提高当地城建水平；但是，建筑过于同质化也是一种危险，19世纪维多利亚时代，英国充斥着大量红砖房就是证明。

查尔斯·达尔文

英国博物学家查尔斯·达尔文（Charles Darwin，1809—1882年）提出了自然选择进化理论，该理论描述了适者如何进化为另一物种的过程。达尔文在对世界各地成千上万的动植物物种进行研究后，得出了这一观点。 1859年，他出版了《论依据自然选择即在生存斗争中保存优良族的物种起源》（*On the Origin of Species by Means of Natural Selection*）一书，即《物种起源》。

达尔文的罗盘

19世纪30年代，达尔文作为官方博物学家，随英国皇家海军舰艇贝格尔号（HMS Beagle）进行了环球科学之旅，在旅途中他收集了各类样本。

奥的斯电梯

1854年，伊莱沙·奥的斯（Elisha Otis，1811—1861年）展示了第一台蒸汽驱动的客运升降梯，运行安全良好。电动电梯则是在19世纪80年代发展起来的。

机械时代的建筑

约1800年—1914年

　　18世纪中叶，英国爆发了工业革命。蒸汽动力在生产机械上的应用、将货物运往全球的能力、殖民地的开发以及中产阶级的崛起，通通促进了英国的快速工业化。然而，保守派建筑师却发现自己手足无措。

　　对数百万在城市的血汗工厂里谋生的工人来说，工业化给他们带去了痛苦，因为他们还无法应对如此迅猛而肮脏的增长。污染、疾病，以及新型事故随处可见。尽管工业革命也带来了许多好处，但建筑师并非能够一直清楚地察觉到这些好处。这也是无可厚非的：建筑师们组建为专业团体时，工业革命席卷而来，从而带来艺术机械化和手艺无用化的威胁。在某种程度上而言，他们的担心是有根据的。

新结构、新材料

　　最早的工业建筑美得令人惊叹，比如1779年英国中部横跨塞文河的铁桥（Iron Bridge）。这种建筑结构与建筑师们之前走出来的美学道路相去甚远。工业时代，许多首批纪念性建筑都是由工程师设计并建造的。与此同时，建筑师们也常常对工程师们不经雕琢的作品进行批判，在这场晦涩的"风格之战"（Battle of the Styles）中，他们相互猛烈抨击，意图分出胜负。但是，像钢铁和钢筋混凝土这样的新材料，革命性地改变了工程学，并最终应用于建筑当中，建筑的建造方式产生了巨大变化，从而开辟了新的设计途径。在工业革命之前，建筑物的墙壁必须承受其自身的重量。现在，它们可以减重变为轻薄的"幕墙"。就预制方面而言，帕克斯顿的水晶宫令人备感震撼，同时它也是未来建筑要对标的精妙先例。

《 埃菲尔铁塔，巴黎

优雅的埃菲尔铁塔由法国工程师、桥梁建筑师古斯塔夫·埃菲尔设计，于1889年完工。铁塔高300米，精美的锻铁架构起这个坚固的建筑。

建筑元素

工业革命撼动了建筑形式和建筑美学的世界，但其影响并非是立竿见影的。哥特式复兴主义者和新古典主义者都非常乐意利用新材料和工业技术达到他们想要的效果。然而，毫无疑问的是，一场变革正在酝酿之中。钢铁桥梁作为新时代的标志性特征，正在由工程师构思建造，而非建筑师。

⊗ 预制

预制铁艺玻璃结构是一个时代的奇迹。弯曲的屋顶和精致的铁窗装饰由大片进口平板玻璃相连，它们一同构成了1851年约瑟夫·帕克斯顿（Joseph Paxton）水晶宫的展览空间。

⊗ 形式与功能

苏格兰福斯桥（Forth Railway Bridge）的巨型钢桁架是其标志性特征。这座铁路大桥由本杰明·贝克（Benjamin Baker）和约翰·福勒（John Fowler）设计，使用了5.4万吨钢材，耗时8年建成。这种夸张却不花哨的建筑塑造了后代建筑师功能主义的观念。

巨大的窗户两侧是敞开的窗扇

火车在福斯桥上的穿行长度是2.4千米

铸铁多立克柱

极坚固的铆接管状钢桁架

⊗ 摩天大楼的起源

1895年的芝加哥信实大厦是座革命性建筑。虽然这座14层高的大厦立面高低不平，细节多为哥特式，但它是20世纪数千座高耸钢架办公楼的最初模型。

⊗ 古典铸铁

19世纪20年代，摄政时期一位名叫约翰·纳什（John Nash）的企业建筑师在设计伦敦卡尔顿屋露台时，为便于施工，定制了铁铸多立克式柱。

⊗ "弯曲的"玻璃

德西默斯·伯顿（Decimus Burton）和理查德·特纳（Richard Turner）在伦敦邱园棕榈屋的设计中运用了铸铁和熟铁，极具影响力。平滑的玻璃曲线结构安全无虞，这是一项了不起的壮举。

⊗ 象征功能的设计

铁用途广泛，功能多样，所以新的设计应运而生。牛津大学博物馆的框架与展出的恐龙骨骼互相呼应。

⊗ 城市景点

继埃菲尔铁塔后，每座城市都希望拥有铁制地标。里斯本的选择是新哥特式圣胡斯塔升降机（Santa Justa street elevator），街道之间可通过这个奇妙的交通方式连通。

克里夫顿悬索桥

🌐1863年　📍英国西南布里斯托

✍伊桑巴德·金德姆·布鲁内尔　🏛桥梁

　　克里夫顿悬索桥并非英国建造的第一座吊桥，但至今仍是令人印象深刻的吊桥之一。它是布鲁内尔（1806—1859年）的第一个主要作品，设计这座桥时，布鲁内尔年仅24岁。比起1815年托马斯·特尔福德（Thomas Telford，1757—1834年）修建的稍小一些的梅奈悬索桥，这座桥要更出名一些，因为托马斯曾反对修建这座桥，而特尔福德修的梅奈桥则几乎曾被侧风吹垮。克里夫顿桥主跨径长达214米，高悬在塞文峡谷上方76米处，令人叹为观止。

⤴ **昂贵的创造**

由于财政困难，大桥停工多年，在布鲁内尔去世4年后才最终建成。

科尔布鲁克代尔铁桥

🌐1779年　📍英国什罗普郡　✍亚伯拉罕·达比三世和托马斯·普理查德　🏛桥梁

　　随着18世纪炼铁技术的进步，铁作为工程和建筑材料，用处自然增多。铁不仅比石料更坚固、更轻便而且随着适用范围扩大，铁的成本也逐渐降低。也就是说，在这一阶段，铁在建筑中的应用通常纯粹是功利性质的，而非是艺术之美的。

　　然而，这个（世界上第一座）铁桥最引人注目的却是它显而易见的纤细优雅；铁是这座建筑的唯一元素，其功能与形态完美融合。这座桥梁由亚伯拉罕·达比三世（Abraham Darby III，1750—1791年）建造，其设计基础或许来自建筑师托马斯·普理查德（Thomas Pritchard）。建造桥梁的时候，桥梁下方的河运航行从未停止，这也是衡量其成功的一个标准。从另一个方面而言，这座桥梁也凸显出新技术的风险：达比的余生都因此桥而陷入债务的深渊。

⤵ **力量与优雅**

铁桥跨径30米，5个铸铁拱支撑着这座桥。

邱园棕榈屋

⏺ 1848年　📍 英国伦敦

🏛 德西默斯·伯顿和理查德·特纳　🏛 温室

　　邱园的棕榈屋（Palm House at Kew Gardens）直接仿照了早先约瑟夫·帕克斯顿（1801—1865年）在德比郡查茨沃思（Chatsworth）的温室设计（棕榈屋与这间温室大小一致），但是这些建筑各有不同：帕克斯顿将水晶宫的玻璃排布得高低错落；但棕榈屋的玻璃却安装得十分平整，以打造单个平滑的表面。与此类似的是，尽管棕榈屋与查茨沃斯的"双拱顶"遥相呼应（浅拱顶支撑着一座更小的拱顶），但在邱园，这些双拱顶都围绕在中央区块周围，一对单独的拱顶弯曲延伸，以半圆小屋收尾。然而，最为重要的是它们的相似性。查茨沃斯和邱园都明确验证了使用预制铁及玻璃的可行性。一种革命性建筑风格正在诞生，而这显然预示着批量生产的到来。

◀ 预制的诞生

优雅与实用相结合，造就了一座看似脆弱却经受了时间考验的建筑。

煤炭交易所

⏺ 1849年　📍 英国伦敦　🏛 J.B.邦宁　🏛 商业建筑

　　煤炭交易所的外墙以意大利文艺复兴风格建造，彰显出对上流社会的尊崇。相比之下，其内部则十分前卫。大楼的圆形中央交易厅几乎全部为铸铁设计，墙面分为3层，每层都是铸铁支架廊台，其本身也使用更加昂贵的熟铁装饰（因此用得较少）。大厅上方是铸铁支架搭建的玻璃穹顶，后来的大英博物馆阅览室就是以此为原型设计的。

◀ 优雅且舒适

中央交易大厅由高22.5米的玻璃穹顶自然照亮，煤炭价格和生产股票在这里确定并交易。

水晶宫

⬭1851年　Ⅶ英国伦敦　⚒约瑟夫·帕克斯顿　🏛公共建筑

　　1851年，为举办万国工业博览会，水晶宫在海德公园落成。这座巨型建筑长564米，由预制玻璃、铁和木材构成。这一建筑杰作出自约瑟夫·帕克斯顿之手，在德比郡查茨沃斯庄园的花园中，他曾尝试设计并建造轻质棕榈屋和百合花房。帕克斯顿充分使用了平板玻璃这一新近发明，为此30万块玻璃从法国运送而来。铸铁组件在伯明翰附近做好后，通过火车运到伦敦，并在48小时内安装完毕。水晶宫是世界上第一座大型预制建筑，它也预示着新一代工厂的诞生。1852年，博览会闭幕后，水晶宫整体搬移到伦敦东南部的西德纳姆（Sydenham），但不幸的是，1936年的一场大火烧毁了这座建筑。

⚡ **海德公园蛇形湖对岸的水晶宫**

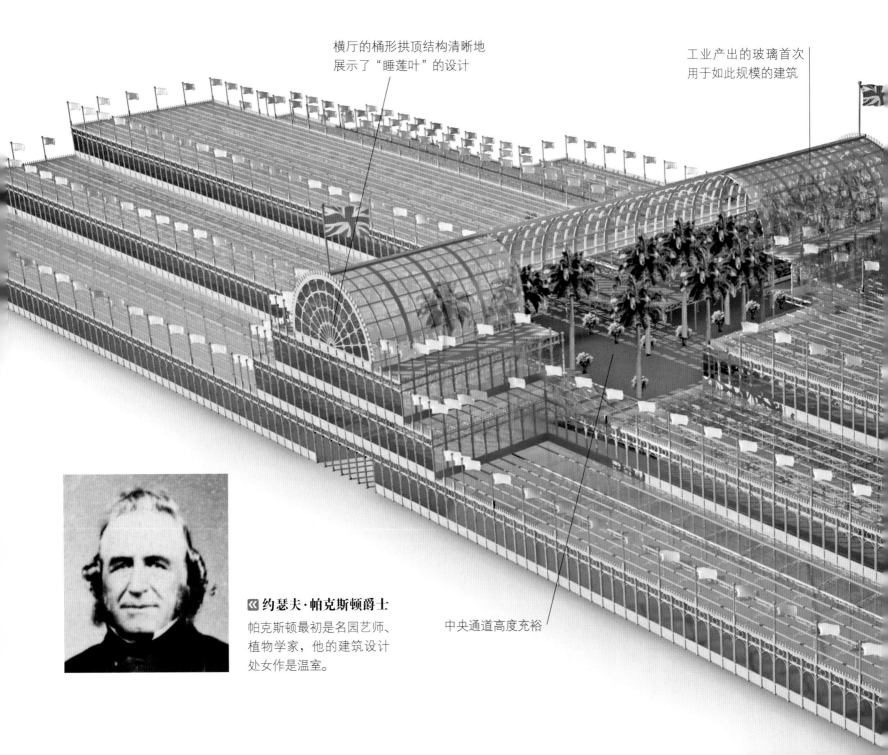

横厅的桶形拱顶结构清晰地展示了"睡莲叶"的设计

工业产出的玻璃首次用于如此规模的建筑

中央通道高度充裕

《 **约瑟夫·帕克斯顿爵士**
帕克斯顿最初是名园艺师、植物学家，他的建筑设计处女作是温室。

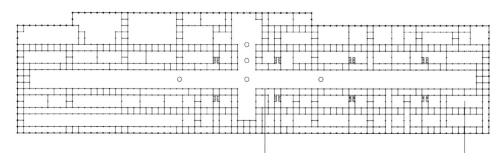

⌃ 平面图

主廊道两侧各有两条过道，中间有个等宽的横厅。

中央廊道宽和高22米

侧廊是分层的，以降低整体的高度

« 自然工学

帕克斯顿的创新设计灵感源自巨型睡莲叶片的结构。柔软交错的经脉为其赋予了卓越的强度和刚度。

⌃ 建造温室

横厅是桶形拱顶，为容纳一棵勃勃生长的树木，其高度远高于主廊的高度。帕克斯顿在最后一刻才在最初的直线设计上添加了这个元素，但从视觉上来看，这一设计画龙点睛。

为了让担心自身安危的公众放心，建筑结构中加入了木材

铸铁框架展现了博览会推荐的现代技术

走廊隔开了分区展馆，提供了结构支撑和展览空间

圣日内维耶图书馆

○ 1850年　▥ 法国巴黎

△ 亨利·拉布鲁斯特　🏛 图书馆

圣日内维耶图书馆（Library of Sainte Geneviève）标志着铁式框架建筑演变的关键时刻。作为一座主要公共建筑，圣日内维耶图书馆的文艺复兴宫殿式砖石外墙十分漂亮，精心设计的全铁式框架也十分亮眼。主楼上层的阅览室有两个高耸的铁桶形拱顶，中间由一排细长的铸铁柱子支撑。非比寻常的是，低矮的屋顶也是铁制的。

中央市场

○ 1853年后　▥ 法国巴黎

△ 维克多·巴尔塔　🏛 商业建筑

中央市场（Les Halles Centrales）是乔治·欧仁-奥斯曼男爵（Baron Georges-Eugène Haussmann，1809—1891年）重建巴黎中心的成果，它始建于1853年，直到20世纪30年代还在扩张，1971年被拆除。中央市场是巴黎主要的食品集市，由于钢铁和玻璃不仅功能多样，而且灵活可变，所以钢铁和玻璃结构首要应用的建筑也是这种集市。

它们本质上的实用性特征，使其非常适合那些很少需要或根本不需要特色的建筑。从某种程度上来说，中央市场就代表着一种错失的机会。最初的提议是将中央市场建为宽91米的钢铁玻璃拱顶建筑，而这是一个十分宏大艰巨的目标：比英国当时同类型的任何建筑都要大——实际上要比该世纪末之前建造的任何建筑都要大。

国家图书馆，巴黎

○ 1868年　▥ 法国巴黎

△ 亨利·拉布鲁斯特　🏛 图书馆

19世纪40年代，拉布鲁斯特成功使用钢铁和玻璃建造了圣日内维耶图书馆，他这种壮观的建筑风格在国家图书馆得以延续，其特色更甚于圣日内维耶图书馆。拉布鲁斯特（1801—1875年）并未试图遮掩建筑结构——实际上，他明显十分青睐这种风格。建筑装饰的丰富和精美程度非比寻常，所以效果也十分突出。主阅览室有9个浅陶土色圆顶，每个圆顶上都有一扇圆形窗户，以此保证采光均匀。其下方由铸铁柱支撑，柱子共有4排，每排有3根，而这些支撑穹顶的弯拱结构下方边缘是精巧复杂的熟铁花纹。

如果说阅览室是实用建筑体系，壮丽宏大的空间创造出最大程度的视觉夸张效果——那么相比之下，书库便是同工厂一样的专门功能性建筑。这里，书库安排在4层以上，顶部有灯光。为使光线照射到较低层上，地板做成了简单的金属格栅。狭窄的过道在书库间延伸，实用之中增添了一丝优雅的氛围。

埃菲尔铁塔

◔ 1889年　🏳 法国巴黎　⚒ 古斯塔夫·埃菲尔和斯蒂芬·索维斯特　🏛 铁塔

　　埃菲尔铁塔是一座极具历史价值的雄伟铸铁结构。即便是最宽泛的定义，也不能将之形容为"建筑"。相反，通过大规模使用新技术进行工程建设，这座宏伟耀眼的非尖顶结构展现了19世纪末期工程的发展前景。

　　19世纪最后的25年，西欧建筑技术领先世界，世界上没有一座建筑能比埃菲尔铁塔更准确地展现出这一激进而确定的事实。1889年，为庆祝法国大革命胜利100周年，巴黎举办了世博会，作为中心建筑的埃菲尔铁塔因此落成。

　　虽然埃菲尔铁塔的构思出自古斯塔夫·埃菲尔，但其大部分细节来自斯蒂芬·索维斯特（Stephen Sauvestre，1847—1919年），正是他负责建造了连接一层塔基的4座巨型拱门以及塔尖的球形结构。此外，铁塔的基础设计纯粹是为了减小风阻，其形态优美雅致也正是工程需要的产物。虽然当时有人反对，预言说这座铁塔就是个"糟透了的路灯"，但铁塔自建成之初便获得了举世瞩目的成功。它不仅验证了埃菲尔建设方法的可行性——铁塔的18038个独立组件在市郊埃菲尔的工厂制造后现场安装——而且迅速成为现代城市巴黎的标志性象征。

至关重要的数据

埃菲尔铁塔高300米，重7300吨，上面有250万个铆钉，1665级台阶。

≫ 古斯塔夫·埃菲尔

　　古斯塔夫·埃菲尔（1832—1923年）是法国19世纪后期杰出的工程师。他在欧洲建造了一系列革命性金属结构建筑，其中最主要的是桥梁以及埃菲尔铁塔，纽约自由女神像的骨架也出自他手。在埃菲尔辉煌的职业生涯末期，他将时间投入到了气象学、无线电报以及空气动力学等领域的科学研究中。

人民之家

- 1899年　比利时布鲁塞尔
- 维克多·霍塔　会客厅

人民之家（Maison du Peuple）使用了钢铁和玻璃结构，标志着这种全新建筑兴起的决定性阶段。这座建筑部分是会客厅，中心是礼堂，部分是社会党总部。它充分利用了一处尴尬的地点，规划设计十分巧妙。更重要的是，它见证了新艺术运动，而建筑师维克多·霍塔（Victor Horta，1861—1947年）正是此次运动的领军人物。在新艺术运动中，钢铁和玻璃融入其中，展现出光鲜惊艳的一面。其结果是曲折性与功能性轮番变换，原创性十足。该建筑于1965年被拆除。

容纳众人的空间

人民之家各个楼层都有商店、咖啡厅和办公室。4楼的社会党大厅最多可容纳300人。

弗雷西内机库

- 1923年　巴西奥利机场
- 欧仁·弗雷西内　机场

奥利机场（Orly Airport）的机库结构优雅得令人惊异，是纯粹工程解法的极佳案例。欧仁·弗雷西内（Eugène Freyssinet，1879—1962年）面临的困境是在奥利机场以尽可能低的成本建造一个经久耐用的建筑结构，以此来容纳飞艇。因为飞艇为圆形，所以空间浪费最小的拱形结构显然是最为可取的。考虑到机库必须长175米、宽91米、高60米，技术问题十分艰巨。

弗雷西内的解决方案是使用钢筋混凝土：即通过添加内部钢筋来加固混凝土，从而使混凝土的抗压强度与钢筋的抗拉强度相辅相成。这项技术于19世纪90年代初首次引入法国。弗雷西内创造了一系列独立的抛物线拱形结构，拱形以混凝土横梁连接，中间空隙安装窗户，这种方法既实用，又十分美观。

维托埃马努埃莱拱廊

- 1877年　意大利米兰
- 朱塞佩·门戈尼　商业建筑

维托埃马努埃莱拱廊（Galleria Vittorio Emanuele）建成之前，欧洲其他地方就曾修建过钢架玻璃拱顶游廊。然而，这些拱廊都没这么大，也没这么奢华。它看似既是购物中心又是聚会场所，但实际上，无论这座拱廊有何实际功能，它都是新统一的意大利的象征，尤其是政教合一的象征。

拱廊是十字形结构，与教堂平面图相互呼应。拱廊南北两端最长，一直从斯卡拉（世俗）歌剧院广场延伸到米兰大教堂所在的广场。朝向教堂的拱廊入口做成了巨型凯旋门的样子，这是对意大利帝国历史的一种映射。

拱廊内的建筑看起来也是以类似的方式古今辉映：传统砖墙和巨型壁柱代表着过去的文艺复兴和巴洛克艺术；钢架玻璃式隧道拱顶则大胆展望着工业化的未来。十字相交处，古今之美于穹顶相互交融——八角形状古色古香，钢铁玻璃材料则彰显着现代风潮。

统一的象征

拱廊在建筑上讲究传统，但在工程上却大胆创新，象征着现代意大利的辉煌。

AEG涡轮机工厂

◔1909年　◍德国柏林　◿彼得·贝伦斯　🏛工业建筑

　　彼得·贝伦斯（Peter Behrens，1868—1940年）设计的AEG涡轮机工厂（AEG Turbine Factory）是现代主义的重要先锋。它是一种全新的建筑：工厂内外功能齐全，但显然设计师也试图将其打造为建筑杰作——换言之，精心打造为现代实用美学建筑。通过简单而又大胆的形式，这一目的得以实现——窗户大而敞亮，建筑的钢铁框架清晰可见，整座建筑都在凸出的屋顶下。只有拐角处的粗面石工才可以算作装饰，尽管仅有的一点装饰也只是最基础的新古典主义形制。

》工业界的建筑

就工作场所而言，这座工厂规模很大，这种体面尊贵的建筑在当时是十分新颖的。

牛舍，加考农庄

◔1925年　◍德国吕贝克　◿雨果·哈林　🏛农业建筑

　　雨果·哈林（Hugo Häring，1882—1958年）是现代主义发展的关键人物，也是密斯·凡德罗（Mies van der Rohe，1886—1969年）在柏林的密友，还是20世纪20年代德国最具影响力的现代主义建筑师协会——"林"（Ring）的创始成员。

　　然而，尽管如此，还是很少有人知道哈林。部分原因是他的大部分工作都是理论性的，实际建筑相对较少。即便是他最著名的建筑——吕贝克加考农庄（Garkau Farm）的牛舍，原本也是大型建筑群的一部分。哈林的出发点是，建筑应该是特定房屋特定需求的产物，也就是说，任何房屋的形态应由其需求决定，而非刻意强加。

》功能形态

哈林的牛舍之所以形状奇特，是他对奶牛养殖的需求和传统进行广泛调研的结果。

马歇尔·菲尔德商品市场大楼

⬤1930年　🚩美国伊利诺伊州芝加哥　✎格雷厄姆、安德森、普罗布斯特和怀特　🏛商业建筑

创办商品市场是詹姆斯·辛普森（James Simpson）的想法，他于1920年至1930年担任马歇尔·菲尔德百货公司（Marshall Field and Company）总裁，1926年至1935年任芝加哥规划委员会（Chicago Plan Commission）负责人。百货公司的批发活动散布在全市13个不同的仓库中，所以创办商场的目的是对其进行整合。商场只开业6个月，经济便陷入大危机中。不出意外地，公司很快就倒闭了。

1930年大楼竣工时，它是世界上最大的建筑，而五角大楼在1943年夺得了这一称号。如今，这座形似大山的25层大楼是世界上最大的商业建筑。现在大楼会举办贸易展览，是世界上最大的贸易中心。同时，它还是一座设计中心，承接会议和研讨会。1986年，原设计师对大楼进行了修缮改造。

⬇宏大的工业规模
这座大型商品市场拥有芝加哥交通局规划的自有车站和邮政编码。

蒙纳德诺克大厦

⬤1889—1891年　🚩美国伊利诺伊州芝加哥　✎丹尼尔·伯纳姆和约翰·鲁特　🏛商业建筑

蒙纳德诺克大厦（Monadnock Building）恰好处于两个建筑时代之间。从建设的角度来说，它在回望过去。人们说它是"最后一座大型砖石楼"，换言之，虽然大楼在建设时使用了铁，但仍由承重墙负重，底层承重墙的厚度达到了2米。

就其他关键层面而言，这座大楼在毅然地展望未来。首先，它高60米，共16层，曾经是世界上最大的办公楼。无论以哪种标准衡量，它都张扬而大胆地宣告着令人惊异的美国自信。同样重要的是，它开创了一种全新的装饰方法：对这种大而厚重的建筑，除了萦绕其间的历史感，别无其他赘余。蒙纳德诺克大厦褪去装饰与点缀，具有一种抽离的朴素感，这被视作现代主义的直系先锋。

然而，如此设计远非必然。最初的设计曾经考虑过一种不大可能的埃及模式。后来，伯纳姆（Burnham，1846—1912年）和鲁特（Root，1850—1891年）才逐渐意识到，只有摒弃装饰，建筑的影响才能加强，并且获得强有力的连贯协调感。层叠罗列的飘窗是打破大楼简朴线条的唯一特征。

温赖特大厦

◉1891年　📍美国密苏里州圣路易斯

🏛路易斯·亨利·沙利文　🏛商业建筑

　　沙利文的温赖特大厦（Wainwright Building）是摩天大楼和现代主义发展的早期风向标。沙利文（Sullivan，1856—1924年）是一位极具远见的建筑师，他提出了"形式追随功能"（Form ever follows function）这一现代主义关键原则。关键点随之而来：建筑物外部应该反映其基本结构，在本例中即为钢框架。

　　实际上，沙利文在圣路易斯的作品并不完全遵循这一原则。只有粗糙的砖砌垂直外墙标志着一条钢铁垂线。同样，建筑拐角处的垂面比其他地方的宽，也并无结构上的原因考虑。尽管如此，建筑7层主体楼层的统一性仍十分重要。沙利文说，每扇窗户都是"蜂巢的一个小格"。它们"必须看起来一模一样，因为它们就是一样的"。这就是说，他保留了对古典装饰的品位。

▽ 功能就是一切

大厦一层有商店，上面有银行、办公室以及服务设施。

布拉德伯里大厦

◉1893年　📍美国加利福尼亚州洛杉矶

🏛乔治·H·怀曼　🏛商业建筑

　　布拉德伯里大厦（Bradbury Building）非同一般。它出自一位籍籍无名的建筑师之手，这位建筑师自学成才，为一位矿业大亨建造了这座大厦。从外观上看，它毫不起眼，就是一栋以实用的文艺复兴风格建造的5层砖石砂岩楼房。然而，从内部来看，它却超乎寻常。大厦内设中庭，其上方是一个巨大的玻璃穹顶，阳光透过屋顶照亮了内部大厅。锻铁、釉面砖、大理石和瓷砖琳琅满目，效果很是惊艳。

▽ 美景

布拉德伯里大厦是洛杉矶古老的商业建筑之一。

瑞莱斯大厦

◉1894年　📍美国芝加哥

🏛丹尼尔·伯纳姆和约翰·鲁特　🏛商业建筑

　　瑞莱斯大厦（Reliance Building）尽管只有14层高——1890年先盖了4层，1894年又盖完了剩下的楼层——但它仍算作摩天大楼。因为它虽然规模不大，却体现出摩天大楼的每一个关键特征：钢铁框架外部清晰可见，混凝土及大面窗户广泛使用。当时，最具争议的正是这些窗户：在这样一座大型建筑上，如此大量地使用玻璃，怎样才不会对结构产生致命性削弱？

熨斗大厦

⬤1902年　🏳美国纽约　⌂丹尼尔·伯纳姆　🏛商业建筑

随着熨斗大厦（Flatiron Building）的建成，摩天大楼迎来了自己的时代。熨斗大厦浮夸的装饰并非摩天大楼的典型特征，但由于大厦恰好处于第五大道和百老汇大道狭窄的交会处，它不同寻常的三角形状令其更具戏剧色彩。大厦圆滑的"尖角"逐渐变细，最细之处不超过2米宽。

更确切地说，熨斗大厦名为富勒大厦（Fuller Building），它是时代的奇迹。由于这座大厦形似熨斗，所以它便有了"熨斗"这个昵称，但其实整片地块都叫这个名字。它曾经是世界上最高的办公楼，共22层，高87米，当时被视为纽约新贵命运蓬勃的首要象征。钢架结构、宽大的电梯、固定重复的外观、同样坚固的水平面及立面都是这座建筑的特征，而这些特征都将迅速成为摩天大楼建筑的固定特点。然而，伯纳姆永远无法摆脱历史的桎梏。他保留了文艺复兴时期的各种装饰形式，并带有一定的哥特式。即便如此，伯纳姆仍在20世纪建造了各个迥然相异的摩天大楼，成为这方面的先驱。

》历史与未来交融

希腊式立面和花卉细节雕饰着石灰楔面。

》丹尼尔·伯纳姆

伯纳姆是芝加哥学派的主要人物之一。在1893年的芝加哥哥伦比亚世界博览会上，伯纳姆被指派为建筑主管，由此他的核心地位得到认可。他还密切参与了华盛顿特区、旧金山以及芝加哥的城镇规划工作。

施莱辛格-马耶百货大厦

🔘 1906年　📍 美国芝加哥

✍ 路易斯·亨利·沙利文　🏛 商业建筑

施莱辛格-马耶百货大厦（Schlesinger-Mayer Store）即后来的CPS百货大厦（Carson, Pirie, Scott, and Co.），是路易斯·亨利·沙利文（Louis Henry Sullivan，1856—1924年）的主要收官之作。这座大楼是个百货公司，分3期建成。一期的4层建于1899年。1903—1904年间，又加盖了12层。1906年，丹尼尔·伯纳姆（见对页）按照路易斯·沙利文的原始设计，最终盖完了这座大楼。

这座建筑同沙利文之前的任何作品一样，完全彰显了他自己的论述：形式严格追随功能，装饰品位富丽堂皇。例如，第一、二层装饰华丽考究，缀有新艺术风格的铸铁装饰；大楼的其余部分则覆以轻质陶土。尽管如此，大楼最明显的，是其强劲的水平和竖直线条。这些线条精准地反映了建筑的钢材结构，共同构成了更宽大、更坚固的垂面，除了优美的圆角，整个建筑和谐统一。如此建成的大厦，令人深感放心、踏实。

《 经久适用

施莱辛格-马耶百货大厦自建成以来，便一直是一家百货商场，至今已投入使用一百多年。

⚐ 功能现代主义

工厂设计是基于效率的需要。这家工厂组装了大量汽车，主要目标是提高生产率。

福特荣格工厂

🔘 自1917年起　📍 美国密歇根州迪尔伯恩

✍ 阿尔伯特·卡恩　🏛 工业建筑

20世纪20年代末，亨利·福特在底特律南部荣格河畔（Rouge River）的装配厂已成为世界上最大的制造工厂。它原本规划为完全自给自足式工厂，厂内有发电厂和大礼堂。鼎盛时期，荣格河畔有12万雇工。

主要负责工厂建设的人是出生于德国的阿尔伯特·卡恩（Albert Kahn，1869—1942年），他可能是美国最具影响力、当然也是最具生产力的工业建筑师。据估计，截至1930年，美国20%的工厂厂房都由他的公司卡恩联合事务所（Kahn Associates）设计。玻璃工厂（1923年全面投产）是卡恩作品的缩影，他的方式直截了当，即无论使用何种材料、何种方法，都要令其发挥最大效用。然而，尽管卡恩一直被誉为现代主义的捍卫者，他却很少关注"那些仅仅为了新奇而新奇，无视基本原理而沉溺于钻营古怪的人"。

哥特复兴式建筑

约1800—1910年

　　哥特复兴式建筑在古怪和浪漫式建筑发迹后出现，是维多利亚时代英国圣公会大教堂偏爱的风格。后来，这种风格席卷大英帝国、欧洲和美国。在一个惧怕无神论的工业化社会里，它是对现状的一种令人陶醉的反应。在仰望上帝的同时，它也在回望过去。

　　哥特复兴始于18世纪末的英国文学运动，后扩展至舞台布景的设计中。这种风格还融入建筑中，尖细的教堂、过度装饰的乔治王朝式乡村宅邸，都是这种风格的产物。在普金《为复兴基督教建筑辩护》（*An Apology for the Revival of Christian Architecture, Contrasts, and The True Principles of Pointed or Christian Architecture*）一文激烈的论证下，这种考究的风格才成为一种正式的建筑追求。

哥特风格复兴

　　在墨尔本、上海、孟买和首尔，哥特复兴式教堂的尖顶刺向天空。它们是19世纪蓬勃发展的基督教复兴运动的产物，设计这些教堂的建筑师认为，哥特式将他们从古典主义的束缚中解放了出来，它形式自由、功能实用、自然天成，为建筑师提供了很大的创作空间。在英国成为全球强国的巅峰时期，他们选择哥特式，一定程度上体现了自身根深蒂固的一个愿望：建筑要摆脱外国影响。伦敦新威斯敏斯特宫设计大赛规定，宫殿的建筑风格应为哥特式或者伊丽莎白式，即浪漫化体现英国特色的历史风格。不久后，威尔士、爱尔兰、苏格兰的浪漫主义风格事物备受推崇。对19世纪中叶的一位年轻哥特式建筑师而言，索尔兹伯里大教堂（Salisbury Cathedral）比安德烈亚·帕拉第奥设计的所有别墅和教堂加起来都要好。

《 灵感源自哥特式

查尔斯·巴里爵士（Sir Charles Barry）在垂直哥特式的基础上设计了威斯敏斯特宫，这一风格最初在15世纪十分盛行。哥特式建筑师奥古斯塔斯·普金曾对查尔斯施以援手。

建筑元素

19世纪，基督教蓬勃复兴，在其推动下，哥特复兴式建筑内外装饰奢华富丽，成就了一批最为别致的建筑结构。这种灵活的风格不仅适用于教堂，还可以用作基督教建筑、市政厅或大酒店，但无论如何，浮夸是关键。

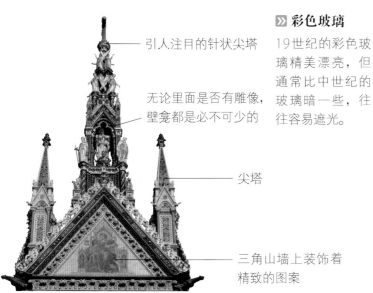

引人注目的针状尖塔

无论里面是否有雕像，壁龛都是必不可少的

尖塔

三角山墙上装饰着精致的图案

▶▶ 彩色玻璃

19世纪的彩色玻璃精美漂亮，但通常比中世纪的玻璃暗一些，往往容易遮光。

▲ 彩色砌砖

使用新型耐用的彩色工业砖块，意味着无论是世俗建筑还是教会建筑，其外观可以同内部一样装饰得华丽多彩。

▶▶ 钟楼

遍数中世纪的市政厅，最著名的当数巴里和普金的威斯敏斯特宫的圣斯蒂芬塔（St Stephen's Tower）以及阿尔弗雷德·沃特豪斯（Alfred Waterhouse）的这座曼彻斯特市政厅。

远处可见的高耸塔尖

钟面上的山墙

带有早期英国尖顶拱特色的钟楼

▲ 装饰华丽的塔尖

复兴式塔尖往往装饰性很强，缀有花形浮雕、尖塔，伦敦的阿尔伯特纪念碑上还有金箔。

▼ 锥形屋顶

该样式仿照中世纪城堡的炮塔建造，能给人留下根脉更为悠久的印象，很受大众欢迎，如图是威尔士的科奇城堡（Castell Coch）。

◀ 高耸的尖塔

耸立在城市天际线上的纤细尖塔，是这种风格明显的特征之一，如墨尔本的圣帕特里克大教堂。

放山修道院

● 1796年　⚐ 英国威尔特郡
🏛 詹姆斯·怀亚特　🏛 住宅

　　放山修道院（Fonthill Abbey）是财富巨头威廉·贝克福德（William Beckford）的豪宅，造价惊人。这是最非凡的哥特式建筑范例：它阐释了18世纪后期建筑风格对浪漫主义的向往。

　　一座85米的八角形塔楼从其中心拔地而起，里面有可能是世界上最高的房间，足足有37米。四座翼楼从这里向外伸展；北翼和南翼各有122多米长。这座塔楼于1807年和1825年两次坍塌，如今只剩下破碎的废墟。

圣贾尔斯大教堂，奇德尔

● 1846年　⚐ 英国斯塔福德郡
🏛 奥古斯塔斯·普金　🏛 礼拜场所

　　奥古斯塔斯·普金是一位不辞辛劳、勤勉发奋而又经常充满争议的设计师，他是成熟的哥特复兴式建筑第一阶段最重要、最杰出的拥护者。圣贾尔斯大教堂（St Giles Church）在平面设计和细微之处都体现了哥特式，就地取材的做法也使建筑能够忠于风格。花格窗和无数尖峰装点着教堂高耸的尖顶；东窗两侧的壁龛内含雕像；屋顶也分为好几层。彩绘墙壁和丰富多彩的玻璃窗将教堂内部装饰得富丽堂皇。

特威克纳姆草莓山庄

● 1777年　⚐ 英国米德尔塞克斯郡
🏛 霍勒斯·沃波尔　🏛 住宅

⊘ 灵感的虚幻
草莓山庄的优雅布景主导了英国哥特复兴式建筑将近半个世纪。

　　18世纪下半叶，在哥特式蓬勃发展的过程中，没有谁比霍勒斯·沃波尔（Horace Walpole，1717—1797年）更具影响力；在这场最初并不明朗的复兴运动时期，也没有任何一座建筑比沃波尔在伦敦郊外的草莓山庄（Strawberry Hill）更重要。

　　哥特复兴式风格和中国风一样，在威严端庄的帕拉第奥风格之外，为人们提供了别样的异域风情之选。其结果便是融合了洛可可式的哥特式，它时而博众家之长，但更经常的是作为纯粹性装饰，而魅力总是排在首位的。究其根源，明显是出于18世纪中叶对装饰性花园建筑和假式残垣断壁的喜爱。

　　草莓山庄凝聚了众多建筑师经年累月的贡献，彰显了塔楼、转台、城堡、尖顶多种多样的哥特式元素，广泛而从容地展现了非对称性结构之美。

威斯敏斯特宫

⬤1860年　🏴英国伦敦　🏛查尔斯·巴里和奥古斯塔斯·普金　🏛公共建筑

　　1834年，一场大火烧毁了原威斯敏斯特宫，也引发了19世纪建筑史上最激烈的争论：宫殿应该新建为哥特式还是希腊式？答案是：二者兼而有之，建筑规划上为古典风格，细节上为哥特风格。如此，威斯敏斯特宫便融二者之大成，蔚为壮观，成为英国建筑史上的一大转折点。

　　宫殿坐落于泰晤士河北岸，与更古老的威斯敏斯特厅相连。朝向河流的狭长立面主要为塔楼，最高的是维多利亚塔，高102米。宫殿中部的八角塔楼是中央厅，上有一座尖顶。位于北端的钟楼有4个巨大的钟面，里面有5个大钟，每过一刻都会报时。大本钟则按时鸣响，已成为伦敦本身的象征。四层的宫殿内部有众多通道走廊和1000多间房间，是一处综合建筑体。

　　查尔斯·巴里的作品完全遵循了后摄政时期纯粹古典主义的传统，选择他作为建筑师是有道理的，因为他有能力组织这样的大型项目，也乐意将细节部分交与普金——他是早期哥特式的狂热拥趸。如果说巴里要为这座建筑审慎的平和、对称和庄严负责，那么普金便是其惊人精巧的装饰细节的缔造者。砚台、帽架和彩色玻璃窗从普金的笔下倾泻而出，如设计垂直式外立面的丰富造型一样提笔而成。

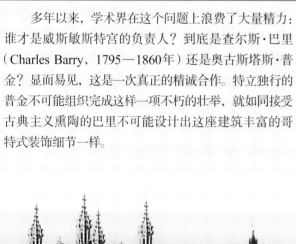

》查尔斯·巴里和奥古斯塔斯·普金

　　多年以来，学术界在这个问题上浪费了大量精力：谁才是威斯敏斯特宫的负责人？到底是查尔斯·巴里（Charles Barry，1795—1860年）还是奥古斯塔斯·普金？显而易见，这是一次真正的精诚合作。特立独行的普金不可能组织完成这样一项不朽的壮举，就如同接受古典主义熏陶的巴里不可能设计出这座建筑丰富的哥特式装饰细节一样。

☑ 风格的融合

"全希腊式风格，先生。古典风格主体上体现着哥特式细节。"普金自己的评论概括出伦敦最著名、最受大众喜爱的公共建筑的奇异吸引力。

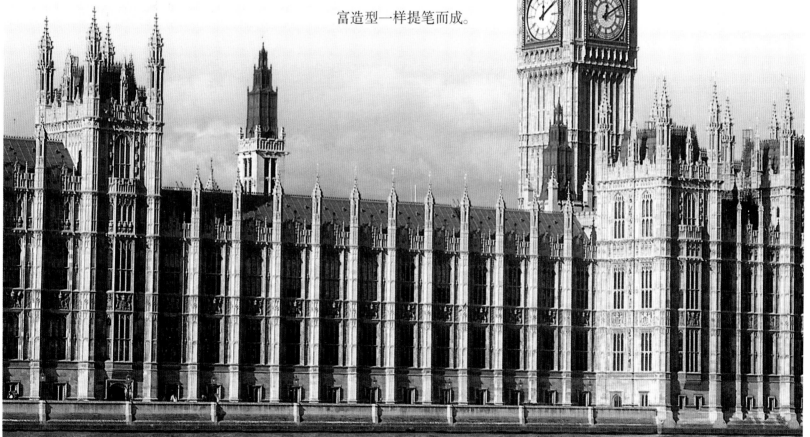

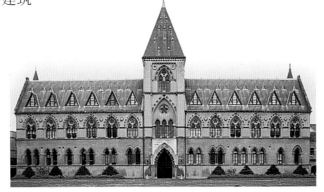

富丽堂皇的宝库

这座博物馆陈列着牛津大学多种多样的自然历史标本。

牛津大学博物馆

- 🕐 1859年　📍英国牛津
- ✍ 本杰明·伍德沃德　🏛 博物馆

　　牛津大学博物馆是维多利亚兴盛时期唯一一座重要的哥特式建筑，它带有19世纪哥特式作家、主要倡导人约翰·拉斯金（John Ruskin）的印记。博物馆以流光溢彩的威尼斯哥特式建造，这也是拉斯金大力推广的建筑风格（但与此同时，他也提醒这种风格不适合北方气候）。博物馆主厅里，铸铁哥特式立柱醒目而前卫，支撑着大胆创新的玻璃屋顶。然而，由拉斯金指导的华丽外立面刻纹装饰仅完成了一部分。

精致的细节

乔治·斯特里特是一位恪尽职守的建筑师。记载显示，他设计伦敦皇家司法院时，创作了3000余幅画。

基布尔学院

- 🕐 1875年　📍英国牛津
- ✍ 威廉·巴特菲尔德　🏛 教学楼

　　无论维多利亚兴盛时期的哥特人对古典主义和古代文物的把控有多么笃定精准，他们都一直担心自己仍然是过去的奴隶——他们认为过去可以被模仿，却永远无法被超越。巴特菲尔德（Butterfield，1814—1900年）证明了他们大谬不然。基布尔学院（Keble College）雄浑阳刚，是当之无愧的新兴建筑。

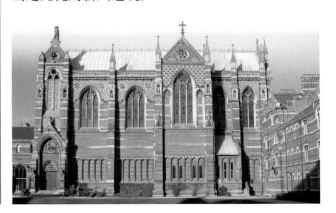

皇家司法院，伦敦

- 🕐 1882年　📍英国伦敦
- ✍ 乔治·埃德蒙·斯特里特　🏛 市政建筑

　　几乎没什么话题比建筑更能引起维多利亚时代人们的兴趣：宣布任何重大建筑工事，都会激发人们强烈的热情。乔治·斯特里特（George Street，1824—1881年）被选为皇家司法院的建筑师之时，便遭受过许多诘难，这成为他早逝的原因之一。这种充满争议的氛围是建设皇家司法院的大背景，也是维多利亚兴盛时期哥特式建筑最后的喘息。

　　这座宏伟的建筑取材于13世纪的法国原料。它令人回想起沙特尔大教堂（Chartres Cathedral），也带有丝丝卢瓦尔河城堡（Loire château）的韵味。它最明显的外部特征是轮廓线条，主要由陡坡屋顶、塔楼和半塔楼构成。一座回廊式拱廊沿一层大部分区域延展。内部，开阔的中堂式大厅彰显着斯特里特的教会理念。

卡迪夫城堡

🌐 1885年　📍 威尔士卡迪夫

🏛 威廉·伯吉斯　🏛 防御工事

　　威廉·伯吉斯（William Burges，1827—1881年）与维多利亚时代的众多哥特式建筑师不同，他深感这些风格的建筑不合时宜，为此颇为痛苦，并重建了一系列奢华的中世纪建筑，将奇思妙想融于雅致得体的建筑中，二者平分秋色，相得益彰。他的赞助人是第三代布特侯爵（3rd Marquess of Bute），据传是英国最富有的人，同时也是一位对知识充满无尽好奇、对中世纪充满强烈激情的人物。卡迪夫城堡就是二人合作的首个重大见证。

« 富丽堂皇的妙想

卡迪夫城堡展现了伯吉斯将力量感、庄严性与戏剧化最大程度结合起来的能力。

科奇城堡

🌐 1891年　📍 威尔士格拉摩根郡

🏛 威廉·伯吉斯　🏛 防御工事

　　"科奇城堡"（Castell Coch）在威尔士语中意为"红色城堡"，建筑过程中，城堡使用了红色砂岩，故此得名。该建筑坐落于一个中世纪堡垒的遗址上；卡迪夫城堡是修缮之作，而这座科奇城堡则是一个地地道道的维多利亚式建筑，仅有部分最初原作片段有所保留。它也是布特侯爵和建筑师威廉·伯吉斯的得意之作，展现了二人对理想的中世纪世界的共同愿景。

　　尽管二人创造了一种理想中的氛围，他们仍希望这座城堡能准确地展现出中世纪原作的风华。因此，城堡内有一座开闭吊桥、吊闸和一座地下城。其外观令人印象深刻，在陡峭的锥形屋顶下，有3座坚固的圆形塔楼，其内部则是维多利亚晚期最具创新性的古典主义的盛宴。所有房间里最令人震撼的，是八角形客厅的拱形天花板，繁星闪烁的背景下绘满了小鸟，鲜艳的墙壁上画着其他动物。事实上，城堡的装饰方案颇为内行，也十分学术，展现了布特和伯吉斯二人对生与死的别样评述。

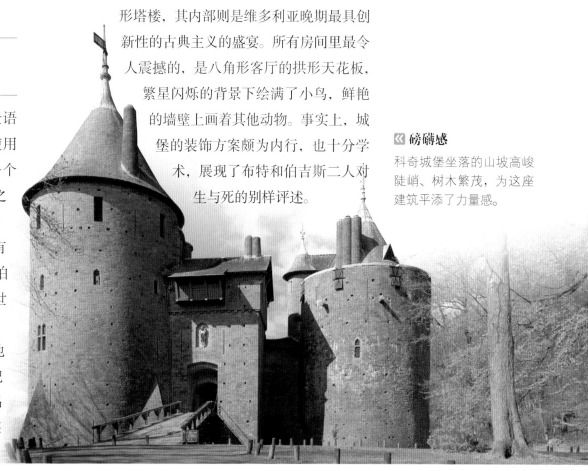

« 磅礴感

科奇城堡坐落的山坡高峻陡峭、树木繁茂，为这座建筑平添了力量感。

◔1877年　⚐英国曼彻斯特

⚒阿尔弗雷德·沃特豪斯　🏛市政建筑

　　阿尔弗雷德·沃特豪斯（Alfred Waterhouse，1830—1905年）与乔治·吉尔伯特·斯科特爵士（Sir George Gilbert Scott）一样，都是维多利亚时代卓越建筑师的典型代表。他执掌多个建筑的设计，并最终将它们变为各种哥特式的公共建筑 —— 博物馆、银行、办公楼、学校、火车站 —— 它们十分壮观雄伟，充满着深深的自信与堂堂的桀骜。

　　曼彻斯特市政厅在他建设的首批重大项目之列。哥特式建筑十分适合展现这座富裕而壮大的新兴城市的荣耀，曼彻斯特市政厅就是其合宜性的呈现。

》》震撼且多样

沃特豪斯为这座建筑设计了3个立面，此图为后立面。

圣潘克拉斯米德兰大酒店

◔1871年　⚐英国伦敦

⚒乔治·吉尔伯特·斯科特　🏛酒店

　　米德兰大酒店（Midland Grand Hotel）由乔治·吉尔伯特·斯科特（Sir George Gilbert Scott，1811—1878年）设计，位于圣潘克拉斯车站（St

Pancras Station）。在20世纪中叶，许多人认为它是维多利亚鼎盛时期哥特式建筑粗鄙俗气的缩影，经常贬低它为一座丑陋无比的建筑。近年来，评判的声音温和了许多；无疑，这座酒店像威斯敏斯特宫一样，不仅是伦敦容易辨认的建筑之一，也是备受钟爱的建筑之一。明媚华贵的红色砖墙衬托着它的三角山墙、塔楼和花饰窗格，显得气势恢宏，具有一种桀骜不驯的气势。与此相似的是，建筑的巨大曲线及由此产生的非对称性积蓄了真正的能量。2011年，经过全面修缮的圣潘克拉斯文艺复兴酒店重新开业。

　　哥特式运动的狂热拥护者厌恶偏离纯粹初心的行为，而斯科特与之不同，作为一名建筑师，他欣喜地认为哥特式是一种可被借鉴的最佳风格。

》》生机勃勃

典型的"铁路酒店"呼应着远处喧嚣的车站。

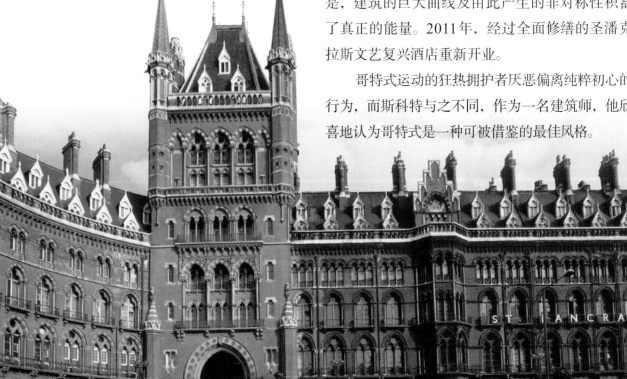

利物浦主教座堂

○1903年后 ☐英国利物浦

☐贾尔斯·吉尔伯特·斯科特   ☐礼拜场所

　　哥特式经过精心改造和巧妙利用，完全可以作为现代建筑使用，利物浦主教座堂就是一例成功证明。

　　贾尔斯·吉尔伯特·斯科特（Giles Gilbert Scott，1880—1960年）是乔治·吉尔伯特·斯科特的孙子，贾尔斯的祖父乔治是位更加坚定的哥特复兴主义拥护者。贾尔斯设计这座英国最大的圣公会大教堂时只有22岁。教堂花了75年才建成，彼时设计师贾尔斯已经逝世。

　　这座大教堂有时会因为巨大的背阴面而显得赫赫威严。它的外部由浓郁的红色砂岩建成，拱顶上方的屋顶使用了混凝土，坚固的方形塔耸立在中央交界处上方。内部则是西班牙风格的装饰。

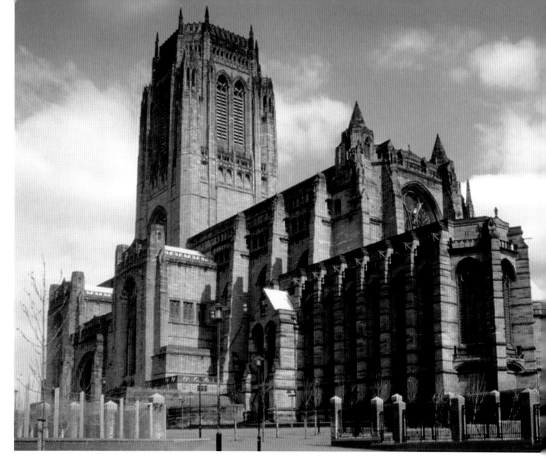

❂ 工期漫长

斯科特建完的这座高101米的塔楼于1932年竣工，但他在中厅开放前便已去世。

圣安德鲁教堂

○1907年 ☐英国桑德兰

☐E.S.普赖尔   ☐礼拜场所

　　桑德兰郊外，E. S. 普赖尔（E. S. Prior，1852—1932年）的这座充满创新性的圣安德鲁教堂，以斯科特用在利物浦主教座堂上的充满活力的新特色，重塑了达勒姆大教堂（Durham Cathedral）的风格。

　　教堂外部是未经雕琢的石头，显得十分粗粝、刚强。东端的高塔凸显出这一效果，其转角处是斜塔，窗户极小。线脚十分低调，这几乎是装饰方面唯一的让步。威严的城垛突出了建筑如城堡一般的感觉。

　　内部，巨大的尖石拱门从地面直通屋顶顶端，仿佛一艘大型石船倾覆翻倒。其基座有孔，形成了隧道式通道。东端那扇巨大的窗户大约是早期英式风格，但带有强烈的石窗花饰简化特征。

吉尔福德座堂

○1961年 ☐英国吉尔福德

☐爱德华·莫夫   ☐礼拜场所

　　吉尔福德座堂宣告着哥特复兴式风格在英国的终结。它是座哥特式市政建筑，为凸显其现代感，全部使用砖块进行建设。其高耸的规划令人印象深刻，但实际情况则没那么震撼。建筑西面3扇细长的柳叶刀形窗户下方是入口，门十分小，显得很奇怪。交会处是一座方形塔楼，远处看十分夺人眼目，但走近了看，砖墙显得乏善可陈。

❂ 新物件

2005年，约克郡的建筑雕刻师查尔斯·居雷（Charles Gurrey）制作的雕像放在了座堂西面。

维也纳还愿教堂

🌐1879年　🏴奥地利维也纳

✍海因里希·冯·费斯特尔　🏛礼拜场所

最初，哥特复兴式建筑仅在英国出现：首先，人们尝试发挥这种建筑"古雅如画"的特点；后来，在维多利亚时代兴盛期，人们用更加系统化的方式，尝试在合适的基督教建筑上应用这种风格——鉴于它起源于法国，这或许有些讽刺。考虑到这一点，英语世界外钟爱这种风格的人很少也就不足为奇了；其实，在很大程度上，哥特复兴式只是19世纪中叶建筑"历史化"趋势中需要利用的又一种风格而已。

尽管如此，它还是陆陆续续地在欧洲传播开来，维也纳的还愿教堂（Votivkirche），就是经过科隆大教堂的比选后，仍堪称13世纪法国哥特式的一个极佳例证。弗朗茨·约瑟夫一世皇帝曾在这个地点遇刺，而后幸免于难，他便下令在此处建造一座国民神殿。

它最明显的特征是竖直的线条。西侧的纤细塔楼高达99米。高峻的山墙式门窗、十字交叉处上方的尖顶塔（细长的木制尖塔），以及花边状的飞拱，都与这种昂扬向上的姿态相呼应。陡坡屋顶上的钻石图案增强了装饰效果。室内显得十分雅致；如果感觉到有些死气沉沉的话，可能是照搬过去风格的结果。

》西面
法国哥特式兴盛期的重建之作获得了一定成功。

纽约三一教堂

🌐1846年　🏴美国纽约

✍理查德·厄普约翰　🏛礼拜场所

三一教堂（Trinity Church）是美国最早的主要哥特复兴式建筑，由出生于英国的理查德·厄普约翰（Richard Upjohn，1802—1878年）设计。这是一座十分优雅的建筑，类似于英国当代的教堂，哥特式因其与基督教的关联和"古雅"的特点而备受重视。这种哥特式用得较少，与该世纪中叶那种严肃而学术的哥特式截然相反，但也充满魅力。细长的塔楼顶部是4座雅致的转台，尤其引人注目。

《高耸挺立
三一教堂垂直哥特式线条的纯粹之美动人心弦。

纽约圣约翰大教堂

🌐1892年后　🏴美国纽约　✍多人共建　🏛礼拜场所

圣约翰大教堂（St John the Divine）是美国哥特复兴式风格历久弥坚的一大纪念见证。这座巨大的建筑始建于1892年，最初是罗马式；1911年后，拉尔夫·亚当斯·克拉姆（Ralph Adams Cram，1863—1942年）以一种成熟的13世纪半英半法的风格对其进行了全面改造。

工程第一阶段，只修建了唱诗堂以及中厅和十字横厅的交叉处；原计划是临时性的浅圆顶建在了交叉处上方。第二阶段增加了法式司祭席后殿东端——即一个圆形后堂，周围环绕着一条人行道和7座小礼拜堂，第二阶段于1918年完工。20世纪20年代起，巨大的中堂开始动工修建，唱诗堂也进行了相应改造。

中堂和重建的唱诗堂于1941年完工。此后，人们陆陆续续对这座建筑进行了完善。

伍尔沃斯大厦

🌐 1913年　🏙 美国纽约　✍ 卡斯·吉尔伯特　🏛 商业建筑

　　纽约的伍尔沃斯大厦（Woolworth Building）是座奇特的融合建筑。其建筑骨架是先进的钢架结构，仿佛在激进地眺望未来，而外观则是哥特式，仿佛又在为其现代前卫致以歉意。将伍尔沃斯大厦建为世界最高楼的想法最初来自F. W. 伍尔沃斯本人，建成后的近20年，这座241米高的大厦是世界上最高的大楼，它还拥有当时世界上最先进的电梯系统。

　　外形上，伍尔沃斯大厦最令人印象深刻的是它的巨型中塔，高30层，从基底冲天而起，其下方基底高29层，显得不那么宏壮。铜皮尖顶上，还矗立着塔楼、转台和天窗，真是不可思议。

　　卡斯·吉尔伯特（Cass Gilbert）的整个建筑外部覆盖着精致的米色花边状陶土外壳，上面几乎没有任何水平元素。雨水将陶土冲刷得十分干净，使建筑外部看起来清新明亮，内部则由摩天大厦的窗户照亮。主入口处镶嵌着精心雕刻的哥特式装饰，随着4座塔楼逐渐升高，装饰也愈加繁复。室内最引人注目的元素是豪华的大堂拱廊。它的平面地板为十字形，天花板为拱形，门廊和电梯周围装饰着哥特式大理石和青铜。这座建筑是美国商业扩张最盛时期的一大代表性纪念建筑。

》卡斯·吉尔伯特

　　吉尔伯特对美国建筑的发展产生了巨大影响。他曾设计过许多公共建筑，其他人也曾纷纷效仿。然而，现代主义的揶揄给他的作品带去了历史的弦外之音。现在，人们开始重新赏识吉尔伯特的工艺及远见。

》创建透视图

透视图可以在地面上就能看到顶部的哥特式细节，此举规模宏大。

建筑的恋旧与迷惘

约1850—1914年

　　19世纪末，大量精彩绝伦的建筑涌现出来，这一方面是新发现的财富、建筑方式以及对过去的怀念共同造就的成果，另一方面是由于欧洲国家争取统一和独立的斗争。许多建筑都是异想天开的创新，其他的则是民族主义的重要象征。这一时期的所有建筑都十分引人注目。

　　公众对工业主义的反应和哥特复兴运动在19世纪末催生出了新的建筑风格。那些由英国工艺美术建筑师们设计的房屋，主要是为了回归到那样一个世界，那里没有蒸汽、没有烟雾、没有消费性工业世界里充斥着的活塞冲程。然而，即便由最优秀的工匠建造，这些房屋也往往带有国内最新技术的印记。它们成为20世纪郊区住宅的典范，并最终延伸到工艺美术家们十分钟情的村落与草地上去，而这正是其建筑师们所不愿看到的。在其他地方，新统一的欧洲国家中兴建的新一代民族主义纪念建筑散发着感伤愁绪，并迅速落入俗套，其中就包括德国和意大利。

建筑奇想

　　新天鹅堡（Neuschwanstein）、佩纳宫（Palácio da Pena）、圣家族教堂（Sagrada Familia），以及德罗戈城堡（Castle Drogo），其中一些作品出自真正伟大的建筑师之手，尤其是安东尼·高迪（Antoni Gaudí）的圣家族教堂以及埃德温·勒琴斯（Edwin Lutyens）的德罗戈城堡。毫无疑问，这些建筑引人入胜，但其中一些建筑十分奇特夸张，而阔绰富裕的客户和富有远见的建筑师往往在其建造历史上扮演着至关重要的角色，但他们并非一定能够代表这些建筑。

《 新天鹅堡

这座城堡是巴伐利亚国王路德维希二世的梦幻疗养地，设有仿中世纪的转台，内部风格在拜占庭式、罗马式到哥特式之间转换。

建筑元素

丰富多样和富丽奢华是这一时期建筑的关键特征，其间透露着模仿和超越早期繁复设计的愿望，某些真正的创新设计也融入其中。这一时期的建筑特点，既可以回溯到中世纪和文艺复兴时期，又可以向前展望至20世纪的现代运动。

根据植物根茎设计的花饰窗格

《 窗户形状不拘一格

在这里，高迪塑造了一座仿自然形态的建筑，他运用曲线的形式，将石头做得行云流水。这是巴塞罗那公寓楼巴特罗之家（Casa Batlló）的一扇窗户。

《 婚礼蛋糕式分层

19世纪末，众多建筑师、委托人渴望展现奢华与富裕。加尼叶的巴黎歌剧院是座像糖果屋一样的建筑，巴洛克式装潢繁复绮丽。

层层细节叠落，几乎掩盖了经典立面

▽ 童话城堡

这是重述童话的繁荣时代。有着尖顶、转台、屋顶高低错落的新城堡在欧洲拔地而起。然而，没有一座建筑比阿尔卑斯山上的这座奇幻城堡更盛大壮观 —— 那就是巴伐利亚国王路德维希二世的新天鹅堡。

独特的童话转台

《 超现实主义建筑特征

建筑或许还可以代表着另一种工艺品：延森－克林特（Jensen-Klint）设计的哥本哈根格伦特维教堂（Grundtvig Church）建成了管风琴的样子。

▽ 过度考究的公共纪念堂

罗马的维克多·埃曼纽尔二世纪念堂为纪念意大利统一及其第一位国王而建，完工于1911年。将它与贝尔尼尼的圣彼得广场进行对比是很有启发意义的。

几乎每个意大利广场上都有青铜雕像，带有胜利飞翼的驷马战车

为广场增添一丝韵味与光彩

柱廊上满是雕塑细节

▶▶ 风格的融合

蒸汽机车打开印度次大陆的那个时代，这座车站融合了众多风格和用途。

拉合尔车站

🕐 约1865年　📍 巴基斯坦拉合尔

🏛 威廉·布伦顿　🏛 火车站

　　拉合尔车站（Lahore station）既是座堡垒，也是座车站，这座红砖建筑集童话般的巴伐利亚城堡、中世纪修道院、莫卧儿清真寺和19世纪中叶的铁路技术为一体。威廉·布伦顿（William Brunton）受令要使车站具有"防御性能"，并保证"一小队驻军可以防卫它免受敌方攻击"。因此，箭缝是马克沁机枪的炮位，而巨大的钢制百叶窗则可以将大型列车库封闭起来——其拱廊既是哥特式，又是莫卧儿式。

梅尼耶巧克力工厂汽轮机房

🕐 1872年　📍 法国诺瓦榭勒市

🏛 朱尔·索尼耶　🏛 工业建筑

　　梅尼耶巧克力工厂的汽轮机房（Turbine Building of the Menier chocolate factory）直接建在马恩河上方。这座建筑的外墙是五彩斑斓的瓷砖。它是全铁架构建筑的最早原型，其细长的铁制外部骨架（外露的框架）由对角交叉支柱构成，为内部骨架提供了横向稳定性。

　　这些墙是纯粹的插建建筑，除其本身的重量外，没有其他需要支撑的重量——尽管如此，铁框架还是对墙起到了承重支撑作用。窗户本来可以更大些，但对仍认为建筑必须遵循特定礼仪规范和经典比例的建筑师来说，使用小窗是他们公认的设计方式。

　　漂亮的砌砖和镶嵌在建筑立面上的五彩陶瓷，展现出这座巧克力工厂的宗旨——生产美味的甜品。这座建筑看起来赏心悦目，就像是一个精美的巨型巧克力包装盒，而正是索尼耶（Saulnier，1828—1900年）造就了这一切。

▶▶ 水力发电

强劲的涡轮机由马恩河湍急的水流驱动。

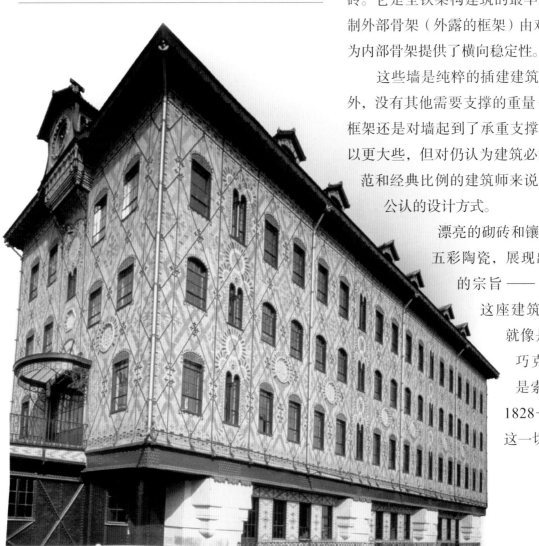

新天鹅堡

🌐1886年　🏴德国巴伐利亚州　✍爱德华·里德尔和格奥尔格·冯·多尔曼　🏛宫殿

山尖白雪皑皑，背景如梦似幻，新天鹅堡在这样的美景衬托下，从巴伐利亚州中央的河谷地带拔地而起。这座城堡设计规模大、花费高，在这座乐园里，国王路德维希二世可以返璞归真，回到一个充满诗歌、音乐和想象的奇幻世界。他逝世时年仅41岁，实际上已经破产，而这座巨型建筑只完成了三分之一。

城堡中奢华的挂毯、壁画和彩绘展现出路德维希对中世纪神话的痴迷，尤其是对罗恩格林（Lohengrin）故事的钟爱。罗恩格林是一名骑士，曾在天鹅船上救一名少女于危难之中。如今，15个房间向游客开放，每一间都极尽辉煌的想象。歌手大厅（Singers' Hall）以德国爱森纳赫（Eisenach）瓦特堡（Wartburg Castle）的吟游诗人画廊为基础，专为纪念罗恩格林的父亲、圣杯骑士帕西法尔（Parsifal）而建。路德维希的拜占庭式正殿受君士坦丁堡的圣索菲亚大教堂（Hagia Sophia）启发，柱子由仿斑岩和青金石制成，拱形穹顶由嵌石柱支撑，饰有星辰图样。虽然新天鹅堡富丽堂皇、梦幻美妙，但它自一开始就配备了热水和冲厕，甚至还有一套中央供暖系统。

▽ 童话城堡

新天鹅堡由石灰岩砌成，是沃尔特·迪士尼电影《睡美人》中城堡的灵感来源。

佩纳宫

◉ 1885年　🏛 葡萄牙辛特拉

✍ 路德维希·冯·埃施韦格男爵　🏛 宫殿

　　佩纳宫（Palácio da Pena）辉煌灿烂、五彩缤纷，充满野性的异域风情。这座城堡建在诺萨·塞纳·达·佩纳的圣哲罗姆修道院遗址上，俯瞰着辛特拉的大街小巷，为萨克森·科堡·哥达的费尔南德二世而建。附近一处峭壁上的英雄雕像是建筑师冯·埃施韦格男爵（Baron von Eschwege），他装扮成了中世纪骑士的模样。阿梅利亚女王（Queen Amelia）在第一次世界大战离开这里后，游客们可以在城堡内游览漫步，里面看起来几乎没什么变化。

◀◀ 山色惊奇

宫殿红黄相间，明艳美丽，圆顶和塔楼从450米高的岩峰升高至辛特拉山峰的高度。

托瓦尔森博物馆

◉ 1848年　🏛 丹麦哥本哈根

✍ 米凯尔·戈特利布·宾得斯布　🏛 博物馆

　　丹麦的伯蒂尔·托瓦尔森（Bertil Thorvaldsen，1770—1844年）是一位多产的新古典主义雕塑家，弗雷德里克四世曾下令在这座博物馆收藏托瓦尔森的作品。不幸的是，托瓦尔森在开馆前4年就去世了，并被埋葬在博物馆的一个院子里。这座方形建筑的外墙是亮黄色的希腊复兴式风格，筒形拱顶展馆则是庞贝风格，建筑在两种风格间跳跃切换，灯光明丽。

▶▶ 精致的展览

这座博物馆收藏了大量托瓦尔森的石膏和大理石雕塑。

布鲁塞尔司法宫

◉ 1883年　🏛 比利时布鲁塞尔

✍ 约瑟夫·波拉尔　🏛 市政建筑

　　这座建筑宏伟磅礴，从180米×170米的巨型基座上拔地而起，多年来都是欧洲首屈一指的巨大建筑。其浮夸而笨重的设计主要参考了古埃及和古亚述的建筑，但它也掺杂了大量其他风格——有希腊式、罗马式、意大利文艺复兴式和巴洛克式——就像婚礼蛋糕一样层层堆叠。建筑最高点位于中央大厅上方的圆顶处，距地面105米。其内部同样厚重沉闷，在宏壮的街景下庄严地拾级而入，进入广阔的中央大厅，但法庭和配套办公室的空间相对较小。

　　司法宫（Palais de Justice）占地2.4万平方米，耗时20年建成。由于施工需要，布鲁塞尔整片工人区马罗洛斯被拆除。建筑师约瑟夫·波拉尔（Joseph Poelaert，1817—1879年）在建筑完工前便已经逝世。

☒ 文艺复兴风格外观
高耸的塔楼和陡峭的屋顶给人以法国城堡的感觉。

阿姆斯特丹国立博物馆

◐1885年　🏳荷兰阿姆斯特丹

⌂彼得鲁斯·克伊珀斯　🏛博物馆

　　这座博物馆出自荷兰建筑师彼得鲁斯·克伊珀斯（Petrus Cuypers，1827—1921年）之手，他在建造和修缮天主教教堂方面颇有造诣并享有盛誉；博物馆对称规划于两座庭院周围，将新哥特风与早期文艺复兴风融为一体。克伊珀斯通过精简展示设计中的装饰而获得审批，但他在施工过程中增加了许多装饰。尽管如此，该博物馆的建筑特色还是为许多荷兰新文艺复兴式新教建筑师所采用，后来克伊珀斯又继续设计了阿姆斯特丹的中央火车站。博物馆有150多个房间，其中有一间是专门为伦勃朗（Rembrandt）的《夜巡》（*The Night Watch*）设计的大厅。

巴黎歌剧院

◐1874年　🏳法国巴黎　⌂查尔斯·加尼叶　🏛歌剧院

　　1861年，查尔斯·加尼叶（Charles Garnier，1825—1898年）赢得了奥斯曼男爵设计巴黎市中心歌剧院的比赛，他出身卑微，少有人知，是巴黎美术学院（École des Beaux Arts）的一位学者。法兰西第二帝国文化多样性丰富多彩，加尼叶的歌剧院便旨在体现这一特点，这位建筑师也穷尽毕生的精力，令其设计成为现实。加尼叶因过度使用彩色大理石和复杂雕像等装饰而饱受批评。建筑完工时，一位评论家形容它看起来像"一个不堪重负的餐边柜"。礼堂本身只占据了建筑中的一小部分，

这有些令人出乎意料，大部分的空间让给了巨大的圆顶门厅以及隆重的大型楼梯，上有富丽奢华的镀金，下有金碧辉煌的大烛台，饰有闪闪发光的大理石。即便如此，这种规划是合乎情理的，也是深思熟虑的，它能够产生巨大的公众集群效应，而这些人的目的地只有一个，就是逐渐涌向大礼堂。建筑立面也同样精巧细致，对当时的歌剧而言，这或许是十分相宜的。

☒ 帝国主义的展厅

加尼叶的这座新巴洛克式巴黎歌剧院风格不朽，它在古典主义的基础上采用了富丽堂皇的展现方式。

新苏格兰场

◉ 1890年　📍 英国伦敦

🖊 理查德·诺曼·肖　🏛 市政建筑

≫ 前警局总部
1967年之前，这里一直是伦敦大都会区警察厅，现更名为诺曼·肖楼。

　　新苏格兰场是维多利亚时代英国顶尖建筑师理查德·诺曼·肖（Richard Norman Shaw，1831—1912年）的市政建筑首秀，该建筑大体上以一座苏格兰男爵的城堡为基础，配以边角转台，上覆芜菁式样的圆顶。其上部结构用红砖精心打造，饰以精美的石雕，建于威严的花岗岩基座上。整座建筑完美融合了多种风格，最终呈现出独有的风格特色。

皇家邮政储蓄银行，维也纳

◉ 约1912年　📍 奥地利维也纳

🖊 奥托·瓦格纳　🏛 市政建筑

　　由奥地利建筑师奥托·瓦格纳（Otto Wagner，1841—1918年）设计的皇家邮政储蓄银行（Imperial Royal Post Office Savings Bank），将新艺术派与早期现代主义建筑融为一体，是维也纳建筑工艺的典范之作。优雅而庄重的立面上覆以花岗岩和大理石，但一种新型建筑材料——铝，也广泛应用到了建筑当中。栏杆、屋顶雕像、门的配件、大厅独立暖气通风口，以及将大理石板固定在外墙上的外露螺栓，都使用了铝。玻璃天花板几乎纯粹是弧形的，它原本计划悬在缆索上，这种解决方案在当时是十分高科技的。瓦格纳颇具影响力，自1894年起便担任帝国艺术学院的教授。维也纳的新城市铁路亦由瓦格纳设计，此外他还撰写了一本《现代建筑》（*Moderne Architektur*），颇受大众欢迎。

哥本哈根市政厅

◉ 1902年　📍 丹麦哥本哈根

🖊 马丁·尼罗普　🏛 市政建筑

　　哥本哈根的市政厅显然受到了中世纪的锡耶纳市政厅（Palazzo Pubblico）的启发，但它也展现了20世纪初丹麦重新燃起的民族感和政治力。这一点在其将近106米高的钟楼、城堡般的墙壁，及其赫然庞大的建筑结构上表现得最为明显。手工红砖的应用映射了传统丹麦农舍的乡土风格——这仍是一个彻底的以农业为主的国家。

≪ 民族荣耀
市政厅是哥本哈根高大的建筑之一，是当地市议会和市长办公室所在地。

马略尔卡住宅

🌐 1899年　📍 奥地利维也纳　📐 奥托·瓦格纳　🏛 住宅

马略尔卡住宅（Majolica House）位于维也纳，是一对6层公寓大楼中的一栋，其一层和二层都有商铺。奥托·瓦格纳使用五颜六色的马略尔卡

锡釉瓷砖装饰其原本简朴的立面，建筑便因而得名马略尔卡住宅。鲜亮的气孔陶瓷使用金属氧化物上釉，姹紫嫣红、白绿相间的花朵栩栩如生，在饰有向日葵图案的锻铁阳台之间，盘桓向上，穿越旋转。人行道上，这座建筑愈高，装饰便愈加丰富，直至精雕细琢的凸出檐口。设计完工后，许多维也纳人为之震惊，甚至将其形容为"丑得难以估量"。这座建筑如此夸张，而瓦格纳还可以侥幸逃避惩罚，正是因为他拥有这座建筑。

马略尔卡住宅标志着瓦格纳从一位主要历史性影响建筑师转变为一位现代主义先驱。他的学生及年轻的同事伶俐聪慧，富有审美情趣，尤其是约瑟夫·马里亚·奥尔布里希（Joseph Maria Olbrich）和约瑟夫·普列兹涅克（Josef Plecnik），马略尔卡住宅展现了他们的影响力。

« 瓷砖光彩明丽

事实证明，马略尔卡锡釉瓷砖经得起风吹雨淋，十分耐用，这座建筑经过定期清洁看起来仍光洁一新。

格拉斯哥艺术学院

🌐 1909年　📍 苏格兰格拉斯哥

📐 查尔斯·伦尼·麦金托什　🏛 教学楼

格拉斯哥（现麦金托什）艺术学院是格拉斯哥建筑师查尔斯·伦尼·麦金托什（Charles Rennie Mackintosh，1868—1928年）的杰作。它由两大部分组成，主楼建于1897年至1899年，长立面由石头砌成，中间点缀着巨大的工作室窗户和形状高度各不相同的配套窗口；壮观的西区则于1909年完工。朴素的西立面上有3扇巨大的凸肚窗，照亮了引人入胜的双层高图书馆——它是座建筑综合体，由暗斑木材建成，部分仿照了传统日本宫殿建筑。图书馆壮观的外墙像花岗岩峭壁一样从陡立的行道坡上屹然直立。这座建筑对年轻的德国和奥地利建筑师有深远影响，但在英国却几乎或根本没有长远持久的影响。

« 时光之美

历经多年风吹日晒，石面外墙现在是一种微妙而斑驳的锈色，精美的蔓状铁艺和新颖的灯饰点缀着这般美景。

塔塞尔公馆

🌐 1893年　📍 比利时布鲁塞尔

🏛 维克多·霍塔　🏛 住宅

　　首座新艺术派建筑由维克多·霍塔（Victor Horta，1861—1947年）为其友人埃米尔·塔塞尔（Émile Tassel）在布鲁塞尔建成，建筑完工后便引起了一阵轰动。这座房屋外表平平无奇，但一扇两层高的凸肚窗却很亮眼。实际上，它几乎与周边更为朴素低调的房屋别无二致，它所在的街道上，一座19世纪60年代的办公大楼占据了很大空间。建筑内部却别有洞天，金属栏杆蜷卷蜿蜒，

棕橘淡绿交会的大厅令人深感震撼，它像一间颇具异域风情的棕榈屋，柱子由柱头向上延展时，逐渐变幻为抽象的铁艺茎秆；卷曲旋绕的楼梯似乎遍布整个房间，由回环曲折的铁架和蔓状花饰构成。这里的楼梯扶手、壁纸、和马赛克烦乱纷扰地存续着，直线似乎已经荡然无存，光线穿过奇特的彩色玻璃窗，也变得十分奇异。其整体氛围堪称迷离幻境。当然，这座房屋就是要设计得出彩放肆、愉悦动人，因为它是唯美主义运动的开端——艺术至上、苦艾酒、《黄面志》、方头雪茄、奥斯卡·王尔德、奥布雷·比尔兹利，以及巴莱·鲁塞。

斯托克莱公馆

🌐 1911年　📍 比利时布鲁塞尔

🏛 约瑟夫·霍夫曼　🏛 住宅

　　约瑟夫·霍夫曼（Josef Hoffmann，1870—1956年）出生于摩拉维亚（Moravia，现属捷克共和国），后移居维也纳，在帝国艺术学院奥托·瓦格纳门下学习。后来，他与志趣相投的建筑师、设计师柯洛曼·莫瑟（Koloman Moser）、约瑟夫·马里亚·奥尔布里希（Joseph Maria Olbrich）等人共同创立了包罗万象的维也纳分离派（Vienna Secession）。霍夫曼的另一大成就是创立了维也纳工坊（Wiener Werkstätte），为分离派主义者的房屋制造"艺术"家居。他最棒的建筑作品就是斯托克莱公馆（Palais Stoclet）。查尔斯·伦尼·麦金托什的影响为这座3层高的房屋打下了深刻的烙印，它上面覆盖着一层炫目耀眼的白色大理石，几何青铜装饰勾勒着建筑的线条，部分覆有金箔。霍夫曼让维也纳工坊的整支团队参与了这个项目，并且委托维也纳著名画家古斯塔夫·克里姆特（Gustav Klimt）为餐厅设计了两幅壁画，分别是《期待》与《实现》。这间餐厅保住了斯托克莱公馆的盛名：这是一座真正完整且新潮的建筑艺术佳作。

阶梯式塔楼

斯托克莱公馆通体为白色的方块、直线和矩形，最终形成了一座修长的阶梯式塔楼，预示着装饰艺术派（Art Deco）影院的风格。

赫尔辛基中央车站

● 1914年　　▷ 芬兰赫尔辛基

✍ 埃利尔·沙里宁　　▥ 火车站

　　1904年，埃利尔·沙里宁（Eliel Saarinen，1873—1950年）在重建赫尔辛基中央车站的设计大赛中获胜，其结果便是为世界贡献了一座先进而文明的城市中央火车站。车站内部如同赫尔辛基大教堂一样肃穆美丽。埃米尔·威克斯特罗姆（Emil Wikström）的几尊巨大雕像并立在入口两侧，是他唯一使用的展现出炽热情感的装饰。经典的拱门入口体现出维也纳分离派主义者的影响，但除此以外，建筑的设计在很大程度上都体现出沙里宁的个人特色。车站广场一侧是一个大售票厅，而另一侧是个令人印象同样深刻的餐厅。

　　沙里宁于1923年移居美国，并在密歇根州设计了克兰布鲁克艺术学院（Cranbrook Academy of Art），1932年成为学院院长。他的学生中有杰出的设计师查尔斯和蕾·伊姆斯夫妇（Charles and Ray Eames）。埃罗·沙里宁（Eero Saarinen，见第381页）是他的儿子。

☑ **近观车站**
车站正面主要是拱门入口、覆铜钟楼，以及带有球形灯的艺术雕像。

斯坦因霍夫教堂

● 1907年　　▷ 奥地利维也纳

✍ 奥托·瓦格纳　　▥ 礼拜场所

　　奥托·瓦格纳的斯坦因霍夫教堂（Steinhof Church）肃穆而庄严地矗立在维也纳大地上，其下方的斯坦因霍夫精神病院同样由瓦格纳设计而成。虽然教堂庄重严肃，但它却有着丰富而克制的感性装饰。卡拉拉白色大理石覆满了砖砌中堂，通过新艺术派（Jugendstil）风格装饰流露而出。半球形的铜瓦穹顶像铁窗一样曾经镀金；甚至用来固定大理石板的螺栓也镀上了铜。内部是大片的白色墙壁，散发出一种庄重的简洁感，但是白墙由大理石和金质装饰点缀，所以看起来也远非一成不变、荒僻粗陋。教堂的设计融入了功能性细节，比如将长椅边缘设计成圆角，以防对患者造成伤害，高耸而通风的穹顶以及一扇熠熠生光的马赛克玻璃窗意在提振精神。

维克多·埃曼纽尔二世纪念堂

● 1911年　　▷ 意大利罗马

✍ 朱塞佩·萨科尼　　▥ 市政建筑

　　这座恢宏的白色大理石建筑建于国会山的山坡上，人们用它来纪念意大利的统一，并将其称作"打字机"。它由朱塞佩·萨科尼（Giuseppe Sacconi，1854—1905年）构思建造。通往国家祭坛的台阶顶部，矗立着一尊巨大的维克多·埃曼纽尔二世御马雕像。其周边拱廊高15米，略有弧度，上面饰有两尊青铜战车。

奎尔公园

🌓 1914年　📍 西班牙巴塞罗那

✍ 安东尼·高迪　🏛 市政公园

　　这座漂亮的公园俯瞰着巴塞罗那的中心地带，它原规划建为英国花园城市风格住宅开发项目。战争让工程停止，留下一处怪诞奇异的城市乐园，里面只有3间由加泰罗尼亚建筑师安东尼·高迪设计的房屋。公园里最主要的是一个广阔而蜿蜒的阶地，下面原本是个半覆顶的集市，100根多利克式柱子支撑着洞穴一样的屋顶。长长的座椅沿阶地边缘延展，色彩斑斓明媚，上面的马赛克由工厂废弃的破碎瓷砖制成。

米拉之家

🌓 1910年　📍 西班牙巴塞罗那

✍ 安东尼·高迪　🏛 住宅

▼ 想象的飞跃

米拉之家的立面坚实而又柔缓起伏，其中隐藏着采光充足的露台和一段楼梯，这段楼梯看似飘浮无定，却在楼层之间蜿蜒进出。

　　高迪在巴塞罗那建造了两栋公寓楼，一栋是光彩明艳如龙一般的巴特罗之家（Casa Batlló），另一栋就是米拉之家（Casa Milá）。后者在当地被称作采石场（Pedrera），它因其通体灰石、缺乏直线、屋顶轮廓线为超现实主义，以及围绕两个圆形庭院有机规划公寓的特点而名扬天下。建筑外立面的确是一堵如涟漪般起伏的石墙，但石块仅作装饰之用——钢架支撑着整座房屋，某些地方则由砖块和混凝土柱支撑。屋顶有数百个延伸的抛物线砖拱门、奇异的烟囱、精心雕刻的楼梯出口和马赛克通风井，一切都非常梦幻。高迪希望居民可以用车顶箱装点立面，如此一来，经年累月，这座建筑看起来会像是城市中裸露的地质岩层，而非寻常普通的建筑。

圣家族大教堂

🕐 1881年后　🏛 西班牙巴塞罗那

✍ 安东尼·高迪　🏛 礼拜场所

　　圣家族大教堂（Sagrada Familia，神圣家族的赎罪圣殿）在巴塞罗那的街道间拔地而起，这座自然而又略带超现实主义风采的建筑，至今仍能够激发起雄浑的欧洲教堂的建筑精神。

　　圣约瑟夫信徒精神协会委托建造的是一个新哥特式的教堂，但在1883年，安东尼·高迪接管设计工作时，只有部分地下室完工。高迪对地下室进行收尾后，其设计才华便如怒放的千百株异域鲜花般尽情地展现了出来：教堂将极尽可能地接近自然。回廊环绕着中厅，以远离噪声。三大立面代表了耶稣诞生、耶稣苦难史、耶稣复活。每个立面都有4座107米高的塔楼，上面饰有马赛克和玻璃，中空管钟的钟声鸣响于此。在这些建筑之上会耸立起一座巨大的中厅，它无需飞扶壁便可建成，其顶部还有6座高塔。

　　1926年高迪逝世时，完工的仅有地下室、后殿和耶稣诞生的立面。遗憾的是，1936年的一场大火焚毁了他的大部分画作，如今工程仍在继续，建筑师们不得不推测高迪的意图所在。

⊗ **耶稣诞生画面的细节**

》 安东尼·高迪

　　安东尼·高迪·科尔内特出生于加泰罗尼亚的雷乌斯。在巴塞罗那，他结识了纺织富商欧塞维奥·奎尔（Eusebio Güell）和天主教贵族，他们都鼓励高迪为巴塞罗那发展新兴的现代主义风格，以展现加泰罗尼亚的独立精神。他曾经在奎尔公园的侏儒屋里住过一段时间，后来住进了圣家族大教堂的地下室。

◀ **未竟的事业**

尚未完工的圣家族大教堂是有史以来非凡的建筑之一。

迪奈瑞花园

- 🔘1901年　📍英国伯克郡桑宁
- ⛰埃德温·勒琴斯爵士　🏛住宅

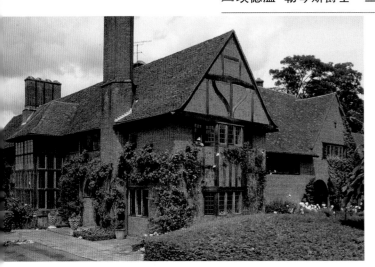

迪奈瑞花园（Deanery Garden）是一座田园诗般的英国乡村砖木别墅，它并不对称，却高度规范。埃德温·勒琴斯爵士受工艺美术运动启发，为《乡村生活》杂志的创始人爱德华·赫德森（Edward Hudson）设计了这栋别墅，而赫德森也十分支持勒琴斯的工作。房屋四周环绕着繁茂的花园，其设计师是勒琴斯的长期搭档格特鲁德·杰基尔（Gertrude Jekyll，1843—1932年）。他们一同协作，给想象犹存的上层中产阶级新贵创造了一种全新的乡村住宅美学。人们笃信勒琴斯的建筑，一方面是由于他从小就为当地一家建筑商工作，另一方面是因为他受到了众多严苛而富有创造力的维多利亚时代建筑大师的熏陶，比如欧内斯特·乔治（Ernest George）、哈罗德·皮托（Harold Peto）、诺曼·肖（Norman Shaw），以及菲利普·韦伯（Philip Webb）。

⊗ 浪漫的田园生活

这座深檐房屋就地取材、工艺精美，是对英国农舍浪漫理念的演绎。

德罗戈城堡

- 🔘1930年　📍英国德文郡德鲁斯泰恩顿
- ⛰埃德温·勒琴斯爵士　🏛住宅

德罗戈城堡（Castle Drogo）是英国后期建成的城堡之一，亭亭玉立在廷谷（Teign Gorge）之上，俯瞰着达特穆尔高地的美景。这座城堡由埃德温·勒琴斯为百万富翁朱利叶斯·德鲁（Julius Drewe）设计，它像中世纪城堡一样规模宏大、外观粗犷，内部则非常安逸舒适。

巨大的横楣竖框点缀着倾斜的墙壁，进门需要穿越一个门道，门道最后配有仍可运转工作的闸门。内部精心规划了拱形楼梯、大扇窗户、宏伟拱门，以及不断变化的楼层。客厅三面采光，十分舒适，厨房顶部的照明十分华丽。

⊗ 花岗岩屋

花岗岩墙面完全没有排水沟和排水管，墙面倾斜可以强化人们对这座高耸建筑的高度感知。

格伦特维教堂

🌐1940年　📍丹麦哥本哈根　✎P. V. 延森·克林特　🏛礼拜场所

　　这座磅礴而略显可怕的黄砖教堂设计严谨，其建筑灵感来源于丹麦传统中世纪教堂的阶式山墙立面，呈巨型管风琴式样。这座教堂为纪念人口神学家、赞美诗人N. F. S. 格伦特维（N. F. S. Grundtvig）而建，凝聚了建筑师一家三代人的努力。

　　格伦特维教堂（Grundtvig's Church）历时数年，使用六百万块手工打制的砖块才建成，其规模同主教座堂规模一样大。1930年，教堂尚未完工，建筑师P. V. 延森-克林特（P. V. Jensen-Klint）便已逝世。其子卡雷·克林特（Kaare Klint）接替了他的位置，并设计了许多室内陈设，高耸的中厅内排列的木椅就是其一。这座建筑包含两个大管风琴：除外观形似管风琴外，第二个就是1965年竖立在入口处的管风琴，由卡雷之子埃斯本（Esben）设计。教堂内部宽76米，高35米，其规模令人望而生畏。朴素无华的哥特式尖拱直入云霄，管风琴的乐声、唱诗班和会众的歌声随之袅袅升起。砖石结构延伸至两座布道台；这座建筑中，仅有石灰石圣水盆不是砖做的。教堂位于比斯珀比约（Bispebjerg）的郊外，是一众低矮住宅区的核心，而这个住宅区亦由延森-克林特设计。

≫ 融合的教堂

格伦特维教堂高而窄的窗户、狭小的入口以及山墙式立面，融合了历史性与简洁性，将形式与功能结合在一起。

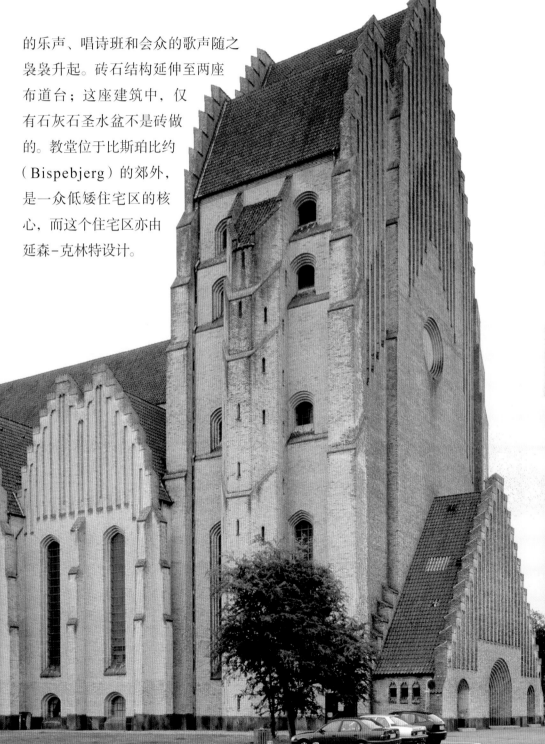

现代世界的建筑

20世纪，技术发展进入狂飙突进的年代。1900年，即便是最发达的世界，也只是一个充斥着蒸汽、默片和飞行试验的地方。然而，仅仅在100年之内，这个世界便已成为卫星探测、太空探索、私家车遍地、计算机和即时通信的王国。

1915年，费城，电话交换机

千里传佳音，与远方亲友打电话成为一件稀松平常之事，在此之前，人们只能通过信件或电报进行联络。

在人类历史上，尽管这一世纪有许多兴味盎然的发明，医学的发展也大大挽救了生命，然而，这无疑是人类历史上最为血腥暴力的一个纪元。两次世界大战席卷了整个世界，数百万人丧生。然而，在这些幻灭与苦难之中，全新的建筑随之而来，一同出现的还有新兴的音乐、哲学、文学、物理和生活方式。泥泞、肮脏、屠杀、浪费生命等这些第一次世界大战的代名词，令许多建筑师重新思考自己的立场位置。他们开始建造集日照、采光、通风和下水设施于一体的建筑，以应对20

大事记

1917年：俄国革命

1923年：勒·柯布西耶的《走向新建筑》出版面世，绘就先锋派现代主义的蓝图

1928年：得克萨斯州圣安东尼奥的米拉姆大厦是世界上第一座空调办公楼

1933年：阿道夫·希特勒成为德国总理

1900年

1925年

1919年：《凡尔赛和约》签订

1925年：世界上第一家汽车旅馆在加利福尼亚圣路易斯奥比斯波开业

1929年：华尔街崩溃；纽约证券交易所崩盘，引发经济大萧条

1939年：德国入侵波兰

世纪初的这个"黑暗年代"。他们创造出现代主义这种整洁优雅的白色建筑风格,其灵感汲取自远洋客轮,仿佛在说人类需要同舟共济,才能脱离带人类走向血雨腥风的政治经济体制。

勒·柯布西耶(Le Corbusier)是现代主义最杰出、最富远见的建筑师。在其开创性著作《走向新建筑》(Vers une Architecture,1923年)中,柯布西耶收录了许多舰船的图像。1933年,国际现代建筑第四次大会在一艘崭新的白色远洋班轮上举行,这是个新一代建筑师和城市规划师

>> 视听盛宴

20世纪初,通信技术和娱乐媒体迅速发展。第一次公共无线电传输于1906年在美国进行;1936年,英国开始定期电视广播。当时,电影产业已日臻完善,1927年,电影已经从默片发展到"有声电影"时代,20世纪30年代早期,彩色电影面世。唱片业也蓬勃起飞,流行音乐进入寻常百姓家。20世纪末,互联网令电影、新闻、音乐、电视和广播节目都可以通过电脑键盘一击即得。

主人之声

这一唱片标识成为世界上著名的商标之一,至今仍在沿用。

"HIS MASTER'S VOICE"

>> 莱特兄弟的飞行器

1903年,莱特兄弟进行了首次动力飞行,虽然意义重大,但十分短暂,甚至都可以放在一架大型喷气式客机波音747内进行。

⏫ **交通运输**

战后，城市规划和建筑不得不适应似乎无限增长的汽车交通。城镇越来越以汽车交通为导向发展。

组成的智库和游说团体，这次会议也举办得恰如其时。自此之后，将大型客轮那种令人耳目一新的露台造型应用于公寓楼、疗养院和酒店，就颇为常见了。

空袭破坏

可悲的是，第一次世界大战的和平解决给未来埋下了冲突的祸根。就在世界艰难走出20世纪30年代大萧条之际，世界再次被拖入战争的泥潭。

第二次世界大战破坏性巨大，其特点之一就是应用了空炸战术，摧毁城市中心成为明确的目标，这使建筑不再是意外之伤，而是特定目标。

1942年，英国皇家空军轰炸了德国北海岸两座美丽的汉萨城市：吕贝克和罗斯托克，数百人丧失生命，数千人流离失所。德国空军发动了"贝德克尔空袭"（Baedeker Raids）进行报复，意在摧毁英国的建筑遗产，从而击垮士气。德军轰炸机在著名的贝德克尔旅行指南里，挑选出三星级建筑作为打击目标，无所不用其极地要抹除诸如巴斯、埃克塞特和坎特伯雷等地的文化遗产。1945年，英国皇家空军和美国空军轰炸了美丽的中世纪巴洛克城市——萨克森的德累斯顿（Dresden, Saxony），针锋相对的空袭战斗达到高潮。同年，美国两架B-29超级堡垒轰炸机在日本广岛和长

和计算机的发展推动了这一风格的进步，这使建筑师创作出像悉尼歌剧院那样前卫超颖的建筑。

1969年，阿波罗11号宇宙飞船上的宇航员首次在月球上留下了人类的足迹，这说明在莱特兄弟首次飞行后不到70年的时间里，技术发展取得了多么巨大的飞跃。

》》 计算机与建筑

计算机辅助设计（CAD）带来了当代建筑的一场革命。某些图形的规模、比例、维度、曲率等数据几乎不可能手绘出来，但CAD软件可以相对容易地生成图形。除此之外，CAD可以计算出来支持建筑表面设计所需的内部结构性质。CAD办公电脑还可以与工厂建立联系，建筑师能够更加深入地掌控制造过程。

☑ 模型与可视化

CAD使建筑师及其客户能够足不出户就看到建筑的虚拟模型。

崎使用了一种新型武器——原子弹。其结果可怖至极。如今，人类可以令整座城市在顷刻间化为乌有。

战后的建筑

为满足重建需求，建筑师设计了可以大规模制造的建筑。然而，这些系统制造的预制房屋、医院、学校和大学，无论在实用性还是社会性上，都被证明为是失败品。

稍加鼓舞人心的是一种形式自由的新兴建筑风格创造了出来，它起源于德国，建筑师和工程师希望在这种风格中表达民主的理想。后来，新材料

现代主义建筑

约1910—1940年

在欧洲，现代主义在很大程度上，是那些想要通过锁具、股票、筒形保险箱改变世界的人的产物。德国包豪斯设计学院的内在理念，给予现代派革命性具体设计的动力，而这预示着一个新兴无畏的社会主义新世界。

第一批真正的现代主义建筑大多是富人建来赏玩的，他们颇具艺术品位，但现代主义的激进做法却很难为公众所重视。早在1928年，英国小说家伊夫林·沃（Evelyn Waugh）便曾讽刺过这一风潮：在《衰落与瓦解》（*Decline and Fall*）中，一位青年贵族偏爱勒·柯布西耶风格的"居住机器"（*machine à habiter*）之说，便拆毁了祖辈的英格兰建筑文物，而那位建筑师就是奥托·西勒诺斯（Otto Silenus），他唯一的成名之作是一家未建成的泡泡糖厂，发表在一本无人问津的杂志上。西勒诺斯曾说，他的抱负，就是除去建筑中的人文元素（他还质疑楼梯的必要性）。这得以让我们一窥许多当代观察家眼中的现代设计是什么样子。现代派建筑师越是声称自己的作品不是某种风格，而是一种理性的设计形式，就会有越来越多的人质疑他们。

美国的现代主义建筑

1932年，国际风格展览在纽约现代艺术博物馆开幕，这是美国现代主义的开创性时刻。在此之前，现代建筑便已出现在美国，尤其是在加利福尼亚州，包括鲁道夫·辛德勒（Rudolph Schindler，1887—1953年）和理查德·诺伊特拉（Richard Neutra，1892—1970年）在内的维也纳建筑师纷纷定居于此，以逃避战火。然而，纽约的展览虽聚焦于这一类型，却为美国群众打开了更宽广的视界。很快，大财团、时尚主顾接纳了现代主义。

《 德国包豪斯大楼

包豪斯设计艺术对西欧和美国的艺术及建筑趋势产生了重大影响。标志性的包豪斯大楼由瓦尔特·格罗皮乌斯（Walter Gropius）设计，建于1925年至1926年。

建筑元素

　　现代派建筑师的梦想是建造一个机械传动、运转顺畅的乌托邦。尽管许多最棒的现代派建筑使用了最新材料，有时能够取得一些实质性进展，有很大希望能够部分实现那个梦想，但乌托邦的梦想从未变为现实。开放式墙体迎接着灿烂阳光。

⌃ 底层架空

1929年完工的法国普瓦西萨伏伊别墅（Villa Savoye），是勒·柯布西耶重申文艺复兴"主厅"（piano nobile）的一个例证。在其早期白色现代别墅上，他将首层或是客厅架到纤细朴素的古典立柱上，并将其称为"底层架空"。

⌃ 玻璃墙

法国建筑师皮埃尔·夏洛（Pierre Chareau）设计的巴黎玻璃之家（Maison de Verre），其墙体以最新玻璃砖建成，这是对新兴建筑技术的致敬，亦是对不惜成本采光最大化理念的致敬。

⌃ 混凝土遮阳板

勒·柯布西耶意识到，新建筑风格在夏天可能导致建筑过热，令人不适，于是设计了这些混凝土遮阳板（brises-soleil，或称为sun-breaks）。

丰富材料的简单应用
彰显了它们的品质

德国馆曾受古典设计和
日本设计影响

⌃ 钢筋混凝土坡

早期激进现代主义建筑的正交几何形有时表现出破坏性的美。这是伦敦动物园企鹅池的平缓螺旋坡，由贝托尔德·莱伯金（Berthold Lubetkin）和奥韦·阿勒普（Ove Arup）设计。

⌃ 水平窗户

位于巴塞罗那的德国馆由密斯·凡德罗设计，展现了对混凝土、玻璃、钢铁、大理石这种纯粹平面的完美应用。

流水别墅

🕐1939年　📍美国宾夕法尼亚州熊跑溪　✍弗兰克·劳埃德·赖特　🏛住宅

⏫ **流水别墅外观**

这间别墅深隐于林荫瀑布间，是弗兰克·劳埃德·赖特（Frank Lloyd Wright，1867—1959年）的得意之作，于1936年至1939年建成。这栋建筑实际上建于岩石之中，溪水淙淙流落，客厅地面从岩层上露出。主屋和阳台悬在中心之外，看起来有种摆脱地心引力的效果。这栋钢筋混凝土建筑的维护成本很高，而且也确实存在结构严重损坏的危险。但是，它优雅美丽，且所处位置特殊，这足以令后辈对其进行妥善维护，确保它安然无虞。流水别墅内外接连自然流畅。它尽管有种种不足，却证明了一栋超现代化的房屋，可以为壮丽的自然风景增光添彩，而非使其黯然失色。

🔽 **客厅**

大部分家具均由赖特设计，它们作为房屋的一部分与其有机融合。石板地将室内与下方的岩石连结起来。

露台悬于奔流的山间清流 —— 熊跑溪（Bear Run）之上

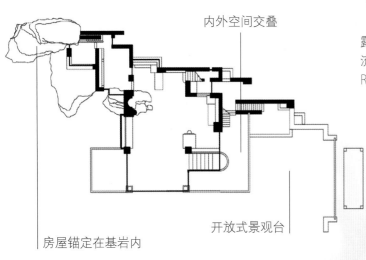

内外空间交叠

开放式景观台

房屋锚定在基岩内

◀ **建筑平面图**

居住区没有传统的房屋隔间；每一层都是通往另一层的过渡，最终通向户外。一根大烟囱向上贯穿了全部楼层。

护墙顶部以手工打磨制成

>> **室外阳台**

尽管赖特的流水别墅设计十分超前，其规划与结构仍根植于其所在林地的本质特征。

房屋后部大量配重，以支撑各个层面

当地砂岩的分层板形成垂直结构

各层采用了浇筑混凝土"托盘"的形式

罗宾住宅

🕐1910年　🏴美国伊利诺伊州芝加哥
✍弗兰克·劳埃德·赖特　🏛住宅

　　这座低矮的房屋为单车摩托车制造商弗雷德里克·C.罗宾（Frederick C. Robie）建造，标志着美国国内的建筑革命。房间呈开放式规划；屋檐深邃，这使南向客餐厅可以免遭正午日光的炙烤；从形神感觉上看，屋檐似乎还延伸至花园以外。扁长的罗马砖加深了这种水平延长的感觉。

》草原风格

这座砖木结构的房屋灵感汲取自美国中西部广阔的大平原，其外观具有强烈的水平线和低坡顶特征。

约翰逊制蜡公司办公楼

🕐1939年　🏴美国威斯康星州拉辛
✍弗兰克·劳埃德·赖特　🏛商业建筑

　　约翰逊制蜡公司办公楼中心的大工作室，像是20世纪30年代科幻小说中的一幅插图。这里没有可以看向外面的窗户；光线透过高耸的外围天窗射入这个开阔的空间——天窗并非由玻璃构成，而是由透明的派热克斯玻璃管组成。

　　为营造未来感，一丛上粗下细的睡莲叶柱林支撑着高耸的顶板，每根立柱的底部直径是23厘米。起初，建筑检查员认为，这些柱子不足以支撑12吨的荷载；然而在一次成效测试中，赖特证

》现代感经久不息

赖特为这座现代主义办公区设计了新型打字椅、红色流线形钢桌，这里同样也有21世纪的家具。

洛克菲勒中心

🕐1940年　🏴美国纽约
✍雷蒙德·胡德等人　🏛商业建筑

　　洛克菲勒中心是曼哈顿中城的一个巨型商业开发区，以其造型优美的RCA大楼、无线电音乐厅以及世界著名的户外公共溜冰场而享有盛名。

　　这座建筑综合体造价高昂，彰显出建筑师的丰富想象，竣工后，它担负起市政建筑和商业中心的双重职能。径直行走于灯火辉煌的购物中心里，流连于咖啡馆间，看几场电影，去著名的下沉广场滑滑冰，这就是纽约人的生活。RCA大楼周围环绕着许多高楼大厦，不少是在20世纪70年代后才建成的。

　　1929年，项目开工建设，彼时人们的乐观情绪十分高涨，约翰·D.洛克菲勒本打算在这里建一座歌剧院，但股市大崩盘改变了他的主意。由雷蒙德·胡德（Raymond Hood，1881—1934年）设计的RCA大楼有70层，高259米，现称为GE大楼，花岗岩、印第安纳石灰岩和铝的独特混合，构成了这座大楼的外观。

明，他这些新颖的柱子，耐受极限达到了60吨。赖特革新的，不仅仅是拉辛的现代建筑，而且是现代建筑本身。这是一项真正的开拓性独创工程。从外面看，红砖覆着这座流线形办公楼；1944年至1951年赖特新建的14层研究楼，使办公楼处于其荫蔽之下。

帝国大厦

◐ 1931年　🏳美国纽约　⌂ 史莱夫、兰布和哈蒙建筑公司　🏛 商业建筑

　　高耸的帝国大厦（Empire State Building）直入蓝天，在近500米的高空上俯瞰着曼哈顿四周130千米的风景，令人心旷神怡。它外覆石灰岩，保持世界最高建筑的纪录长达40年之久，但它最初远非祥兆——落成之时，华尔街崩溃，美国陷入经济大萧条。

　　修建这座标志性的大楼时，由于纽约的分区法，高层建筑不得不有所妥协，让光线能够照到地面，且将阴影保持在最低极限。其结果便是，大量的阶梯式建筑令人联想到美索不达米亚的金字形神塔和欧洲中世纪的大教堂。帝国大厦是这些商业楼宇中最雄伟的一座，耸立于第五大道381米的高空中。塔尖原本要做成飞艇的系泊桅杆，但上升气流剧烈，此举过于危险。1951年，这里加装了一条广播天线，高度达到了443.5米。这栋大楼十分坚固：1945年7月，一架B-25米切尔轰炸机撞进大楼79层和80层；14人遇难，大楼有所晃动。但大火在40分钟内即被扑灭，之后大楼恢复运转。

　　由于经济大危机，出租困难，这栋大楼在20世纪30年代被称为"空国大厦"（Empty State Building）。如今，它既是座商业建筑，又是国家历史纪念建筑，焕发着勃勃生机。

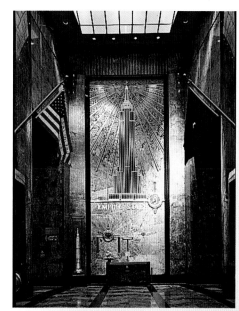

⌃ 中央大厅

》 史莱夫、兰布和哈蒙建筑公司

　　该公司成立于1929年，第一项令人怯馁的大工程就是建造帝国大厦。里士满·H.史莱夫（Richmond H. Shreve，1877—1946年）是首席设计师，三位建筑师在预算不足900万美元的情况下，于1年零45天的时间内见证了它的建成。他们还盖了许多其他大厦，但没有一座能与帝国大厦媲美。

》 帝国大厦数据

帝国大厦高103层，拥有73部电梯、6500扇窗户，重达33万吨。它一直都是现代建筑的奇迹，并深受大众喜爱。

尖顶结构

该塔尖高7层，在建筑内部组装后，通过房顶开口抬升到位后固定安装。

克莱斯勒大厦

🕐 1930年　🏳 美国纽约

✍ 威廉·范·阿伦　🏛 商业建筑

1925年的巴黎世博会上，一种装饰设计运动——装饰艺术风格（Art Deco）冉冉兴起，此后迅速在纽约如火如荼地展开，恢宏的摩天大楼承载了它最惊艳的一面。其中，极致优雅的建筑当数威廉·范·阿伦（William Van Alen，1883—1954年）设计的克莱斯勒大厦（Chrysler Building）。从曼哈顿人行道上空319米的尖顶云巅上，到满是大理石的铬钢大堂，它象征着装饰艺术运动的自身意识格调和甘之如饴的颓废奢华。汽车大亨沃尔特·P.克莱斯勒想要建造世界上最高的建筑，也最终心愿得偿——但是时间短暂，克莱斯勒大厦建成一年后，帝国大厦就接过世界最高建筑的头衔，直至1974年。

胡佛大坝

🕐 1935年　🏳 美国内华达州拉斯维加斯附近

✍ 戈登·考夫曼　🏛 水坝

1935年，胡佛大坝一经建成，便立即被誉为世界第八大奇迹。它是第一个砖石用料比吉萨大金字塔还多的单体建筑结构，为2500多万久旱逢甘的美国人提供了可靠水源，发电容量达280万千瓦。胡佛大坝同时也是一个艺术和建筑佳作。其最初的工程设计是低调内敛的装饰艺术风格，出自英国出生的建筑师戈登·考夫曼（Gordon Kaufmann）之手——在设计加利福尼亚州的圣安妮塔赛马场（Santa Anita racetrack）和奢华的西班牙殖民风房屋时，他的名声一炮打响。考夫曼简化了大坝和附属建筑的形态，将其化解为一个完全令人信服的影片式整体。他曾聘请设计师和艺术家，为这座磅礴恢宏的建筑赋予了与雷蒙德·胡德的洛克菲勒中心一样的细节。

🔽 **现代奇迹**

胡佛大坝高度近222米、跨度379米，25000名工人耗时5年多修建完成。

法古斯工厂

🌐 1911年　📍 德国阿尔费尔德莱纳

🏛 沃尔特·格罗皮乌斯和阿道夫·迈耶　🏛 工业建筑

　　1911年，年轻的德国建筑师沃尔特·格罗皮乌斯和阿道夫·迈耶（Adolf Meyer，1881—1929年）为卡尔·本施耐特（Karl Benscheidt）设计的法古斯工厂建成，这座工厂由美国联合制鞋机器公司（USM）资助，不同凡响的工厂建筑也令两位建筑师一举成名。在马萨诸塞州的贝弗利，USM公司拥有一座玻璃建成的工厂，该工厂由英国出生的工程师欧内斯特·L.兰塞姆（Ernest L. Ransome，1852—1917年）设计，优雅、实用的法古斯工厂建筑就是受该工厂启发设计建成。兰塞姆的《钢筋混凝土建筑》（*Reinforced Concrete Buildings*，1912年）也曾对欧洲的现代主义建筑产生过巨大影响。

🔼 透视风格

建筑边角也环绕着玻璃，令它在合理融洽、实用可行、技术允许的条件下尽可能光亮透明。

斯坦纳住宅

🌐 1910年　📍 奥地利维也纳　🏛 阿道夫·路斯　🏛 住宅

　　捷克建筑师阿道夫·路斯（Adolf Loos，1870—1933年）为画家莉莉·斯坦纳夫妇设计的这座住宅二元合一。多年来，这座房屋一直被视作现代住宅的宜居典范。该建筑高3层，背面是白色混凝土叠加玻璃外墙；正面则大不相同。当地规划部门只允许斯坦纳住宅是郊区地带的一栋折线型屋顶单层建筑。为规避这种空间限制，路斯便耍了个聪明，将屋顶盖得很高，而从建筑背面看，它足足有3层楼。由于建筑书籍中通常出现的是房屋背面，所以许多学生和历史学家前来寻找这座建筑时，很多人会以为它已经拆除了，要么就是彻底重建了。建造该房屋两年前，他发表文章"装饰与罪恶"（*Ornament and Crime*），将装饰与贪图享受甚至罪恶联系在一起；建造同年，激进善辩的路斯出版了颇具影响力的《建筑》（*Architektur*）一书。

◀ 立面相异

房屋正面粗矮，屋顶高而弯曲，背面则看起来古板严苛，正反两面相去甚远。

主楼内部

包豪斯

🌐 1926年　📍德国德绍　⛰沃尔特·格罗皮乌斯　🏛教学建筑

1919年，沃尔特·格罗皮乌斯在魏玛创立德国包豪斯设计学院，旨在鼓励为社会大众生产实用精美的物件，而非为富豪生产其个人用品。1925年，该学院搬迁至德绍，格罗皮乌斯为此设计了与其理念同义的著名包豪斯校舍。如今，该校舍已成为一处世界遗产地。

主楼

包豪斯学院大师及负责人所在的建筑作为包豪斯主楼同时规划修建。

说来奇怪，尽管学校本身——即最正统权威的包豪斯楼早已建成，但它直至1927年才开设建筑学课程。这座工厂式建筑主要用钢筋混凝土建成，砖块和与众不同的方形玻璃格条填充其间，以螺旋桨形状布置，包含教室、工作室、办公室、餐厅、会议室，以及学生和职工宿舍。1932年，包豪斯学院在路德维希·密斯·凡德罗的带领下迁往柏林，这栋建筑被废弃。学校于1933年关闭，大部分师生离校，前往国外传播现代主义。同年，格罗皮乌斯前往英国，1937年移居美国。德绍校区几番变换，如今再次成为包豪斯德绍基金会赞助下的一所设计学院。

巴塞罗那德国馆

🌓 1929年　📍西班牙巴塞罗那

🏛 路德维希·密斯·凡德罗　🏛 公共建筑

　　路德维希·密斯·凡德罗（Ludwig Mies van der Rohe，1886—1969年）因其格言"少即是多"而闻名，他试图通过材料中正、结构完整的建筑，创造出凝心静气、素净中立的空间。他为1929年巴塞罗那世博会设计的德国馆，是20世纪出色的建筑之一，该展馆也证明包豪斯和德国其他地方出现的新建筑远非清教徒式古板拘谨。展馆由大理石、玛瑙、石灰华、钢铁和玻璃建造，暗含日本古代传统，它将建筑融于风景之中，闹中取静，得以遐思。坐在密斯优雅的巴塞罗那椅上，游客可以欣赏整个城市景观，与此同时，池水波光粼粼，映射在墙壁上，闪烁着变幻的微光。这种网格式纯粹而丰富的设计模式，后来成为密斯的一大标志。虽然该展馆于1930年被拆

除，但它产生了巨大的影响，于是在1981—1986年，该馆于原址重建。1937年，密斯移居美国，在那里他设计了诸如纽约西格拉姆大厦（Seagram Building，见第378页）这样的开创性杰作。1969年，密斯逝世，但他仍是建筑界一位举足轻重的重要人物。

🔽 **展馆陈列**

德国馆的非凡之处在于，展期内，这座开放式展馆内部没有任何展品，建筑本身就是一个展品。

吐根哈特别墅

🌓 1930年　📍捷克共和国布尔诺

🏛 路德维希·密斯·凡德罗　🏛 住宅

　　吐根哈特别墅坐落于如今捷克共和国布尔诺的一座山坡上，高两层，其本质是对密斯德国馆的重建之作：平面图与之相似，材料亦很丰富。客厅及餐厅面积为24米×12米，延伸至一层整个面宽，墙面是一片巨大的玻璃，其中两块独立的玻璃像

车窗一样可以滑入地面。室内，居住空间的材料色彩完美调和：玛瑙乌木屏风与白色漆布地板相得益彰，地板上还有一块白色羊毛毯，黑色窗帘用生丝和白鹅绒制成。当时，大多数受包豪斯影响的新房屋都体现出简朴的一面；而密斯则借鉴了阿道夫·路斯在维也纳的建筑——这些建筑充分使用了最昂贵、最奢华的材料。从那时起，密斯严谨而阔绰的现代主义招牌，对上层中产阶级的吸引力与日俱增。

《 **开放的空间，开阔的视野**

从地板到天花板的玻璃幕墙和开放式室内设计，融合了室内外的空间，营造出一种自由开放的感觉。

⏫ **萨伏伊别墅的屋顶庭院**

萨伏伊别墅

◔1929年 🏛巴黎普瓦西 ✍勒·柯布西耶 🏛住宅

　　萨伏伊别墅是巴黎郊区的一座独立式住宅，其激进前卫的设计一直以来被奉为勒·柯布西耶"居住机器"之说的典范。1923年，他发表《走向新建筑》，首次提出"住宅是居住的机器"这一格言，影响深远。萨伏伊别墅是勒·柯布西耶众多观念的载体——不仅有关于建筑，而且有关于20世纪人们应该如何生活。

　　1922年，勒·柯布西耶与其表弟皮埃尔·让纳雷（Pierre Jeanneret，1896—1967年）在巴黎塞尔夫街35号开始共事。1925年，他为巴黎世博会设计了新精神馆（Pavillon de l'Esprit Nouveau），这是一座白色预制立体派建筑，饰有布拉克和毕加索的画作，一棵树在场馆中心蓬勃生长。巴黎的前卫派十分钟爱这座建筑，柯布西耶革命性的"居住机器"委托书也很快便源源不断地涌入。

🔽 **基本结构**
萨伏伊别墅主楼由细柱支撑，勒·柯布西耶将其称为"底层架空"，整座别墅是一个中空的轻质混凝土房屋。

萨伏伊别墅是这些房屋中最著名的一例。其底层可以说是一间精巧的车库，通过旋转楼梯和列队斜坡，便可步入开放式主平层，一条几乎未断的长条水平窗为其带来充裕的光线。主屋通向屋顶花园，或称屋顶庭院；白色混凝土墙框外的无垠天空，给人以自由、开阔、健康生活的神清气爽之感。尽管萨伏伊别墅从理论上来说是一种超现代设计，但它也是对400年前帕拉第奥在意大利创造的理想别墅的机巧重建。

萨伏伊别墅兼具理性、浪漫与理想的光辉——这是对黑暗、对毁灭、对战争及其后随之而来的经济衰退失望的一种建筑回击。

瑞士馆

🌑1932年　📍法国巴黎　✍勒·柯布西耶　🏛大学

巴黎大学城瑞士馆是一座学生宿舍，这座修道院式的钢结构建筑表面铺有混凝土板，大楼立于坚固的混凝土立柱上，其底层几乎完全架空开放，凸显出宁静简朴的建筑精神。紧密规划的学生宿舍对称分布于4个楼层，而公共区和入口大厅则位于毗邻宿舍区的凹墙塔楼内。这栋宿舍楼展现了勒·柯布西耶打破直线桎梏，探索更坚固、更具历史意义的建筑的开端，与他的白色别墅形成了鲜明对比。

斯坦因别墅

🌑1927年　📍法国巴黎嘉尔西
✍勒·柯布西耶　🏛住宅

尽管勒·柯布西耶热情地谈论着要为工人阶级建造可以大规模生产的住宅机器，但实际上，他还是把房屋设计成了供富人居住的艺术品。迈克尔·斯坦因（Michael Stein，美国作家格特鲁德·斯坦因的兄弟）及其妻子萨拉，还有文化部长加布里埃尔·蒙齐（Gabrielle de Monzie）共同委托柯布西耶建造了这座斯坦因别墅。建筑中空，由架空立柱支撑，两个主楼层各带一个花园。这里有雕花的楼梯、高悬的入口檐篷，还有那长而不断的带形窗。很明显，这里还有用人区。它保留至今，但已分隔为公寓套间。

▶▶ 日光流落

别墅主立面有长长的带形窗，勒·柯布西耶认为对任何房间的采光而言，这都是最有效的日光来源。

帕米欧疗养院

◉ 1933年　🏴 芬尔图尔库附近的帕米欧
✍ 阿尔瓦·阿尔托　🏛 公共建筑

　　林海中的帕米欧疗养院如同一艘白色洋轮，代表了青年建筑师阿尔瓦·阿尔托（Alvar Aalto，1898—1976年）的非凡成就。他通过这座大型复杂建筑，调和了现代主义与自然风光，为大众急需的医疗服务保驾护航。

　　疗养院大楼包含许多造型独特的翼楼，每个翼楼各成角度，以充分利用阳光。疗养大楼造型优雅，顶楼通向一个狭长的护栏露台，在露台上，既可近观阶梯花园，也可远观碧绿林海。

玛利亚别墅

◉ 1939年　🏴 芬兰诺尔玛库
✍ 阿尔瓦·阿尔托　🏛 住宅

　　玛利亚别墅为实业家哈里·古利克森（Harry Gullichsen）及其妻子玛利亚而设计，它标志着现代主义的一次转折，主张回归自然，令建筑变得有机、感性而温暖。这栋房屋大量应用暖色调的木材、砖块和瓦片，巧妙地涵盖了古老的农舍建筑与永恒的生活方式之间的联结。房屋内部与周围森林有着明显联系，尤其是主楼梯两侧的立柱，还有许多其他柱子，其中一些用藤条捆扎，另一些用木板贴边，为这些宽敞匀称的房间起到了支撑作用。

德拉沃尔美术馆

◉ 1935年　🏴 英国萨塞克斯郡贝克斯希尔
✍ 埃里克·门德尔松和谢尔盖·切尔马耶夫
🏛 公共建筑

　　该美术馆坐落于海岸悬崖边上，后面是爱德华时代阴沉的公寓楼。德国移民建筑师埃里克·门德尔松（Erich Mendelsohn，1887—1953年）和俄罗斯的谢尔盖·切尔马耶夫（Serge Chermayeff，1900—1996年）在建筑竞赛中脱颖而出，获得委托建造权。建成仪式上，贝克斯希尔市长约克公爵和公爵夫人（即后来的乔治六世国王和伊丽莎白女王）称其是"伟大民族运动的一部分……迄今英国的度假胜地沉闷阴郁，枯寂凄凉，我们的

同胞只得前往国外，而这座美术馆令人们放松，给予人们欢乐，教授人们文化"。这座建筑充满异国情调，它是英国第一座大型焊接钢架建筑，也是英国第一座现代风格的公共建筑。利物浦大学前建筑学教授查尔斯·赖利（Charles Reilly）曾写道："室内笔直宽敞，而美妙的旋转楼梯优雅地攀附在玻璃圆柱内，这是我们都梦寐以求而无可匹及的事业，但他们却胸有成竹地完成了这一规模壮举。"

>> **注入新思想**
两位选拔得胜的移民建筑师为英国海滨度假胜地贝克斯希尔赋予了生机活力，其中一位建筑师切尔马耶夫还是一名装修设计师、交际舞者。

⌃ 时尚前卫

标新立异的圣弗朗西斯科教堂现为国家遗产名胜。

巴西圣弗朗西斯科教堂

🕗 1943年 🚩 巴西潘普利亚

🏛 奥斯卡·尼迈耶 🏛 礼拜场所

圣弗朗西斯科教堂位于潘普利亚的度假胜地，其抛物线般的混凝土外墙如波涛般连绵起伏，壮丽辉煌，是奥斯卡·尼迈耶（Oscar Niemeyer）和工程师若阿金·卡多佐（Joaquim Cardozo）心血技艺的完美结晶。两个巨大的混凝土拱顶环绕着中堂和唱诗堂，钟楼和入口门廊为独立式。光线通过入口和圣坛上方的纵向百叶窗射入拱顶。混凝土墙面上涂有白色、蓝色、棕色的马赛克，十分生动活泼。这一争议性建筑激起了保守派天主教徒的极大敌意。

教育卫生部大厦

🕗 1943年 🚩 巴西里约热内卢

🏛 奥斯卡·尼迈耶 🏛 政府大楼

这座15层高的办公大楼采用了一系列混凝土遮阳板，赋予了建筑强有力的雕塑质感。大楼底部与之垂直的地方，是一个下陷街区，其顶部是一个景观屋顶，内有一个圆形剧场和展览厅。这栋混凝土大楼由灰粉色花岗岩贴面装饰，墙面是坎迪多·波尔蒂纳里（Candido Portinari）的瓷砖壁画。

伦敦海波因特公寓大厦

🕗 1935年 🚩 英国伦敦 🏛 贝托尔德·莱伯金 🏛 住宅

海波因特公寓大厦（Highpoint）由办公设备巨头西格蒙德·格斯特特纳（Sigmund Gestetner）委托建造，是公司员工的理想高层公寓。如今，它高高地矗立在伦敦广阔的土地上，是海格特一栋备受追捧的高价公寓。这栋清爽、洁白、富有创意的设计出自格鲁吉亚移民设计师贝托尔德·莱伯金（Berthold Lubetkin，1901—1990年）之手，此前，他最为人所知的是引起巨大轰动的伦敦动物园企鹅池，以及他的前卫先锋派作品泰克顿集团（Tecton）大楼。在奥韦·阿勒普的点滴帮助下，莱伯金慷慨迎战，勇攀海波因特公寓的建筑高峰——奥韦是一位才华横溢的丹麦工程师，同样在伦敦安定下来。这栋明亮纯白的双十字形公寓大楼高7层，内有64套中央供暖公寓，电梯位于一个宽敞高耸的入口大厅处。这里原本有一间茶室。公寓经过精心规划，起居室白天沐浴着阳光，而卧室则阴凉清爽。

⌄ 社会主义理想

莱伯金曾前往俄国，了解那里的工人住宅是如何建造的。

菲亚特林格托工厂

🌑 1923年 　🏴 意大利都灵林格托 　⛰ 贾科莫·马特–特鲁科 　🏛 工业建筑

菲亚特的林格托工厂在当时被称作"第一座未来主义建筑"（这一艺术运动离经叛道，对速度充满痴迷执念），人们从未计划将它打造为一件艺术品，甚至也不认为它会是一个伟大的建筑杰作。然而，它宏伟的规模、坚毅的线条、顶楼的环形疾驰赛道，都抓住了许多青年艺术家和设计师的心，定义了意大利的时代精神。

⬆ **工厂内部，螺旋坡道清晰可见**

⬇ **屋顶赛车**
这条试车跑道高于地面21.3米，坡面倾斜是为了防止汽车从边缘飞出。

作为早期钢筋混凝土工业建筑的杰出典型，该工厂并非由建筑师设计而成，而是出自工程师贾科莫·马特–特鲁科（Giacomo Mattè-Trucco）之手。菲亚特的创始人乔瓦尼·阿涅利（Giovanni Agnelli）在简报中称要建造一座工厂，与福特的美国量产中心相匹敌，林格托工厂便由此诞生。它建于1915年至1923年，两栋平行的5层生产装配大楼由楼梯间和盥洗室所在的服务楼连接。竣工后，该工厂坐拥欧洲最长生产线。无论以何种标准衡量，马特–特鲁科的设计，都完美地解决了这一问题，即如何在一座独立自主的建筑体中，发挥出协作生产的最佳效益。原材料从一楼进入车间，通

过一系列生产线后，汽车会在楼顶出现，之后在长2.4千米的试车跑道上进行测试。屋顶跑道的设计激发了公众的想象，兴盛时期，这里的景象和音效一定十分刺激。大楼内部的螺旋坡道不仅可以使汽车从屋顶上上下下，而且还可以让主管们享受驾车巡查工厂生产进度的乐趣。

1982年，工厂关闭。虽然那里不再生产汽车，却迸发了新的生机活力。20世纪80年代末以来，在热那亚建筑师伦佐·皮亚诺（Renzo Piano）的指导下，它经历了大规模重构改建。这座曾经的工厂，现在是办公室、画廊、咖啡馆、餐厅、演艺空间、酒店、牙科学院、学生公寓、会议中心和都灵理工大学汽车工程学院的所在地。如今坐落在屋顶跑道顶部的，是由菲亚特阿涅利家族赞助的一家豆荚形艺术画廊。

奥尔维耶托飞机库

🌐 1942年　📍意大利中部翁布里亚大区奥尔维耶托

🏛 皮埃尔·路易吉·内尔维　🏛 工业建筑

1935年至1942年，意大利工程师皮埃尔·路易吉·内尔维（Pier Luigi Nervi，1891—1979年）为意大利空军设计了一系列混凝土飞机库。第一座于1938年在奥尔维耶托（Orvieto）建成，它为后续机库的建造奠定了结构和外观基础。轻质交错的横肋格从复杂的三角边梁搭建升起，形成长而尖的筒形穹顶。肋格用钢筋混凝土预制而成，形成了独特的金刚石晶格结构，极其坚固，非常漂亮。1944年，撤退的德军试图摧毁机库时，大部分肋格结点完好无损，足以证明机库的坚固。

法西奥大楼

🌐 1935年　📍意大利北部科莫

🏛 朱塞佩·特拉尼　🏛 市政建筑

科莫大教堂前这座宏伟的建筑是意大利法西斯主义建筑师朱塞佩·特拉尼（Giuseppe Terragni，1904—1943年）的作品。这座建筑曾经是当地法西斯政党的总部大楼，战后更名为波波洛大楼（Casa del Popolo），自此承担多种市政角色，卡布里尼车站和税务局就在这里。这座建筑看起来像是一个巨大的魔方，蕴含着严肃的建筑逻辑。环形混凝土格立面是大理石板，内部格局可见一斑。顶楼方格开放，表明该建筑并非实心体。内部，悬挑楼梯和办公楼环绕着一个巨大的屋顶庭院。

🔽 **法西奥大楼**

传统主义建筑

约1900—1940年

　　包豪斯建筑学派的现代主义并非20世纪新建筑的唯一出路。世界各地的许多建筑师从未停止工作，他们不仅因地制宜，遵循历史传统，而且也在学习以新锐的活力与热忱进行创新。另一些人则打破桎梏，还有一些人则完全飞跃巅峰，更进一步。

　　20世纪，纽约的宾夕法尼亚车站仿照古罗马卡拉卡拉浴场重建，令人深陷追忆，引起强烈轰动。一些建筑师则融合古今，将古建筑的品位、样式与现代的关切、功能相结合。查尔斯·霍尔登（Charles Holden）的现代古典主义设计堪称典范。同样地，埃德温·勒琴斯将传统印度设计与英国古典主义相结合，这一方式不仅令建筑充满浪漫情趣，而且实际耐用，印度独立后，建筑所有权也随之适时易主。还有一些建筑，虽为现代风格，却十分有趣，与包豪斯学派的现代主义知识掣肘相去甚远，装饰艺术年代的建筑便属此类。还有些完全与众不同的建筑，例如阿斯马拉的东正教大教堂，以及波茨坦的爱因斯坦天文台。

历史谬误

　　从20世纪20年代开始，人们试图讲述20世纪的建筑史话，仿佛从工艺美术运动开始，历经包豪斯学派，到包罗万象、风格自由、功能齐全的现代主义，其进程一马平川。然而，正如以下各页所阐明的，这始终是一种思想自负与思维欺骗。建筑的故事，向来丰富多样、复杂难解，而且往往充满矛盾。

《 柏林奥林匹克体育场

该体育场建于1935年至1936年，由建筑师维尔纳·马尔希（Werner March）规划设计。

建筑元素

20世纪的传统主义建筑形式多样。有许多建筑师本身并不反对进步，但会反对那些似乎在故意离经叛道而彰显自我意识的年轻现代主义者。他们也十分赞同使用最好的材料、最佳的工艺。

螺纹强化了垂直效果

摩尔式和中世纪风的形状轮廓

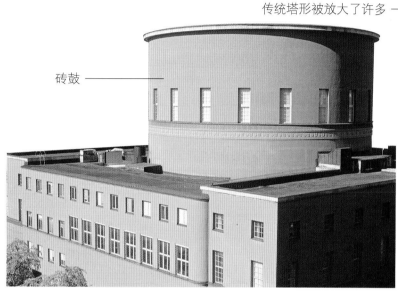

砖鼓

传统塔形被放大了许多

🔽 罗马拱廊

罗马的"方形斗兽场"是古罗马建筑典范，这种建筑是为视野前后兼具的政治体制而改造的。

🔼 形式基础

块状形式是奠定许多伟大传统建筑的基本形式，其中以斯德哥尔摩的城市图书馆为冠，这座方块中的鼓形圆柱由埃里克·贡纳尔·阿斯普隆德（Erik Gunnar Asplund）设计，是北欧古典主义的重大胜利。

🔼 现代的中世纪塔楼

传统主义者证明旧的设计可以延续新的辉煌：斯德哥尔摩市政厅明显是20世纪的产物：规模巨大，雄心勃勃，但它也令人们追忆起中世纪宏伟的城镇大厅。

🔼 复杂的历史游戏

位于莫斯科的外交部在一定程度上呼应了纽约市政厅和塞维利亚大教堂摩尔式塔楼的设计。

🔼 印度莫卧儿风格

新德里总督府的一个翼楼采用了印度教-莫卧儿混搭风格的阶梯式屋顶，该设计出自埃德温·勒琴斯之手，融合了英国爱德华七世古典主义设计与印度设计。

磅礴的罗马风格

迎来送往、遮风挡雨——车站柱廊为漫步行走的旅客提供了绝佳场所。高悬在大厅上方的窗户为室内带来了充足的光线。

宾夕法尼亚车站

◍ 1910年　🏴 美国纽约

⚐ 麦克金姆、米德和怀特建筑事务所　🏛 火车站

1963年,《纽约时报》的一篇社论如惊雷般令人振聋发聩:"任何一座城市得偿所愿,都会为此付出代价并最终承受一切。"彼时,位于纽约第八大道的宾夕法尼亚州车站被拆除,人们普遍认为这是对公共建筑的一次重大肆意破坏。该事件促成纽约一个游说团体的兴起,众多重要建筑物名录也由此形成。宾夕法尼亚车站蔚为壮观——这座火车站正面是罗马多立克式神庙长廊,大厅仿照卡拉卡拉浴场建成,效果十分震撼。火车进站出站的车棚同样非常壮观。令人遗憾的是,1966年起,该地用作商业开发;如今,SOM建筑设计事务所(Skidmore, Owings & Merrill)操刀,这里将再次成为一座全新的车站。

圣西米恩

◍ 1939年　🏴 美国加利福尼亚州圣西米恩

⚐ 茱莉亚·摩根　🏛 度假胜地

圣西米恩(San Simeon)亦称赫氏古堡(Hearst Castle),是传奇出版大亨威廉·兰道夫·赫斯特(William Randolph Hearst,1863—1951年)的私人庄园。这座摩尔式城堡有165个房间,灵感源自隆达的教堂塔楼——阿尔汗布拉宫以及西班牙南部的丘陵城镇。混凝土建成的城堡内含大片花园、露台和池塘,山间行道还可以眺望太平洋。室内设计精美别致,从欧洲运来的希腊罗马神庙立面正对着大理石板铺就的海神池。

林肯纪念堂

◍ 1922年　🏴 美国华盛顿特区

⚐ 亨利·培根　🏛 纪念堂

这座气势磅礴、典雅高贵的多立克式神殿为纪念亚伯拉罕·林肯总统而建。巨型林肯坐像由丹尼尔·切斯特·弗伦希(Daniel Chester French)用佐治亚州大理石雕刻而成。最早建造纪念堂的提议可追溯至1867年,但直至44年后,建筑师亨利·培根才被委以重任。

林肯纪念堂是培根的收官之作。各个州的石材在这里融为一体:外部是科罗拉多州的白色大理石,内墙为印第安纳州的石灰石,地面为田纳西州的粉色大理石,天花板则为阿拉巴马州的大理石。

明治神宫

⏺1920年　🏴日本东京　✍未知　🏛礼拜场所

　　熙攘喧嚣的城市间，明治神宫（Meiji Shrine）赫然屹立于东京的核心地带，最初由10万名志愿工人建造。

　　明治神宫坐落之处好似一片森林，公园内移植了12万株来自日本各地的树木，其灵感源于一种神社建筑风格，而这种风格可追溯至8世纪。明治神宫的设计十分简洁，且十分独特，由未上漆的木材建成。色彩应用简明，以白色及绿色为主（绿色主要来自铜质细节）。悬挂在神宫深檐上的方形灯笼和日本皇宫的菊花顶是仅有的装饰。

　　朝拜者和游客穿过精心修剪的葱郁树林，经过特制的小庙形状的立杆路灯，走过鹅卵石小径，还有当地会社赠给神宫僧侣的清酒木桶，一步步向神宫靠近。之后，游人会经过两座鸟居，其中第二个是日本最大的木制鸟居。走着走着便到了两个类似寺院的亭子，一间可以喝水，另一间可以洗手。接着，游人们可以在一棵树下伫立许愿，悬挂心愿木牌。最后终于到达神宫，大门装饰复杂华丽，屋顶向上翘起。在这里，游人们可以往圣坛中撒钱，拍手将众神唤醒。

》 明治天皇

　　明治天皇出生于1852年，他将日本从孤立的封建社会转变为现代的工业化国家。他从京都迁都东京，推行义务教育，改穿西式服装。

⌄ **重建传统**

明治神宫与20世纪50年代在东京及其周边重建的其他历史建筑不同，它使用了合适的传统建材——在此例中，如图所示，神宫内部主要使用了柏木和铜。

总督府

1930年　印度新德里　埃德温·勒琴斯爵士　住宅

1912年，英属印度从加尔各答迁都新德里时，总督府（Viceroy's House）开始动工。这座英印风格的建筑杰作规模宏大，是英国建筑师埃德温·勒琴斯的得意之作。这座建筑矗立于芮希纳山丘上，以绝对的建筑威严掌控着新德里大地。如今，它被世人称作总统府（Rashtrapati Bawan）。

总督府最吸睛之处在于其巨大的半球穹顶，由宏丽的粉红色和奶油色砂岩制成，这无疑是世界上精致、新颖的穹顶之一。它根据桑奇大塔的设计建成，比起潮冷的伦敦，新德里十分干热，而这座总督府便展现出与伦敦圣保罗大教堂一样的神奇魔力。

勒琴斯的天才之处在于设计了一座壮丽而充满艺术美感的皇宫，他在借鉴新古典主义原则的同时，也融入了印度丰厚的建筑传统。其设计闪耀着才华的光辉，诸如屋顶亭台（chatters）和宽大突出的飞檐（chujjas）这样的印度元素，与欧洲和古典传统元素天衣无缝般融合在一起。其结果是大相径庭的设计传统真正融合在一起，相辅相成、相得益彰。这座府邸规划在中央，一段宽大的台阶通向柱廊入口，那里可通向穹顶下的杜巴厅。远处和两边都是国务办公室，令人印象深刻，此外还有一条凉廊，通向精美的莫卧儿花园。府邸的4个翼楼原本是总督的办公室、生活区以及来宾下榻处。

设计融合
总督府融合了古典风、欧洲风和印度风的设计。

>> **埃德温·勒琴斯爵士**

埃德温·勒琴斯（Edwin Lutyens，1869—1944年）是工艺美术运动建筑师欧内斯特·乔治的得意门生，设计了众多工艺精美的房屋。勒琴斯在新德里的规划建设中起到了重要作用，为这座城市留下了许多或庄严肃穆、或英气雄浑、或令人惊心动魄的建筑。

埃德温·勒琴斯

新德里圣马丁加里森教堂

🕐 1930年　📍 印度新德里

✍ 亚瑟·戈登·舒史密斯　🏛 礼拜场所

　　圣马丁教堂最初是为印度军队修建的教堂，如今，它是一所当地儿童学校和印度教会的聚集地。其砖墙厚重，塔楼坚固，装饰简单，拥有绝对的堡垒气概。但它也是一件出自埃德温·勒琴斯助手亚瑟·戈登·舒史密斯（Arthur Gordon Shoosmith，1888—1974年）之手的艺术珍品。从外面看，它像是单体石块，内部则宽敞、高耸，令人难以忘怀，阳光从仅有的几扇高窗照射进来，将新德里夏日的炙热高温和强烈暴晒隔绝在外。中厅拱顶由巨大的钢筋混凝土架支撑。60年来，它逐渐疏于管理，但在20世纪90年代，中厅及屋顶得到了修缮。

≪ 整体效果

这座朴素高耸的建筑使用了350万块砖建成，它几乎没有窗户。

依兰山谷水坝

🕐 1904年　📍 威尔士赖厄德依兰山谷

✍ 伯明翰城市工程师部　🏛 大坝

　　依兰山谷水坝（Elan Valley Dams）位于威尔士中部，直至踏入这里，每一位第一次前来观光的游客才真切地感受到大坝的震撼。大坝于1904年投入运营。这些建筑杰作雄浑壮美，为118千米外的伯明翰提供了充足的水源。水坝顶部的塔楼很可能被误认为是英国巴洛克大师尼古拉斯·霍克斯莫尔（Nicholas Hawksmoor）和约翰·范布勒（John Vanbrugh）的作品；依兰山谷的这些建筑确实也常被亲切地称为"伯明翰的巴洛克艺术"。佩尼加雷格大坝（Pen y Garreg dam）和加雷格杜高架桥（Garreg Ddu viaduct），还有福尔塔（Foel Tower）是这里的建筑三杰。

≪ 佩尼加雷格大坝

当地开采的岩块只适合在大坝内部使用。大坝表面手工凿制的花岗岩石块是从南威尔士运来的。

» 议事大楼

波特兰石塔从海灰色的康沃尔花岗岩底座上逐层升高，融入蓝天。

伦敦大学议事大楼

⊖ 1937年　📍英国伦敦　✍查尔斯·霍尔登　🏛大学

　　伦敦大学成立于1836年，然而它却一直没有一座标志性建筑；直至一个世纪后，议事大楼建成开放，其波特兰石塔雄伟宏壮，才改变了这一局面。原本的设计是请查尔斯·霍尔登（Charles Holden，1875—1960年）在乔治亚·布卢姆斯伯里（Georgian Bloomsbury）建造一个更为雄伟的建筑，上有2座高塔、17座庭院。但他后来建成的大楼也足够宏伟：整栋建筑基本为希腊罗马式，外表鲜有细节刻画，但砖石结构棱角分明，磅礴有力，给人以宏伟之感。石块后面并没有钢架，因为霍尔登认为他的建筑要屹立至少500年，所以只有传统的砖石结构才是最合适的。建筑内部有众多精致的房间，包含一座精美绝伦的图书馆，大部分房间由橡木、大理石、青铜甚至彩色玻璃建成。

英国皇家建筑师学会楼

⊖ 1934年　📍英国伦敦　✍格雷·沃纳姆　🏛机构大楼

　　在格鲁吉亚排屋和20世纪20年代的古板公寓楼中间，矗立着英国皇家建筑师学会总部大楼。它看起来与周围格格不入，像一块巨大的墓碑。

　　这座庄严而美观的大楼是20世纪30年代建筑工艺的巅峰，展现了精美的浮雕、印字和凿刻玻璃之美。其整体材料坚固耐用，而诸如灯具、门把和楼梯扶手这样的细节则彰显着自身的品位与乐趣。

伦敦百老汇55号

⊖ 1929年　📍英国伦敦

✍查尔斯·霍尔登　🏛商业建筑

　　查尔斯·霍尔登是一位贵格会教徒，不吸烟、食素，他遇见的委托人弗兰克·皮克（Frank Pick，1878—1941年）魅力非凡，同样也不吸烟、食素，是一位公理会教友，二人堪称完美合拍。1933年，皮克成为伦敦乘客运输委员会（London Passenger Transport Board）运行总监，这是一座以新兴艺术、工程和建筑而闻名的公营机构。20世纪20年代末，他决定由霍尔登设计可以俯瞰圣詹姆斯公园的新伦敦地铁总部。皮克想要光线，霍尔登便保证在他这座塔庙型的钢架石砌办公楼内有充足的光线。百老汇55号平面呈十字形，十字交叉处上方有一座53米高的钟楼，它建成时是伦敦最高的办公楼。尽管百老汇55号在规划上很激进，但它对大众的吸引力主要来自环绕大楼一层的亨利·摩尔（Henry Moore）、埃里克·吉尔（Eric Gill）和雅各布·爱泼斯坦（Jacob Epstein）等人的争议性雕塑。

« 英国皇家建筑师学会楼

亚诺斯高夫地铁站

◔ 1932年　🏳 英国伦敦

🏛 查尔斯·霍尔登　🏛 地铁站

　　20世纪20年代初期，查尔斯·霍尔登开始为弗兰克·皮克设计伦敦的新地铁站，如百老汇55号，但直到30年代起，他才真正大展拳脚，在皮卡迪利线上修建了一系列砖混结构车站。霍尔登曾陪同皮克参观德国、斯堪的纳维亚和荷兰的建筑，对威廉·杜多克（Willem Dudok）在希尔弗瑟姆（Hilversum）的建筑以及贡纳尔·阿斯普隆德（Gunnar Asplund）在斯德哥尔摩的建筑印象尤为深刻。霍尔登的新车站中，最好的当数伦敦北部的亚诺斯高夫站（Arnos Grove）。这座车站完美地将古代罗马与现代荷兰的设计与英国工艺融合在一起，高高的圆厅大量上釉，顶部一圈明显的混凝土檐板高出车站。在这里，霍尔登充分选配传统与现代材料，利用混凝土、砖石与青铜，调和出一座光彩明亮的建筑佳作。这座车站在功能性方面没有丝毫妥协，却能追溯时光，回归到更加古老甚至亘永的建筑传统中，这是一项了不起的成就。

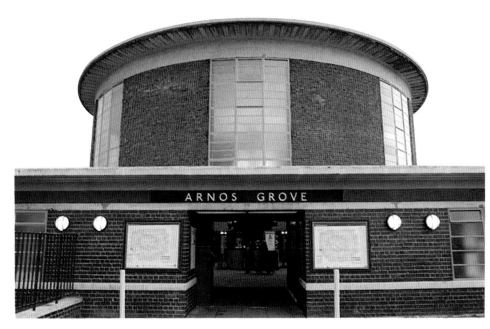

📧 **霍尔登的印记**

霍尔登所设计的伦敦地铁站，具有曲线广泛应用、砖石水泥裸露搭砌、几何图形细致考究的特点。

诺维奇市政厅

◔ 1938年　🏳 英国诺福克郡诺维奇

🏛 C. H. 詹姆斯和S. R. 皮尔斯　🏛 市政建筑

　　这座精致的市政厅坐落于诺维奇市场广场上，其基底台阶由凶猛的青铜狮子把守。建筑深受斯堪的纳维亚风格影响，56米高的钟楼美观漂亮。对包豪斯的白色方块式现代主义而言，这座市政厅是20世纪30年代英国设计发展良好的极佳例证。

斯德哥尔摩市政厅

◔ 1923年　🏳 瑞典斯德哥尔摩

🏛 拉格纳·奥斯特伯格　🏛 市政建筑

　　斯德哥尔摩市政厅饱含中世纪和现代风格的光辉浪漫，其外观如龙一般精妙绝伦，内部则充满无尽风尚：（并非蓝色的）蓝色大厅有1万支管风琴音管；会议厅的屋顶仿照维京长船建成；金色大厅的墙壁上嵌有1800多万块玻璃和金色马赛克。除此之外，还有其他童话般的房间，它们都朝向一座巨大的柱廊庭院，其四周便是整栋建筑所在。无论内外，市政厅的工艺都令人叹为观止。

勒兰西圣母教堂

⊖1923年　🏴巴黎附近的勒兰西

✍奥古斯特·佩雷　🏛礼拜场所

　　勒兰西（Le Raincy）圣母教堂坐落于巴黎东北约13千米处的勒兰西镇，这座教堂十分奇特，并不完美，但它不失为一座特别的建筑。它由奥古斯特·佩雷（Auguste Perret，1874—1954年）设计，是一座纯钢筋混凝土裸露筑成的战争纪念堂。准确地说，这是第一次在这种情况下使用原混凝土；虽然到1923年，混凝土已大量使用，但出于规范和市容上的考虑，如果没什么其他原因，像这样的建筑通常会覆以石块或大理石。缺少这

层覆石导致这座教堂在20世纪80年代外露结构状况欠佳。滚动修复逐步替换了破败的混凝土，原有设计得以留存，但最初的材料已几乎消失殆尽。

　　教堂内部的墙壁上都是窗户，拱顶采用弧面混凝土的形式建成，下粗上细的纤长混凝土柱与之在顶部相交。如此充足的光线和如此轻巧的结构所产生的效果，令许多参观者感到，他们继承了真正伟大的中世纪哥特式教堂最后的精神与建筑传统，如温莎的圣乔治教堂或剑桥的国王学院教堂。而这座教堂塔楼的灵感无疑由中世纪所赋予。

卡尔·马克思大院

⊖1930年　🏴奥地利维也纳　✍卡尔·恩　🏛住宅

　　该住宅计划为5000人提供1382套布局紧密的公寓，提供托儿所、图书馆、洗衣房、医生手术室和其他社会服务，此外还有一个巨大的公共花园。

但其实这座功能强大的模范住宅仅占原来卡尔可用面积的18.5%；由于愿望均已实现，便不再需要剩下的土地了。1923年至1924年间，维也纳市新建了64000套公寓，安置了十分之一的人口。1934年，卡尔·马克思大院遭受了轰炸。1989至1992年，大院历经全面修缮，并沿用至今。

》》世界上最长的公寓楼

卡尔·马克思大院两端长1100米，是世界上最长的单体住宅楼，有轨电车在其间有四个停靠站点。

斯图加特火车站

- 🕐 1928年　📍德国斯图加特
- ✍ 保罗·博纳茨　🏛 火车站

　　1913年，保罗·博纳茨（Paul Bonatz，1877—1956年）完成了斯图加特车站的规划，但直至第一次世界大战后，车站才开始施工建设。博纳茨曾说"战争的严肃涤荡了车站的设计"；他将风格从华丽铺张的民族浪漫主义转变为冷静持重的英武之风。如今，英根霍芬·奥弗迪克建筑设计事务所（Ingenhoven Overdiek Und Partner）的德国设计师们正在对这座车站进行重建，这项重大工程因拆除了车站翼侧，时常引起争议。

智利屋

- 🕐 1924年　📍德国汉堡　✍ 弗里茨·霍格　🏛 商业建筑

　　智利屋（Chilehaus）由弗里茨·霍格（Friz Höger，1877—1949年）为汉堡船主亨利·斯洛曼（Henry Sloman）设计，这位船主在与智利的硝酸钾买卖中兴家发迹，便建造了这座10层高的船形大楼，令人十分惊叹。每位摄影师最喜欢的建筑视角都是这栋大楼的东端，它像船头一样，耸立在汉堡伯查德街（Burchardstrasse）和彭盆街（Pumpenstrasse）的交会处。虽然有栏杆、舷窗样窗户、露台和秃鹰雕像（借鉴自智利盾徽）等其他航海参照物，但当地人最初还是把这座建筑比作熨斗。霍格在转行建筑业之前，最初曾作为工匠接受过培训学习，这栋建筑经久不衰，它的每一处细节，都清楚地体现了霍格的工匠背景。如今，智利屋已成为汉堡大受欢迎的景点之一。

爱因斯坦天文台

🌐 1921年　🏴 德国波茨坦

✍ 埃里克·门德尔松　🏛 实验室

第一次世界大战时，埃里克·门德尔松（Erich Mendelsohn）曾任德国炮兵军官，在此期间，他曾绘制过许多未来主义建筑草图；后来这些想法在他为物理学家阿尔伯特·爱因斯坦及其研究团队所设计的奇特天文台和实验室中得以实现。这座平滑、弯曲的白色建筑看似用造型黏土建成，但实际上是由砖石和混凝土建造的。这栋建筑前无古人，尽管它看起来有些像童谣中住在鞋子里的老妇人插画图。门德尔松本人称，基于音乐理论和爱因斯坦理论，他才设计出这一表现主义杰作。要证明这一点是不可能的，但我们知道，建筑师为这位史上最富创新灵感的一位科学家创造了与之相称的不同凡响的建筑。如今，这座国家纪念堂仍作为波茨坦天体物理研究所为人所用。

» 应用频繁

这栋建筑内含宿舍和工作间，对研究人员的要求是24小时工作不停歇。

布雷斯劳百年厅

🌐 1913年　🏴 波兰下西里西亚弗罗茨瓦夫

✍ 马克斯·伯格　🏛 市政建筑

这座精妙的公共穹顶大厅建于当时的布雷斯劳（如今的弗罗茨瓦夫），以纪念100年前抵抗拿破仑一世入侵的莱比锡战役（1813年），彼时普鲁士、奥地利、俄国和瑞典联军打败了拿破仑军。其钢筋混凝土的设计是维利·吉勒（Willi Gehler，1876—1953年）和城市建筑师马克斯·伯格（Max Berg，1870—1947年）密切合作的成果，展现了当代结构工程的巨大成就。该厅有一个直径62米的圆顶，32根混凝土肋架支撑着这个高耸的圆顶，下面的巨型方厅可容纳10000人。方厅的4个顶角支撑着建筑的圆顶，令人想起伊斯兰建筑师锡南（Sinan）的穹顶。大厅四周的墙壁上点缀着宽大的窗户，层层递进，因此内部的穹顶空间着实令人惊叹。百年厅不到两年即建成，自动化机械功不可没。第二次世界大战的炮火几乎将布雷斯劳彻底摧毁，但百年厅幸免于难；如今这里是民众会堂。

柏林空军总部

● 1936年 ⚑ 德国柏林

✍ 恩斯特·扎格比尔 🏛 政府建筑

　　恩斯特·扎格比尔（Ernst Sagebiel，1892—1970年）曾设计过宏阔的柏林滕珀尔霍夫机场（Berlin Tempelhof Airport），这座位于威廉街和莱比锡街交会处的古典办公大楼也出自他之手。素无装饰的大楼令人望而生畏，如今，这里是德国财政部。

总理府

● 1938年 ⚑ 德国柏林

✍ 阿尔伯特·施佩尔 🏛 政府建筑

　　阿尔伯特·施佩尔（Albert Speer，1905—1981年）设计的总理府严肃简洁，虽然建筑是用坚固石块建成，但却是纯军事战区。总理府的设计建造十分迅速，1945年围攻柏林期间，该建筑遭到严重破坏。

柏林奥林匹克体育场

● 1936年 ⚑ 德国柏林

✍ 维尔纳·马尔希 🏛 运动场馆

　　柏林奥林匹克体育场于2006年世界杯前夕进行了翻修，至今仍在使用。多年前，这座体育场堪称建筑之星。设计这个钢架结构建筑的是维尔纳·马尔希（Werner March，1894—1976年），本意是让这座建筑的外观看起来更为现代。这座可容纳11万人的体育馆无疑给人留下了深刻印象，至今气度犹存。

🔽 **明晰与对称**

结构明晰、对称严谨是纳粹时代建筑的典型特征。

圣母玛利亚车站

🚊 1936年　📍意大利佛罗伦萨

🏛 乔瓦尼·米凯卢奇　🏛 火车站

　　1932年，乔瓦尼·米凯卢奇（Giovanni Michelucci，1891—1991年）受命带领建筑师团队设计了圣母玛利亚车站（Santa Maria Novella station）。石砌内部依靠其协调的比例、光线与阴影的射落，以及绝对的实用性，成就了当时既非现代也不古典的建筑风格典范。2004年，诺曼·福斯特（Norman Foster）和工程顾问公司奥雅纳（Arup）计划在地下建造一座附属建筑，上覆壮丽的玻璃屋顶，但此举并未实现。

🔽 **车站内部**

这座水平建筑出自强权的设计，其天花板低矮，以当地石材砌成，重点明确，实用性强。

米兰中央车站

🚊 1931年　📍意大利米兰

🏛 乌利塞·斯塔基尼　🏛 火车站

🔽 巨物之美

米兰中央车站庞大而略显敦实之风，延续了纽约中央车站的传统，是一座精致美观的铁路终点站。

　　米兰中央车站是一个巨大的车站，其前部是一个长200米、高72米的大厅。341米宽的巨型钢制棚顶遮盖着24个站台。1906年，阿里戈·坎托尼（Arrigo Cantoni）在重建原车站的比赛中获胜，但他的设计最终因过于平淡而未经采用。1912年，乌利塞·斯塔基尼（Ulisse Stacchini，1871—1947年）获得了第二次比赛的胜利。在第二次世界大战期间，斯塔基尼改进了自己的计划，将未来主义建筑师安东尼奥·圣埃利亚（Antonio Sant Elia）的想法与他自己从古罗马浴池中汲取的灵感相融合，建造了一座英气雄浑而坚毅硬朗的建筑。其峭壁般的立面雕刻着众多纹饰，背面却没有明显无谓的装饰，但大量的马赛克、陶瓷、彩色玻璃的浅浮雕仍令人惊叹万分。

阿斯马拉玛利亚东正教教堂

📍 1938年　🏛 厄立特里亚阿斯马拉

✍ 奥多阿尔多·卡瓦那里　🏛 礼拜场所

　　献给圣玛利亚的阿斯马拉东正教教堂坐落于一座山丘的顶部，其四周是一个宽阔的院落，门楼十分宏伟。它俯瞰着厄立特里亚的首都——一座20世纪30年代兴建的城市。教堂强有力的设计令人十分惊叹，且美得别出心裁。主教堂的马赛克式入口两侧是一对独立的红色石塔，采用了独特的"猴首"建筑法。每座石塔上面都有一个朴素的白色几何状钟楼，钟楼顶部有一个圆顶小屋（tukul），这是东非高原上的一种传统小屋。

　　1920年，建筑师加洛（Gallo）设计的一座新教堂取代了原位于这里的科普特教堂；20世纪30年代末，教堂再次重建，应用了奥多阿尔多·卡瓦那里（Odoardo Cavagnari）的设计，并延续至今。他的天才在于成功地将20世纪30年代意大利理性风格和东非高地民间风格这两种毫不相干的传统风格合二为一。结果十分奇妙。中堂是带有古典风味的现代拱廊大殿，殿内画满了彩绘圣徒，虔诚的朝拜者熙攘其间。

⏏ 入口处的马赛克

门口上方的7块竖直马赛克嵌板令人难以忘怀，它们由意大利画家南尼·圣圭内蒂·波吉（Nenne Sanguineti Poggi）创作，门框由红色陶瓷镶嵌而成，这些马赛克画作可追溯至20世纪50年代。

阿斯马拉帝国电影院

📍 1937年　🏛 厄立特里亚阿斯马拉

✍ 马里奥·梅西纳　🏛 电影院

　　帝国电影院的外墙呈高贵的帝国红，这是对古罗马设计及其印记的精彩演绎；很明显，这是一座检阅性建筑。它是阿斯马拉主街哈内特大道（Harnet Avenue）上优秀的建筑之一。全面修缮的大厅同样令人印象深刻。最初，帝国电影院是一个大型娱乐综合体的一部分，此外这里还有两个艺术画廊、一间保龄球馆和一家鸡尾酒酒吧。阿斯马拉共有9家电影院，这是其中一家；另外有两家电影院同样十分特别，一家是国会电影院（Capitol），一家是罗马电影院（Roma），国会电影院有一个滑移式屋顶，而罗马电影院则看似游行列队中的百夫长。值得注意的是，阿斯马拉20世纪30年代的每一座建筑，都是城市规划的统一组成部分，且每一处都发挥了各自的良好效用。

◀ 经久未变的地标

凭借干净的几何线条和舷窗，这座电影院高耸的立面70年来一直是阿斯马拉市中心的地标。

迈阿密海滩罗利酒店

🌐 1940年　📍 美国佛罗里达州迈阿密海滩
🏛 劳伦斯·默里·狄克逊　🏛 酒店

　　1928年，劳伦斯·默里·狄克逊（Lawrence Murray Dixon，1901—1949年）从纽约迁居迈阿密海滨，为建筑师舒尔策（Schultze）和韦弗（Weaver）工作。1931年，他自立门户，开始以惊人的速度在工作上狂飙突进。20世纪三四十年代，他共设计了38家酒店、87栋公寓、220套住宅、2处住宅开发区和33家百货商场。迈阿密海滩上最受欢迎的一些酒店设计均出自狄克逊，其中包括维克多酒店（Victor Hotel，1937年）、罗利酒店（Raleigh Hotel，1940年）、马林酒店（Marlin，1939年）、潮汐酒店（ Tides Hotel，1936年）、参议员酒店（The Senator，1939年）和丽兹广场酒店（Ritz Plaza Hotel，1940年）。

▶▶ **秀外慧中的风格**
罗利酒店20世纪90年代曾经历修缮，它证明，装饰艺术风格采用正确的方法，可以不仅外表华丽，而且内外兼修。

纽约埃尔多拉多公寓大楼

🌐 1931年　📍 美国纽约　🏛 埃默里·罗斯　🏛 住宅

　　埃尔多拉多大楼由埃默里·罗斯（Emery Roth，1871—1948年）设计，这栋28层的装饰艺术风格公寓楼是中央公园西侧第四座也是最大的一座建筑，它恍如电影一般，高昂地耸入曼哈顿云间。大楼环绕着一座U形庭院规划建设，如此一来，186套公寓内的1300个房间便可尽可能多地采光。大楼正面是一对引人注目的高塔，夜间会点亮红色的灯光；双塔大体上仿照塞维利亚大教堂的吉拉尔达塔建造。罗斯本人是位孤儿，13岁时从奥匈帝国来到美国芝加哥。19世纪90年代时，他在发展强劲的伯纳姆和鲁特公司做绘图员，由此踏入建筑行业，之后移居纽约。埃尔多拉多大楼的未来主义雕饰细节、几何装饰图案，以及鲜明迥异的材料质地，令其成为纽约极好的装饰艺术建筑之一。高塔顶部饰有抽象的几何尖顶，用电影术语来恰如其分地形容，这便是"飞侠哥顿之尖"（Flash Gordon finials）。

莫斯科地铁

🌐 1935年　📍 俄罗斯莫斯科

🏛 多位建筑师　🏛 地铁站

　　地铁站建于莫斯科地下深处，大理石、马赛克、雕塑甚至吊灯装点其间，富丽奢华，是当时最新建筑、设计和装饰艺术与雄壮工程相结合的华美展示。

　　莫斯科地铁第一条线路是索科利尼基线（Sokolnicheskaya），共有13个站点，于1935年5月开通。克鲁泡特金站（Kropotinskaya）的大理石墙是从救世主基督大教堂拆下来的。在新库兹涅茨克站（Novokusnetskaya）的站台上，可以发现同是19世纪拜占庭风格大教堂的大理石长凳。革命广场站（Ploschad Revolutsii）内，有76尊塑像，雕刻着英勇的士兵、工人、集体农场劳力的形象。至于最美车站，大概要属马雅科夫斯基站（Mayakovskaya Station），这里的铬柱闪闪发光，高耸的穹顶上装饰着马赛克壁画，这便是通勤乘客们置身其中的欢乐。共青团站（Komsomolskaya）则像是一座拜占庭式大教堂，恢宏壮美。

🔽 阿尔巴特站

这是装饰华美的阿尔巴特站内景。其地面入口建筑设计成了苏联红星的样子。

莫斯科国立大学

🌐 1953年　📍 俄罗斯莫斯科

🏛 列夫·弗拉基米罗维奇·鲁德涅夫　🏛 大学

　　莫斯科大学主楼上的高塔形似婚礼蛋糕，塔高240米，36层，耸立在宽阔的裙楼上；精致的尖顶上是一颗12吨重的红星，其下方是一处观景台。塔楼矗立在一座平台前，平台上的学生雕像满怀信心地畅望着苏联的未来。塔两侧有4座翼楼，分别是学生宿舍、讲座大厅、图书馆、办公室和食堂。这座建筑综合体由列夫·鲁德涅夫（Lev Rudnev，1885—1956年）设计，据说走廊长33千米，有5000个房间。

　　这座建筑主要由囚犯建造，其中许多是被关押到20世纪50年代中期的德国战俘。鲁德涅夫最初喜爱罗马式设计，后来转向新古典主义，最终选择了强大折中主义风格。

◀◀ 风格合和的高塔

这座大学建筑融合了俄罗斯哥特式设计和巴洛克设计，有一种扣人心弦的美丽。

当代建筑

约1945年之后

　　曾几何时，似乎世界上的所有建筑都是勒·柯布西耶公寓楼的缩小版。但是，早在20世纪50年代，主流现代主义便开始风靡起来。到20世纪末，现代主义建筑风格则百花齐放了。

　　战前现代主义的必然已成为非然。从柯布西耶的魔力朗香教堂开始，现代建筑在艺术、神学、历史和地方意识的新思考方式的推动下，打破了条理规矩的桎梏。历史是一座值得探寻的宝库。从20世纪60年代末期开始，自美国起兴起了一阵风潮，一些自称诙谐的建筑师们开始以一种称作"后现代主义"的剪贴风格进行设计。罗伯特·文丘里（Robert Venturi）是其中一位拥趸，他的《建筑的复杂性与矛盾性》（*Complexity and Contradiction in Modern Architecture*，1964年）成为后现代主义圣经。文丘里的"简约即是无趣"（Less is a Bore）是对密斯·凡德罗的名言"少即是多"（Less is More）的戏谑。他希望建筑属于民众，且充满乐趣。这在聪慧的建筑师手中当然是好，但当20世纪80年代一众惹人厌烦的滑稽建筑充斥城市时，后现代主义便开始令人心生厌恶了。

计算机辅助设计革命

　　新的建筑形式与计算机辅助设计（CAD）结合在一起，建筑便愈发有趣了。当青年工程师彼得·赖斯（Peter Rice）要把新颖前卫的悉尼歌剧院水波屋顶变为现实时，他利用计算尺和微积分表，将建筑驶入了前所未至的水域。然而，仅在短短数年内，建筑师便借助计算机设计出世所瞩目甚至几近疯狂的建筑。到了21世纪，除少数例子外，世界上的绘画板和丁字尺已为CAD软件所取代。

《 伦敦地标

诺曼·福斯特（Norman Foster）在伦敦建造的小黄瓜办公楼钢架对角裸露，熠熠发光。

建筑元素

第二次世界大战后，现代建筑运动中看似合理的定论，突然变幻成千变万化的新建筑设计法。新技术和新材料促使变革发生，而新的社会政治理想或许也起到了促进作用。

彩色玻璃嵌入弯曲的船状墙壁中

⌃ 锯齿形窗户

当代建筑师另辟蹊径，采用了激进前卫的新设计，丹尼尔·里伯斯金（Daniel Libeskind）设计的柏林犹太博物馆便是一个例子，这些窗户极具特色，形似尖锐的闪电。

⌃ 篷状屋顶

轻质建筑先锋弗雷·奥托（Frei Otto）设计了1972年慕尼黑奥林匹克运动会体育场，随后这种轻质拉伸结构屋顶风靡世界，各显特色。

⌃ 通信设备

摩天大楼亦是大有用处的通信塔。芝加哥约翰·汉考克大厦（John Hancock Tower）上的天线看起来有些像导弹。

⌃ 形态特别

勒·柯布西耶在法国朗香设计的朝圣教堂极具影响力，他展现了艺术、情感与功能是如何与意义深重而功能强大的形式融合在一起的。

⟪ 外部电梯

理查德·罗杰斯（Richard Rogers）和伦佐·皮亚诺（Renzo Piano）引领了一种时尚——在建筑外部展现其内部的运作模式。这是罗杰斯在伦敦劳埃德大厦外部安装的一部电梯。

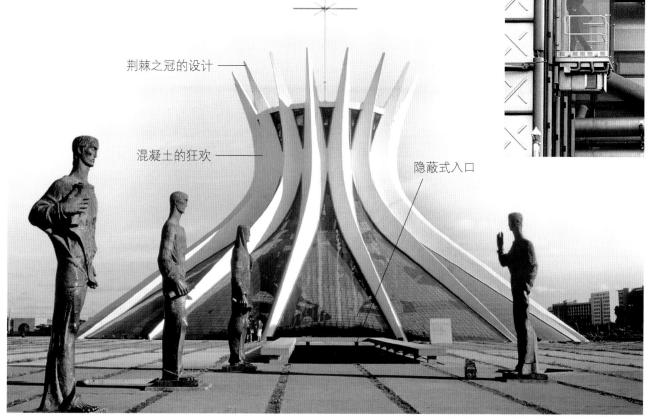

荆棘之冠的设计

混凝土的狂欢

隐蔽式入口

⟪ 建筑亦雕塑

奥斯卡·尼迈耶设计的巴西利亚大教堂于1970年竣工开放，这座玻璃混凝土建筑几乎是一座纯粹的雕塑。它在全世界都广受赞誉，展现出混凝土设计的受欢迎程度。

昌迪加尔

◔1962年　🏴印度东旁遮普　✐勒·柯布西耶　🏛城市

　　1947年8月，印巴分治，旁遮普一分为二。巴基斯坦境内的西旁遮普省保留了旧首府拉合尔，而印度境内的东旁遮普邦则需要一座新首府。这座城市便出人意料地在缓坡平原上冉冉兴起，城市四周星星点点地分布着24个村庄。

　　1950年底，勒·柯布西耶受聘规划昌迪加尔。新建筑十分惊艳。勒·柯布西耶的高等法院（1956年）、秘书处大楼（1962年）和议会大楼（1962年）3座新政务建筑（Capitol complex）一马当先，彰显了纪念性雕塑建筑的巍峨。我们将议会大楼视作雕塑建筑，它看似不拘一格，实则章法严谨。议会大楼的门廊顶部向上卷曲，门廊后面便是环形大厅，混凝土外壳造型奇特夸张，顶部断面是斜角，但照明和纳凉也是通过它来实现，让人对这座瞩目的建筑过目不忘。遗憾的是，为

昌迪加尔居民建造的混凝土建筑无休无止，没有艺术感，且实用性欠佳，与勒·柯布西耶在城市中心设计的宏伟庄严的建筑形成了鲜明对比。

》 勒·柯布西耶

　　勒·柯布西耶出生于瑞士，原名查尔斯-爱德华·让纳雷（Charles-Edouard Jeanneret，1887—1965年），投身建筑事业前，他改名为勒·柯布西耶。1922年起，他设计了一系列纯白的现代主义别墅，一举成名。第二次世界大战后，他的建筑则变得暗黑而浪漫，混凝土外表素无装饰。20世纪50年代一些触动心灵、激荡理性的设计也是出自他手，朗香教堂便是其中一例。

⬇ 昌迪加尔议会大楼

昌迪加尔的议会大楼既充满神秘又富有现代特色，其槽式门廊在建成50余年后仍魅力不减，充满震撼。

21号案例住宅

- 1958年　美国加利福尼亚州洛杉矶
- 皮埃尔·凯尼格　住宅

皮埃尔·凯尼格（Pierre Koenig，1925—2004年）在南加州大学读书时，便建造了自己的第一座钢架玻璃屋。《艺术与建筑》杂志的编辑约翰·安滕泽（John Entenza）为其"住宅案例研究项目"（Case Study House Programme）寻找新锐年轻建筑师来设计前卫住宅时，凯尼格便自然进入了他的视线。

21号案例住宅是一座漂亮的现代平层住宅，它将日式禅宗花园与内部水系融为一体。流水淌过屋顶和墙壁，微风轻拂地面水波，使房屋在漫长的洛杉矶盛夏也十分凉爽。其降温效果十分明显，因此根本无须安装空调。从另一层意义上说，这座房子也十分"酷爽"：十分宜居，令人身心舒缓放松，许多好莱坞电影曾在此取景。

范斯沃斯住宅

- 1951年　美国伊利诺伊州普莱诺
- 路德维希·密斯·凡德罗　住宅

这座典雅的国际主义风格住宅位于河滨地带，是伊迪丝·范斯沃斯医生（Dr Edith Farnsworth）周末的静居之处。钢架支撑着房屋地面和屋顶这两块混凝土板，中间是玻璃。钢架经过焊接、喷砂、打底漆和喷涂，看起来非常光滑。地板和天花板中间的玻璃窗格，营造出一种房屋飘浮在四周自然中的感觉。屋内中央有壁炉、厨房、浴室，以及整洁而隐蔽的管道。

≫ 融洽和谐

建筑师密斯·凡德罗通过建造范斯沃斯住宅，实现了他的梦想——自然与住宅的"更高级的统一"。

22号案例住宅

- 1960年　美国加利福尼亚州洛杉矶
- 皮埃尔·凯尼格　住宅

22号案例住宅高悬在洛杉矶的一座峭壁上，电影、书籍、杂志、广告都对它极尽赞美，然而，再没有什么比朱利斯·舒尔曼（Julius Schulman）的照片更能展现出它的美。这张著名的照片摄于夜幕降临时，客厅精美华丽，衣着时尚的人们慵懒地坐着。英国建筑师诺曼·福斯特（生于1935年）曾写道："洛杉矶灯火通明，仿佛在下面铺开了一张地毯，它几乎失重般高悬于上空，简洁通透的玻璃幕墙优雅明亮，外观的简洁掩盖了建造过程的精密严谨。如果我是作者，要选一个角度，择一个瞬间，也必是如此。22号案例住宅作为一件艺术品、一个意象，一直以来都是当代建筑师的试金石。"

埃姆斯住宅

- 1949年　美国加利福尼亚州洛杉矶
- 查尔斯·埃姆斯　住宅

8号案例住宅是一个双层工棚，查尔斯·埃姆斯（Charles Eames，1907—1978年）将其一分为二，一间用作住宅，一间用为工作室，夹层是卧室，供他和妻子共同居住。南面是一间全屋高的起居室，华丽漂亮，房子共有17扇窗户隔间，起居室占了其中8个。

⊻ 埃姆斯住宅

朗香教堂

🔘1955年　🏴法国东部

✍勒·柯布西耶　🏛礼拜场所

　　勒·柯布西耶的朗香教堂位于朗香的一个山顶上，这里原是一座19世纪的教堂，在第二次世界大战中被毁。轻质混凝土屋顶向上高扬，下方是深长的白色砖墙，间距不一的建筑师手绘玻璃窗照亮了卷曲的中厅。屋顶和下方墙壁有10厘米的空隙，柱子支撑，中间是透光玻璃，营造出神圣的中厅上有光环围绕的效果。中厅上有3座塔楼，每一座内部颜色各异，色彩丰富饱满。音效十分惊艳：室内，人声听起来超凡脱俗；室外，东

▶▶**心灵至高**
勒·柯布西耶的朗香教堂令人瞩目，并将其战后杰作推向了新的高度。

墙呈弧形，来反射神父在户外圣坛上做弥撒的声音。这座建筑象征意义丰富，饱含毕加索的理念回响，以及对大自然和圣母玛利亚的赞歌。它证明，欧洲当代建筑师能够创设出与哥特式大师一样神圣的氛围环境。

马赛公寓

🔘1952年　🏴法国马赛　✍勒·柯布西耶　🏛住宅

　　勒·柯布西耶的马赛公寓（Unité d'Habitation）造价低廉，是一项大胆的居住实验。这栋12层的混凝土建筑内有337套公寓，23种户型，不加装饰的外观令公寓看似简单，实则复杂得多。公寓像酒瓶一样放在酒架上，走廊环绕着建筑层层升高，所以整栋大楼深处都有走廊。屋顶上是一个带泳池的儿童游乐场；其中一层是商铺，这里甚至还有一家酒店。建筑位于一座公园内，其底层抬高，做成了坚实有力的"架空层"。

🔽**先锋**
这座建筑的设计奠定了勒·柯布西耶继续在欧洲建造大楼的基础。

加乌尔住宅

🔘1956年　🏴法国巴黎塞纳河畔讷伊

✍勒·柯布西耶　🏛住宅

　　这两间屋子位于巴黎郊区塞纳河畔的讷伊，它们与勒·柯布西耶30年前建造的纯粹白净的别墅截然不同。当时，勒·柯布西耶已然进入生命和艺术的黑暗诗意阶段，他正在使用原始甚至荒蛮的材料建造粗犷野性的建筑。这不可避免地在其追随者中引发了争议，一如加乌尔住宅（Maisons Jaoul）建成10年后，鲍勃·迪伦放下原声吉他，转身背起了电吉他一样。

　　实际上，无论以何种标准衡量，加乌尔住宅都非常宜居。它像洞穴一样舒适惬意，桶形拱顶下的灯火照明花了很大心思。墙体用承重砖砌成，支撑着抹了一层混凝土的砖砌拱顶。这就是"野兽派"美学的开端，在这种美学主义中，原材料迥然相异，对比鲜明，这种风格在不胜其任的建筑师手中可能是场灾难，但在此例中，勒·柯布西耶却令其呈现出壮丽崇高之感。

哥本哈根耶斯佩森办公楼

🌐 1955年　📖 丹麦哥本哈根

✏️ 阿尔内·雅各布森　🏛 商业建筑

耶斯佩森办公楼（Jespersen Office）管理严格、重点突出、设计细致，彰显了手工建筑技艺的精巧。如同许多丹麦建筑师一样，阿尔内·雅各布森（Arne Jacobsen，1902—1971年）曾接受工艺和建筑培训。1927年，他开始设计房屋住宅、家具和餐具。1930年，他创立了自己的设计工作室，并拒绝将自己局限于建筑设计的桎梏。他的许多经典设计一直十分畅销，像耶斯佩森办公楼一样，它们纯粹、实用且制作精良。他1955年设计的3107型椅子已售出500万把，他的餐具也出现在斯坦利·库布里克（Stanley Kubrick）的开创性电影《2001太空漫游》（*2001: A Space Odyssey*）中。耶斯佩森办公楼内部清亮，装修精良，人们希望在20世纪50年代的大楼中找到的建筑品质总能在这里见到，能与其媲美的也仅有西格拉姆大厦（Seagram Building）而已。

倍耐力大厦

🌐 1956年　📖 意大利米兰　✏️ 吉奥·庞蒂　🏛 商业建筑

2002年4月18日，68岁的路易吉·吉诺·法苏洛（Luigi Gino Fasulo）驾驶轻型飞机撞向高127米的倍耐力大厦（Pirelli Tower）的26层。没人知道这是为什么，也许是飞行员失误吧，但这一事件让全世界的目光都聚集在米兰这座最高的建筑上。该建筑由建筑师吉奥·庞蒂（Gio Ponti，1891—1979年）和工程师皮耶尔·路易吉·内尔维（Pier Luigi Nervi，1891—1979年）设计。庞蒂于1928年创立了《建筑》（*Domus*）杂志，同时他还是一位著名的工业设计师、装修设计师，与当时最新锐前卫的才子们共事。庞蒂曾说："热爱建筑，无论其古雅抑或现代，这是为其瑰丽奇异、开拓创新而肃穆庄严的创造，是为其抽象而饱含典故的比喻意象吸引了我们的精神，陶醉了我们的思想。"庞蒂做到了知行合一，他热爱各类风格，也擅长这些风格。在原倍耐力轮胎工厂原址上建造的32层翼形笔状塔楼，最是庞蒂心旌飞扬之所在。如今，这座略有残损的建筑是伦巴第大区的政府办公楼。

◀ **锥形设计，与众不同**
当时众多办公大楼呈矩形平板状，而倍耐力大厦的边角逐渐变细，别出心裁。

利华大厦

◔1952年 ⚑美国纽约

✍SOM建筑设计事务所 ⛫商业建筑

利华大厦（Lever House）堪称现代办公大楼的缩影与典范，这座大楼开光面钢架玻璃幕墙建筑之先河，世界各地争相效仿这种设计。该建筑由美国肥皂和洗涤剂制造商利华兄弟公司委托SOM建筑设计事务所（Skidmore, Owings & Merrill）建造。这家事务所成立于1936年，致力于在美国推广国际化风格，其首席设计师戈登·邦夏（Gordon Bunshaft，1909—1990年）在早期建筑中曾模仿勒·柯布西耶和密斯·凡德罗的作品。

⬇ 花园建筑

这座细窄的大楼高20层，下方勒·柯布西耶风格的"底层架空柱"支撑着水平石板裙房，大楼从裙房向上升起。底部区域构成了一个花园庭院，裙房顶部还有一座屋顶花园。

⬆ 模仿是最好的赞美

西格拉姆大厦壮观宏伟，工艺精湛，一直被模仿，却从未被超越。

西格拉姆大厦

◔1958年 ⚑美国纽约 ✍密斯·凡德罗 ⛫商业建筑

历经35年的等待后，密斯才终于建造了他心目中最理想的钢架玻璃大厦——西格拉姆大厦（Seagram Building）。该建筑距公园大道27米，位于一座阶梯花岗岩广场上，两个方形水池装点着这座广场。优雅美丽的建筑大楼在38层的高空上触摸到纽约的蓝天。密斯最早的设计作品可追溯至1919年，当时的设计较为自由流畅，如今这座建筑设计十分冷峻酷傲，精美雅致，彰显出辛克尔风格（Schinkelesque）——这是座普鲁士神庙，灵感来自古希腊，但全无外部装饰。西格拉姆大厦内有双层高的石灰华大厅、旋转电梯、深琥珀色玻璃和菲利普·约翰逊（Philip Johnson）设计的豪华餐厅，十分值得一去。密斯通过这座自信昂扬、定制设计的绝佳案例，造就了美国20世纪真正宏伟的建筑之一。

科罗拉多斯普林斯美国空军学院

🌐1962年　🏙美国科罗拉多州　✍SOM建筑设计事务所　🏛军事建筑

美国空军学院的建筑着实令人备感骄傲自豪。在其册子上，学院写道："光亮现代的建筑、庞大的规模和戏剧般的背景结合在一起，共同造就了这座惊叹世人的国家纪念馆。这座闪闪发光的铝、钢、玻璃建筑，生动展现了飞行的现代性。"此话并非夸大其词。

学院大楼建于冷战最初10年，象征着美苏意识形态较量中美国空军的重要性。这种称作世纪中期现代主义风格（Mid-Century Modern styling）的骄傲展示，既低调、优美、酷傲，又颇具英雄气概。1954年，建筑开工建设；1959年，第一届学生毕业；1962年，占地13平方千米的校园基本建成，其中沃尔特·内奇（Walter Netsch，生于1920年）献礼建造的教堂十分耀眼夺目。这座容纳不同宗教信仰的教堂内部，与其刺入天际的外观一样，都十分令人惊艳，明亮的光线穿透五彩斑斓的玻璃，照亮了令人眼花缭乱乃至眩晕的中堂空隙。这座国家地标性建筑虽然地处偏远，但它每年可吸引100万游客。最初的建筑如今看起来仍如1958年学院开学时一样清新前卫。

⏫ 沃尔特·内奇设计的教堂

⏬ 学院教堂
有人形容这座教堂像随时准备起飞的"战士方阵"。

航站楼通道

约翰·F.肯尼迪机场TWA航站楼

● 1962年　▶ 美国纽约　◢ 埃罗·沙里宁　🏛 机场

　　埃罗·沙里宁为环球航空公司（TWA）建造的纽约爱德怀德机场（Idlewild，现称约翰·F.肯尼迪机场）造型奇特，塑造为一个抽象的飞行符号形状。大多数航站楼似乎在有意压抑乘客的情绪，而沙里宁设计的TWA航站楼反其道而行之，它不仅提振了人们的精神，还展现出混凝土结构真正的美观适用性。

　　沙里宁本人这样描述这座迷人的建筑："这座建筑本身会传递出旅行的戏剧性、特别和兴奋……特意选定的形态是为了强调线条向上昂扬的姿态。"许多建筑师受现代主义的简洁朴素所束缚，对这座混凝土洞穴十分惊愕。然而，与21世纪初那些恣意幼稚的"标志性"建筑不同，沙里宁的建筑是真正大胆前卫而充满驾驭的创新。它大大超前于时代，航站楼外的飞机似乎都变得老派起来。它的存在证明了这样一个事实：低矮的建筑仍能够激荡起飞翔的心灵。光线透过遍布整

航站楼内部
从楼梯、柜台、抵离时间板、票务台，到椅子、标牌和电话亭，每一处细节都精雕细琢，互相呼应，共同构成了一个完全令人笃信的整体。

约翰·F.肯尼迪机场TWA航站楼

个建筑的窗户、缝隙和斜槽，因此无论乘客在哪，都仿佛置身室外，直面天空。这座航站楼与纽约中央车站在美国交通设计史上一样关键，但它长期以来一直因翻修而关闭。在沙里宁的作品日渐式微的舆论中，航站楼于2005年重新开放。

》埃罗·沙里宁

埃罗·沙里宁出生于芬兰的基尔科努米。他曾在巴黎学习雕塑，后在耶鲁学习建筑，之后，他加入了父亲埃利尔的工作室。他的建筑就像雕塑一样。在光亮的企业现代主义和自由流动的表现主义之间，沙里宁可以做到自由切换，底特律附近的通用汽车技术中心（见右侧），以及TWA航站楼和密苏里州圣路易斯的拱门便是例子。

伊利诺伊理工大学皇冠厅

🕐 1956年　📍 美国伊利诺伊州芝加哥
🖋 路德维希·密斯·凡德罗　🏛 大学

伊利诺伊理工大学（Illinois Institute of Technology）校园内的皇冠厅（Crown Hall）是一个开放式规划的展馆，它绝妙地展现了密斯·凡德罗利用最少结构覆盖最大空间的能力，与此同时，这座规范庄重的建筑还令人联想起古典风格。关于皇冠厅，密斯曾写道："它具有科学特征，但并非科学的……它因循保守，基于建筑永恒的法则建造，那就是——秩序、空间、比例。"

通用汽车技术中心

🕐 1955年　📍 美国密歇根州沃伦
🖋 埃罗·沙里宁　🏛 工业建筑

通用汽车技术中心（General Motors Technical Center）有"工业界的凡尔赛"之称。这座闪闪发光的研发中心高3层，坐落于一个湖边，仿佛是水中升起的一座科幻水塔。墙壁覆层面板之间的空隙用氯丁橡胶垫圈密封，与飞机窗户所用材料一样。窗户不能打开，与墙壁齐平，玻璃是绿色的，用来吸收热量和光线；空调安装在人造天花板上，几乎看不见。通用汽车技术中心后来对诺曼·福斯特和理查德·罗杰斯等"高技派"（High-Tech）英国建筑师的设计产生了重大影响。

》标志性建筑

1985年，美国建筑师协会将其久负盛名的"二十五年奖"授予了影响深远的通用汽车技术中心。

建筑表现主义

很少有展览能达到赖特的艺术高度，而且参观古根海姆建筑本身的人，很可能比参观展出艺术品的人要多，这座建筑实在与纽约的任何其他建筑都大不相同。

纽约古根海姆博物馆

🌐 1959年　🚩美国纽约　✍弗兰克·劳埃德·赖特　🏛艺术展馆

"当你与室内氛围融为一体，便会发现这或许是展出精美画作的最佳氛围……"关于第五大道上的这座著名展馆，弗兰克·劳埃德·赖特如是写道。他真的认为站在螺旋坡道上看展是个好主意吗？我们永远无从知晓！

无论古根海姆博物馆有什么缺点，它都是一座值得称道的建筑，它的些许疯狂之处也将混凝土技术推向了新的极限。本质上而言，它是环绕混凝土井道的圆形坡道，就像壳子内部一样，上方是一个玻璃密肋楼盖。走入这个有些挑战而十分有趣的空间时，很难让人感到厌倦。设计建筑花了赖特16年的时间，他本想让参观者们乘坐电梯直达顶层，再沿坡道走下来。然而，画廊展览却是从一层开始的，所以参观者们不得不沿着坡道向上爬。

1992年，建筑师格瓦思米、西格尔联合公司（Gwathmey, Siegel, and Associates）在古根海姆博物馆增建了一座10层楼高的石灰岩塔。这使画作可以挂在平直的墙面上，游客也能站直了。赖特会对此留下深刻印象吗？或许不会。正如他所说，他的目标是"让建筑和画作成为永不间断的华丽交响乐，并在艺术界前无古人"。或许这也是后无来者的。

》 弗兰克·劳埃德·赖特

弗兰克·劳埃德·赖特出生于威斯康星州的里奇兰（Richland）。他曾学习工程学，在芝加哥为建筑师路易斯·沙利文（Louis Sullivan）工作；1887年，他设计出第一栋房屋；结婚后，他设计了"草原风格"的郊区住宅橡树园（Oak Park）。

布林马尔橡胶厂

◉1951年　🏴威尔士埃布韦尔布林马尔

✍多位建筑师合作　🏛工业建筑

　　战后，这家橡胶厂为埃布韦尔（Ebbw Vale）地区提供了亟需的就业岗位。它由一群怀抱理想的年轻建筑师和工程师奥韦·阿勒普设计。这座建筑极具魅力：地面宽敞，食堂光亮，壁画雄浑，屋顶是超低矮的轻质混凝土圆顶。英国当代评论家雷纳·班纳姆（Reyner Banham）称它拥有"自圣保罗教堂以来英国最令人印象深刻的内部设计"。它能够与柯布西耶和阿尔瓦·阿尔托的最佳作品相媲美。然而，这座英国战后的第一座建筑已被遗憾拆除。

东基尔布赖德圣布莱德天主教堂

◉1964年　🏴苏格兰拉纳克郡

✍吉莱斯皮、基德和科亚　🏛礼拜场所

　　圣布莱德天主教堂（St Bride's Catholic Church）的高塔很像烟囱，加上明显无窗的大面积砖墙，使之从远处看起来很像发电站，但走近之后，就会发现这是一座教堂。

　　吉莱斯皮、基德和科亚（Gillespie, Kidd, and Coia）为罗马天主教堂设计过许多震撼人心的建筑，包括受勒·柯布西耶后期作品启发的卡德罗斯圣彼得神学院（St Peter's Seminary at Cardross, 1966年），该神学院现已废弃。

莱斯特大学工程楼

◉1963年　🏴英国莱斯特

✍詹姆斯·斯特林男爵和詹姆斯·高恩　🏛大学

　　莱斯特大学（Leicester University）严肃庄重的校园内，矗立着一座亮橘色高楼，这座工程系新楼在英国建筑界引起了不小的轰动。詹姆斯·斯特林（James Stirling，1926—1992年）和詹姆斯·高恩（James Gowan，出生于1923年）通过这座建筑，证明了在坚守现代主义建筑根基的同时，可以摆脱直线派现代主义。这座建筑的联系联想很有意思，而且在当时颇有争议。在英国，除了贝托尔德·莱伯金在伦敦建造的芬斯伯里医疗中心（Finsbury Health Centre），还有谁见过受建构主义影响如此之深的建筑？一座离海如此之远的建筑，为什么看起来似乎更适合做码头边的船务楼，而非为科学服务？这位在格拉斯哥出生，在利物浦接受教育的斯特林先生很大程度上是一位直觉型设计师，他认为建筑首先是一种艺术形式，斯特林秉持质疑，不断变化艺术形式，其设计风格也多种多样。在这里，他和同样来自格拉斯哥的同伴高恩，创造了大概是自己最棒的建筑杰作。

》学习工厂
莱斯特大学细长的工程楼好似工厂，低层是一个较大且厚重的整体，上面的楼层忽然攀升，由斜角顶灯照亮。

⚑ 戏剧视角

3座分剧院环绕着阶梯露台，开放式平台的设计令人可以一睹伦敦市中心的盛大美景。

英国国家剧院

◐ 1976年　🏛 英国伦敦

✍ 德尼斯·拉斯登男爵　🏛 剧院

　　1967年，英国国家剧院在伦敦正式开建，10年后，在泰晤士河南岸，便出现了一座混凝土山丘，如低矮的金字塔般层层升高。这座极具挑战的设计出自德尼斯·拉斯登（Denys Lasdun，1914—2001年），它是一座由3个分剧院紧密相连的建筑综合体：奥利维尔剧院（Olivier）的开放式舞台的设计灵感来自古希腊圆形剧场埃皮达鲁斯（Epidaurus）；利特尔顿剧院（Lyttelton）有一个台口舞台；科茨洛剧院（Cottesloe）这是用于试演的黑箱剧场（black-box theatre）。但并非所有人都对之青睐有加。威尔士亲王曾形容它就像"在伦敦市中心建造核电站，但方法机巧聪明，没有任何人反对。"这座建筑的真正缺陷之处在于其背面无法与街道相连。

⚑ 建后改造

塞恩斯伯里视觉艺术中心现已部分重覆白色面板。1991年，这座建筑以新月翼形扩展至地下。

塞恩斯伯里视觉艺术中心

◐ 1978年　🏛 英国诺福克郡诺里奇

✍ 诺曼·福斯特爵士　🏛 大学

　　塞恩斯伯里视觉艺术中心的设计就像一座超现代、超精致的机库，它是出自诺曼·福斯特（Norman Foster，出生于1935年）办公室的第一批众多高质量"高技派"设计之一。这间工作室充满活力，设计的这座闪闪发光的银色建筑是东安格利亚大学的一个公共画廊和教学系部。它位于学生宿舍附近，宿舍则由德尼斯·拉斯登设计为阶梯式混凝土金字塔的样子。塞恩斯伯里视觉艺术中心的墙几乎全部上釉，展现出这座建筑精心锻造的预制框架。建筑内部是巨大的开放式空间，中间有夹层，自然照明和人工照明将室内装点得明亮美丽。

巴西利亚国会大厦

🌐 1960年　📍 巴西中部　✍ 奥斯卡·尼迈耶　🏛 政府大楼

首都新城——巴西利亚早已被写入巴西宪法，但在世代民众的心中，它只是一个梦想。1956年，时任总统儒塞利诺·库比契克（Juscelino Kubitschek）委任规划师卢西奥·科斯塔（Lúcio Costa，1902—1998年）和建筑师奥斯卡·尼迈耶，让他们在5年内，从海拔1005米高的灌木林地中设计并建造出城市中心，他们也的确做到了，夙愿终成现实。

这座令人啧啧称奇的城市中心矗立着尼迈耶的国会大厦。每一位来到巴西利亚的游客，日后都会回想起这座富有张力而简洁朴素的大楼，当然也会记得它的"荆棘之冠"教堂。建筑所附着的是一个低矮的水平板状结构，其顶部是一对穹顶：一个是碟状穹顶（参议院的屋顶），另一个是倒置的碟状穹顶（众议院的屋顶）。两个圆顶之间是一座由玻璃栈桥相连的双塔办公楼。大部分"楼板"用在了大厅、办公厅、餐厅等房间上。国会大厦对面是一座狭长的中央公园。曾经，人们可以从公园的缓坡走向水平楼板顶部的露台，站在双塔和奇特的圆顶中间（这个想法会让巴西利亚人民觉得议会是自己的）。然而，1964年的一场军事政变让这一切化为泡影。之后的几年里，这个露台变成了军队的炮台。自巴西恢复民主政治以来，这座引人注目的大楼因安全问题基本上无法进入。

》》奥斯卡·尼迈耶

奥斯卡·尼迈耶出生于里约热内卢，工作室外的海滩、远处的群山、女性的曲线，都是他的灵感来源。包括潘普尔哈的波浪教堂（1943年）、巴西利亚大教堂（1970年），以及尼泰罗伊当代艺术博物馆（Museum of Contemporary Art, Niterói，1996年）在内的他最著名的建筑，都或许被认作是巴洛克式建筑。

《《 **巴西利亚国会大厦**
是一件令人惊叹的建筑作品。

东京国家体育场

🏅1964年　📖日本东京　✍丹下健三　🏛体育场

日本建筑师丹下健三（Kenzo Tange，1913—2005年）为1964年东京奥运会设计的代代木国立综合体育馆包括两个分馆。较大的一座场馆由两个半圆组成，彼此相错，末端延展成点状或船首状。其上方是一个巨大的屋顶，由两根钢筋混凝土柱和钢丝网支撑。较小的那座场馆也是圆形，一条大型长廊将大馆与这座小馆相连。同样地，这座建筑的屋顶也由混凝土柱支撑。建筑给人以紧张激动的感觉，蕴含着起跑架上的运动员所积蓄的全部能量。在勒·柯布西耶的影响下，丹下健三于1949年设计了广岛和平纪念馆，自此开始了他的职业生涯。丹下健三的创新设计取于传统，但在最终呈现上却不见传统，这在很大程度上塑造了日本的新面貌。

⏵⏵ 时尚而刚强

体育馆屋顶的设计可抵御强劲的台风，而且也能给人留下深刻印象，图示是小馆的屋顶。

慕尼黑奥林匹克体育场

🏅1972年　📖德国慕尼黑

✍金特·贝尼施和弗雷·奥托　🏛体育场

⏷ 流动的屋顶

PVC聚酯纤维制成的帐篷式屋顶覆盖住了奥林匹克主场、游泳池和主要田径场。

这座革命性建筑由德国建筑师金特·贝尼施（Günther Behnisch，1922—2010年）和弗雷·奥托（Frei Otto，1925—2015年）设计建造，其顶部通过计算机辅助设计和严谨的数学计算确定了建筑结构和水波形状。它由悬挂在吊架上的PVC聚酯纤维制成，而吊架由钢桅杆上受力的锚索支撑，这是奥托经过多年研究得到的结果。2005年之前，这座可容纳8000人的奥林匹克体育场一直是拜仁慕尼黑足球俱乐部的主场，之后，球队迁往赫尔佐格和德梅隆建筑事务所专门设计建造的一座新体育馆。这座奥林匹克体育场现已成为一座大型影院和演出场所，至今仍是一座备受人们喜爱的建筑。

蓬皮杜中心

◔ 1977年　🏛 法国巴黎　✍ 皮亚诺·伦佐，理查德·罗杰斯，彼得·赖斯　🏛 艺术馆

　　1971年，在巴黎市中心中央市场设计乔治·蓬皮杜艺术综合体的竞赛桂冠，由英国建筑师理查德·罗杰斯（Richard Rogers，出生于1933年）、意大利建筑师伦佐·皮亚诺（Renzo Piano，出生于1937年）和爱尔兰结构工程师彼得·赖斯（Peter Rice）组成的团队收入囊中。颇为出名的是，该团队是在最后关头才提交了他们不同凡响的竞赛方案。

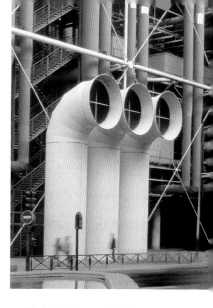

⌃ **蓬皮杜中心的管道工程**

　　1969年，法国总统乔治·蓬皮杜上台，结束了一年前几乎引发第二次法国大革命的政治动荡，然而，这座标新立异的新艺术综合体获奖设计，本身也引起了一场建筑革命。这座多层建筑的开放式楼层由钢铁框架支撑，所有服务设施悬挂在建筑外部，玻璃管道中的电梯沿建筑主立面呈之字形运转。这种内物外置的建筑设计方法使"鲍威尔主义"（Bowellism）得以兴起，同时也产生了许多描绘理查德·罗杰斯的漫画——罗杰斯多年来一直坚持这种设计方式，从着装上都看得出他的执着和勇气。抛开讽刺意味不谈，蓬皮杜中心的设计别出心裁，它打破多年来建筑局限于横平竖直的直线和混凝土方体的桎梏，激发了寻求建筑新突破的一代建

筑师、工程师、艺术家的想象。有趣的是，该中心的开幕音乐，是由"具象音乐"大师、勒·柯布西耶的前助理伊阿尼斯·泽纳基斯（Iannis Xenakis）创作的。2000年，伦佐·皮亚诺及时对蓬皮杜中心进行了翻修改建，以迎接新千年庆典。

》 彼得·赖斯

　　彼得·赖斯是一位杰出的工程师、数学家，他建造了20世纪末期的几座重要建筑，尤为著名的有蓬皮杜中心、悉尼歌剧院和得克萨斯州休斯敦的梅尼尔收藏博物馆（De Menil Gallery）。自赖斯起，前卫激进的建筑师越来越多地与充满想象的工程师合作，以确定建筑形式在过度拉伸冗余之前，结构的承受极限有多远。

⌄ **蓬皮杜中心的建筑布局**

这座巨大的红、白、蓝三色建筑内有一座参阅图书馆、现代艺术博物馆、工业设计中心和一个音乐声学研究实验室。

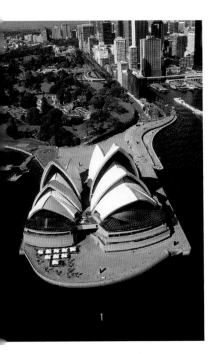

⚠ 高空视角的悉尼歌剧院

悉尼歌剧院

⬭ 1973年　🏴澳大利亚悉尼　📐约恩·乌松　🏛歌剧院

　　悉尼歌剧院以其惊叹世人的屋顶而世界闻名。1957年，丹麦建筑师约恩·乌松（Jorn Utzon，1918—2008年）开始设计这座建筑，工程部分由彼得·赖斯负责（见第387页）。这座建筑坐落于伸入悉尼港的一个半岛——便利朗角（Bennelong Point），建筑几乎全是屋顶，从相对普通许多的基底上拔地而起。1966年，乌松在政治纷争和巨额成本超支后辞职，终究没有亲眼见证这座船帆屋顶建筑的落成。21世纪初，他受邀重新改造了部分建筑，他设计的以自己名字命名的乌松馆（Utzon Room）于2004年面世。前卫大胆的屋顶由2194片极薄的预制混凝土组成，而混凝土片则由长达350千米的张拉钢缆将其固定到位。建筑内有1000个房间，每年举办3000场活动。1973年剧院建成后的第一场演出是普罗科菲耶夫的《战争与和平》，这部作品或许也描述了建筑师与委托人之间现实与理想的关系。

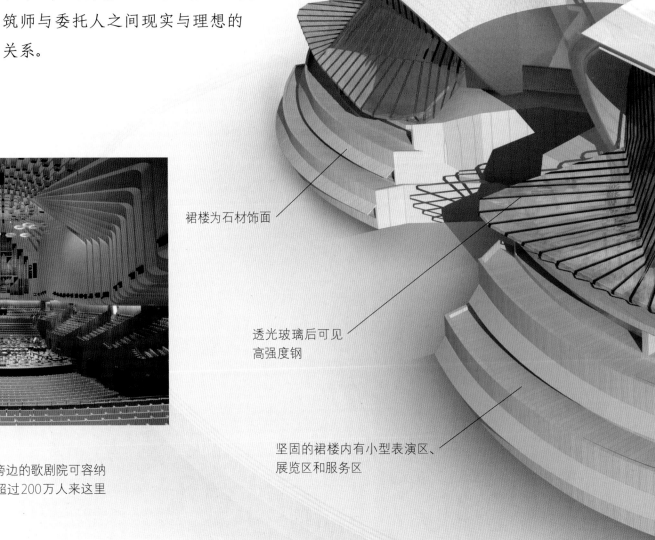

裙楼为石材饰面

透光玻璃后可见
高强度钢

坚固的裙楼内有小型表演区、
展览区和服务区

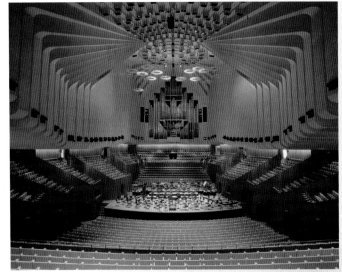

⚠ 音乐厅的观众席
音乐厅可容纳2679名观众；旁边的歌剧院可容纳1507名观众。每年，总共有超过200万人来这里参加活动。

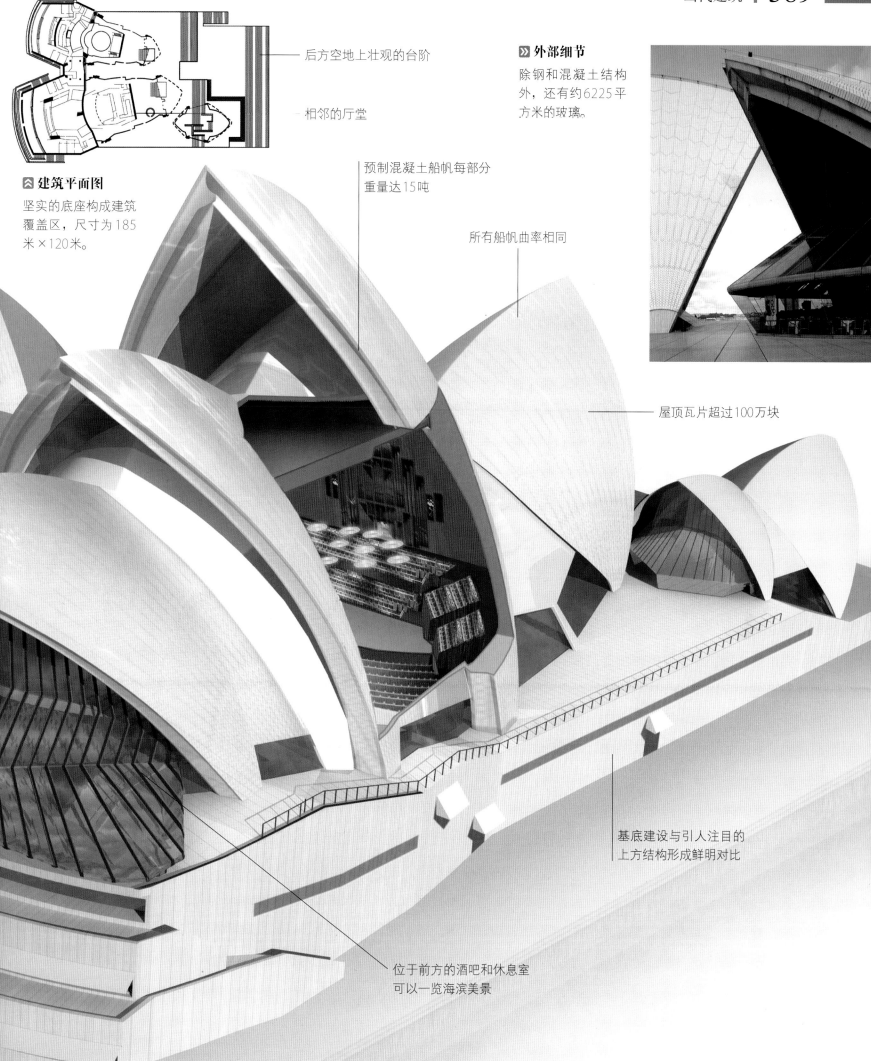

⌃ 建筑平面图

坚实的底座构成建筑覆盖区，尺寸为185米×120米。

后方空地上壮观的台阶

相邻的厅堂

》外部细节

除钢和混凝土结构外，还有约6225平方米的玻璃。

预制混凝土船帆每部分重量达15吨

所有船帆曲率相同

屋顶瓦片超过100万块

基底建设与引人注目的上方结构形成鲜明对比

位于前方的酒吧和休息室可以一览海滨美景

美国电话电报公司大楼

🌐 1984年 📍 美国纽约

🏛 菲利普·约翰逊 🏛 商业建筑

这座高197米的曼哈顿摩天大厦由美国建筑师菲利普·约翰逊（Philip Johnson，1906—2005年）为美国电话电报公司设计，然而，这座大楼却在竣工后备受争议。作为后现代建筑的典范，这栋有些做作老套的传统办公楼通过粉色花岗岩和古旧风格进行了装饰。它像18世纪初期的一些大衣柜一样，有一个裂口三角楣饰。巨型圆顶大厅里满是大理石和庸俗的镀金物件。

美国电话电报公司大楼（现称索尼大楼）大概是菲利普·约翰逊最想建造的大楼。约翰逊作为纽约现代艺术博物馆的创始人、资助人、第一任负责人，开始了他硕果累累的建筑生涯。1932年，他与历史学家亨利－拉塞尔·希契科克（Henry-Russell Hitchcock）共同策划了著名的"国际式风格"展览，将现代运动引入纽约。对机敏聪慧的菲利普·约翰逊来说，建筑只是一场游戏。在他漫长而影响巨大的职业生涯中，作为纽约的文化权力掮客，他从现代主义者到历史主义者，再到后现代主义者、解构主义者，如此种种身份，风格随意万变。

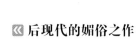

◀ 后现代的媚俗之作

美国电话电报公司大楼不同寻常的裂口三角楣饰和粉色花岗岩外墙，令其成为纽约市最令人印象深刻的摩天大楼。

劳埃德大厦

🌐 1986年 📍 英国伦敦

🏛 理查德·罗杰斯 🏛 商业建筑

20世纪80年代中期，伦敦金融城和华尔街大肆信奉着"贪婪是好事"的观念，在这样的背景下，劳埃德大厦开业，人们把它比作一家炼油厂。然而，十年的时间里，它就摇身一变成为伦敦大受欢迎的建筑景观之一。大量的管道、起重机、外部电梯、洗手间和钢支架在夜晚闪耀着蓝色的灯光，美得令人惊叹。

建筑整体裸露，玻璃窗有3层，大楼中心有一个巨大的中庭，交易在首层进行。自动扶梯从这里向上服务高处的楼层。理论上而言，拼合的建筑形式意味着它可以像麦卡诺模型一样，向上、向外延展，但到目前为止，还没有这样做过，现实中也不太可能这样做。

▶ 未来的形状

这座未来派劳埃德大厦就像雷德利·斯科特的电影《银翼杀手》中的场景一样，它代表了英国最富想象力的"高技派"设计。

里昂萨托拉斯站

● 1994年　 ▶ 法国里昂　 ◢ 圣地亚哥·卡拉特拉瓦　 ⥁ 火车站

这座造型精巧的火车站仿佛一只振翅高翔的巨鸟，运送着抵离里昂里圣埃克絮佩里机场的乘客。特别戏剧性的是，这是法国国家铁路公司为了宣传自己速不可挡的高速TGV列车而专门做出的行为，他们称乘坐现代列车旅行要比乘坐拥挤的飞机更具魅力。

里昂萨托拉斯站（Lyon Satolas station）高出周围停车场约40米。该建筑有两座耸立的混凝土拱顶，高120米，其下方为钢拱，两座拱顶互成斜角，形成了一个轮廓分明的屋脊，或称波峰，它可作为下方450米长的隧道式通道的光井，而通道又可以通向下方的站台。两座拱一齐落在地面上，仿佛一个尖喙。每一侧拱都由钢柱支撑，其钢翼向外伸出，可用作遮阳板，也可形成建筑师所期望的雕塑效果。但其实卡拉特拉瓦一直坚持认为，这座建筑所表现的是一只眼睛，而非一只鸟。

内部，高拱撑起了一座大厅。主厅长130米、宽100米、高39米。它以独特的方式彰显着自己的空间和结构，正如埃罗·沙里宁在约翰·F. 肯尼迪机场设计的富于表现力的TWA航站楼所展现的一样。然而，由于车站通行列车较少，所以就其自身而言，车站感觉有些空旷——与其说它是一座繁忙的火车站，不如说它是一座壮观的建筑工程博物馆。

⚈ **内部景象**

》 圣地亚哥·卡拉特拉瓦

圣地亚哥·卡拉特拉瓦（Santiago Calatrava）于1951年出生于巴伦西亚（Valencia），在前往苏黎世学习工程之前，他一直在巴伦西亚学习建筑。1981年，他独立创业，自此开始设计实践，其作品涵盖雕塑、家具、桥梁、车站、机场和博物馆。他最耗费心力的作品是巴伦西亚的科学之城（Valencia's City of Science）。

⚈ **翼展车站**

卡拉特拉瓦为里昂机场设计的车站横跨现行的TGV轨道，充满动感与活力，完美体现了飞行的理念和轻盈的感觉。

绿色建筑

1968年，阿波罗8号拍摄的地球在深空闪耀着宝石般的光芒，它的脆弱、它的美丽，一望便知，这也激发了环境保护运动的实践。到20世纪80年代末，"绿色"问题成为人们的主要关切。每个人都可以尽己所能"拯救地球"。对21世纪的建筑师而言，这意味着建筑要尽可能节能高效。

 贝丁顿住宅
贝丁顿零碳社区使用就近取材的可再生能源，收集雨水、回收生活用水以减少总用水。

伦敦方舟
拉尔夫·厄斯金的伦敦方舟（London Ark）是欧洲节能的办公建筑之一。

20世纪60年代，受弗兰克·劳埃德·赖特作品影响，绿色建筑方面的工作缺乏协调，只是自顾自地进行建设。自那以后，伦佐·皮亚诺、诺曼·福斯特和拉尔夫·厄斯金（Ralph Erskine）等建筑师证明，民用建筑和商业建筑可以既绿色节能，又超前现代，建筑可以使用尽可能少的燃料，将碳排放最小化，并且优化水的应用。

随着人们对全球变暖认识的深入，不仅宏伟的建筑需要"绿色节能"，居住的房屋也要更加环保，这一需求愈发迫切，因为全球变暖并非远在天边的威胁，而是近在咫尺的现实。许多古怪独特的绿色住宅曾经出现，但我们真正需要的是具有吸引力的、经济的、适合于大型住宅项目的绿色建筑。伦敦市郊的贝丁顿社区（BedZED）便是比尔·邓斯特（Bill Dunster，生于1959年）设计的一个试点项目。这座由100多个建筑工作区组成的综合体像21世纪的英国花园城一样，是英国达到接近"碳中和"生活方式的首次尝试。由于在二氧化碳排放中，建筑的排放占很大比重（在美国高达30%），因此在未来几十年里，建筑的外观、功能和作用将由绿色节能主导。

毕尔巴鄂古根海姆博物馆

🌐 1997年　📍 西班牙毕尔巴鄂

✏️ 弗兰克·盖里　🏛 艺术馆

"毕尔巴鄂效应"指的是鼓励创新建筑设计，以吸引游客，重振衰败的城市，这已成为全球政界人士经常谈论的话题。这座极具摄影美感的古根海姆博物馆，由出生于加拿大的加利福尼亚建筑师弗兰克·盖里（Frank Gehry，生于1929年）设计，位于毕尔巴鄂市中心的码头区，它的确吸引了众多文艺游客涌入巴斯克地区的中心地带；但是否凭一己之力扭转了当地经济尚未有定论。然而这并不重要，因为作为一座建筑，古根海姆博物馆造型奇特，体验愉悦。一些策展人会抱怨艺术馆的工作并不容易，然而，大多数来这里是为了参观这座建筑，而非看展。这座博物馆饱含激情与欢乐，给每一个人的脸上都带来了微笑。

◀ **码头边的艺术馆**

展馆上覆盖着钛板，仿佛自由翱翔的海鸥飞落码头。

泰特美术馆

🌐 2000年　📍 英国伦敦

✏️ 赫尔佐格和德梅隆建筑事务所　🏛 艺术馆

泰特美术馆坐落于圣保罗大教堂对面，诺曼·福斯特设计的横跨泰晤士河的行人天桥将二者相连。泰特美术馆颇受大众欢迎，它是由原河岸发电站改建的大型现代美术馆。原建筑位于泰晤士河以西，由贾尔斯·吉尔伯特·斯科特（Giles Gilbert Scott，1880—1960年）设计，他也是利物浦哥特式圣公会大教堂和巴特西发电站的建筑师。

将河岸发电站变为艺术殿堂的任务，交到了两位充满活力的瑞士建筑师雅克·赫尔佐格（Jacques Herzog，生于1950年）和皮埃尔·德梅隆（Pierre de Meuron，生于1950年）手中。他们的方案简单、有力、高效：工业规模地板、粗制木板夹层和大型咖啡馆——一切都是超大型尺寸。建筑的中心区位、艺术争鸣和精湛技巧，都使泰特美术馆大受欢迎。

柏林犹太博物馆

🌐 1999年　📍 德国柏林

✏️ 丹尼尔·里伯斯金　🏛 博物馆

这座献给被纳粹杀害的柏林犹太人的纪念馆，以众多空荡荡的房间而著称，象征着一个民族的残损与失落。出乎意料的尖角玻璃窗划破了建筑的镀锌外观。这里也没有明显的入口，只能通过旁边巴洛克式建筑的下行台阶才能进入这座博物馆。之后，游客们落入一个由斜角走廊构成的世界，这些走廊通向一座冰冷的钢塔，之后便可进入一个角度极其歪斜的花园，然后穿过迷宫般的走廊，所有地方都空空如也。这座建筑高明地传递了内涵信息。

▼ **记忆永存**

丹尼尔·里伯斯金的设计构思于柏林墙倒塌前一年，为了将大屠杀的记忆融入柏林人的观念之中，这座建筑应运而生。

圣玛丽斧街30号

● 2004年　▶ 英国伦敦

✎ 诺曼·福斯特　🏛 商业建筑

　　圣玛丽斧街30号大楼位于人员密集的伦敦金融城，在那里盘桓而上，因其形似蔬菜，故俗称"小黄瓜"，大楼原址是波罗的海交易所，1992年遭炸弹炸毁。实际上，这座高度先进的办公楼设计十分非凡前卫。该建筑共有41层，高180米，其圆形平面图形似花朵，由六层、五层的三角形中庭或"空中花园"切割而成。每层楼比其下面一层旋转5度，"空中花园"也随之旋转，为这座摩天大楼的中心部分带来了新鲜的空气和阳光。

　　这座高楼有两层壳面，外层配备着开敞的窗户，因此在阳光明媚的日子里，热空气会自动在两层壳面间上升，又可以通过窗户散热。这种自然的烟囱效应使人们每年对空调的需求减少了40%。

　　顶楼是一间十分盛大壮观的高层餐厅，顶部是一个圆锥形玻璃穹顶。这间磅礴而现代的房间令人联想到肯·亚当（Ken Adam）设计的詹姆斯·邦德反派的总部，他是电影《007诺博士》和《007金手指》的传奇美工设计师。

⌃ 高耸挺拔

两个主楼梯井各有1037级台阶、23部速度各异的电梯。

玛丽·吉巴欧文化中心

● 1998年　▶ 新喀里多尼亚努美阿

✎ 伦佐·皮亚诺建筑工作室　🏛 市政建设

　　吉巴欧文化中心（Tjibaou Cultural Centre）旨在关注新喀里多尼亚和南太平洋土著——卡纳克土著的文化起源与身份求索。它一面俯瞰着平缓潟湖，另一面俯瞰着太平汪洋。设计这些神奇的建筑是为在更广的层面上振奋卡纳克村镇的精神。伦佐·皮亚诺将这10座别具风格的卡纳克屋舍沿中央步道串联起来，步道蜿蜒入园，园内植被茂盛。屋舍内有展览空间、图书馆、会议室、教室、讲堂和自助餐厅。周围花园可通向这座建筑综合体。

◂ 内外百叶窗

数百个外部木制百叶窗和内部玻璃百叶窗可以进行调节，释放热空气，吸入盛行微风，或者关闭起来以抵御飓风。

水纹大厦

⬤ 2009年　📖 美国芝加哥　✍ 珍妮·甘　🏛 多功能建筑

珍妮·甘（Jeanne Gang）设计的这座84层大厦高261.8米，位于现代建筑云集的芝加哥市中心，在一众高大卓著的摩天大楼中，水纹大厦（Aqua Tower）仿佛一位旋转芭蕾舞女变幻而成的一座建筑，高昂挺拔地耸入市中心天际线。它波浪起伏般的外观在引人注目的同时，也兼具实用功能。

在高楼林立的芝加哥，甘通过将大厦阳台外延最多3.7米，为驻户展现了芝加哥湖滨美景。建造时，甘曾说这座建筑的形态深深根植于她对自然的热爱，尤其是她孩童时期在五大湖区探寻的高大条纹形石灰岩地层，她将水纹大厦描绘为"山峰、岩层，插入城市基础设施的机器"。水纹大厦竣工时，它是世界上最高的由女性领导的公司建造的建筑。甘十分重视大楼的外观——这座高耸的建筑应用了纯玻璃外墙，像水一样，立面复杂、不规则，更易吸引眼球，而又因此避开了鸟类。

⬆ 形式与功能

波涛起伏般的外形不仅仅是形式上的设计，它还可以扩展视野，最大限度遮蔽阳光。

◀ 涟漪朵朵

除了办公室、出租公寓、托管公寓和酒店，水纹大厦还有一个引人入胜的植草屋顶。

奥斯陆歌剧院

● 2008年　⚑ 挪威奥斯陆　⬙ 斯诺赫塔　🏛 歌剧院

白色大理石斜坡和闪闪发光的玻璃所衬托的白色花岗岩外观，使奥斯陆歌剧院仿佛海面上升起的冰山。这种效果是有意为之的。这座精心打造的建筑可以看为一座城市雪山，其位置恰如其分。

夏天的奥斯陆歌剧院，是游客的必游之地，在那里一定要体验卡拉拉大理石斜坡的日光浴。至少36000块手工切割的白色大理石板片构成了这一平面，它们从白色铝制飞塔向下延伸，直至浸入奥斯陆峡湾的水域，剧院下方的礼堂可容纳1364个座位。这座建筑的公众入口仿佛白色大理石立面上的一道裂缝，进入后，便是一间颇为休闲的大厅，看起来十分温暖，其波罗的海橡木楼梯由传统挪威造船商建造，走上楼梯，迎接你的是一个美好惊喜：一座典型的马蹄形礼堂，对面是同样典雅的镜框舞台。

奥斯陆歌剧院是前卫现代建筑与传统手工工艺的完美结合，是自700年前特隆赫姆的尼德罗斯教堂（Nidaros Cathedral）以来，挪威最大的文化建筑。

⊻ 回归自然

歌剧院的形态描绘出挪威山脉的精华，引得众人纷纷前来观赏奥斯陆的海滨。

罗马21世纪国家艺术博物馆

- 2010年 意大利罗马
- 扎哈·哈迪德 艺术博物馆

馆深处；其效果仿佛电影镜头一样，甚至有些皮拉内西的味道，令人难以忘怀。

扎哈·哈迪德（Zaha Hadid）曾说，她希望这座历经十年打造的精湛美丽的罗马艺术博物馆，能够像"空中的丝带一样舒展"。尽管其复杂的平面图类似于一个超凡脱俗如梦似幻的高速公路交叉口，其廊道相互重叠，向四面八方延伸，有些还回环曲折回到原点，但这座建筑的确做到了这一点。这座多层建筑专为实验艺术展和全新艺术建筑收藏而设计。这里也包含传统画廊、图书馆、餐厅、书店和讲堂。虽然建筑内部的创新非常大胆，但它与罗马弗拉米尼奥区的背景也十分相宜。它所矗立的广场也由哈迪德设计，位于城市低地风光地带。然而，在室内，墙壁时而会变成地板，甚至有可能变成天花板，像长橇轨道一样弯曲。大堂内高悬着的金属踏板楼梯，神秘消失在博物

≪ 观景屋

罗马21世纪国家艺术博物馆顶部伸出一条景观廊道，俯瞰着新公共广场，这里曾经是军事营区，如今这座外形前卫的新建筑优雅地矗立于此。

奥林匹克自行车馆

- 2011年 英国伦敦
- 迈克尔·霍普金斯 运动场馆

被戏称为"品客"。从技术上讲，屋顶是双曲抛物面，其实是为了呼应下方的自行车赛道。26名木匠使用35万颗钉子建造了这条56千米长的西伯利亚松车道。赛场内采用自然通风，通过环绕建筑四周的窗户照明。自奥运会以来，自行车馆通过自行车租赁、工作坊和咖啡馆促进了伦敦的骑行风潮。

这座封闭式雪松自行车赛道专为2012年伦敦奥运会设计，由于其标志性曲面屋顶像是大受欢迎的美国零食薯片品客（Pringle），所以这座场馆

≥ 弧形屋顶

奥林匹克自行车馆上翻的曲面屋顶被亲切地称作品客薯片，至于为什么这样叫是显而易见的。

篱苑书屋

🌐 2011年　🏴 中国交界河村　✍ 李晓东　🏛 图书馆

　　北京以北车程2小时的交界河村，是一片青山绿水——这是数不胜数的中国精美古画之要素，也是小而独具创意的公共建筑——篱苑书屋之所在。

⤢ **篱苑书屋内部**

⤓ **生态友好型建筑**
这座建筑的制冷系统是从夏天的湖面吸入冷空气并在室内形成循环。

　　这是一座精致简洁的叠层木制建筑，墙面是村民们用来生火做饭的柴火棍和玻璃，整座图书馆既贴近自然，又富于阅读与冥思的精神。从内向外看，柴火屏像是一笔一画，整座建筑似乎是一幅书法大作，如同一本可以阅读的书。书屋内有高度宽度各异的木质阶梯，读者们可以坐在自己喜欢的地方，自然舒适地阅读。随处可见的柴火棍并不妨碍视线，透过清晰的玻璃窗框，森林、溪流、山脉尽收眼底。读者们可以走出书屋，在小露台上静静地沉醉于周边的美景。游客们逃离现代北京荒芜的混凝土城市，来到这里，打破了宁静的美景，亲眼见证了新中国风建筑如何汲取传统自然精粹而又融合于自己的时代。

劳力士学习中心

- ◉ 2010年 🏴 瑞士洛桑
- ✎ SANAA建筑事务所 🏛 大学

劳力士学习中心宛若一朵在水塘上漂浮的睡莲，它大而精致，拂略过瑞士联邦理工大学（Swiss Federal Institute of Technology）的花园中心。这座几乎无缝铸造的非凡建筑，形态为连续环状，几乎不接触地面。令人难以置信的是，学校图书馆就位于这里：馆内藏书50万册，是欧洲大型的科学藏书地之一。这里的学生还可以阅读1万余份在线期刊和电子书，参加研讨会、讲座，进行多媒体展示等。为鼓励学生在这里自由求索，中心内部基本上是一个流动空间，但是睡莲花瓣处也提供个人自习室。这座轻量建筑没有楼梯，只有斜坡，通向不同层高起伏的楼层。该中心就像一幅充满艺术效果的建筑思维地图，其目的是激发求知欲和自由思考。这座建筑由日本建筑师妹岛和世（Kazuyo Sejima）和西泽立卫（Ryue Nishizawa）设计，他们在1995年成立了位于东京的SANAA建筑事务所，正是劳力士学习中心令他们享誉全球。

⊠ 流动的连接

天井庭院是建筑不可分割的一部分，它为建筑内外提供了视觉上的联系。

土耳其门

- ◉ 2011年 🏴 德国慕尼黑
- ✎ 绍尔布鲁赫·赫顿 🏛 艺术馆

土耳其门（Türkentor）是土耳其兵营（Türkenkaserne）的遗存，它曾经是座壮观的新古典主义建筑，为巴伐利亚皇家步兵救生团建造，于1826年完工。

该建筑在第二次世界大战中损坏，在20世纪70年代被大规模拆除，遗留的门楼最终由绍尔布鲁赫·赫顿（Sauerbruch Hutton）进行了改建，慕尼黑色彩明丽、现代前卫的布兰德霍斯特博物馆（Brandhorst Museum，2009年）也出自这位建筑师之手。改造后的土耳其门是一座美丽的单体艺术馆，里面只有一件馆藏——一颗巨大的红色球体（Large Red Sphere）。这颗25吨的大理石球由美国艺术家沃尔特·德·玛利亚（Walter de Maria，1935—2013年）设计创造，在安装时，它不得不从屋顶降下来才安置到位。

2011年以来，来到土耳其门的游客，站在这颗光亮的球的四周，要么是一时有些疑惑，要么就是全神贯注地沉思。它放置在一个黑色底座上，底座将其抬高，使球的中心与视线齐平，自然光透过艺术馆的玻璃屋顶将其照亮。

⌃ **突破常规**

阿利耶夫文化中心外观高低错落，这避免了额外的挖掘填埋工作，并将看似可能的缺陷转变为关键特征。

阿利耶夫文化中心

◯ 2012年　▣ 阿塞拜疆巴库　⬈ 扎哈·哈迪德　🏛 文化中心

这座一升飞天、一俯入地的单体文化中心，代表了扎哈·哈迪德的巅峰成就，这位已故伊拉克-英国建筑师生前的建筑前卫大胆，其设计别出心裁，富丽堂皇。

⌃ **阿利耶夫文化中心礼堂**

阿利耶夫文化中心平地而起，继而行云流水般升高、外扩。通过使用复杂的材料、先进的计算程序，建筑师不仅可以创造流动的外部线条，而且可以打造一个流畅优美的内部无柱空间，同享梦幻品质。由扎哈·哈迪德、帕特里克·舒马赫（Patrik Schumacher）、萨费特·卡亚·贝基罗格鲁（Saffet Kaya Bekiroglu）领导的建筑师们说，"巴库的建筑，往往是死板的纪念性建筑，设计阿利耶夫文化中心，就是为了使其成为国家文化项目的基地大楼，打破僵化的建筑模式，传递阿塞拜疆文化的鉴赏力，展现一个民族畅望未来的乐观。"阿利耶夫文化中心位于阿利耶夫大道上，这条路连接着巴库国际机场和市区，而阿利耶夫文化中心，就是这座城市的关口门户。

》 扎哈·哈迪德

扎哈·哈迪德是第一位真正出名的女性建筑师。她在全世界设计了许多建筑，其作品富有动态，技术高超且令人激动振奋，因此享誉世界。扎哈在巴格达出生，在伦敦接受教育。

树之屋

🌐 2014年　📍 越南胡志明市　✍ 武仲义　🏛 住宅

步入21世纪，快速城镇化使胡志明市的绿化面积缩小至0.25%。当地儿童哮喘和其他病症攀升至令人备感不安的程度。为把绿意带回这座人潮拥挤、气候温润的城市，武仲义（Vo Trong Nghia）以极低的成本建造了一座紧凑型房屋，为带回绿意献出了聪明智慧而鼓舞人心的力量。树之家由5座混凝土方体组成，每座房屋还充当着树木花盆的角色，连接每座房屋的庭院便自然成为一个树林荫翳鸟语花香的空间。暴雨来临时，混凝土方体还可以起到积水盆地的作用，这有助于减少密集的城市道路上的洪水。此后，胡志明市及周边地区修建了各式各样的树之屋。武仲义在越南战争结束时出生于乡下的一个村庄，在那里，无数树木被凝固汽油弹烧毁。作为一名建筑师，武仲义的使命就是为乡村与城市重新带来绿意生机。

⌂ 就地取材

这座房屋采用竹子和砖这样相对便宜的当地环保材料建造。

哈利法塔

🌐 2010年　📍 阿拉伯联合酋长国迪拜
✍ SOM建筑设计事务所　🏛 商业建筑

哈利法塔，高828米，2010年建成开放时，是世界上最高的建筑。随着阿联酋和远东国家快速发展，钢铁玻璃建筑竞相直入云天，哈利法塔这座世界最高建筑的桂冠能保持多长时间，任何人都在猜测。从哈利法塔顶部远望，一边是波斯湾，另一边则是一片绵延无垠的荒野——阿拉伯沙漠。这座美国人设计的高塔周围，遍布迪拜那无尽延长的街道和高耸林立的奢华大厦。

哈利法塔的首席建筑设计师是阿德里安·史密斯（Adrian Smith），结构工程师是比尔·贝克（Bill Baker），他们都是SOM建筑设计事务所芝加哥办事处的负责人，在建造超高建筑方面，SOM公司经验丰富。哈利法塔独特的外形源自9世纪萨马拉大清真寺的螺旋塔尖。建筑基底灵感源自蜘蛛百合花的形状，这种植物在迪拜高温酷热的气候下仍能蓬勃生长。哈利法塔内含办公室、酒店和私人公寓。

» 直入云霄

为研究气流对这座超高建筑可能产生的影响，人们在哈利法塔上进行了40余次风洞试验。

术语表

柱顶石（ABACUS）：位于柱头顶部的一块平整的方形板。

莨苕叶饰（ACANTHUS）：一种仿照莨苕植物叶片形状的雕刻装饰样式，可作柯林斯式柱头的装饰元素。

雅典卫城（ACROPOLIS）：古代雅典城的要塞，建有庙宇和公共建筑。

黏土砖（ADOBE）：一种晒干的泥砖，主要用于非洲、南美洲和中亚。

美学（AESTHETICS）：研究的基本问题是何为美。在建筑美术中，美是感官的触动，是情感的波动。

露天集市（AGORA）：古希腊城的露天集市或聚会场所。

走道（AISLE）：穿过教堂或大厅的中央通道。

高凸浮雕（ALTO-RELIEVO）：见"浮雕"（Relief）。

回廊（AMBULATORY）：教堂半圆后殿周围的有顶通道，供（宗教）游行使用。

圆形露天剧场（AMPHITHEATRE）：围有3层观众席的圆形或椭圆形的礼堂，如罗马斗兽场（Colosseum in Rome）。

半圆后殿（APSE）：教堂东端的半圆形区域，原有一座圣坛。

无侧柱的（APTERAL）：用来描述一种在末端而非两边的有圆柱的古典风格建筑。

输水渠（AQUEDUCT）：管道或桥梁形制，罗马人的输水结构。

阿拉伯式花纹（ARABESQUE）：表面饰有的复杂花纹和几何图案。

拱廊（ARCADE）：一组由圆柱或纪念柱支撑的连续拱券，可独立支撑，亦可用于墙面装饰。

拱券（ARCH）：由楔形元素组成的拱形建筑物上的弧形部分。

柱顶过梁（ARCHITRAVE）：柱与柱之间的梁，是檐部最低的组成部分。

拱式的（ARCUATED）：拱形建造。

无柱式的（ASTYLAR）：用于描述无圆柱立面的术语。

天井（ATRIUM）：内院中围有屋顶的露天空地。

华盖（BALDACCHINO）：圆柱支撑的独立顶棚，搅护圣坛、王座或坟墓，具有象征意义。（又名圣坛上华盖）

洗礼堂（BAPTISTERY）：举行洗礼仪式的厅堂。

封檐板（BARGEBOARD）：屋顶挑檐处的木板，可作装饰用。

巴洛克建筑形式（BAROQUE）：17世纪和18世纪早期的建筑式样，追求艺术性的效果。

浅浮雕（BAS-RELIEF）：见"浮雕"（Relief）。

底座（BASE）：建筑的底部。

巴西利卡（BASILICA）：古罗马的一种公共建筑类型，呈长方形，由早期基督教教堂发展而来。

倾斜墙（BATTER）：倾斜的墙面。

隔间（BAY）：建筑中的单位空间。

讲坛（BEMA）：早期基督教教堂神职人员隆起的讲台。

博斯饰（BOSS）：拱顶或天花板的拱肋结点处的隆起装饰物。

托架（BRACKET）：承重的凸出小构件。

遮阳板（BRISE-SOLEIL）：附加在建筑物窗户上的永久性遮挡光线的板。

粗野主义（BRUTALISM）：指建筑师勒·柯布西耶（Le Corbusier）使用粗制混凝土建造的房屋。

扶壁（BUTTRESS）：一种砖石结构，用于抵抗外墙的推力，增强墙体的稳定性。

拜占庭建筑风格（BYZANTINE）：拜占庭帝国的建筑，具有鲜明的宗教色彩，尤其是巴西利卡。

钟楼（CAMPANILE）：教堂的钟楼，独立建筑。

悬臂（CANTILEVER）：指从墙体（梁或阳台）结构延伸出来的水平建构构件，仅在一端支撑竖向受力。

柱头（CAPITAL）：圆柱最上端部分。

商队客店（CARAVANSERAI）：西亚和北非为商队和旅行者提供的公共休息场所。

女像柱（CARYATID）：作圆柱或支撑用的女性雕像。

雉堞墙（CASTELLATION）：任何形式可以让建筑表现为城堡的装饰物，如雉堞或塔楼。

内堂（CELLA）：希腊神庙的中心殿室，用于放置神像。又名内殿。

拱架（CENTRING）：用于支撑拱券和拱顶的临时脚手架。

祭坛（CHANCEL）：教堂东部区域，留作牧师和唱诗班之用。

小教堂（CHAPELS）：教堂中用于礼拜的独立区域，通常用来供奉特殊圣人。

教堂东端（CHEVET）：教堂东端的半圆后殿和回廊。

西班牙巴洛克建筑式样（CHURRIGUERESQUE）：17世纪和18世纪的一种建筑样式，以雕塑家丘里格拉（Churriguera）家族的名字命名。其奢靡的、装饰过多的装饰细部，在西班牙和墨西哥最为常见。

圣坛上华盖（CIBORIUM）：见华盖（baldacchino）。

高侧窗（CLERESTORY）：一种建筑的一部分，高出相邻屋顶的窗户。

回廊（CLOISTERS）：有屋顶或有拱顶的步道，连接着教堂与庙宇的其他地方。

藻井（COFFERS）：天花板上内凹的或嵌入式的矩形或八边形嵌板。

圆形柱廊（COLONNADE）：支撑檐部或拱券的一系列圆柱。

圆柱（COLUMN）：圆柱形的竖向支撑构件，通常包括柱础、柱身和柱头。

复合柱式（COMPOSITE）：见柱式（order）。

叠涩（CORBEL）：一种小的突出构件，用于支撑水平结构。

科林斯柱式（CORINTHIAN）：见柱式（order）。

檐口（CORNICE）：檐部的最上层。

内院（CORTILE）：围有拱廊的庭院。

雉堞（CRENELLATION）：宫殿或城墙的齿状城垛，既可御敌，又可为开火的武器留出空间。

卷叶饰（CROCKET）：一种放置在小尖塔以及尖顶的外角上的，通常为尖头的突起饰物。

十字形（CRUCIFORM）：十字形结构，如基督教教堂（Christian church）。

小穹顶（CUPOLA）：小型穹隆状结构。

十字中心（CROSSING）：教堂中殿和祭坛交叉而形成的空间。

齿饰（DENTILS）：用于爱奥尼式和科林斯式檐口的小方块。

双柱周廊式建筑（DIPTEROS）：四周有两排圆柱的建筑物。

多立克式（DORIC）：见柱式（order）

老虎窗（DORMER）：置于斜屋顶的竖向窗，常用在已建成的屋顶和山形墙上。

副柱头（DOSSERET）：位于柱头顶的石块或厚板，是额外支撑拱券的构件。

双层穹隆（DOUBLE-SKINNED DOME）：穹隆上拱形结构和建筑外部之间的空间，具有保护作用，是穆斯林建筑的突出特点。

鼓座（DRUM）：支撑穹隆或小穹顶的圆柱形墙体。

柱帽（ECHINUS）：多立克式柱头中，支撑柱顶石的一圈线脚。

折中主义建筑（ECLECTIC）：一种不同历史时期和样式的混合式建筑元素。

附墙柱（ENGAGED COLUMN）：一根非独立的，或部分嵌在墙里的圆柱或墩柱。

檐部（ENTABLATURE）：希腊或罗马柱式的上部构件，由柱顶过梁、檐壁和檐口组成。

卷杀（ENTASIS）：圆柱柱身的膨胀或外凸弧线，消除视错觉，使圆柱的外观显得笔直。

立面（FAÇADE）：建筑的外表面。

扇形拱顶（FAN VAULT）：从一点放射出来的、呈扇形的拱形结构。

花彩形饰（FESTOON）：一种雕塑装饰，常呈饰带状，类似于水果和鲜花的花环，两端用丝带系住。

尖顶饰（FINIAL）：一种位于小尖塔或山墙顶上的装饰物。

火焰式（FLAMBOYANT）：法国哥特式晚期术语，常用于描述火焰状的窗格。

尖顶塔（FLÈCHE）：一种位于中心屋脊上的小型尖顶

柱身凹槽（FLUTE）：圆柱柱身上的垂直凹槽。

飞扶壁（FLYING BUTTRESS）：一个或半个拱券，连接到顶部高墙或扶壁上，用于平衡高拱顶或屋顶对墙面的侧向推力。

檐壁（FRIEZE）：柱顶过梁和檐口之间的檐部。

山墙（GABLE）：坡屋顶末端的三角形墙面。

希腊十字（GREEK CROSS）：四臂等长的十字。

哥特式建筑（GOTHIC）：中世纪欧洲建筑样式，利用石制高拱顶、塔楼和飞扶壁设计来赞美神。

网格式布局（GRIDIRON PLAN）：一种城镇规划方法，始于古典世界，街道之间呈直角，形成网格。

拱棱（GROIN）：拱顶面相交处的拱形边缘。

橡尾梁（HAMMER-BEAM）：屋顶结构，是一种横向凸出于墙面的托架，用于支撑名为悬臂托柱的纵梁。

露天的（HYPAETHRAL）：形容无屋顶或露天建筑的术语。

多柱式建筑（HYPOSTYLE）：多列圆柱支撑的屋顶，可形成较大的空间。用来形容埃及神庙的森林式大厅的术语。

工字梁（I-BEAM）：横截面为字母"I"形的承重梁。

蓄水池（IMPLUVIUM）：罗马房屋天井中心的水池，用于贮存雨水。

爱奥尼式（IONIC）：见柱式（order）。

拱顶石（KEYSTONE）：拱券或拱肋拱顶的中央石块。

凉亭（KIOSK）：开敞的、有柱支撑的亭子。常见于土耳其和伊朗。

灯亭（LANTERN）：建筑物房顶或穹顶上的透空式圆形建筑。

过梁（LINTEL）：位于开口和支承结构上面的构件。

凉廊（LOGGIA）：一种长廊或房间，有时饰有立柱，单侧敞开。可以是建筑物的一部分，也可以是独立的。

百叶窗（LOUVRE）：安装在大厅屋顶的开口，遇到火情时，烟雾可从此处散去。

弦月窗（LUNETTE）：墙面或拱形屋顶的半圆形开口。

堞口（MACHICOLATION）：在凸出的防护矮墙上，可以通过开口向下面的敌人投掷石块和沸油。

风格主义（MANNERISM）：16—17世纪流行于意大利、法国和西班牙的建筑样式。其特点为，运用矫饰的主题去对比原先的语境和含义。

石椁（MASTABA）：埃及坟墓，建在地上，有斜坡面和平屋顶。

中央大厅（MEGARON）：迈锡尼（Mycenaean）和希腊建筑中的中央大厅。

柱间壁（METOPE）：多立克柱式檐部上的两个三垄板间的长方形空间。

宣礼堂（MINARET）：常为清真寺的一部分，是穆斯林用来祈祷的高塔。

模距（MODULOR）：勒·柯布西耶基于男性身体的比例系统。

独石柱（MONOLITH）：单块巨石，常呈圆柱形或纪念碑形。

马赛克（MOSAIC）：使用水泥、灰泥或胶泥把小块石头、大理石或玻璃固定在地面或墙面上的装饰。

线脚（MOULDING）：用于墙面或圆柱的窄凸石带。

直棂（MULLION）：划分开口的垂直构件，常见于窗扇间。

檐下托板（MUTULE）：位于多立克式檐口的下方，三垄板上方的一块突出的长方块。

内殿（NAOS）：见内堂（cella）。

教堂前厅（NARTHEX）：教堂敞开的门廊或前厅，位于教堂一端的入口。

中殿（NAVE）：教堂的主体部分，由教堂会众使用。

新古典主义（NEO-CLASSICISM）：18世纪末期欧洲古典主义的最后阶段和激进时期。此时期特点为较少使用装饰并着重强调几何形式。

壁龛（NICHE）：用来放置雕像或装饰物的墙面凹室。

方尖碑（OBELISK）：一种高而窄的石柱体，大致为长方形结构，顶端是金字塔形。

眼窗（OCULUS）：一种位于穹顶顶部的窗或开口。

葱形（OGEE）：双曲形，由一个凸面和凹曲线组成，用于线脚或拱券。

尖形穹隆（OGIVALE）：用于形容法国哥特式建筑的术语。

柱式（ORDER）：一种古典柱式排列，包括柱础、柱身和柱头，用于支撑檐部。柱式类型有：

复合柱式（Composite order）：一种融合爱奥尼和科林斯柱式的有柱头的罗马柱式。

科林斯柱式（Corinthian order）：雅典人发明、罗马人完善的柱式，精美的柱头上饰有莨苕叶饰。

多立克式（Doric order）：分为希腊多立克柱式和罗马多立克柱式，这种柱式的圆柱上有凹槽，柱顶有简单的线角。

爱奥尼柱式（Ionic order）：源于小亚细亚（Asia Minor），柱头上有涡卷形花纹。

塔斯干柱式（Tuscan order）：极简的罗马柱式，有极为朴素的带饰。

有机的（ORGANIC）：具有直接形式和材料经济性的建筑，是自然的有机体所共有的。

凸肚窗（ORIEL）：上层凸出的窗户。

佛塔（PAGODA）：阶梯式的中式或日式塔，常用于佛教建筑中。

帕拉第奥风格（PALLADIANISM）：受安德烈亚·帕拉第奥的建筑和著作影响的古典式建筑运动。在17和18世纪的英国犹受推崇。

三角楣饰（PEDIMENT）：檐部上面神庙屋顶的三角形山墙端头。

穹隅（PENDENTIVE）：一个三角形的球面，使方形或多边形基座上可以搭建圆形穹隆。

围柱式（PERIPTERAL）：描述性术语，指围有一圈圆柱的建筑。

周柱式（PERISTYLE）：围有一系列圆柱和列柱的开放空间或建筑。

主厅（PIANO NOBILE）：建筑的主要楼层，包括主要的生活区，是一楼的主厅。

墩柱（PIER）：坚固的砖石支撑，比圆柱粗。

壁柱（PILASTER）：有啮合的矩形支柱，从墙面上略微凸出。

支柱（PILLAR）：作为建筑支撑的竖直构件。

底层架空立柱（PILOTI）：法语词汇，用于指将建筑物抬离地面的圆柱，勒·柯布西耶也有使用。

小尖塔（PINNACLE）：球状竖直结构，冠有尖顶或扶壁。

基脚（PLINTH）：圆柱柱础下的平板，或任何建筑突出的基座。

裙楼（PODIUM）：一种连续的矮墙，形成了上层建筑的底座。

门廊（PORTICO）：有屋顶的结构，至少有一面有圆柱支撑，常与建筑相连作为入口的门廊。

内殿门廊（PRONAOS）：神庙前的开放式前厅，由侧壁围合，前面有圆柱。

入口（PROPYLAEUM）：古典建筑的入口大门，常用于形容神殿的入口。

台口（PROSCENIUM）：在古典世界的剧院里，其指代的是舞台。而在现代剧院里，它则指帷幕与正厅前排座位之间的空间。

塔门（PYLON）：一座中央开口的砌石塔，是进入古埃及神庙的入口。

四马双轮战车（QUADRIGA）：四马双轮战车的古典雕像。

隅石（QUOIN）：位于建筑边角上的角石，从视觉上表现力量感。

浮雕（RELIEF CARVING）：在平面上雕出形象浮凸的一种雕塑。浅浮雕（bas-relief）是与高浮雕（alto-relievo）相对应的一种浮雕技法，所雕刻的图案浅浅地凸出底面。

文艺复兴（RENAISSANCE）：14—16世纪的一种艺术风格，恢复和重新采用了古罗马的文化和艺术。

拱肋（RIB）：为拱顶填充板提供结构支撑的伸出元素。

圣坛屏（ROOD SCREEN）：教堂十字架下的屏风，位于中殿东端，用来隔开圣坛。

洛可可（ROCOCO）：从巴洛克风格演变而来的一种表现形式，在材料的运用上试图营造出一种奢华而极具装饰性的效果。

罗马式建筑（ROMANESQUE）：一种承继罗马文化于6世纪发展起来的建筑样式，其特点是圆拱和巴西利卡式教堂建筑。

玫瑰窗（ROSE WINDOW）：一种哥特式教堂的圆形窗户，其窗格呈轮幅状，格间装有彩色玻璃。

圆形图案（ROUNDEL）：一种小圆圈或开口，常作装饰使用。

粗面石块砌体（RUSTICATION）：一种强调相邻石块交接处的建造墙体的砌筑方式，丰富外墙纹理的对比度。

屏风（SCREEN）：一种石制或木制隔壁，用来分隔空间。

六肋拱穹顶（SEXPARTITE VAULT）：一种有六个隔间的拱顶。

柱身（SHAFT）：圆柱柱础和柱头中间的部分。

薄壳拱（SHELL VAULT）：一种无侧向压力的模压板，如梁般支撑起来。

底（SOFFIT）：建筑结构的下表面。

拱肩（SPANDREL）：相邻拱券曲线间的三角形空间。

尖顶（SPIRE）：一种高尖状结构，位于塔顶或屋顶。

内角拱（SQUINCH）：砌体的内角填充物，对角放置在四边形结构的内角上，形成一种八边形的上层空间。

拱廊（STOA）：一种独立的门廊，用于古希腊的集会场所。

扶拱（STRAINER ARCH）：设置在两面墙间防止向彼此倾斜的拱，通常横跨于走道或中殿。

交织凸起带状饰（STRAPWORK）：一种包括许多交织带饰的装饰物。

灰墁（STUCCO）：一种耐用的、慢凝的混入石膏、石灰和沙子的灰泥。

卒堵婆（STUPA）：一种早期佛教圣殿，形制呈半球形穹隆。

柱座（STYLOBATE）：直接承载列柱的砌筑基座。

上部构造（SUPERSTRUCTURE）：位于建筑物基础顶端以上的部分。

镶嵌物（TESSERA）：用小片玻璃、石头或大理石制作的马赛克。

公共浴室（THERMAE）：罗马公共浴场。

索洛斯（THOLOS）：一种圆形穹隆建筑。

有横梁的（TRABEATED）：应用梁柱形式的建造。

花饰窗格（TRACERY）：哥特式窗户上部分的精致装饰构件。

十字翼殿（TRANSEPT）：十字教堂位于主体右角的建筑。

横拱（TRANSVERSE）：把拱顶成段分隔的拱顶。

教堂拱门上面的拱廊（TRIFORIUM）：朝向教堂中殿开放的空间，介于走道和带拱走道上的坡面屋顶之间。

三垄板（TRIGLYPHS）：多立克檐壁上被排挡间饰隔开的带垂直凹槽的长方形体块。

丁字尺（T-SQUARE）：一种制图员绘图用的工具，用于在绘图桌上画水平线的标尺。

凝灰岩（TUFA）：一种含有火山灰的石头，是意大利西海岸所特有的石材。

圆筒拱顶（TUNNEL VAULT）：极简的拱顶形式，带有很深的拱券。（又名拱形顶或筒形拱顶）

塔斯干柱式（TUSCAN）：见柱式（order）

山墙面（TYMPANUM）：三角面位于山形墙斜檐和平檐中间，或是位于门楣和拱券之间。

拱顶（VAULT）：拱券砖石结构，建筑上的顶棚。

前厅（VESTIBULE）：位于外门和建筑内部之间的通道或前厅。

高架桥（VIADUCT）：跨越峡谷的道路桥梁，常有数个拱形跨度。

涡卷（VOLUTE）：螺旋展开卷轴形状的装饰，常见于科林斯式或爱奥尼式柱头。可见柱式（order）。

拱石（VOUSSOIRS）：用于构成拱券或拱顶的楔形石块。

轮窗（WHEEL WINDOW）：见玫瑰窗（rose window）。

塔庙（ZIGGURAT）：美索不达米亚（Mesopotamian）泥砖阶梯式金字塔，神圣的建筑物。

索引

粗体页码表示此页上有对此词条的详细描述，斜体数字表示插图。

致谢及图片版权

Author's acknowledgments
The author would like to thank Thomas Cussans and
Beatrice Galilee for their contributions to and
research for this book; the efficient, good-natured
and long-suffering production team at cobalt id;
Debra Wolter at DK for commissioning the book;
and all the architects, particularly those before Imhotep
of whom we know nothing except, of course, their mighty
works, and to their clients, for providing such rich
and indefatigable subject matter. Special thanks to Laura,
Beatrice Grace and Pedro, the barking bulldog,
for their love and patience.

Publisher's acknowledgments
Dorling Kindersley would like to thank Ed Wilson
and Sam Atkinson for editorial assistance,
and Claudia Dutson for floor-plan illustrations.
Cobalt id would like to thank the following
for their help with this book: Gill Edden, Steve Setford,
and Klara and Eric King for their invaluable editorial
assistance, and Hilary Bird for indexing.
Thank you also to Adam Howard (invisiblecities.co.uk);
and to Katy Harris, Kathryn Tollervey,
and all at Foster and Partners.

Picture credits
The publisher would like to thank the following for their
kind permission to reproduce their photographs:

Abbreviations key: t = top; b = bottom; l = left;
r = right; c = centre.

Jonathan Glancey is an architectural critic, author,
and broadcaster. He was Architecture and Design
Editor of the *Independent* (1989–1997),
and Architecture and Design Critic of the
Guardian (1997–2012). He currently writes for,
among others, *BBC World* and the *Daily
Telegraph*. His books include *The Story of
Architecture*, *Lost Buildings*, and *How to Read
Towns and Cities*. He is an Honorary Fellow of
the Royal Institute of British Architects.

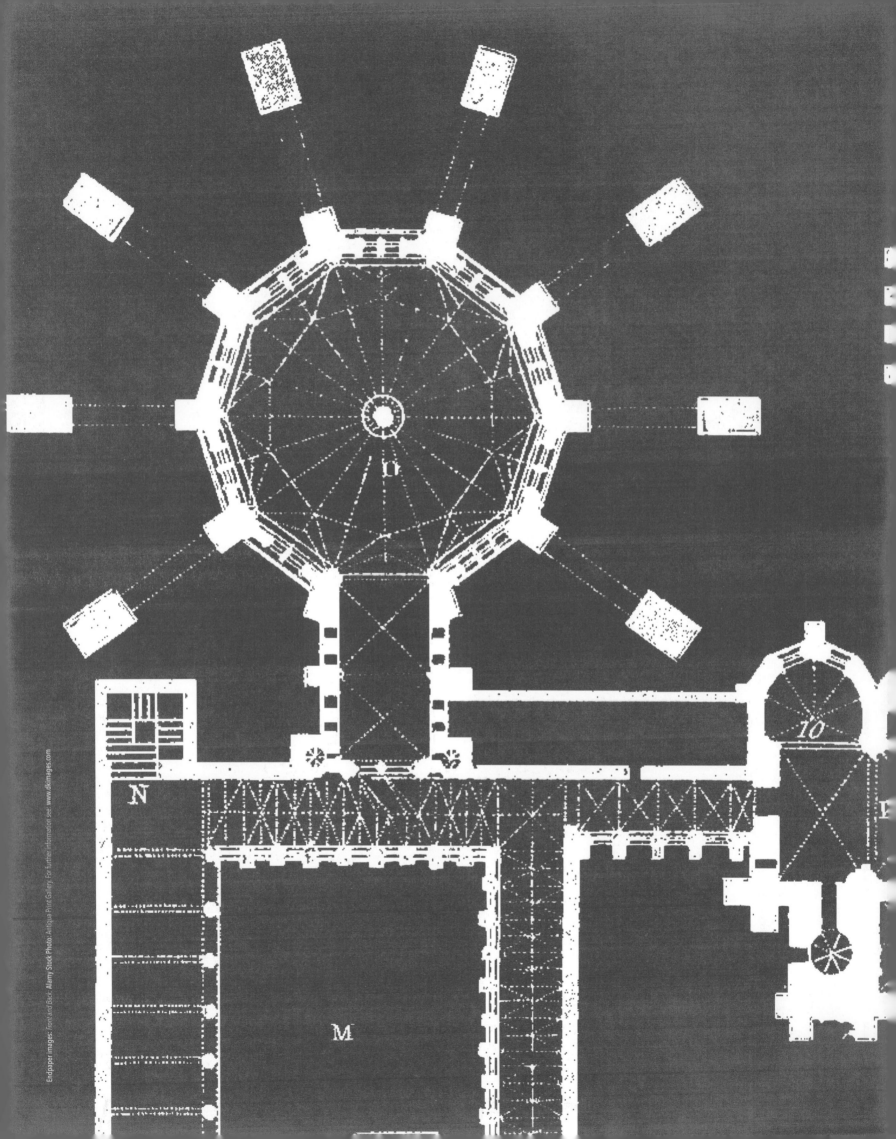